"十二五"普通高等教育本科国家级规划教材

普通高等教育机械类国家级特色专业系列规划教材

机 械 学 基 础

（第三版）

蒋秀珍　马惠萍　主编

科学出版社

北　京

内 容 简 介

本书融合了工程力学与机械学的基础知识,全面而系统地阐述了静力学基础,材料力学基础,机械工程常用机构和零部件的工作原理、结构、理论计算和设计方法,以及工程材料和机械精度设计方面的基础知识。为了便于理解,书中各章均附有例题和习题。

本书共 13 章,内容包括:机构的组成及平面连杆机构、凸轮与间歇运动机构、齿轮机构、机械工程常用材料及其工程性能、构件的受力分析与计算、构件受力变形及其应力分析、连接、轴系零部件、零件的机械精度设计、直线运动机构、带传动、齿轮传动设计、弹性元件。

本书可作为仪器科学与技术学科测控技术与仪器专业,光电工程、电子信息自动化、电气工程类专业的教材,也可供相关领域的工程技术人员参考。

图书在版编目(CIP)数据

机械学基础 / 蒋秀珍,马惠萍主编. —3 版. —北京:科学出版社,2014.2
"十二五"普通高等教育本科国家级规划教材·普通高等教育机械类国家级特色专业系列规划教材
ISBN 978-7-03-039723-2

I.①机… Ⅱ.①蒋…②马… Ⅲ.①机械学-高等学校-教材 Ⅳ.①TH11

中国版本图书馆 CIP 数据核字(2014)第 022381 号

责任编辑:朱晓颖 马长芳 / 责任校对:张小霞
责任印制:徐晓晨 / 封面设计:迷底书装

科 学 出 版 社出版
北京东黄城根北街 16 号
邮政编码:100717
http://www.sciencep.com

北京中石油彩色印刷有限责任公司 印刷
科学出版社发行 各地新华书店经销
*

2004 年 8 月第 一 版 开本:787×1092 1/16
2009 年 1 月第 二 版 印张:21 1/4
2014 年 2 月第 三 版 字数:558 000
2017 年 1 月第十二次印刷

定价:59.80 元

(如有印装质量问题,我社负责调换)

前　言

本书根据教育部仪器科学与技术教学指导委员会制定的"测控技术与仪器专业教学规范"要求修订,内容涵盖了仪器科学与技术学科测控技术与仪器专业教学规范在机械类课程中规定的全部核心知识点,适于全国相关院校相关专业使用。

本书是一门体系创新教材,为适应各高校相关专业制定培养方案的需要,将"机械原理"、"机械零件"、"静力学"、"材料力学"、"工程材料"、"互换性与测量技术基础"六门课程融合为一门课程。改革后教材系统性、衔接性明显增强,学时大幅度减少,可以用较少的学时使学生掌握工程力学与机械学的基础知识,在学完"工程图学"之后,本书可作为测控技术与仪器专业、电类专业唯一的一门机械类课程列入教学计划。

本书除了保持第一版、第二版的优点和特色之外,作者又将长期的教学实践与工业发展技术相结合,在传统设计理论的基础上融进了大量的在线生产的国家标准机构与选型设计方法,以案例教学、理论教学、大作业、课程设计、同步训练的方式组织编写。本书各章所涉及的标准全部采用了最新的国家标准,对原有的章节与结构进行了更新调整。本书突出了实用性、时效性和创新性,体现了当前科技发展的水准,适于全国各高校相关专业选用。

由蒋秀珍主编的《机械学基础综合训练图册(第三版)》(科学出版社)与本书配套使用,可供学生课内、课后大作业,课程设计,毕业设计时选用。

本书由哈尔滨工业大学蒋秀珍、马惠萍主编。参加本书编写的有:马惠萍(第 1、2、5、6、7 章)、蒋秀珍(第 3、8、10 章)、张晓光(第 4 章)、刘永猛(第 9 章)、郭玉波(第 11 章)、刘丽华(第 12、13 章)。

本书配有电子课件,欢迎选用本书作为教材的老师与出版社联系索取。

希望广大读者在使用中提出改进意见,以便进一步完善。

作　者

2013 年 10 月

目　　录

第 1 章　机构的组成及平面连杆机构

1.1　平面机构的运动简图和自由度

任何机器和仪器一般均由许多部分组成,如机械结构部分、电路及控制部分、光学部分等。简单的机器和仪器不一定包含上述所有部分,但机械结构部分是必不可少的。在机械结构中,有一部分在工作中要实现某种确定的运动(如移动、转动或者更为复杂的运动),从而实现某些功能。例如,车床的主轴带动被加工零件转动,刀尖沿主轴轴线方向移动,从而完成车削加工。螺旋千分尺的测杆既转动又移动,从而实现对工件的测量。为了更好地了解机械结构的组成,下面给出若干定义。

1.1.1　零件、构件和机构

1. 零件

零件是独立加工制造的实体,是构成机械结构的最小单元。螺钉、螺母、单个齿轮、轴等都是零件。

2. 构件

把若干个零件刚性地连接在一起,彼此不做任何相对运动,作为一个刚性整体进行工作,这种刚性组合体称为构件。

3. 机构

由若干构件组成,各构件之间具有确定的相对运动关系的组合体称为机构。机构是机械结构中需要实现某种确定运动的部分。

组成机构的目的是为了使机构按照预定的要求进行有规律的运动,而不是乱动。为此,需研究机构具有确定运动的条件。这个问题对设计新机械、拟定运动方案或认识和分析现有机械是非常重要的。

所有构件都在相互平行的平面内运动的机构称为平面机构。目前工程上常见的机构大多属于平面机构。本章只讨论平面机构。

1.1.2　运动副及其分类

机构是由许多构件组成的。机构的每个构件都以一定的方式与某些构件相互连接。这种连接不是固定连接,而是能产生一定相对运动的连接。这种使两构件直接接触并能产生一定相对运动的连接称为运动副。例如,轴与轴承的连接、活塞与汽缸的连接、传动齿轮两个轮齿间的连接等都构成运动副。

显然,两构件间的运动副所起的作用是限制构件间的相对运动,这种限制作用称为约束。

一个不受任何约束的构件在平面中运动有三个自由度。与另一构件组成运动副后,其运动就受到约束,自由度将减少。运动副对自由度产生的约束数目取决于运动副的类型。

　　两构件组成的运动副,不外乎通过点、线或面的接触来实现。按照接触特性,通常把运动副分为低副和高副两类。

1. 低副

　　两构件通过面接触组成的运动副称为低副。平面机构中的低副有回转副和移动副两种。若组成运动副的两构件只能在一个平面内相对转动,约束掉两个移动自由度,这种运动副称为回转副,或称铰链,如图 1-1 所示。若组成运动副的两个构件只能沿某一轴线相对移动,约束掉一个移动和一个转动自由度,这种运动副称为移动副,如图 1-2 所示。

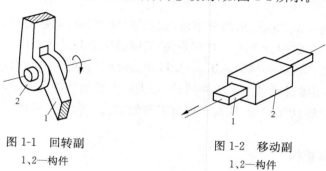

图 1-1　回转副　　　　　　　　　　　图 1-2　移动副
1、2—构件　　　　　　　　　　　　　1、2—构件

2. 高副

　　两构件通过点或线接触组成的运动副称为高副。图 1-3(a)中的车轮 1 和钢轨 2,图 1-3(b)中的凸轮 1 和从动件 2,图 1-3(c)中的轮齿 1 和轮齿 2 分别在接触处 A 组成高副。平面高副二构件间的相对运动是由沿接触处切线 tt 方向的相对移动和在平面内的相对转动组成。

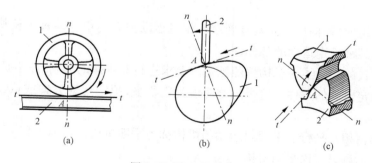

(a)　　　　　　　　　　(b)　　　　　　　　　　(c)

图 1-3　平面高副举例

1.1.3　平面机构运动简图

　　实际构件的外形和结构往往很复杂,在研究机构运动时,为了使问题简化,有必要撇开那些与运动无关的构件外形和运动副具体构造,仅用简单线条和符号来表示构件和运动副,并按比例定出各运动副的位置。这种说明机构各构件间相对运动关系的简化图形,称为机构运动简图。

　　机构运动简图中的常用符号见表 1-1。

表 1-1　机构运动简图中的常用符号

名称	符号	名称		符号
活动构件	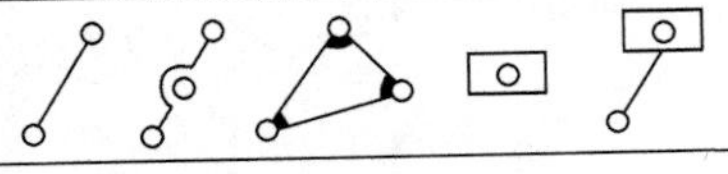	齿轮传动	圆柱齿轮	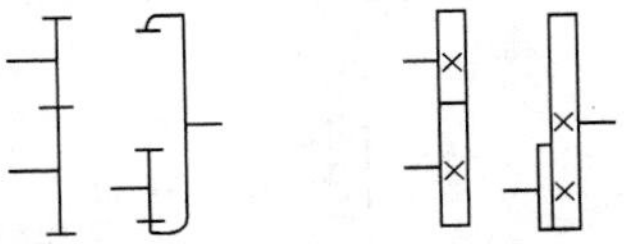
固定构件	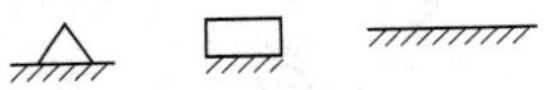	齿轮传动	锥齿轮	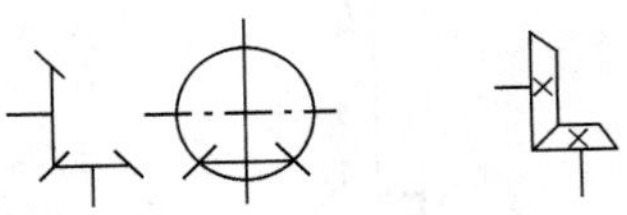
回转副	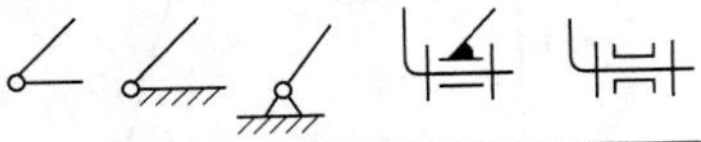	齿轮传动	齿轮齿条	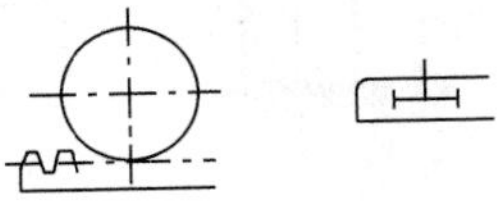
移动副	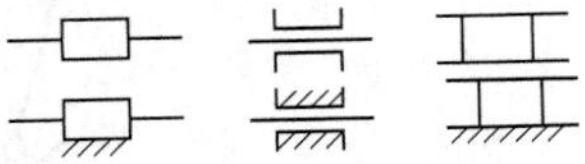	齿轮传动	蜗轮与圆柱蜗杆	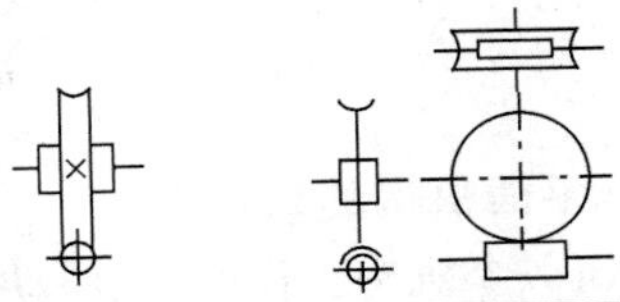
球面副	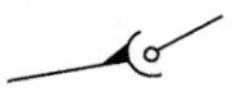	轴承	向心轴承	普通轴承　滚动轴承
螺旋副	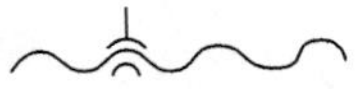	轴承	推力轴承	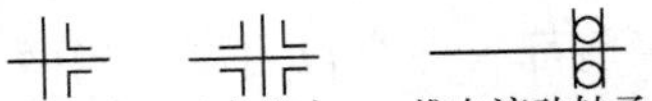 单向推力　双向推力　推力滚动轴承
零件与轴连接	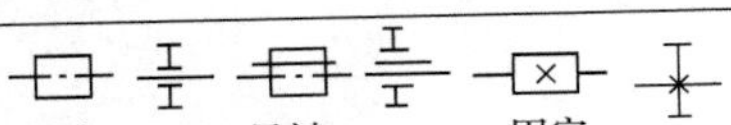 活套连接　导键连接　固定连接	轴承	向心推力轴承	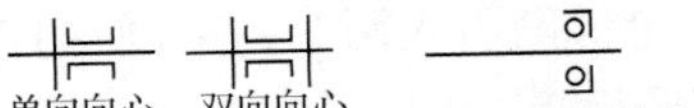 单向向心推力轴承　双向向心推力轴承　向心推力滚动轴承
凸轮与从动件	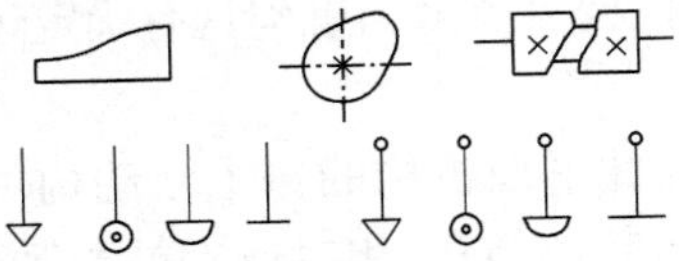			
槽轮传动	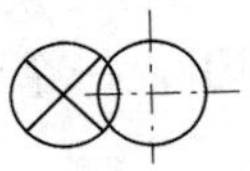			

机构中的构件可分为三类：

(1) 固定件(机架)，是用来支承活动构件的构件。研究机构中活动构件的运动时，常以固定件作为参考坐标系。

(2) 原动件，是运动规律已知的活动构件。它的运动是由外界输入的，故又称输入构件。

(3) 从动件，是机构中随着原动件的运动而运动的其余活动构件。其中输出机构预期运动的从动件称为输出构件，其他从动件则起传递运动的作用。

任何一个机构中，必有一个构件被相对地看做固定件。在活动构件中必须有一个或几个原动件，其余的都是从动件。

下面举例说明机构运动简图的绘制方法。

例 1-1　绘制图 1-4 所示活塞泵机构的机构运动简图。

解　活塞泵由曲柄 1、连杆 2、齿扇 3、齿条活塞 4 和机架 5 共五个构件所组成。曲柄 1 是原动件，2、3、4 为从动件。当原动件 1 回转时，活塞在汽缸中往复运动。

各构件之间的连接如下：构件 1 和 5，2 和 1，3 和 2，3 和 5 之间为相对转动，分别构成回转副 A、B、C、D。构件 3 的轮齿与构件 4 的轮齿构成平面高副 E。构件 4 与构件 5 之间为相对移动,构成移动副 F。

选取适当比例,按图 1-4(a)中的尺寸,用构件和运动副的规定符号,从主动件开始,按运动传递顺序,画出机构运动简图,如图 1-4(b)所示。

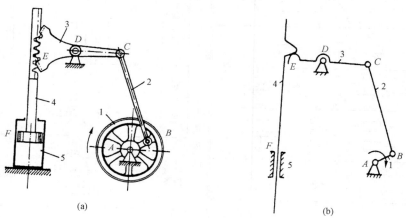

图 1-4　活塞泵及其机构运动简图

1.1.4　平面机构的自由度

任何一个机构工作时,在原动件的驱动下各个从动件都按一定规律运动,但并不是随意拼凑的构件组合都能具有确定运动而成为机构。下面讨论机构自由度和机构具有确定运动的条件。

1. 平面机构自由度计算公式

一个做平面运动的自由构件具有三个自由度。因此平面机构的每个活动构件在未用运动副连接前都有三个自由度。当两个构件组成运动副之后,它们的相对运动就受到约束,自由度数目随之减少。不同种类的运动副引入的约束不同,所以保留的自由度也不同。在平面机构中,每个低副引入两个约束,使构件失去两个自由度;每个高副引入一个约束,使构件失去一个自由度。

设平面机构共有 K 个构件。除去固定件,则机构中的活动构件数 $n = K - 1$。在未用运动副连接之前,这些活动构件的自由度总数应为 $3n$。当用运动副将构件连接起来组成机构之后,机构中各构件具有的自由度数就减少了。若机构中低副的数目为 P_L 个,高副数目为 P_H 个,则机构中全部运动副所引入的约束总数为 $2P_L + P_H$。因此活动构件的自由度总数减去运动副引入的约束总数就是该机构的自由度(又称机构活动度),以 W 表示,即

$$W = 3n - 2P_L - P_H \tag{1-1}$$

机构的自由度即机构所具有的独立运动的个数。由前述可知,从动件是不能独立运动的,只有原动件才能独立运动。通常每个原动件只具有一个独立运动(如电动机转子具有一个独立转动,内燃机活塞具有一个独立移动),因此,机构自由度必定与原动件的数目相等。

机构具有确定运动的条件是:$W > 0$,且 W 等于原动件个数。

例 1-2　计算图 1-4(b)中所示活塞泵机构的自由度。

解　在活塞泵机构中,有四个活动构件,$n = 4$;有五个低副,$P_L = 5$;有一个高副,$P_H = 1$。机构的自由度

$$W = 3n - 2P_L - P_H = 3 \times 4 - 2 \times 5 - 1 = 1$$

该机构具有一个原动件(曲柄),故原动件数与机构自由度相等,机构具有确定的运动。

2. 计算平面机构自由度的注意事项

应用式(1-1)计算平面机构自由度时,对下述几种情况必须加以注意。

1) 复合铰链

两个以上的构件同时在一处用回转副相连接就构成复合铰链。图 1-5(a)所示是三个构件汇交成的复合铰链,图 1-5(b)是它的俯视图。由图 1-5(b)可以看出,这三个构件共组成两个回转副,以此类推,K 个构件组成的复合铰链应具有 $K-1$ 个运动副。在计算机构自由度时应注意识别复合铰链,以免把运动副的个数算错。

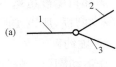
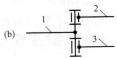

图 1-5　复合铰链
1、2、3—构件

例 1-3　计算图 1-6 圆盘锯主体机构的自由度。

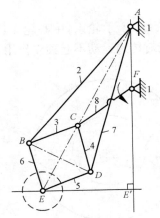

图 1-6　圆盘锯机构

解　机构中有七个活动构件,$n=7$;A、B、C、D 四处都是三个构件汇交的复合铰链,各有两个回转副,故 $P_L=10$。由式(1-1)可得

$$W = 3\times7 - 2\times10 = 1$$

W 与机构原动件个数相等。当原动件 8 转动时,圆盘中心 E 将确定地沿直线 EE' 移动。

2) 局部自由度

机构中常出现一种与输出构件运动无关的自由度,称为局部自由度或多余自由度,在计算机构自由度时应予以排除。

例 1-4　计算图 1-7(a)所示滚子从动件凸轮机构的自由度。

解　如图 1-7(a)所示,当原动件凸轮 1 转动时,通过滚子 3 驱使从动件 2 以一定运动规律在机架 4 中往复移动。因此,从动件 2 是输出构件。不难看出,在这个机构中,无论滚子 3 绕其轴线 C 是否转动或转动快慢,都丝毫不影响输出件 2 的运动。因此滚子绕其中心的转动是一个局部自由度。为了在计算机构自由度时排除这个局部自由度,可设想将滚子与从动件焊成一体(回转副 C 也随之消失)变成图 1-7(b)所示形式。在图 1-7(b)中,$n=2$,$P_L=2$,$P_H=1$。由式(1-1)可得

$$W = 3\times2 - 2\times2 - 1 = 1$$

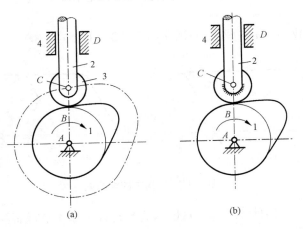

(a)　　　　　　　(b)

图 1-7　局部自由度

局部自由度虽然不影响整个机构的运动,但滚子可使高副接触处的滑动摩擦变成滚动摩擦,减少磨损,所以实际机械中常有局部自由度出现。

3)虚约束

在运动副引入的约束中,有些约束对机构自由度的影响是重复的。这些对机构运动不起限制作用的重复约束称为消极约束,或称虚约束,在计算机构自由度时应当除去不计。

虚约束是构件间几何尺寸满足某些特殊条件的产物。平面机构中的虚约束常出现在下列场合:

(1)两个构件之间组成多个导路平行或重合的移动副时,只有一个移动副起作用,其余都是虚约束(图1-8)。

(2)两个构件之间组成多个轴线重合的回转副时,只有一个回转副起作用,其余都是虚约束(图1-9)。

(3)机构中对传递运动不起独立作用的对称部分。例如,图1-10所示轮系,中心轮1经过两个对称布置的小齿轮2和2′驱动内齿轮3,其中有一个小齿轮对传递运动不起独立作用。

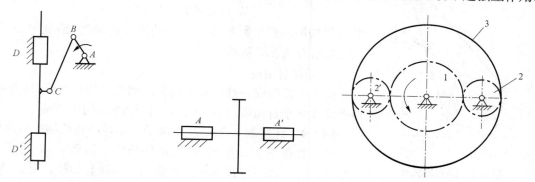

图1-8　导路重合的虚约束　　　　图1-9　轴线重合的虚约束　　　　图1-10　对称结构的虚约束

(4)机构中有两构件相连接,若它们连接点的轨迹在未组成运动副以前就是相互重合的,则此连接形成的运动副就会带来虚约束。

图1-11(a)是一平行四边形机构,若构件2为主动件且做转动时,构件4也将以D点为圆心转动,而构件3将做平移。它上面各点的轨迹均为圆心在AD线上、半径为AB长的圆周。该机构的自由度

$$W = 3n - (2P_L + P_H) = 3 \times 3 - (2 \times 4 + 0) = 1$$

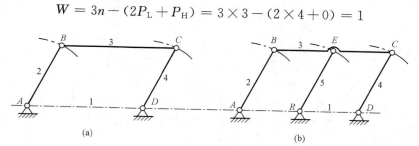

(a)　　　　　　　　　　　　　　(b)

图1-11　机构中的虚约束

若在机构上再加一个构件5(图1-11(b)),它与构件2和4平行而等长,显然,加构件5后对整个机构并无任何影响,但此时机构的自由度数却为

$$W = 3n - (2P_L + P_H) = 3 \times 4 - 2 \times 6 = 0$$

机构自由度数为零意味着机构不能运动,显然与实际情况不符。这是因为加了一个构件 5,增加了三个自由度,但由于增加了两个转动副而引入四个约束,减少机构四个自由度,而这多出的一个约束对机构的运动并不起约束作用,因此称其为虚约束。因为此时构件 3 和 5 上的 E 点在未形成运动副前均做圆周运动,圆周半径均为 ER,圆心为 R,所以二者轨迹重合。在这种情况下,应将虚约束去掉,即将那些从机构运动的角度看来是多余的构件及其带入的运动副除去不计。

还有一些类型的虚约束需要通过复杂的数学证明才能判别,我们就不一一列举了。虚约束对运动虽不起作用,但可以增加构件的刚性和使构件受力均衡,所以实际机械中虚约束随处可见。只有将机构运动简图中的虚约束排除,才能算出真实的机构自由度。

例 1-5　计算图 1-12 所示大筛机构的自由度。

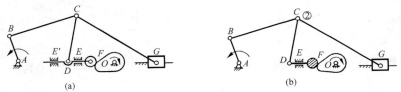

图 1-12　大筛机构

解　机构中的滚子有一个局部自由度。顶杆与机架在 E 和 E' 组成两个导路平行的移动副,其中之一为虚约束。C 处是复合铰链。现将滚子与顶杆焊成一体,去掉移动副 E',并在 C 点注明回转副的个数,如图 1-12(b)所示。由图 1-12(b)得 $n=7,P_L=9$(七个回转副和两个移动副),$P_H=1$,故由式(1-1)得

$$W = 3n - 2P_L - P_H = 3 \times 7 - 2 \times 9 - 1 = 2$$

此机构的自由度等于 2,有两个原动件。

1.2　铰链四杆机构的基本形式和特性

平面连杆机构是由若干构件通过低副连接而成的平面机构,它们在各种机械和仪器中获得了广泛应用,在日常生活所用的器具中也处处可见。最简单的平面连杆机构是由四个杆件组成的,它应用非常广泛,是组成多杆机构的基础。

全部用回转副组成的平面四杆机构称为铰链四杆机构,如图 1-13 所示。机构的固定件 4 称为机架;与机架用回转副相连接的杆 1 和杆 3,称为连架杆;不与机架直接连接的杆 2,称为连杆。连架杆 1 或杆 3 如能绕机架上的回转副中心 A 或 D 做整周转动,则称为曲柄;若仅能在小于 360° 的某一角度内摆动,则称为摇杆。

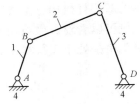

图 1-13　铰链四杆机构

对于铰链四杆机构来说,机架和连杆总是存在的,因此可按照连架杆是曲柄还是摇杆,将铰链四杆机构分为三种基本形式:曲柄摇杆机构、双曲柄机构和双摇杆机构。

1.2.1　曲柄摇杆机构

在铰链四杆机构中,若两个连架杆,一个为曲柄,另一个为摇杆,则此铰链四杆机构称为曲柄摇杆机构。通常曲柄 1 为原动件,并做匀速转动;而摇杆 3 为从动件,做变速往复摆动。

　　图 1-14 所示为调整雷达天线俯仰角的曲柄摇杆机构。曲柄 1 缓慢地匀速转动,通过连杆 2,使摇杆 3 在一定角度范围内摆动,从而调整天线俯仰角的大小。

　　图 1-15 为缝纫机脚踏机构。左下角示出其机构运动简图。这里摇杆 1(脚踏板)是原动件。当摇杆往复摆动时,通过连杆 2 使曲柄 3 做整周回转,再经过带传动使机头主轴回转。

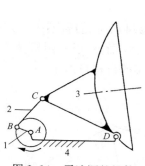

图 1-14　雷达调整机构

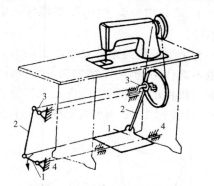

图 1-15　缝纫机脚踏机构

1.2.2　双曲柄机构

　　一般形式的双曲柄机构,两个曲柄虽然都可以做整周的转动,但若一个曲柄做匀速转动,则另一曲柄在一周之中的转动速度是有快有慢的。利用这种特性,双曲柄机构可用于要求变速的机构中。图 1-16 所示,插床要求向下进刀切削时速度慢,向上退刀时速度快(图 1-16(a)),双曲柄机构可实现这一要求。惯性筛也是利用这一特点,如图 1-16(b)所示,使筛上的原料达到分选的目的。

1.2.3　双摇杆机构

　　图 1-17(a)是双摇杆机构在鹤式起重机中的应用。当摇杆 AB 摆动时,另一摇杆 CD 也随之摆动,连杆 CB 的延长线上 E 点能近似沿水平线方向移动。此种起重机多用于港口、码头装卸货物,E 点的平移使货物的装卸十分平稳。图 1-17(b)是飞机起落架上应用的双摇杆机构。实线表示起落架放下的位置,这时飞机可以着陆。虚线表示起落架收起来时的位置,这时飞机是处于飞行状态。

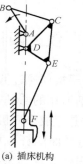
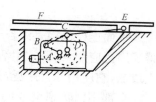

(a) 插床机构　　　　　　　(b) 惯性筛

图 1-16　双曲柄机构

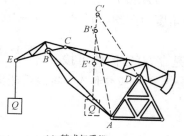
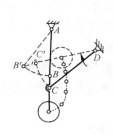

(a) 鹤式起重机　　　　　　(b) 飞机起落架

图 1-17　双摇杆机构

下面介绍四杆机构的一些主要特性。

1. 压力角和传动角

在生产中,不仅要求连杆机构能实现预定的运动规律,而且希望运转轻便,效率较高。图 1-18 所示的曲柄摇杆机构,如不计各杆质量和运动副中的摩擦,则连杆 BC 为二力杆,它作用于从动摇杆 3 上的力 F 是沿 BC 方向的。作用在从动件上的驱动力 F 与该力作用点绝对速

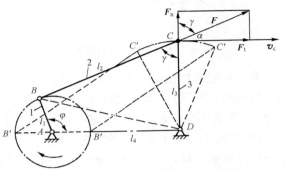

度 v_c 之间所夹的锐角 α 称为压力角。由图可见,力 F 在 v_c 方向的有效分力 $F_t = F\cos\alpha$,即压力角越小,有效分力就越大。即压力角可作为判断机构传动性能的标志。在连杆设计中,为了度量方便,习惯用压力角 α 的余角 γ(即连杆和从动摇杆之间所夹的锐角)来判断传力性能,γ 称为传动角。因 $\gamma = 90° - \alpha$,所以 α 越小,γ 越大,机构传力性能越好;反之,α 越大,γ 越小,机构传力越费劲,传动效率越低。

图 1-18　连杆机构的压力角和传动角

机构运动时,传动角是变化的,为了保证机构正常工作,必须规定最小传动角 $\gamma_{\min}$ 的下限。对于一般机构,通常取 $\gamma_{\min} \geqslant 40°$;对于颚式破碎机、冲床等大功率机构,最小传动角应当取大一些,可取 $\gamma_{\min} \geqslant 50°$;对于小功率的控制机构和仪表,$\gamma_{\min}$ 可略小于 40°。

出现最小传动角 $\gamma_{\min}$ 的位置可分析如下:

由图 1-18 中 △ABD 和 △BCD 可分别写出

$$BD^2 = l_1^2 + l_4^2 - 2l_1 l_4 \cos\varphi = l_2^2 + l_3^2 - 2l_2 l_3 \cos\angle BCD$$

由此可得

$$\cos\angle BCD = \frac{l_2^2 + l_3^2 - l_1^2 - l_4^2 + 2l_1 l_4 \cos\varphi}{2l_2 l_3} \qquad (1\text{-}2)$$

当 φ 分别为 0° 和 180° 时,$\cos\varphi$ 分别为 +1 和 -1,$\angle BCD$ 分别出现最小值 $\angle BCD_{(\min)}$ 和最大值 $\angle BCD_{(\max)}$。如上所述,传动角 γ 是用锐角表示的。当 $\angle BCD$ 为锐角时,传动角 $\gamma = \angle BCD$,显然 $\angle BCD_{(\min)}$ 也即是传动角的极小值;当 $\angle BCD$ 为钝角时,传动角应以 $\gamma = 180° - \angle BCD$ 来表示,显然 $\angle BCD_{(\max)}$ 对应传动角的另一极小值。若 $\angle BCD$ 由锐角变到钝角,则机构运动过程中,将在 $\angle BCD_{(\min)}$ 和 $\angle BCD_{(\max)}$ 位置两次出现传动角的极小值。二者中较小的一个即为该机构的最小传动角 $\gamma_{\min}$。

2. 死点位置

图 1-19 中,曲柄摇杆机构若以摇杆 CD 为主动件,则当机构运动到某一位置状态后出现了传动角 $\gamma = 0$ 的情况(图 1-19),即连杆与从动曲柄共线,有效驱动力矩为零,从动曲柄不能转动,此刻称为机构处于死点位置。

对于传动而言,死点位置使机构处于自锁状态或从动曲柄运动不确定,如脚踏式缝纫机会出现踏不动或倒转现象。使机构顺利通过死点位置的方法是:①利用飞轮及从动件自身的惯性作用(图 1-15);②采用两组相同机构错列的方法。图 1-20 所示为两个错列的曲柄滑块机构,机构中滑块是主动件,曲柄是从动件。在图示的状态下,左边曲柄滑块机构处于死点位置,但右边曲柄滑块机构却不是处于死点位置,可以使公用的曲柄转动,从而使左边机构脱离死点。同理,当右边机构出现死点时,左边机构同样能使其脱离死点。

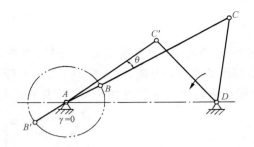 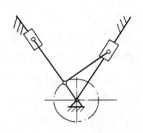

图 1-19　四连杆机构的死点　　　　图 1-20　用机构错列的方法防止死点

死点位置对传动虽然不利,但是对某些夹紧装置却可用于防松。例如,图 1-21 所示的铰链四杆机构,当工件 5 被夹紧时,铰链中心 B、C、D 共线,工件加在杆 1 上的反作用力无论多大,也不能使杆 3 转动。这就保证在去掉外力 F 之后,仍能可靠地夹紧工件。当需要取出工件时,只需向上扳动手柄,即能松开夹具。图 1-22 是开关中的一种机构,死点可保证动触点与定触点的可靠接触,使其在有振动、冲击时仍不改变位置。

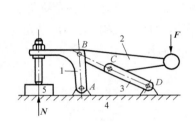 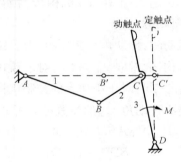

图 1-21　夹紧机构　　　　图 1-22　触点开关

3. 急回特性

图 1-23 所示为曲柄摇杆机构,设曲柄 AB 为原动件,曲柄回转一周有两次与连杆 BC 共线,同时摇杆 CD 分别位于两极限位置 C_1D 和 C_2D,其夹角 ψ 为摇杆的摆角。曲柄与连杆两次共线时曲柄位置所夹的锐角 θ 称为极位夹角。

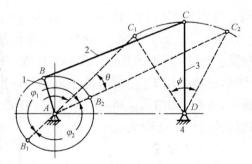

图 1-23　曲柄摇杆机构的急回特性

当曲柄 AB 顺时针匀速回转时,摇杆由 C_1D 摆到 C_2D 和由 C_2D 摆回 C_1D 其摆角相同,但曲柄 AB 的转角却分别为 $\varphi_1=180°+\theta$ 和 $\varphi_2=180°-\theta$,所对应时间 $t_1>t_2$,说明摇杆由 C_1D 摆到 C_2D 的平均角速度 ω_1 低于由 C_2D 摆回 C_1D 的平均角速度 ω_2,这种性质称为急回运动特性,它能满足某些机构的工作要求,如牛头刨床和插床。工作行程要求速度慢而均匀,以提高加工质量;空回行程要求速度快,以减少空程时间,提高工作效率。

急回运动性质用行程速比系数 K 表示,即

$$K=\frac{从动杆返回行程角速度}{从动杆工作行程角速度}=\frac{\psi/t_2}{\psi/t_1}=\frac{t_1}{t_2}$$

若曲柄的角速度为 ω,则 $\varphi_1=\omega t_1$,$\varphi_2=\omega t_2$,代入上式得

$$K = \frac{\varphi_1}{\varphi_2} = \frac{180° + \theta}{180° - \theta} \tag{1-3}$$

上式表明：极位夹角 θ 越大，K 值越大，急回运动的性质也越显著。将式(1-3)整理后，可得极位夹角的计算公式

$$\theta = 180° \frac{K - 1}{K + 1} \tag{1-4}$$

当 $\theta = 0$ 或 $K = 1$ 时，无急回运动性质。一般 $1 < K < 2$。设计新机构时，根据急回要求先定 K 值，即可求出 θ 值，然后再设计各构件的尺寸。

1.3　铰链四杆机构的曲柄存在条件

铰链四杆机构中是否存在曲柄，取决于机构各杆的相对长度和机架的选择。

首先，对存在一个曲柄的铰链四杆机构（曲柄摇杆机构）进行分析。图 1-24 所示的机构中，杆 1 为曲柄，杆 2 为连杆，杆 3 为摇杆，杆 4 为机架，各杆长度以 l_1、l_2、l_3、l_4 表示。为了保证曲柄 1 整周回转，其必须能顺利通过与机架 4 共线的两个位置 AB' 和 AB''。

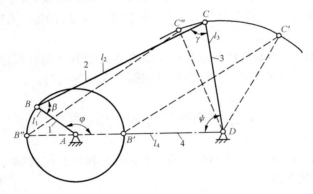

图 1-24　曲柄存在条件分析

当曲柄处于 AB' 位置时，形成 $\triangle B'C'D$。根据三角形任意两边之和必大于（极限情况下等于）第三边的定理，可得

$$l_2 \leqslant (l_4 - l_1) + l_3, \quad l_3 \leqslant (l_4 - l_1) + l_2$$

即
$$l_1 + l_2 \leqslant l_3 + l_4 \tag{1-5}$$
$$l_1 + l_3 \leqslant l_2 + l_4 \tag{1-6}$$

当曲柄处于 AB'' 位置时，形成 $\triangle B''C''D$。可写出以下关系式：

$$l_1 + l_4 \leqslant l_2 + l_3 \tag{1-7}$$

将式(1-5)、式(1-6)、式(1-7)两两相加，可得

$$l_1 \leqslant l_2, \quad l_1 \leqslant l_3, \quad l_1 \leqslant l_4$$

分析以上诸式，得出铰链四杆机构中曲柄存在的条件：①最短杆和最长杆长度之和小于或等于其他两杆长度之和；②在曲柄摇杆机构中，曲柄是最短杆。

在图 1-24 所示铰链四杆机构中，满足杆长条件，取不同杆为机架时，可以得到不同类型的铰链四杆机构。

（1）取与最短杆相邻的构件（杆 4 或杆 2）为机架时，最短杆 1 为曲柄，而另一连架杆 3 为

摇杆,故图 1-25(a)所示的两个机构均为曲柄摇杆机构。

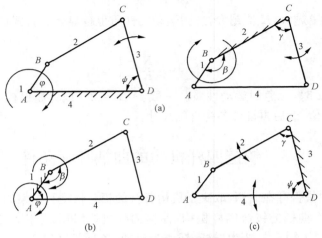

图 1-25　变更机架后机构的演化

（2）取最短杆为机架,其连架杆 2 和 4 均为曲柄,故图 1-25(b)所示为双曲柄机构[①]。

（3）取最短杆的对边(杆 3)为机架,则两连架杆 2 和 4 都不能整周转动,故图 1-25(c)所示为双摇杆机构。

如果铰链四杆机构中的最短杆与最长杆长度之和大于其余两杆长度之和,则该机构中不可能存在曲柄,无论取哪个构件作为机架,都只能得到双摇杆机构。

1.4　铰链四杆机构的演化

通过用移动副取代回转副、变更杆件长度、变更机架和扩大回转副等途径,还可以得到铰链四杆机构的其他演化形式。

1.4.1　曲柄滑块机构

如图 1-26(a)所示的曲柄摇杆机构,铰链中心 C 的轨迹是以 D 为圆心、l_3 为半径的圆弧 $\overparen{mm}$。若 l_3 增至无穷大,C 点轨迹变成直线,如图 1-26(b)所示,于是摇杆 3 演化为直线运动的滑块,回转副 D 演化为移动副,机构演化为如图 1-26(c)所示的曲柄滑块机构。若 C 点运动轨迹正对曲柄转动中心 A,则称为对心曲柄滑块机构;若 C 点运动轨迹 mm 的延长线与回转中心 A 之间存在偏距 e(图 1-26(d)),则称为偏置曲柄滑块机构。当曲柄等速转动时,偏置曲柄滑块机构可实现急回运动。

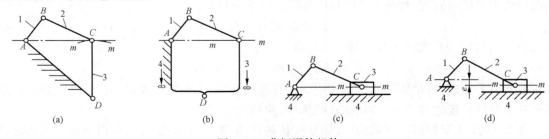

图 1-26　曲柄滑块机构

---

①　$l_1=l_3$、$l_2=l_4$ 的平行四边形机构。不论取任何一杆作机架,都是双曲柄机构。这是一个特例。

曲柄滑块机构广泛应用在活塞式内燃机、空气压缩机、冲床等机械中。

1.4.2　导杆机构

导杆机构可看成是改变曲柄滑块机构中的固定件而演化来的。如图 1-27(a)所示的曲柄滑块机构,若改取杆 1 为固定件,即得图 1-27(b)所示导杆机构。杆 4 称为导杆,滑块 3 相对导杆滑动并一起绕 A 点转动,通常取杆 2 为原动件。当 $l_1 < l_2$ 时(图 1-27(b)),杆 2 和杆 4 均可整周回转,故称为转动导杆机构;当 $l_1 > l_2$ 时(图 1-28),杆 4 只能往复摆动,故称为摆动导杆机构。导杆机构常用于牛头刨床、插床和回转式油泵之中。

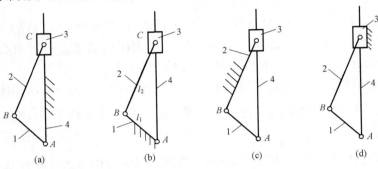

图 1-27　曲柄滑块机构的演化

在图 1-27(a)所示曲柄滑块机构中,若取杆 2 为固定件,即可得图 1-27(c)所示摆动滑块机构,或称摇块机构。这种机构广泛应用于摆缸式内燃机和液压驱动装置中。例如在图 1-29 卡车车厢自动翻转卸料机构中,当油缸 3 中的压力油推动活塞杆 4 运动时,车厢 1 便绕回转副中心 B 旋转,当达到一定角度时,物料就自动卸下。

在图 1-27(a)所示曲柄滑块机构中,若取杆 3 为固定杆,即可得图 1-27(d)所示固定滑块机构,或称定块机构。这种机构常用于抽水唧筒(图 1-30)和抽油泵中。

图 1-28　摆动导杆机构　　　　图 1-29　自卸货车　　　　图 1-30　抽水唧筒

1.5　平面连杆机构的设计

1.5.1　按照给定的行程速比系数设计四杆机构

在设计具有急回运动特性的四杆机构时,通常按实际需要先给定行程速比系数 K 的数值,然后根据机构在极限位置的几何关系,结合有关辅助条件来确定机构运动简图的尺寸参数。

已知条件:摇杆长度 l_3、摆角 ψ 和行程速比系数 K。

设计的实质是确定铰链中心 A 点的位置,定出其他三杆的尺寸 l_1、l_2 和 l_4。

设计步骤如下:

① 由给定的行程速比系数 K,按式(1-4)求出极位夹角

$$\theta = 180° \frac{K-1}{K+1}$$

② 如图 1-31 所示,任选固定铰链中心 D 的位置,由摇杆长度 l_3 和摆角 ψ,作出摇杆两个极限位置 C_1D 和 C_2D。

③ 连接 C_1 和 C_2,并作 C_1M 垂直于 C_1C_2。

④ 作 $\angle C_1C_2N = 90° - \theta$,$C_2N$ 与 C_1M 相交于 P 点,由图可见,$\angle C_1PC_2 = \theta$。

⑤ 作 $\triangle PC_1C_2$ 的外接圆,此圆上任取一点 A 作为曲柄的固定铰链中心。连接 AC_1 和 AC_2,因同一圆弧的圆周角相等,故 $\angle C_1AC_2 = \angle C_1PC_2 = \theta$。

⑥ 因极限位置处曲柄与连杆共线,故 $AC_1 = l_2 - l_1$,$AC_2 = l_2 + l_1$,从而得曲柄长度 $l_1 = \frac{1}{2}(AC_2 - AC_1)$。再以 A 为圆心、l_1 为半径作圆,交 C_1A 的延长线于 B_1,交 C_2A 于 B_2,即得 $B_1C_1 = B_2C_2 = l_2$ 及 $AD = l_4$。

由于 A 点是 $\triangle C_1PC_2$ 外接圆上任选的点,所以若仅按行程速比系数 K 设计,可得无穷多的解。A 点位置不同,机构传动角的大小也不同。如欲获得良好的传动质量,可按照最小传动角最优或其他辅助条件来确定 A 点的位置。

1.5.2　按照给定的行程速比系数设计偏置曲柄滑块机构

图 1-32 所示偏置曲柄滑块机构中,若已知行程速比系数 K、滑块的行程 s 及偏距 d,其设计步骤与前述相同。在计算出极位夹角 θ 后,作一直线 $C_1C_2 = s$,它代替了曲柄摇杆机构中的弦线 C_1C_2,然后按上述完全相同的方法作出曲柄回转中心 A 所在的圆弧 $\overset{\frown}{C_1AC_2}$。作一条直线平行于 C_1C_2 且距离为 d,该直线与 $\overset{\frown}{C_1AC_2}$ 的交点即为曲柄回转中心 A。A 确定后,根据几何关系可计算出曲柄及连杆的长度。

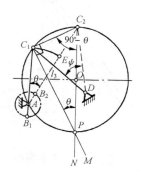

图 1-31　按行程速比系数设计
曲柄摇杆机构

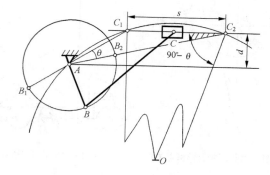

图 1-32　按行程速比系数设计曲柄滑块机构

1.5.3　按照给定连杆位置设计四杆机构

图 1-33 所示为铸工车间翻台振实式造型机的翻转机构。它是应用一个铰链四杆机构来实现翻台的两个工作位置的。在图中实线位置Ⅰ,砂箱 7 与翻台 8 固连,并在振实台 9 上振实造型。当压力油推动活塞 6 时,通过连杆 5 使摇杆 4 摆动,从而将翻台与砂箱转到虚线位置

Ⅱ。然后托台 10 上升,接触砂箱,解除砂箱与翻台间的紧固连接,并起模。

今给定与翻台固连的连杆 3 的长度 $l_2 = BC$ 及其两个位置 B_1C_1 和 B_2C_2,要求确定连架杆与机架组成的固定铰链中心 A 和 D 的位置,并求出其余三杆的长度 l_1、l_2 和 l_4。由于连杆 3 上 B、C 两点的轨迹分别为以 A、D 为圆心的圆弧,所以 A、D 必分别位于 B_1B_2 和 C_1C_2 的垂直平分线上。故可得设计步骤如下:

① 根据给定条件,绘出连杆 3 的两个位置 B_1C_1 和 B_2C_2。

② 分别连接 B_1 和 B_2、C_1 和 C_2,并作 B_1B_2、C_1C_2 的垂直平分线 b_{12}、c_{12}。

③ 由于 A 和 D 两点可在 b_{12} 和 c_{12} 两直线上任意选取,故有无穷多解。在实际设计时,还可以考虑其他辅助条件,例如,最小传动角、各杆尺寸所允许的范围或其他结构上的要求等。本机构要求 A、D 两点在同一水平线上,且 $AD = BC$。根据这一附加条件,即可唯一地确定 A、D 的位置,并作出所求的四杆机构 AB_1C_1D。

若给定连杆三个位置,图解法与上述基本相同。图 1-34 所示,连杆的三个给定位置分别为 B_1C_1、B_2C_2 和 B_3C_3,利用三点求圆心的方法,分别作 B_1B_2 和 B_2B_3 的垂直平分线交于 A 点,再作 C_1C_2 和 C_2C_3 的垂直平分线交于 D 点,AB_1C_1D 即为所求的铰链四杆机构。

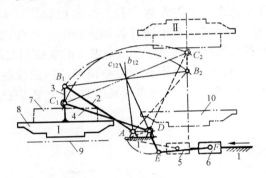

图 1-33　造型机翻转机构

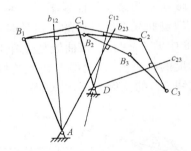

图 1-34　给定连杆三个位置的
四杆运动设计

1.5.4　按给定两连架杆间对应位置设计四杆机构

在图 1-35 所示铰链四杆机构中,已知连架杆 AB 和 CD 的三对对应角位置 φ_1、ψ_1,φ_2、ψ_2,φ_3、ψ_3,设计该机构。

现通过解析法来讨论本设计。设 l_1、l_2、l_3、l_4 分别代表各杆长度,因机构各杆长度按同一比例增减时,各杆转角间的关系将不变,故只需确定各杆的相对长度。因此可取 $l_1 = 1$,则该机构的待求参数就只有 l_2、l_3、l_4 三个了。

当该机构在任意位置时,取各杆在坐标轴 x、y 上的投影,可得以下关系式:

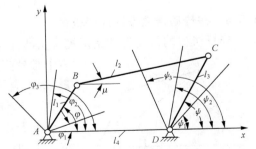

图 1-35　四杆机构的设计

$$\left.\begin{array}{c} \cos\varphi + l_2\cos\mu = l_4 + l_3\cos\psi \\ \sin\varphi + l_2\sin\mu = l_3\sin\psi \end{array}\right\} \qquad (1\text{-}8)$$

将式(1-8)整理后,可得

$$\cos\varphi = \frac{l_4^2 + l_3^2 + 1 - l_2^2}{2l_4} + l_3\cos\psi - \frac{l_3}{l_4}\cos(\psi - \varphi) \qquad (1\text{-}9)$$

为简化式(1-9),令

$$\lambda_0 = l_3, \quad \lambda_1 = -l_3/l_4, \quad \lambda_2 = (l_4^2 + l_3^2 + 1 - l_2^2)/(2l_4) \tag{1-10}$$

则式(1-9)变成

$$\cos\varphi = \lambda_0 \cos\psi + \lambda_1 \cos(\psi - \varphi) + \lambda_2 \tag{1-11}$$

式(1-11)即为两连架杆 AB 与 CD 转角之间的关系式。将已知的三对对应转角 φ_1、ψ_1,φ_2、ψ_2,φ_3、ψ_3 分别代入式(1-11),可得方程组

$$\left.\begin{aligned}
\cos\varphi_1 &= \lambda_0 \cos\psi_1 + \lambda_1 \cos(\psi_1 - \varphi_1) + \lambda_2 \\
\cos\varphi_2 &= \lambda_0 \cos\psi_2 + \lambda_1 \cos(\psi_2 - \varphi_2) + \lambda_2 \\
\cos\varphi_3 &= \lambda_0 \cos\psi_3 + \lambda_1 \cos(\psi_3 - \varphi_3) + \lambda_2
\end{aligned}\right\} \tag{1-12}$$

由方程组可解出三个未知数 λ_0、λ_1、λ_2。将它们代入式(1-10),即可求得 l_2、l_3、l_4。这里求出的杆长为相对于 $l_1=1$ 的相对杆长,可按具体需要乘以同一比例常数后所得的机构都能实现对应的转角。

1.5.5 按给定的轨迹设计平面四杆机构

四杆机构运动时,连杆做平面复杂运动,它上面的任一点,都能描绘出一条封闭曲线,这种曲线称为连杆曲线。连杆曲线的形状,随该点在连杆上的位置和各构件的相对长度不同而不同,图 1-36 所示为某连杆曲线图谱中的一页,该图谱是取不同杆长用实验的方法作出连杆上不同点的轨迹曲线汇编成册的。设计时,读者可先从图谱中查出与要求点的轨迹相似的曲线,如图 1-36 中的 β-β 曲线,该曲线是连杆上 E 点的轨迹;由该页中可查出形成该曲线的四杆机构各杆长度的相对值,并量得 E 点在连杆上的位置;各构件的实际长度尺寸,可根据已知轨迹与相似曲线 β-β 的比例大小,计算得出。

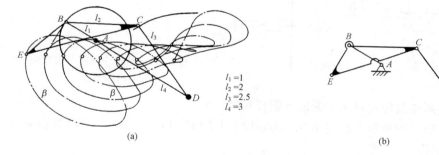

(a)　　　　　　　　　　　　　　　　(b)

图 1-36　连杆曲线图谱

1.5.6 按传动特性设计连杆机构

连杆机构的传动特性是指机构从动杆与主动杆之间的运动方程,由于连杆机构在仪器仪表中常是测量链中的一个环节,用来传递、放大和变换被测量,所以应研究其传动特性。

1. 铰链四杆机构的传动特性

图 1-37 所示铰链四杆机构的各杆长度分别用 a、b、c、d 表示。主动杆 AB 的转角 φ 和从动杆 DC 的转角 ψ 之间的关系式可如下求得

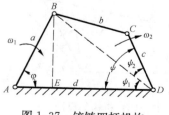

图 1-37　铰链四杆机构

$$\tan\psi_1 = \frac{EB}{ED} = \frac{EB}{AD - AE} = \frac{a\sin\varphi}{d - a\cos\varphi}$$

又因

$$BC^2 = DC^2 + DB^2 - 2DC \cdot DB\cos\psi_2$$

故
$$\cos\psi_2 = \frac{a^2 - b^2 + c^2 + d^2 - 2ad\cos\varphi}{2c\sqrt{a^2 + d^2 - 2ad\cos\varphi}}$$

最后得从动杆的转角为
$$\psi = \arctan\frac{a\sin\varphi}{d - a\cos\varphi} + \arccos\frac{a^2 - b^2 + c^2 + d^2 - 2ad\cos\varphi}{2c\sqrt{a^2 + d^2 - 2ad\cos\varphi}} \tag{1-13}$$

从动杆的角速度为
$$\omega_2 = \frac{\mathrm{d}\psi}{\mathrm{d}t} = \frac{\omega_1 a}{a^2 + d^2 - 2ad\cos\varphi}$$
$$\times \left[d\cos\varphi - a - \frac{d\sin\varphi(a^2 + b^2 - c^2 + d^2 - 2ad\cos\varphi)}{\sqrt{4b^2c^2 - (a^2 - b^2 - c^2 + d^2 - 2ad\cos\varphi)^2}} \right] \tag{1-14}$$

式中，$\omega_1 = \dfrac{\mathrm{d}\varphi}{\mathrm{d}t}$，即主动杆的角速度。

因此，传动比 i 为
$$i_{21} = \frac{\omega_2}{\omega_1} = \frac{\mathrm{d}\psi}{\mathrm{d}\varphi} = \frac{a}{a^2 + d^2 - 2ad\cos\varphi}$$
$$\times \left[d\cos\varphi - a - \frac{d\sin\varphi(a^2 + b^2 - c^2 + d^2 - 2ad\cos\varphi)}{\sqrt{4b^2c^2 - (a^2 - b^2 - c^2 + d^2 - 2ad\cos\varphi)^2}} \right] \tag{1-15}$$

由上式可见，四连杆机构具有非线性特性，而且其传动比与结构参数 a、b、c、d 及位置参数 φ 等许多因素有关。

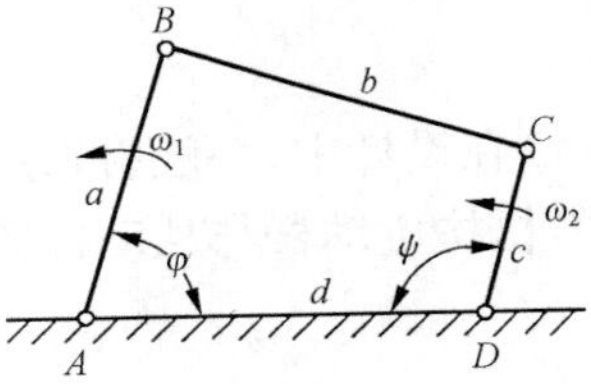

虽然四连杆机构的特性是非线性的，但是当它在图 1-38 所示的特定位置附近工作时，却具有近似线性的特点。自动化仪表中常利用这一特点将四连杆机构用作线性放大机构。图 1-38 所示四连杆机构的位置特点是

图 1-38　四连杆机构的特定位置

$$\angle ABC = \angle BCD = 90°$$

由于
$$\cos\varphi = \frac{a - c}{d}, \quad \sin\varphi = \frac{b}{d}$$
$$d^2 - b^2 = (a - c)^2$$

不难从传动比公式(1-15)推导出
$$i_{21} = \frac{\omega_2}{\omega_1} = \frac{\mathrm{d}\psi}{\mathrm{d}\varphi} = -\frac{a}{c} \tag{1-16}$$

即四连杆机构的传动比 i 在这种特定条件下，获得了上述很简单的形式，其数值只与 a、c 两个参数有关。当 a、c 一定时，只要机构在此特定位置附近工作，就有可能获得近似线性的特性。由于传动比与参数 d、b 无关，因此结构设计时参数简单，工作可大大简化。

2. 近似线性铰链四杆机构设计

如图 1-39(b)所示，设主动杆 AB 由初始位置 φ_a 摆过 φ_g 到达终止位置 φ_b，则从动杆 DC 从 ψ_A 摆过 ψ_g 到达 ψ_B，如果传动特性是线性的，则其特性线为一直线 AB。机构传动比为常数，其值等于 AB 的斜率，即
$$i = \frac{\psi_g}{\varphi_g} = \tan\angle ABS$$

如前所述，铰链四杆机构的传动比 i 是变化的。实际情况是当主动杆位于 φ_a 时，从动杆处于 ψ_a；当主动杆转动到 φ_b 时，从动杆转至 ψ_b 位置，它们之间的关系是非线性的，其特性线为

曲线$\widehat{ab}$。由图 1-39(b)可知,曲线$\widehat{ab}$仅在切点 c 与直线有相同的传动比,而在其他位置均有误差,两极限位置 A、B 的误差最大,应进行验算

$$\left.\begin{array}{l}\delta_A = \left|\dfrac{\Delta\psi_A}{\psi_g}\right| = \left|\dfrac{\psi_a - \psi_A}{\psi_g}\right|100\% \leqslant [\delta]\\[3mm]\delta_B = \left|\dfrac{\Delta\psi_B}{\psi_g}\right| = \left|\dfrac{\psi_b - \psi_B}{\psi_g}\right|100\% \leqslant [\delta]\end{array}\right\} \tag{1-17}$$

式中,ψ_a、ψ_b 为从动杆在两极限位置时实际转角,按式(1-13)计算;ψ_A、ψ_B 为从动杆在两极限位置时理论转角;$[\delta]$为机构允许的转角误差,根据仪器精度确定。

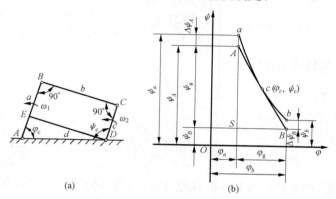

图 1-39　近似线性铰链四杆机构设计

在设计中,一般将切点 c 选在直线 AB 的中点(图 1-39(b)),这样会使误差分布均匀。此时,机构主动杆与从动杆皆与连杆垂直(图 1-39(a)),对于指针标尺示数装置的仪表,则指针正好处于标尺刻度的中间位置。

3. 曲柄滑块机构的传动特性

下面研究曲柄滑块机构的传动特性,即滑块位移与曲柄转角之间的函数关系。在仪器仪表中,常应用曲柄滑块机构将直线位移 s 转变为角位移 α。

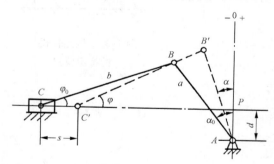

图 1-40　曲柄滑块机构计算用图

图 1-40 所示的曲柄滑块机构,以 A_0 为 α 角的基准,正负 α 角如图所示。若滑块从 C 点移动到 C' 点,则位移量 s 与曲柄转角 α 之间的关系推导如下:

$$\begin{aligned}s &= CP - C'P = b\cos\varphi_0 + a\sin(-\alpha_0) - [b\cos\varphi + a\sin(-\alpha)]\\&= b(\cos\varphi_0 - \cos\varphi) + a(\sin\alpha - \sin\alpha_0)\end{aligned}$$

由　　　$\sin\varphi = \dfrac{a\cos\alpha - d}{b}$,　$\cos\varphi = \sqrt{1-\sin^2\varphi} = \sqrt{1-\left(\dfrac{a\cos\alpha - d}{b}\right)^2}$

得

$$s = a(\sin\alpha - \sin\alpha_0) + b\left[\sqrt{1-\left(\dfrac{a\cos\alpha_0 - d}{b}\right)^2} - \sqrt{1-\left(\dfrac{a\cos\alpha - d}{b}\right)^2}\right] \tag{1-18}$$

曲柄滑块机构的传动比

$$i = \frac{\mathrm{d}\alpha}{\mathrm{d}s} = \frac{1}{a} \cdot \frac{1}{\cos\alpha - \dfrac{(a\cos\alpha - d)\sin\alpha}{b\sqrt{1 - \left(\dfrac{a\cos\alpha - d}{b}\right)^2}}} \tag{1-19}$$

用曲柄长度 a 除以其他参数,得到机构的相对参数。令

$$\lambda = \frac{b}{a}, \quad \varepsilon = \frac{d}{a}, \quad x = \frac{s}{a}$$

得

$$x = (\sin\alpha - \sin\alpha_0) + \sqrt{\lambda^2 - (\cos\alpha_0 - \varepsilon)^2} - \sqrt{\lambda^2 - (\cos\alpha - \varepsilon)^2} \tag{1-20}$$

式中,λ 为相对杆长;ε 为相对偏轴量;x 为相对位移量。

相对传动比为

$$i_a = \frac{\mathrm{d}\alpha}{\mathrm{d}x} = \frac{1}{\cos\alpha - \dfrac{(\cos\alpha - \varepsilon)\sin\alpha}{\sqrt{\lambda^2 - (\cos\alpha - \varepsilon)^2}}} \tag{1-21}$$

从以上分析可知,曲柄滑块机构是传动特性较复杂的非线性机构。

比较式(1-18)、(1-19)与式(1-20)、(1-21),可以看出,用机构的相对参数计算曲柄滑块机构,公式中的参数从三个减少到两个。在相对传动比 $i_a = f(\alpha)$ 的公式中,只有 λ 和 ε 两个参数,这样就可以比较方便地用曲线族来表示不同 λ 值与 ε 值时的 $i_a = f(\alpha)$ 曲线,为设计曲柄滑块机构提供方便。

由式(1-19)和式(1-21)可以得出机构传动比与机构相对传动比之间的关系为

$$i_a = a \cdot i \tag{1-22}$$

上式说明二者仅差一个曲柄长度 a 的倍数,其变化规律相同,研究 i_a 的变化情况与研究 i 的变化情况是等同的。

图 1-41 是曲柄滑块机构的相对传动比的曲线族。

从绘出的相对传动比曲线来看,其基本规律如下:

(1) 大多数曲线都是从大到小变化,到某一极值后又逐渐增大。即相对传动比 i_a 大致可分为三个区间:传动比渐减区,近似常数值区(在极值附近),传动比渐增区。

(2) 在相同的曲柄工作转角范围内,选取不同的初始角 α_0,即使是同一机构也会呈现不同的特性。所以应根据对曲柄滑块机构不同的特性要求来选取初始角 α_0。

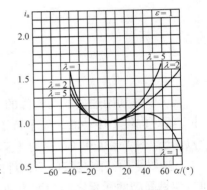

图 1-41 曲柄滑块机构
相对传动比曲线

经分析可知,四连杆机构和曲柄滑块机构的传动特性均为非线性特性,但它们却存在一个较小的线性工作区间,只要在此区间内,并且非线性度不超过允许值,就可认为是线性机构。正因为它们具有这样的特性,所以在精密仪器及一些测量仪表中得到广泛应用。

1.5.7 速度瞬心及其求法

由于瞬心法分析速度非常简便清晰,下面介绍瞬心法的基本知识。

如图 1-42 所示,当两个刚体 1、2 做平面相对运动时,在任一瞬时,其相对运动可看做是绕某一重合点的转动,该重合点称为速度瞬心,简称瞬心。瞬心是两刚体上瞬时相对速度为零的重合点,也是瞬时绝对速度相同的重合点(即等速点)。如果两个刚体都是运动的,则其瞬心称为相对速度瞬心,如果两个刚体之一是静止的,则其瞬心称为绝对速度瞬心。

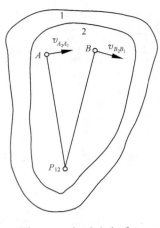

图 1-42　相对速度瞬心

由于任何两个构件之间都存在一个瞬心,所以根据排列组合原理,由 n 个构件组成的机构,其总的瞬心数为

$$N = n(n-1)/2$$

如上所述,机构中每两个构件之间就有一个瞬心。如果两个构件是通过运动副直接连接在一起的,那么其瞬心位置可以很容易地通过直接观察加以确定。如果两构件并非直接连接形成运动副,则它们的瞬心位置需要用"三心定理"来确定。下面分别介绍。

(1) 通过运动副直接相连的两构件的瞬心。

① 以转动副连接的两构件的瞬心。如图 1-43(a)、(b)所示,当两构件 1、2 以转动副连接时,则转动副中心即为其瞬心 P_{12}。图 1-43(a)、(b)中的 P_{12} 分别为绝对瞬心和相对瞬心。

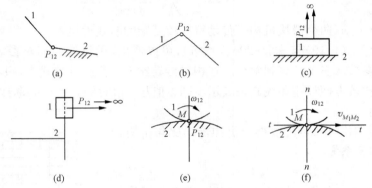

图 1-43　构件的瞬心

② 以移动副连接的两构件的瞬心。如图 1-43(c)、(d)所示,当两构件以移动副连接时,构件 1 相对构件 2 移动的速度平行于导路方向,因此瞬心 P_{12} 应位于移动副导路方向之垂线上无穷远处。图 1-43(c)、(d)中的 P_{12} 分别为绝对瞬心和相对瞬心。

③ 以平面高副连接的两构件的瞬心。如图 1-43(e)、(f)所示,当两构件以平面高副连接时,如果高副两元素之间为纯滚动(ω_{12} 为相对滚动的角速度),则两元素的接触点 M 即为两构件的瞬心 P_{12},如果高副两元素之间既做相对滚动,又有相对滑动($v_{M_1 M_2}$ 为两元素接触点的相对滑动速度),则不能直接定出两构件的瞬心 P_{12} 的具体位置。但是,因为构成高副的两构件必须保持接触,而且两构件在接触点 M 处的相对移动速度必定沿着高副接触点处的公切线 t-t 方向。由此可知,两构件的瞬心 P_{12} 必位于高副两元素在接触处的公法线 n-n 上。

(2) 不直接相连的两构件的瞬心。对于不直接组成运动副的两构件的瞬心,可应用三心定理来求。所谓三心定理就是:做平面运动的三个构件共有三个瞬心,它们位于同一直线上。

1.6　应用实例——遥控板仪表综合设计

QFB 气动遥控板为固定装置的工业仪表,一般均装在控制室内的仪表盘上,它们有的与气动单元组合仪表配套使用,有的作为单独手操遥控使用,可以用来测量调节器输出压力及手操定值器输出给阀门的压力。图 1-44 是 QFB 气动遥控板仪表的产品实物图,图 1-45 是

QFB 气动遥控板仪表的装配图。

仪表的测量元件用波纹管和弹簧并联,当被测压力进入测量波纹管时,波纹管和弹簧产生变形,通过曲柄滑块机构和四杆机构把直线位移转变为放大了的指针的转角。此时,指针指示读数即为输入信号压力。

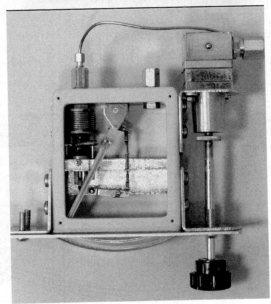

图 1-44　QFB 气动遥控板仪表的产品实物图

QFB 气动遥控板技术指标与已知条件如下:

(1) 压力测量范围 0.02~0.1MPa;

(2) 仪表为线性刻度,非线性误差 $\delta < 2\%$;

(3) 环境温度 20℃±5℃,无振动;

(4) 波纹管弹簧组合系统输出最大位移 $s_{max} = 2.2$mm(滑块的位移);

(5) 曲柄滑块机构中,曲柄的转角范围 $\alpha_g = 14.4°$;

(6) 四杆机构的传动比 $i_{21} = -2.5$,固定机架 $AD = 41.76$mm,曲柄 $AB = 20$mm。

要求:(1)画出机构简图;(2)计算机构自由度;(3)设计曲柄滑块机构的参数;(4)设计四杆机构的参数。

　　解　画出机构简图,QFB 气动遥控板机构简图见图 1-46。

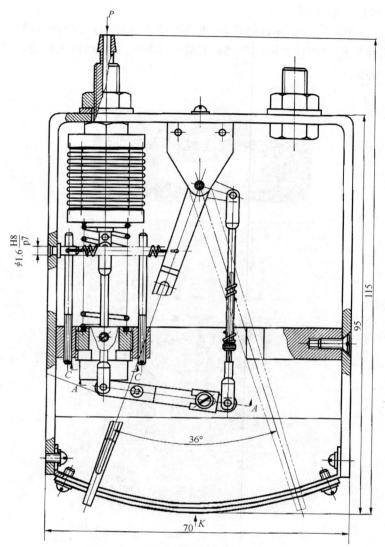

图 1-45　QFB气动遥控板仪表的装配图

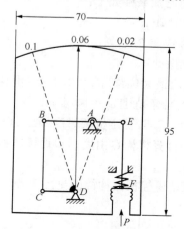

图 1-46　遥控板仪表机构简图

习　题

1-1　计算图 1-47 所示机构的自由度。

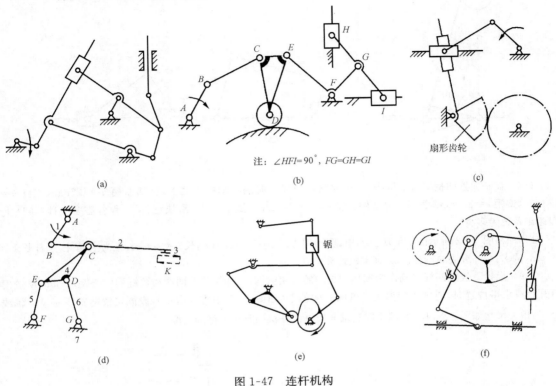

注：∠HFI=90°，FG=GH=GI

(a)　　　　　　　　　　(b)　　　　　　　　　　(c)

(d)　　　　　　　　　　(e)　　　　　　　　　　(f)

图 1-47　连杆机构

1-2　试根据图中注明的尺寸判断下列铰链四杆机构是曲柄摇杆机构、双曲柄机构，还是双摇杆机构，见图 1-48。

1-3　如图 1-49 所示铰链四杆机构中，各构件的长度 $l_1 = 250$mm，$l_2 = 590$mm，$l_3 = 340$mm，$l_4 = 510$mm。试问：(1) 当取杆 4 为机架时，是否有曲柄存在？(2) 若各杆长度不变，能否以不同杆为机架而获得双曲柄和双摇杆机构？如何获得？

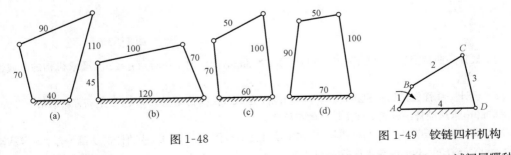

(a)　　　　　　(b)　　　　　　(c)　　　　　　(d)

图 1-48　　　　　　　　　　　　　图 1-49　铰链四杆机构

1-4　四杆机构如图 1-49 所示，已知 $l_1 = 150$mm，$l_2 = 120$mm，$l_3 = 180$mm，$l_4 = 200$mm，试问属哪种机构？

1-5　设计一脚踏轧棉机的曲柄摇杆机构。要求踏板 CD 在水平位置上下各摆 10°，且 $l_{CD} = 500$mm，$l_{AD} = 1000$mm，试用图解法求曲柄 AB 和连杆 BC 的长度，见图 1-50。

1-6 试问图 1-51 所示各机构是否均有急回运动？以构件 1 为原动件时，是否都有死点？在什么情况下才会有死点？

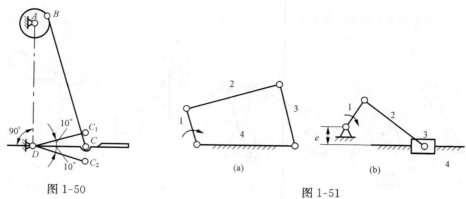

图 1-50　　　　　　　　　　　　图 1-51

1-7 在一偏置曲柄滑块机构中，滑块导路方向线在曲柄转动中心之上，已知曲柄 $a=127$mm，连杆 $b=473$mm，偏距 $e=300$mm，曲柄为主动件，其转速 $n=2$r/min。试求：(1)滑块正、反行程各需多少秒？(2)行程速比系数为多少？

1-8 在图 1-52 所示曲柄滑块机构中，已知偏心距 $e=10$mm，曲柄长 $a=20$mm，且为主动件，连杆长 $b=60$mm，试求：(1)滑块的行程；(2)画出极位夹角 θ。

1-9 设计一铰链四杆机构作为加热炉炉门的启闭机构，已知炉门上两活动铰链的中心距为 50mm，炉门打开后成水平位置时，要求炉门温度较低的一面朝上(如图 1-53 中虚线所示)，设固定铰链安装在 y-y 轴线上，其相关尺寸如图 1-53 所示，用图解法求此铰链四杆机构其余三杆的长度。

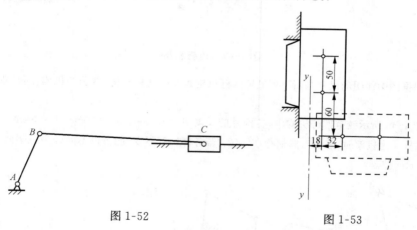

图 1-52　　　　　　　　　　　　图 1-53

1-10 设计一曲柄滑块机构。已知滑块的位移 $s_g=3$mm，曲柄的工作转角 $\alpha_g=20°$，要求机构的非线性误差 δ 小于 1.5%。

1-11 设计一线性铰链四杆机构，主动杆摆动范围为 12°，机构传动比为 3，已知主动杆杆长 $a=150$mm，连杆 $b=60$mm，求从动杆的杆长 c 和主动杆的初始角 φ_a。

1-12 设计遥控板气压计的四杆机构，已知主动杆摆动范围 $\varphi_g=14.4°$，从动杆摆动范围 $\psi_g=36°$，从动杆杆长 $c=8$mm，连杆 $b=39$mm，要求误差 $\delta \leqslant 1.5\%$。

第 2 章　凸轮与间歇运动机构

2.1　凸轮机构

2.1.1　概述

在机器、仪器及精密机械中,当要求从动件的运动按照预定规律变化时,通常宜采用凸轮机构实现。

如图 2-1 所示,凸轮是一个具有曲线轮廓或凹槽的构件,通常凸轮为主动件,它做连续等速运动,从动件(如推杆或摆杆)则按预定规律运动。但由于凸轮轮廓与推杆之间为点、线接触,属高副机构,易磨损,所以凸轮机构多用于传力不大的场合。

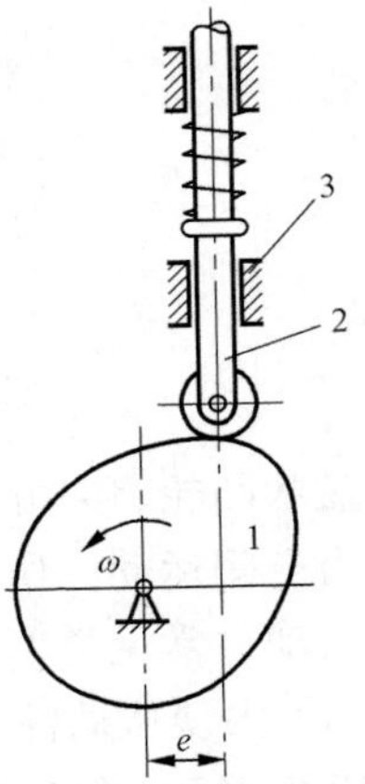

图 2-2 所示为 DKJ 型电动执行器的位置反馈凸轮机构。端面凸轮 1 装在执行器的输出轴上,推杆 2 的一端紧贴在凸轮工作面上,另一端装有铁心 3。当执行器的输出轴绕轴线 OO 转动一定的角度时,凸轮也转过相应角度,同时推动推杆,即改变铁心在差动变压器中的位置,差动变压器的输出信号代表执行器轴的转角。

图 2-3 为铣削加工给定廓线的靠模凸轮机构。靠模凸轮 2 绕 O_1 做等角速度转动时,它的廓线推动与齿轮固接在一起的从动件 3 以一定运动规律绕轴 O_2 摆动,再通过齿轮与齿条传动,移动铣刀 5 的轴 4,这样便在绕轴 O_3 转动的构件 6 上铣出所给定的廓线。显然,给定廓线的形状与靠模凸轮的轮廓有关。

图 2-1　凸轮机构的组成
1—凸轮;2—从动件;3—机架

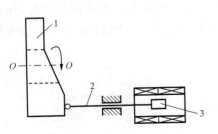

图 2-2　位置反馈凸轮

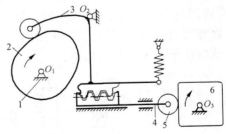

图 2-3　靠模凸轮机构

常用的凸轮机构如图 2-4 所示。按图中所示的结构形状可分为如下几种类型:

(1) 盘状凸轮。它是凸轮的最基本形式。这种凸轮(图 2-4(a)～(e))是一个绕固定轴线转动并具有变化半径的盘形零件。

(2) 移动凸轮。当盘形凸轮的回转中心趋于无穷远时,凸轮相对机架做往复直线移动(图 2-4(k)～(m)),这种凸轮称为移动凸轮。

(3) 圆柱凸轮。如图 2-4(f)～(j)所示,这种凸轮可以认为是将移动凸轮卷成圆柱体演化成的。

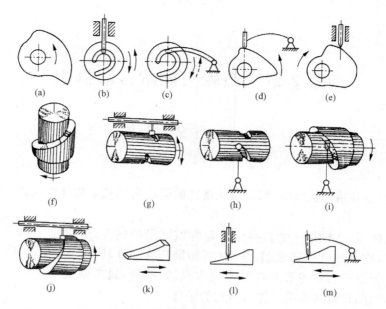

图 2-4　凸轮机构的分类

　　盘状凸轮、移动凸轮与从动件之间的相对运动为平面运动；圆柱凸轮与从动件之间的相对运动为空间运动。所以前两种属于平面凸轮机构，后一种属于空间凸轮机构。

　　从动件常见类型（图 2-5）有：

　　（1）尖顶从动件（图 2-5(a)）。它的结构简单，不论凸轮的轮廓曲线如何，都能与凸轮轮廓上所有点接触，故能实现较复杂的运动规律。但因尖顶易于磨损，故只适用于传力不大的低速凸轮机构中。

　　（2）滚子从动件（图 2-5(b)）。滚子与凸轮轮廓之间是滚动摩擦，故磨损小，转动灵活，是常用的从动件形式。

　　（3）平底从动件（图 2-5(c)）。这种从动件仅可以与轮廓外凸的盘状凸轮相互作用，而不能用于具有内凹轮廓的盘状凸轮。这种从动件的优点是凸轮作用在平底从动件上的力方向不变（不考虑摩擦时，作用力始终垂直于平底），且凸轮与从动件接触面间易于形成楔形油膜，能减少磨损，故常用于高速凸轮机构中。

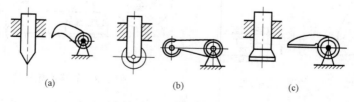

图 2-5　从动件的形式

　　凸轮机构在运动过程中，从动件必须始终与凸轮接触，为此通常采用两种方法：力封闭法和几何封闭法。

　　（1）力封闭法。是靠弹性力或重力使从动件紧贴在凸轮轮廓曲线上，如图 2-1 所示。

　　（2）几何封闭法。是靠凸轮或从动件的几何形状，使两者不能脱离，如图 2-6 所示。图 2-6(a)是在凸轮上制出凹槽，从动件的滚子与凹槽两侧面接触；图 2-6(b)是将从动件制成框架形，它的上平底和下平底同时与凸轮接触。

　　凸轮机构的优点是，只要确定适当的凸轮轮廓，便可以使从动件得到预定的规律运动。而且机构比较简单、紧凑，工作可靠。其缺点是，凸轮轮廓曲线加工比较难，凸轮与从动件为点或线接触，磨损较严重，因此一般传递的力不能太大。

　　设计凸轮机构时，应根据具体工作要求（已知从动件运动规律），在合理选择机构型式、进行力的分析和必要验算后，用图解法或分析法设计凸轮轮廓，直至完成

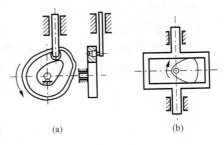

图 2-6　几何封闭法

结构设计。因而主要是按已知从动件的运动规律设计凸轮轮廓。一般不进行强度计算。但当高速和承受大载荷时，需要校验凸轮与推杆接触面的接触强度。

2.1.2　从动件常用运动规律

　　图 2-7(a)所示为尖顶移动从动件盘状凸轮机构。其中以凸轮轮廓最小向径 r_b 为半径所作的圆称为凸轮的基圆。图中所示凸轮机构的位置为从动件开始上升的位置，这时尖顶与凸轮轮廓上 A 点接触。令凸轮逆时针转动，当向径渐增的轮廓 AB 与尖顶作用时，从动件以一定的运动规律被凸轮推向上运动；待 B 转到 B′ 时，从动件上升到距凸轮回转中心最远的位置。当轮廓 AB 作用时，凸轮转过的角度 $\angle BOB'$ 称为推程运动角。当凸轮继续回转到圆弧 BC 与尖顶作用时，从动件在最远位置停留，这时对应的凸轮转角称为远休止角。当向径渐减的轮廓 CD 与尖顶作用时，从动件以一定的运动规律降回初始位置，这时凸轮转过的角度称为回程运动角。同理，当基圆弧 DA 与尖顶作用时，从动件在距离凸轮回转中心最近的位置停留不动，这时对应的凸轮转角称为近休止角。当凸轮继续回转时，从动件又重复进行升—停—降—停的循环运动。

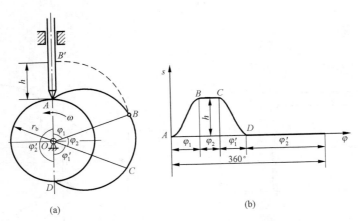

图 2-7　尖顶移动从动件盘状凸轮机构及其位移线图

　　从动件位移 s 与凸轮转角 φ 之间的对应关系可用图 2-7(b)所示位移线图来表示。其中从动件最大位移 h 称为升程，φ_1 和 φ_1' 分别表示推程运动角和回程运动角，φ_2 和 φ_2' 分别为远休止角和近休止角。同样可求出 $v\text{-}t$ 和 $a\text{-}t$ 线图，它们统称为从动件运动规律线图。由上述可知，从动件的运动与凸轮轮廓的形状是对应的，因此，在设计凸轮轮廓之前应首先确定从动件的运动规律。

　　从动件的运动规律很多,其常见的运动规律有等速、等加速、等减速、简谐运动规律等。

　　1) 等速运动规律

　　从动件做等速运动时,其运动线图如图 2-8 所示。其位移曲线为过原点的斜直线。由图可得运动线图的表达式为

$$\left.\begin{array}{l} s = \dfrac{h}{\varphi_1}\varphi \\[2mm] v = v_0 = \dfrac{h}{\varphi_1}\omega \\[2mm] a = 0 \end{array}\right\} \tag{2-1}$$

然而,在行程开始位置,速度由 0 变为 v_0,其导数

$$a = \frac{\mathrm{d}v}{\mathrm{d}t} = \frac{v_0 - 0}{0} = \infty$$

同理,在行程终止位置,速度由 v_0 突变为 0,其加速度为 $-\infty$。在这两个位置,由加速度产生的惯性力在理论上也突变为无穷大,致使机构产生"刚性冲击"(实际上由于材料的弹性变形,加速度和惯性力不会达到无穷大),所以等速运动规律只能用于低速。

　　2) 等加速和等减速运动规律

　　从动件做等加速或等减速运动时,如果其加速段或减速段的时间相等,则其运动线图如图 2-9所示。初速度为零的物体做等加速运动时,其位移方程为

$$s = \frac{1}{2}a_0 t^2 = \frac{1}{2}a_0\left(\frac{\varphi}{\omega}\right)^2$$

当 $\varphi = \dfrac{\varphi_1}{2}$, $s = \dfrac{h}{2}$ 时,$\dfrac{h}{2} = \dfrac{1}{2}a_0\left(\dfrac{\varphi_1}{2\omega}\right)^2$。故

$$a_0 = \frac{4h\omega^2}{\varphi_1^2}$$

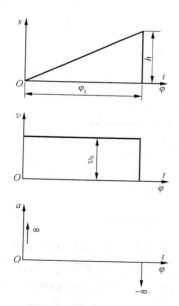

图 2-8　等速运动规律

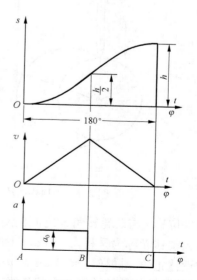

图 2-9　等加速和等减速运动规律

将 a_0 值代入位移方程并对时间求导数,得

$$
\left.
\begin{aligned}
s &= \frac{2h}{\varphi_1^2}\varphi^2 \\
v &= \frac{4h\omega}{\varphi_1^2}\varphi \\
a &= a_0 = \frac{4h\omega^2}{\varphi_1^2}
\end{aligned}
\right\}
\tag{2-2}
$$

根据运动线图的对称性,可得等减速段的方程为

$$
\left.
\begin{aligned}
s &= h - \frac{2h}{\varphi_1^2}(\varphi_1 - \varphi)^2 \\
v &= \frac{4h\omega}{\varphi_1^2}(\varphi_1 - \varphi) \\
a &= -\frac{4h\omega^2}{\varphi_1^2}
\end{aligned}
\right\}
\tag{2-3}
$$

由运动线图可知,这种运动规律的速度曲线是连续的,没有"刚性冲击"。但在 A、B、C 三处,加速度曲线有突变,有限值的惯性力也发生突变,从而导致"柔性冲击"。因此,这种运动规律只适用于中速的场合。

3) 简谐运动规律

质点在圆周上做匀速运动时,它在这个圆的直径上的投影所构成的运动称为简谐运动。从动件做简谐运动时,其运动线图如图 2-10 所示。由位移线图可以看出其位移曲线方程为

$$
s = R - R\cos\theta
$$

图 2-10 中 $R = \dfrac{h}{2}$,$\dfrac{\theta}{\pi} = \dfrac{\varphi}{\varphi_1}$。将 R 及 θ 值代入上式并对时间求导数,可得

$$
\left.
\begin{aligned}
s &= \frac{h}{2}\left(1 - \cos\frac{\pi}{\varphi_1}\varphi\right) \\
v &= \frac{h\pi\omega}{2\varphi_1}\sin\frac{\pi}{\varphi_1}\varphi \\
a &= \frac{h\pi^2\omega^2}{2\varphi_1^2}\cos\frac{\pi}{\varphi_1}\varphi
\end{aligned}
\right\}
\tag{2-4}
$$

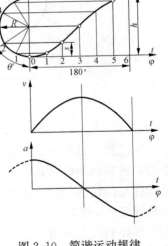

图 2-10　简谐运动规律

从动件做简谐运动时,其加速度按余弦曲线变化,故又称余弦加速度规律。由运动线图可知,这种运动规律在始末两点加速度有突变,也会引起"柔性冲击",故只适于中速场合。只有当从动件做无停留的升—降—升连续往复运动时,才可以获得连续的加速度曲线(图 2-10 中虚线所示),这种运动规律可用于高速传动。

应该指出,除了上述几种常用的从动件运动规律外,有时还要求从动件实现特定的运动规律,这可根据对凸轮的具体工作要求,参考上述方法进行分析。

2.2　凸轮轮廓设计

2.2.1　图解法设计凸轮轮廓

在确定从动件运动规律后,必须根据凸轮机构的结构要求,设计凸轮的轮廓。凸轮轮廓设

计有两种方法：一种是图解法（又叫作图法），这种方法简单，可直接得出凸轮的轮廓，一般工程上采用较多，同时也是分析法设计的理论基础；另一种是分析法，多用于精密或高速凸轮机构中。本节介绍图解法。

1. 盘状凸轮轮廓设计

1) 对心尖顶移动从动件盘状凸轮的轮廓设计

图 2-11(a)所示为对心尖顶移动从动件盘状凸轮机构。已知从动件导路中心通过凸轮回转中心，凸轮以等角速度 ω 逆时针方向转动，从动件的位移曲线如图 2-11(b)所示，求凸轮轮廓曲线。

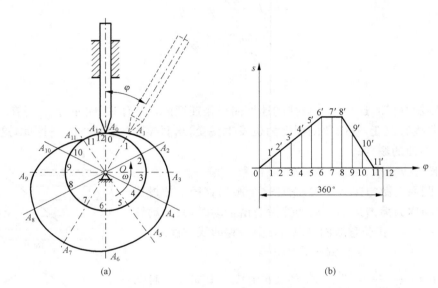

图 2-11 用图解法设计对心尖顶移动从动件盘状凸轮轮廓

按已知从动件运动规律绘制凸轮轮廓曲线的一种简便方法是"反转法"。其原理是，对整个凸轮机构绕凸轮回转轴心 O 加上一个与凸轮角速度 ω 等值反向的公共角速度（即 $-\omega$），使从动件与凸轮的相对运动并不改变，此时，凸轮将固定不动，而从动件一方面将随导路一起以等角速度 $-\omega$ 绕 O 点转动，另一方面将按已知的运动规律在导路中做相对移动。由于从动件尖顶始终与凸轮轮廓曲线相接触，所以反转后，从动件尖顶运动的轨迹就是凸轮的轮廓曲线。

按上述"反转法"设计尖顶移动从动件盘状凸轮的轮廓，具体作图步骤如下：

① 以 r_b 为半径作基圆（基圆半径 r_b 的确定详见本章 2.3 节）。

② 等分从动件的运动规律曲线 $s\text{-}\varphi$ 曲线。如图 2-11(b)中将横坐标轴分为 12 等分，得各分点 1，2，3，…，12，各分点对应的从动件位移为 $\overline{11'}$，$\overline{22'}$，…。

③ 在基圆上，自 A_0 点起沿与凸轮工作转向相反的方向，将基圆圆周也分成 12 等分，得各分点 1，2，3，…，12。

④ 由基圆上的各分点 1，2，3，…，沿基圆的径向方向量取 $\overline{1A_1}=11'$，$\overline{2A_2}=22'$，…，得到 A_1，A_2，…各点。

⑤ 用平滑曲线连接 A_0，A_1，A_2，…，A_{12}，这条曲线就是所求凸轮的轮廓曲线。

如上所述，应用"反转法"可以简便地绘制出对心尖顶移动从动件盘状凸轮的轮廓，对于其他类型的凸轮轮廓，同样可以应用"反转法"进行设计。

2）偏心尖顶移动从动件盘状凸轮轮廓设计

如图 2-12 所示,从动件导路中心线偏离凸轮中心 O,其偏离距离为 e。以 O 为圆心,以偏心距 e 为半径所作的圆称为偏心圆。

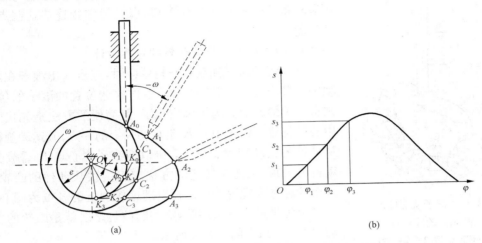

(a)　　　　　　　　　　　　　　　　　　(b)

图 2-12　偏心尖顶移动从动件盘状凸轮的轮廓设计

由于从动件导路偏离凸轮的回转中心 O,所以在反转过程中,从动件导路也必然切于偏心圆。设计时,最简便的方法是由从动件初始位置在偏心圆上的切点 K_0 开始,按 $-\omega$ 方向分度取点 $K_1,K_2,K_3,\cdots$,过这些分点分别作偏心圆的切线就是反转过程中从动件的导路中心线。由于从动件的最低点与基圆相接触,所以与凸轮每一转角相对应的从动件的位移,应当在基圆外开始量取,即位移 $C_1A_1=s_1$,$C_2A_2=s_2$,$C_3A_3=s_3$,$\cdots$。将所得各点 $A_1,A_2,A_3,\cdots$ 用光滑曲线连接起来,就是所求的凸轮轮廓。

3）摆动从动件盘状凸轮的轮廓设计

如图 2-13(a)所示,当凸轮绕 O 点转动时,从动件绕 O_1 点做往复摆动,其摆动角 ψ 与凸轮转角 φ 之间的关系即从动件运动规律,如图 2-13(b)所示。若已知凸轮的基圆半径 r_b,中心距 $A=l_{OO_1}$,摆杆长度 l 和凸轮的转动方向(设逆时针转动),求凸轮轮廓。

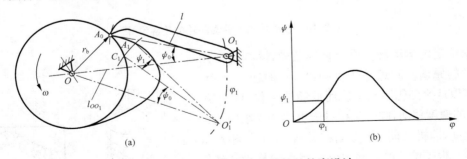

(a)　　　　　　　　　　　　　　　　　　(b)

图 2-13　摆动式从动件盘状凸轮的轮廓设计

首先根据给出的中心距 A 决定凸轮及从动件的转动中心 O 和 O_1,以 O 为圆心,以 r_b 为半径画出凸轮的基圆,再以 O_1 为圆心,以摆杆长度 l 为半径画弧交基圆于 A_0 点。A_0 点就是从动件的起始位置,此时 $\angle OO_1A_0=\psi_0$,称为初始角。

根据反转法,机架绕凸轮反转 φ_1 角,即从动件回转轴 O_1 转至 O_1',$\angle O_1OO_1'=\varphi_1$。以 O_1'

为中心,以 l 为半径画圆弧$\overparen{C_1A_1}$交基圆于 C_1 点,若从动件与机架无相对运动,则应处于 $O_1'C_1$ 的位置。实际上,当凸轮转动 φ_1 角时,从动件将相对机架转 ψ_1 角,所以在$\overparen{C_1A_1}$上截取 A_1 点,使$\angle C_1O_1'A_1 = \psi_1$,则 A_1 点为从动件顶点在反转中的一个位置,也为凸轮轮廓上的一点。同理

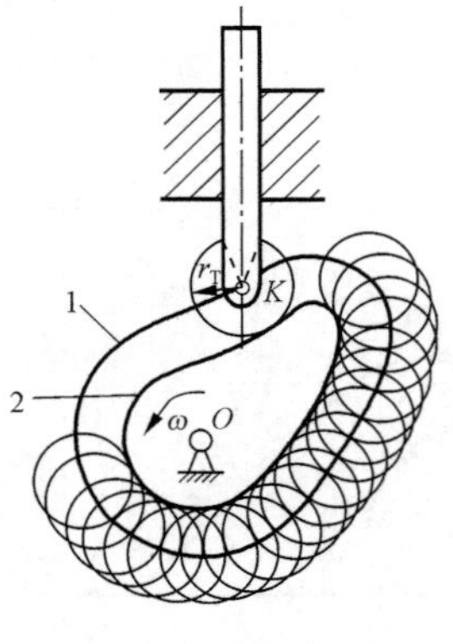

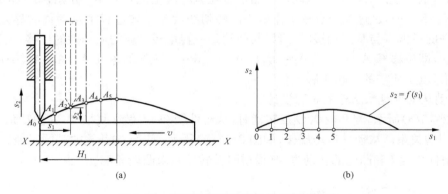

图 2-14　滚子从动件盘状
凸轮的轮廓设计
1—理论轮廓;2—实际轮廓

可以求得凸轮轮廓上的许多点,以光滑曲线连接这些点,即得凸轮轮廓。

4) 滚子从动件盘状凸轮的轮廓设计

设计滚子从动件盘状凸轮轮廓时,应当求出滚子在反转运动中的各个位置(图 2-14),然后作这些位置的滚子的包络线,则得凸轮的轮廓。为了画出滚子,最简便的方法是先找到滚子中心的位置。滚子中心 K 是从动件上的一点,其运动规律就是从动件的运动规律。据此,可以把滚子中心点 K 看成尖顶从动件的尖顶,用前面叙述的方法求出尖顶从动件的凸轮轮廓,这个轮廓称为理论轮廓。再以理论轮廓上的各点为圆心,以滚子半径为半径作一系列圆,这些圆的包络线就是凸轮的实际轮廓,如图 2-14 中的曲线 2 所示。

2. 移动凸轮和圆柱凸轮的轮廓设计

图 2-15(a)所示为移动从动件移动凸轮,当凸轮沿导轨 XX 以速度 v 做直线移动时,从动件将按给定的运动规律 $s_2 = f(s_1)$ 运动。

图 2-15　移动从动件移动凸轮的轮廓设计

根据给定的运动规律设计移动凸轮,同样可以用"反转法"的原理。假想整个机构以 $-v$ 的速度移动,这样就可以认为凸轮不动了。而从动件一方面随着机架以 $-v$ 的速度移动,同时又相对于机架按照给定的运动规律运动,即机架向 $-v$ 方向移动 s_1,从动件相对机架移动 s_2。根据给定的运动规律 $s_2 = f(s_1)$ 作出从动件顶点的一系列位置 $A_0, A_1, A_2, \cdots$,把这些点光滑地连接起来,就是凸轮的理论轮廓。若为滚子从动件,则可用前述作包络曲线的方法求得凸轮的实际轮廓。

图 2-16(a)所示为圆柱凸轮,当凸轮 1 绕轴线 OO 回转时,推动从动件沿其导轨做往复移动。

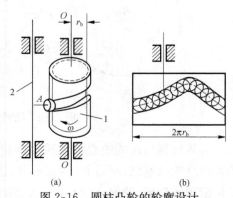

图 2-16　圆柱凸轮的轮廓设计
1—圆柱凸轮;2—移动从动件

2.2.2　分析法设计凸轮轮廓

用分析法设计凸轮轮廓的基本原理还是反转法。但是,分析法用数学方程式能够精确地求出凸轮轮廓曲线上各点的坐标值,并列成表格作为加工和检验的依据,从而得到精确的凸轮轮廓尺寸。

凸轮轮廓通常用极坐标形式表示,由已知从动件运动规律 $s = f(\varphi)$(移动从动件)或 $\psi = f(\varphi)$(摆动从动件),用分析法求凸轮轮廓曲线方程,实质上就是求曲线上各点的极坐标值。

1. 偏心移动从动件盘状凸轮轮廓设计

图 2-17 所示为一偏心移动从动件盘状凸轮机构。由已知从动件运动规律 $s = f(\varphi)$,用分析法设计凸轮轮廓的具体方法如下:

首先选定极坐标系,即以凸轮的回转中心 O 为极坐标原点,以从动件的初始位置 A_0 和凸轮回转中心 O 的连线为计算极角的坐标轴。

根据"反转法"原理求凸轮轮廓曲线方程,即求曲线上各点的极角和向径。

凸轮上任一点 A 的极角为

$$\theta_A = \delta_0 + \varphi - \delta \tag{2-5}$$

式中,角 δ_0 和 δ 可由 $\triangle OC_0 A_0$ 和 $\triangle OCA$ 中求出:

$$\tan\delta_0 = \frac{\sqrt{r_b^2 - e^2}}{e}, \quad \tan\delta = \frac{\sqrt{r_b^2 - e^2} + s}{e}$$

由 $\triangle OCA$ 得其向径为

$$r_A = \sqrt{(\sqrt{r_b^2 - e^2} + s)^2 + e^2} \tag{2-6}$$

再根据已知从动件的运动规律 $s = f(\varphi)$,按具体精度要求,每隔 $0.5°$、$1°$、$2°$ 或 $5°$,给出相应的 s_1 与 φ_1,s_2 与 φ_2,s_3 与 φ_3,…,并代入式(2-5)和式(2-6)中,即可求得凸轮理论轮廓上各点的 (r, θ) 值,然后列表写在凸轮工作图上。

对于 $e = 0$ 的对心移动从动件凸轮机构,因为 $\delta = \delta_0 = 90°$,由式(2-5)和式(2-6)可得理论轮廓上各点极角和向径为

$$\begin{cases} \theta_A = \varphi & (2\text{-}7) \\ r_A = r_b + s & (2\text{-}8) \end{cases}$$

2. 摆动从动件盘状凸轮轮廓设计

由已知运动规律 $\psi = f(\varphi)$,用分析法设计摆动从动件盘状凸轮轮廓(图 2-18)的具体步骤如下:

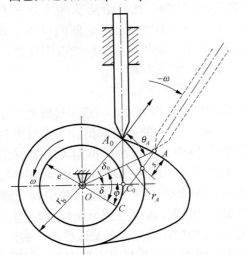

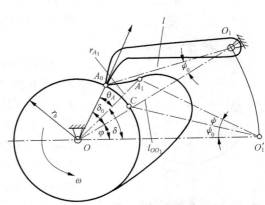

图 2-17　分析法设计偏心移动从动件盘状凸轮　　　　　图 2-18　分析法设计摆动从动件盘状凸轮

（1）选定极坐标系，以凸轮的回转中心 O 为极坐标原点，以从动件的初始位置 A_0 和凸轮回转中心 O 的连线 $\overline{OA_0}$ 为极坐标轴。

（2）根据反转法原理求出凸轮轮廓曲线方程，再求曲线上各点的极角和向径。

当摆杆中心相对凸轮反转 φ 角时，摆杆相对于机架转 ψ 角。由图 2-18 中 $\triangle OO_1'A_1$ 可以看出，凸轮轮廓曲线上任一点 A_1 的向径 r_{A_1} 为

$$r_{A_1} = \sqrt{l^2 + l_{OO_1}^2 - 2ll_{OO_1}\cos(\psi + \psi_0)} \qquad (2\text{-}9)$$

式中，l_{OO_1} 是中心距，而初始角 ψ_0 可由 $\triangle OO_1A_0$ 按余弦定律解出，即

$$\cos\psi_0 = \frac{l^2 + l_{OO_1}^2 - r_b^2}{2ll_{OO_1}}$$

再由图 2-18 可求得 A_1 点的极角为

$$\theta_A = \delta_0 + \varphi - \delta \qquad (2\text{-}10)$$

式中，角 δ_0 和 δ 可分别由 $\triangle OO_1A_0$ 和 $\triangle OA_1O_1'$ 用正弦定律求出，即

$$\left. \begin{aligned} \sin\delta_0 &= \frac{l}{r_b}\sin\psi_0 \\ \sin\delta &= \frac{l}{r_{A_1}}\sin(\psi_0 + \psi) \end{aligned} \right\} \qquad (2\text{-}11)$$

2.3　凸轮设计中的几个问题

2.3.1　凸轮机构的压力角和基圆半径的确定

凸轮机构的设计，不仅要满足从动件的运动规律，而且要求结构紧凑和受力条件好，即从动件承受的侧推力较小，转动灵活。前面在讨论凸轮轮廓设计时，都是事先给定了基圆半径 r_b。关于基圆半径如何确定，它与凸轮的受力条件有什么关系，这些问题的分析还必须首先弄清楚凸轮机构的受力状况。

1. 凸轮机构的压力角和自锁

图 2-19 所示为尖顶移动从动件凸轮机构。当不计凸轮与从动件之间的摩擦时，凸轮给从动件的力 F 是沿法线方向的，从动件运动方向与力 F 之间的锐角 α 即压力角。力 F 可分解为沿从动件运动方向的有用分力 F' 和使从动件紧压导路的有害分力 F''，且

$$F'' = F'\tan\alpha$$

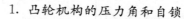

上式表明，驱动从动件的有用分力 F' 一定时，压力角 α 越大，则有害分力 F'' 越大，机构的效率越低。当 α 增大到一定程度，以致 F'' 在导路中所引起的摩擦阻力大于有用分力 F' 时，无论凸轮加给从动件的作用力多大，从动件都不能运动，这种现象称为自锁。为了保证凸轮机构正常工作并具有一定的传动效率，必须对压力角加以限制。因此，从受力情况来看，希望压力角 α 尽量取得小一些。

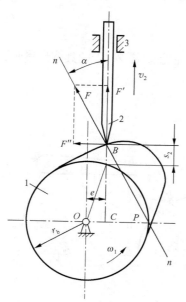

图 2-19　凸轮机构的压力角
1—凸轮；2—从动件

但是，压力角 α 的大小还与基圆半径有关，这可以从下面的压力角计算公式得到证明。

图 2-19 所示为偏置尖顶移动从动件盘状凸轮机构推程的一个任意位置。过凸轮与从动件的接触点 B 作公法线 nn，它与过凸轮轴心 O 且垂直于从动件导路的直线相交于 P，P 就是凸轮和从动件的相对速度瞬心。已知 $l_{OP} = \dfrac{v_2}{\omega_1} = \dfrac{\mathrm{d}s_2}{\mathrm{d}\varphi}$，因此可由图得到直动从动件盘形凸轮机构的压力角计算公式

$$\tan\alpha = \frac{\dfrac{\mathrm{d}s_2}{\mathrm{d}\varphi} \mp e}{s_2 + \sqrt{r_b^2 - e^2}} \tag{2-12}$$

式中 s_2 为对应凸轮转角 φ 的从动件位移。

由式(2-12)可见，在其他条件不变的情况下，压力角 α 与基圆半径 r_b 成反比，即压力角越小，凸轮的基圆半径越大。因此，为了避免凸轮尺寸过大，压力角 α 不宜过小。

在式(2-12)中，e 为从动件导路偏离凸轮回转中心的距离，称为偏距。当导路和瞬心 P 在凸轮轴心 O 的同侧时，式中取"$-$"号，可使压力角减小；反之，当导路和瞬心 P 在凸轮轴心 O 的异侧时，取"$+$"号，压力角将增大。因此，为了减小推程压力角，应将从动件导路向推程相对速度瞬心的同侧偏置。但需注意，用导路偏置法虽可使推程压力角减小，但同时却使回程压力角增大，所以偏距 e 不宜过大。

基于上述分析，为了使凸轮机构转动灵活，同时能使凸轮的尺寸在许可的范围内尽可能减小(使凸轮机构紧凑)，根据工程实践经验，对压力角的最大许用值 $[\alpha]$ 推荐以下数据：

对于工作行程　移动从动件 $[\alpha] \leqslant 30°$，摆动从动件 $[\alpha] \leqslant 45°$；

对于空回行程　$[\alpha]$ 可以取 $70°$ 左右。

2. 基圆半径的确定

基圆半径的确定可以有两种不同的方法：

(1) 首先定出凸轮的许用压力角 $[\alpha]$；其次根据实际压力角的最大值 α_{max} 不得大于 $[\alpha]$ 的条件，定出凸轮许用的最小基圆半径 $[r_b]$；最后考虑结构条件，取凸轮基圆半径 $r_b \geqslant [r_b]$。

(2) 根据结构条件初步定出凸轮的基圆半径，并进行凸轮轮廓设计，在凸轮轮廓曲线作出后，再检验机构的压力角；如果凸轮机构的实际压力角的最大值 $\alpha_{max} > [\alpha]$，则可将凸轮的基圆半径适当增大，重新进行轮廓曲线设计，直至 $\alpha_{max} \leqslant [\alpha]$。一般情况下，由于结构条件(如凸轮机构所占的空间位置，凸轮轴的尺寸等)是已知的，所以第二种方法采用较多。另外，在仪器仪表设计中，由于载荷一般都较小，而尺寸要求则比较严格，所以也宜采用第二种方法。

在工程实践中，有时还可按经验公式

$$r_b \geqslant 1.75r + (7 \sim 10) \quad \text{mm} \tag{2-13}$$

确定基圆半径。式(2-13)是凸轮和轴分开制造的实际基圆半径的经验公式，其中 r 是安装凸轮处轴颈的半径。

2.3.2　滚子半径的确定

滚子半径增大受到凸轮轮廓曲线曲率半径的限制。设凸轮理论轮廓曲线外凸部分的最小曲率半径为 ρ_{min}，则滚子半径 r_T 必须小于 ρ_{min}，如图 2-20(a)所示。如果滚子半径 $r_T > \rho_{min}$，如图 2-20(c)所示，实际轮廓曲线发生自交，图中自交部分的轮廓曲线在实际加工时将被切去，使这一部分运动规律无法实现。当 $r_T = \rho_{min}$ 时，虽然滚子中心在理论轮廓曲线上，可以完成预定的运动规律，但实际轮廓变尖，易于磨损。根据以上分析可知，滚子的半径 r_T 必须小于理论轮廓外凸部分的最小曲率半径 ρ_{min}。此外，r_T 还必须小于基圆半径 r_b。在实际设计时，应使 r_T

满足以下两个经验公式：

$$r_T \leqslant 0.8\rho_{min}$$
$$r_T \leqslant 0.4r_b \tag{2-14}$$

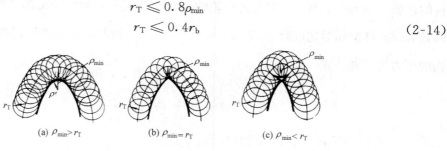

(a) $\rho_{min} > r_T$ (b) $\rho_{min} = r_T$ (c) $\rho_{min} < r_T$

图 2-20　滚子半径的确定

2.3.3　凸轮与从动件的材料

在选择凸轮和从动件材料时，首先要求有较高的耐磨性，以便在长期工作中能保持足够的精度，不会因磨损而失效；其次要求材料摩擦系数小，加工方便、经济等。

1. 凸轮的材料

凸轮常用材料如表 2-1 所示。对于载荷很大的凸轮用合金钢或滚珠轴承钢来制造，并考虑采用高频淬火、淬火（低温回火）、氮化等热处理方法，使凸轮工作表面有较高的硬度及耐磨性。

表 2-1　凸轮与从动件的材料

名称	材料	热处理及硬度	适用
凸轮	50	调质 HRC 22～27	小尺寸的较高精度凸轮
	40Cr	高频淬火 HRC 52～58	中等载荷凸轮，表面硬度较高
	15Cr　20Cr 20CrMn	渗碳层厚 0.5～1.5mm 淬火（低温回火） HRC 56～63	
	40Cr GCr15	淬火（低温回火） HRC 50～63	重载荷凸轮，有较高的硬度和强度
	38 CrMoAlA	氮化（HRC 62～69）	表面硬度很高，有高耐磨性
	QSn10-1 QAl 9-4		青铜，用于仪器凸轮（轻载）
	塑料		用于轻载荷，精度要求不高
从动件	45　50	HRC 42～48	与高硬度凸轮相配比凸轮硬度低 10 个 HRC 左右
	20Cr	渗碳层厚 1mm 淬火硬度 HRC 56～62	用于高硬度高耐磨性的从动件
	T8　T10　GCr15		用于重载荷的从动件
	QSn10-1 ZCuZn16Si4		用于要求从动件硬度较低的结构，从动件长度容易修配
	塑料		用于轻载荷，长度容易修配

为了提高凸轮的耐磨性和抗腐蚀性，常用青铜、高级黄铜制造凸轮，对钢制凸轮表面可以镀铬。一般承载不大的凸轮要求不高时，可以用碳素钢制造，并且可不经过淬火。对轻载机构，当从动件运动精度要求不高时，也可采用塑料制造凸轮。

2. 从动件的材料

尖顶从动件的尺寸比凸轮小,并且只用它的尖端与凸轮接触,因此容易磨损。从更换易损零件力求简便、经济的观点出发,一般应当选择比凸轮软一些的材料制造尖顶从动件(或滚子从动件的滚子)。滚子从动件的工作条件是相对滚动,磨损较小,因此,对耐磨性要求较低。但对滚子轴的材料和热处理的要求与尖顶从动件相同。从动件与凸轮的材料列于表 2-1 中,供参考选用。

2.4　间歇运动机构

在仪器和精密机械中,有时需要在主动件连续运转的情况下,从动件产生单方向的时停时动的间歇运动。能完成这种运动的机构称为间歇运动机构。

间歇运动机构的种类很多。目前应用较多的间歇运动机构有棘轮机构、槽轮机构、凸轮间歇机构等。

2.4.1　棘轮机构

1. 工作原理和类型

图 2-21 所示为棘轮机构,它由棘轮、棘爪和机架组成。摇杆 1 空套在棘轮 2 的回转轴 3 上。当摇杆 1 逆时针方向转动时,摇杆上的棘爪 5 便插入棘轮 2 的齿槽,使棘轮跟着转过一定的角度。当摇杆 1 顺时针方向转动时,制动棘爪 4 阻止棘轮 2 顺时针方向转动,同时棘爪 5 在棘轮 2 的齿上滑过,故棘轮 2 静止不动。这样,当摇杆 1 做连续往复摆动时,棘轮 2 便做单向的间歇运动。

按照结构特点,常用的棘轮机构有内接和外接两类,如图 2-22(a)、(b)所示。

棘轮机构具有结构简单、转角大小可调等优点,适用于转速不高、转角不大的场合。

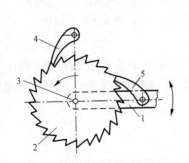

图 2-21　棘轮机构
1—摇杆;2—棘轮;3—轴;4—制动棘爪;5—棘爪

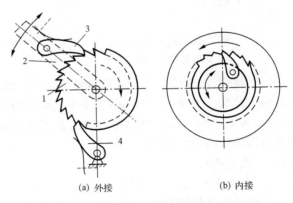

(a) 外接　　　　　(b) 内接

图 2-22　棘轮机构的种类
1—棘轮;2—摇杆;3—棘爪;4—制动棘爪

2. 棘轮机构的设计

(1) 棘轮转角大小及其调节方法。

棘轮每次所转角度 φ 的大小是根据工作要求决定的,φ 的最大值一般小于 45°,最小值为棘轮一个周节 p 所对的中心角,而 $p = \dfrac{\pi d_a}{z}$。式中,d_a 为棘轮齿顶圆直径,z 为棘轮齿数。

调节棘轮转角大小可以采用改变棘爪摆角的方法。图 2-23 所示为用曲柄摇杆机构使棘爪做往复摆动的机构简图。只要调节曲柄长度,便可调节摇杆的摆角,从而改变棘轮的转角。

(2) 棘爪顺利滑入齿槽并自动压紧齿根不滑脱的条件。

如图 2-24 所示，为了使棘爪在受力情况下能顺利滑入齿槽，棘爪的回转中心 O_2 应在棘爪与棘齿接触点 A 的半径线 O_1A 的垂线上，即 $\angle O_2AO_1 = 90°$。当棘爪与棘齿齿面开始接触时，棘齿加在棘爪上的摩擦力 $\boldsymbol{F}_f$ 向上，而正压力 $\boldsymbol{F}_n$ 向右，使棘爪压向齿根。为了保证棘爪能够滑入齿槽并自动压紧齿根不滑脱，力 $\boldsymbol{F}_n$ 对回转轴线 O_2 的力矩应大于 $\boldsymbol{F}_f$ 对 O_2 的力矩，即

$$F_n L\sin\alpha > F_f L\cos\alpha \tag{2-15}$$

因

$$F_f = F_n f$$

故得

$$\tan\alpha > f = \tan\varphi$$

即

$$\alpha > \varphi \tag{2-16}$$

式中，L 为棘爪的长度；α 为棘齿齿面和棘齿尖顶半径线间的夹角，称为工作倾角，对钢制棘轮与棘爪，一般取 $\alpha = 10° \sim 15°$；f 为棘爪与棘齿接触面间的摩擦系数；φ 为棘爪与棘齿接触面间的摩擦角。

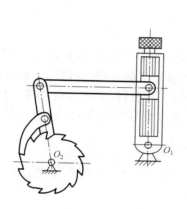

图 2-23　调节曲柄长度
改变棘轮转角

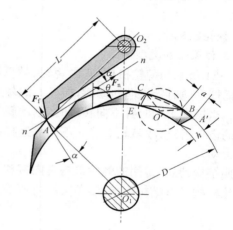

图 2-24　棘爪顺利滑入齿槽并自动压紧齿
根不滑脱的条件及棘轮齿形的画法

(3) 棘轮、棘爪的几何尺寸计算及棘轮齿形的画法。

选定齿数 z 并确定模数 m 后，棘轮、棘爪的几何尺寸可按以下经验公式计算：顶圆直径 $D = mz$，齿高 $h = 0.75m$，齿顶厚 $a = m$，齿槽夹角 $\theta = 60°$ 或 $55°$，棘爪长度 $L = 2\pi m$。其他尺寸可参看机械零件设计手册。

2.4.2　槽轮机构

1. 工作原理、类型及应用

槽轮机构是仪器和精密机械中常用的间歇机构。在自动化系统的传动机构中，经常利用槽轮机构连续的转动转换为单向的间歇运动。

图 2-25 所示为电影机中拉片所用的槽轮机构。

槽轮机构最简单的结构为单销槽轮机构，如图 2-26 所示。它由圆周上均匀分布着径向槽的槽轮 2 和带有圆销 A 的销轮 1 组成。主动件销轮 1 做匀速转动，当销轮 1 的圆销 A 未进入槽轮 2 的径向槽时，由于槽轮 2 的内凹圆弧表面被销轮 1 的外凸圆弧(叫做月轮)锁住，故槽轮 2 静止不动。当销轮 1 的圆销 A 开始进入槽轮的径向槽时，锁住弧脱开，因而圆销 A 驱动槽轮 2 转过 $2\varphi_2$ 角。在圆销 A 脱出径向槽的同时，槽轮 2 的另一个内凹圆弧再次被销轮 1 的月轮锁住，使槽轮 2 又静止不动。如此不断进行，就可实现间歇运动。

　　槽轮机构有两种形式：一种是外啮合槽轮机构，如图 2-26 所示，其主动件销轮 1 与槽轮 2 转向相反；另一种是内啮合槽轮机构，如图 2-27 所示，其主动件 1 与槽轮 2 转向相同，通常外啮合槽轮机构应用较广。

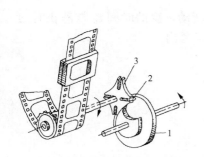
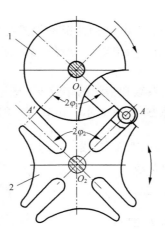
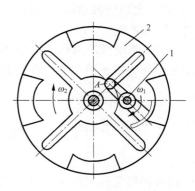

图 2-25　槽轮机构在电影机
　　　　拉片机构中的应用
1—销轮；2—圆柱销；3—槽轮　　　　　　　图 2-26　单销槽轮机构　　　　　　　图 2-27　内啮合槽轮机构

2. 槽轮机构的设计

设计槽轮机构时需要解决以下几个问题：

（1）由于槽轮是间歇运动，为了避免刚性冲击，圆销 A 在进入或离开槽轮的径向槽时，其速度应沿着径向槽的方向，如图 2-26 所示，应使 O_1A 垂直于 O_2A，O_1A' 垂直于 O_2A'，即 $\angle O_1AO_2 = \angle O_1A'O_2 = 90°$，$\angle O_1AO_2$ 称为进入角，$\angle O_1A'O_2$ 称为脱出角。

若进入角大于 90°（图 2-28），则销子进入径向槽时，其速度 的方向与径向槽的中心线不重合，这时，速度可以分解成两个互相垂直的分速度 $_n$ 和 $_t$。销子的分速度 $_t$ 将使槽轮上接触点的线速度由零突然增加到 $_t$，这就引起机构的冲击。

若进入角小于 90°，则 $_t$ 的方向与槽轮正常转动时的速度方向相反。这时，槽轮将首先按与正常转动相反

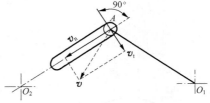

图 2-28　槽轮机构的进入角

的方向转动。销轮转过一定角度后，槽轮才按正常方向转动，这样也要引起冲击。因此，设计时应使进入角和脱出角为 90°，但有时由于结构上受到尺寸的限制，而不能使进入角和脱出角等于 90°，这种情况只能用于低速运动。

（2）槽轮的槽数 z 和槽轮机构的运动系数。在销轮一转中，槽轮运动时间 t_d 和销轮回转时间 t_s 之比称为槽轮机构的运动系数，用 τ 表示，即

$$\tau = \frac{t_d}{t_s} = \frac{2\varphi_1}{360°} \tag{2-17}$$

因 $2\varphi_1 = 180° - 2\varphi_2$，而槽轮每次转角 $2\varphi_2$ 与其槽数有关，所以当槽数 z 均匀分布时

$$\tau = \frac{2\varphi_1}{360°} = \frac{180° - 2\varphi_2}{360°} = \frac{180° - \frac{360°}{z}}{360°}$$

即
$$\tau = \frac{z-2}{2z} \qquad (2\text{-}18)$$

从上式可以看出，不论槽轮的槽数 z 为多少，其运动系数总小于 0.5。这说明槽轮的运动时间总是少于其静止时间。

从上式还可以看出，当 $z=2$ 时，$\tau=0$，这种情况槽轮不能实现间歇运动，因此 z 不能少于 3。理论上槽轮的槽数可以很多，但由于结构尺寸所限，实际应用的槽轮机构，其槽数 z 很少超过 15，通常取 4～6。

（3）单销槽轮机构的工作时间系数和销轮的转数 n。槽轮转动一次的时间 t_d 与静止时间 t_0 之比称为槽轮机构的工作时间系数，用 k 表示。由式(2-18)可写出

$$t_d = t_s \left(\frac{1}{2} - \frac{1}{z} \right)$$

由于在单销槽轮机构中 $t_d + t_0 = t_s$，故

$$t_0 = t_s - t_d = t_s \left(\frac{1}{2} + \frac{1}{z} \right)$$

由此可得槽轮机构的工作时间系数 k，即

$$k = \frac{t_d}{t_0} = \frac{\dfrac{1}{2} - \dfrac{1}{z}}{\dfrac{1}{2} + \dfrac{1}{z}} = \frac{z-2}{z+2} \qquad (2\text{-}19)$$

由上式可知，单销槽轮机构的工作时间系数总小于 1，且仅与槽数 z 有关，改变槽数 z 就可改变系数 k，从而满足不同的工作要求。

当销轮以等角速度 ω 转动时，槽轮的 t_d 和 t_0 也可用以下两式求出：

$$t_d = \frac{2\varphi_1}{\omega} = \frac{\pi - \dfrac{2\pi}{z}}{\dfrac{\pi n}{30}} = \frac{z-2}{z} \cdot \frac{30}{n}$$

$$t_0 = \frac{2\pi - 2\varphi_1}{\omega} = \frac{\pi + \dfrac{2\pi}{z}}{\dfrac{\pi n}{30}} = \frac{z+2}{z} \cdot \frac{30}{n}$$

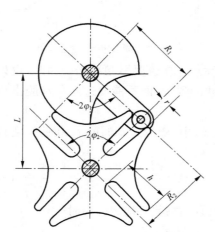

图 2-29　单销槽轮机构的基本尺寸

式中，n 为销轮每分钟的转数。

当传动机构对槽轮的转动时间 t_d 或静止时间 t_0 提出一定要求时，即可确定槽轮槽数。已知 t_d 或 t_0 时，销轮的转速 n 即可由下式确定：

$$n = \frac{30(z-2)}{t_d z} \quad \text{r/min} \qquad (2\text{-}20)$$

（4）单销槽轮机构的基本尺寸。如图 2-29 所示，已知槽轮与销轮的中心距为 L、圆销半径 r，机构的基本尺寸可按下列各式计算：

销轮中心到圆销中心间的距离 R_1 为

$$R_1 = L\sin\varphi_2 = L\sin\frac{180°}{z} \qquad (2\text{-}21)$$

槽轮中心到槽端的距离 R_2 为

$$R_2 = L\cos\varphi_2 = L\cos\frac{180°}{z} \tag{2-22}$$

槽的深度为 h，因为　　　　　　　　　$h + (L - R_2) > R_1 + r$

故　　　　　　　　　　　　$h > L\left(\sin\frac{\pi}{z} + \cos\frac{\pi}{z} - 1\right) + r \tag{2-23}$

2.5　应用实例——精压机中送料凸轮机构

设计依据:送料机构采用凸轮机构,将毛坯送入模腔并将成品推出,坯料输送最大距离 200mm。

设计内容:确定凸轮机构类型,从动件运动规律,基圆半径及凸轮轮廓曲线。

设计步骤:

1) 选择凸轮机构的类型

分析:盘状凸轮与圆柱凸轮相比,机构简单、加工工艺性好;因为送料机构推力不大,因此采用简单的尖顶移动从动件,这对凸轮轮廓线的设计要求也较低。

按设计要求,采用对心尖顶移动从动件盘状凸轮机构。

2) 从动件运动规律的选择

分析:根据工作条件确定从动件运动规律,因对从动件的动力性能无需特别的要求,因此在推程和回程均采用等速运动规律,推程和回程运动角均为 180°。凸轮机构的升程 h 应能满足送料的行程范围,根据坯料输送最大距离 200mm,取凸轮升程 $h = 200$mm。从动件的运动规律见图 2-30。

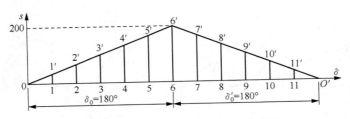

图 2-30　精压机送料凸轮运动位移线图

3) 凸轮机构基圆半径的确定

分析:在工程应用中,凸轮的基圆半径可用以下两种方法确定:第一种利用公式(2-12),对等速运动,一般要求 $\alpha_{max} \leqslant 30°$,由公式定出基圆半径 $r_b = 100$mm;另一种根据具体结构条件选择 r_b,如当凸轮与轴做成一体时,凸轮工作廓线的最小半径略大于轴的半径。当凸轮与轴单独加工时,凸轮上要做出轮毂,此时凸轮工作廓线的最小半径应略大于轮毂的外径。此时可取凸轮工作廓线的最小直径等于或大于轴径的 1.6～2 倍。

凸轮的基圆半径根据结构取 $r_b = 100$mm。

4) 图解法设计凸轮廓线

(1) 以 $r_b = 100$mm 为半径作基圆。

(2) 等分从动件的运动规律曲线 $s\text{-}\varphi$ 曲线。如图 2-30 将横坐标轴分为 12 等分,得各分点 $1,2,3,\cdots,12$,各分点对应的从动件位移为 $\overline{11'}$,$\overline{22'}$,$\cdots$。

（3）在基圆上（图 2-31），沿 $-\omega$ 方向，将基圆圆周也分成 12 等分，得各分点 1，2，3，…，12。

（4）由基圆上的各分点 1，2，3，…，沿基圆的径向方向量取 $\overline{1A_1'}=11'$，$\overline{2A_2'}=22'$，…，得到 A_1'，A_2'，…各点。

（5）用平滑曲线连接 A_0'，A_1'，A_2'，…，A_{12}'，这条曲线就是所求凸轮的轮廓曲线。

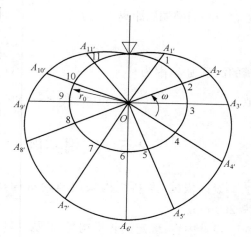

图 2-31　凸轮机构的尖顶位置

习　　题

2-1　在凸轮机构中，常见的凸轮形状和从动件的结构形式有哪几种？各有什么特点？

2-2　在凸轮机构中，常用从动件的运动规律有几种？各有什么特点？

2-3　用作图法设计凸轮轮廓曲线时，为什么采用反转法？简述绘制凸轮曲线的过程。对于尖顶和滚子从动件，在绘制凸轮轮廓曲线时，有何相同和不同之处？

2-4　什么是凸轮的压力角？它对凸轮机构有何影响？

2-5　在设计滚子从动件凸轮机构时，如何确定滚子半径？

2-6　基圆半径大小对凸轮机构有何影响？在仪器中如何确定凸轮的基圆半径？

2-7　槽轮机构如何实现间歇运动？

2-8　槽轮机构的运动系数 τ 和工作时间系数 k 的含义是什么？为什么 k 必须大于 0 而小于 1？

2-9　如图 2-32 所示，在这四种凸轮机构中，标明转动方向者为主动件，试在图上画出凸轮机构的压力角？

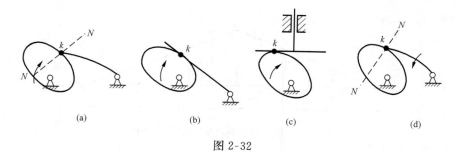

(a)　　　　　　　　(b)　　　　　　　　(c)　　　　　　　　(d)

图 2-32

2-10　按图 2-33 所示的 s-φ 曲线，作出逆时针方向工作且基圆半径为 30mm 的对心尖顶移动从动件盘状凸轮轮廓。

2-11　按图 2-34 所示条件作出顺时针方向工作盘状凸轮的轮廓。

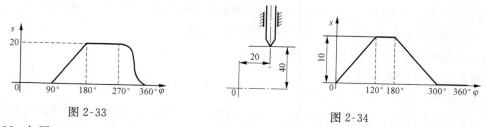

图 2-33

图 2-34

2-12　如图 2-35 所示位移曲线，设计对心尖顶移动从动件盘状凸轮的轮廓线，分析最大压力角发生在何处(提示:从压力角公式来分析)。

2-13　图 2-36 所示为一偏置移动从动件盘状凸轮机构。已知凸轮是一个以 C 为中心的圆盘,试求轮廓上 D 点与尖顶接触时的压力角,并作图加以表示。

2-14　在图 2-37 所示自动车床控制刀架移动的滚子摆动从动件凸轮机构中,已知 $l_{OA} = 60\text{mm}$,$l_{AB} = 36\text{mm}$,$r_{\min} = 35\text{mm}$,$r_{T} = 8\text{mm}$。从动件的运动规律如下:当凸轮以等角速度 ω_1 逆时针方向回转 $150°$ 时,从动件以简谐运动向上摆 $15°$;当凸轮自 $150°$ 转到 $180°$ 时,从动件停止不动;当凸轮自 $180°$ 转到 $300°$ 时,从动件以简谐运动摆回原处;当凸轮自 $300°$ 转到 $360°$ 时,从动件又停止不动,试绘制凸轮的轮廓。

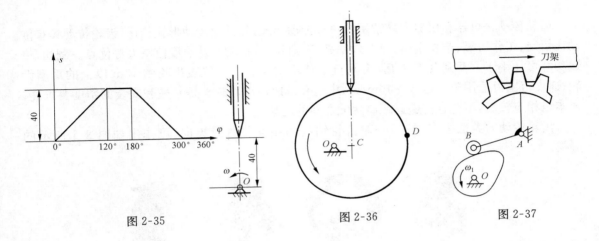

图 2-35　　　　　　　　　　　　图 2-36　　　　　　　　　　　图 2-37

第3章 齿轮机构

3.1 概　述

　　齿轮传动是机器和仪器中最常用的一种传动形式,与其他传动形式相比,齿轮传动具有传动比恒定、工作可靠、结构紧凑,以及效率高、寿命长、传动功率及速度范围大等优点。例如,传递功率可从小于一瓦到几万千瓦;齿轮直径从不到 1 mm 的仪表齿轮到 10m 以上的重型齿轮;速度范围可适用于高速($v>40m/s$)、中速和低速传动。缺点是制造和安装的精度要求高,成本也相应较高,不适宜传递远距离两轴之间的运动。

　　齿轮传动的类型很多,按照一对齿轮轴线的相互位置及齿向,可作出如图 3-1 所示的分类。

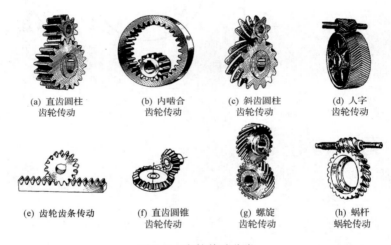

(a) 直齿圆柱　　　　(b) 内啮合　　　　(c) 斜齿圆柱　　　　(d) 人字
　　齿轮传动　　　　　齿轮传动　　　　　齿轮传动　　　　　齿轮传动

(e) 齿轮齿条传动　　(f) 直齿圆锥　　　(g) 螺旋　　　　　(h) 蜗杆
　　　　　　　　　　　齿轮传动　　　　　齿轮传动　　　　　蜗轮传动

图 3-1　齿轮传动分类

　　① 圆柱齿轮传动。用于传递两平行轴之间的运动和动力,其中齿轮齿条传动用于把回转运动转换为直线运动,见图 3-1(a)～(e)。

　　② 圆锥齿轮传动。用于传递两相交轴之间的运动和动力,见图 3-1(f)。

　　③ 蜗杆蜗轮及螺旋齿轮传动。用于传递两交叉轴之间的运动和动力,见图 3-1(h)、(g)。

　　齿轮传动是靠主动轮的轮齿推动从动轮的轮齿实现的。轮齿之间的推动过程是两齿面的"啮合"过程,两轮的角速度之比称为传动比,用 i 表示,即

$$i = \frac{\omega_1}{\omega_2} \tag{3-1}$$

式中, ω_1、ω_2 分别为主动齿轮和从动齿轮的角速度。

　　工程上对齿轮传动的基本要求是传动比恒定,满足这项基本要求的齿形曲线有渐开线、摆线和圆弧曲线。由于渐开线齿廓易于加工和测量,所以渐开线齿轮在机器、仪器和仪表中应用最广泛,有些仪表中还应用仪表圆弧齿轮传动。本章主要讨论渐开线齿轮传动。

为了使齿轮传动平稳和运动准确,对齿轮传动比的要求是在任何瞬时都保持恒定,否则当主动轮以等角速度回转,而从动轮的角速度为变数时,传动中将产生惯性力,影响轮齿的强度使其过早损坏,同时也会引起振动,影响其工作精度。

下面根据齿轮传动的运动关系,讨论齿轮的齿廓形状符合什么条件时,才能保持其传动比在任何瞬时都恒定。

图 3-2 所示为两啮合齿轮的齿廓 C_1 和 C_2 在 K 点接触的情形。齿廓 C_1 上 K 点的速率 $v_1 = \omega_1 \cdot O_1K$,齿廓 C_2 上 K 点的速率 $v_2 = \omega_2 \cdot O_2K$。过 K 点作两齿廓的公法线 NN,与连心线 O_1O_2 交于 P 点,为了保证两轮平稳地传动,v_1 与 v_2 在 NN 上的分速度应相等,否则轮齿将产生嵌入和脱开现象,这是啮合所不允许的。

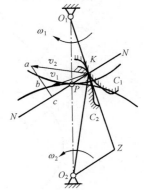

图 3-2 两啮合齿轮齿
廓接触情况

过 O_2 作 NN 的平行线,并与 O_1K 的延长线交于 Z 点,因 $\triangle Kab$ 与 $\triangle KO_2Z$ 的三边互相垂直,故 $\triangle Kab \backsim \triangle KO_2Z$,因而

$$\frac{v_1}{v_2} = \frac{KZ}{O_2K}$$

$$\frac{\omega_1 \cdot O_1K}{\omega_2 \cdot O_2K} = \frac{KZ}{O_2K}, \qquad \frac{\omega_1}{\omega_2} = \frac{KZ}{O_1K}$$

又因在 $\triangle O_1O_2Z$ 中 $PK /\!\!/ O_2Z$,故

$$\frac{KZ}{O_1K} = \frac{O_2P}{O_1P}$$

因而得

$$\frac{\omega_1}{\omega_2} = \frac{O_2P}{O_1P} \tag{3-2}$$

式(3-2)为齿廓啮合基本定律的数学表达式。该定律可叙述为:一对齿轮啮合,两轮的角速度之比等于两轮连心线被齿廓接触点的公法线所分得的两线段的反比。

由此可见,为使两轮的角速度之比恒定不变,则应使 O_2P/O_1P 为常数,即在啮合过程中 P 在连心线上的位置固定不变。该固定点 P 称为节点。如图 3-2 所示,分别以 O_1 和 O_2 为圆心及 O_1P 和 O_2P 为半径作两个圆,并由式(3-2)可得

$$\omega_1 \cdot O_1P = \omega_2 \cdot O_2P$$

即过节点的两圆具有相同的圆周速率,它们之间做纯滚动,此两圆称为齿轮的节圆。

因此,欲使齿轮传动得到定传动比,齿廓的形状必须符合下列条件:不论轮齿齿廓在任何位置接触,过接触点所作齿廓的公法线通过的节点 P 不变。从理论上说,符合上述条件的齿廓曲线有很多,但齿廓曲线的选择还应考虑制造、安装和测量等要求。

3.2 渐开线齿廓和渐开线齿轮传动的特点

3.2.1 渐开线及其性质

将绕在圆柱体上的一条绳子由一端拉直并逐渐展开,如图 3-3 所示,绳上任一点(如 K 点)画出的曲线称为渐开线。圆柱称为基圆柱,它在平面上的投影称为基圆,绳子称为发生线。

从渐开线的形成过程中可以看出,渐开线的性质为:

(1) 线段 KN 的长度等于圆弧 $\overset{\frown}{AN}$ 的长度,N 点是发生线与基圆的切点。

(2) N 点是渐开线在 K 点的曲率中心,KN 是 K 点的曲率半径,也是渐开线在 K 点的法线。由此可见,渐开线上任一点的法线与基圆相切。

（3）基圆内无渐开线。

（4）渐开线的形状与基圆大小有关，如图 3-4 所示。基圆越小，渐开线越弯曲；基圆越大，渐开线越趋向平直；当基圆为无穷大时，渐开线就变成一条直线。

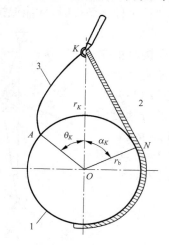

图 3-3　渐开线的形成
1—基圆；2—发生线；3—渐开线

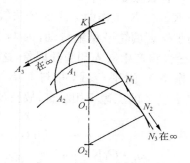

图 3-4　基圆大小对渐开线
形状的影响

渐开线也可用极坐标方程表示，在图 3-3 中，以 OA 为极坐标轴，则 K 点的极坐标可用向径 r_K 和极角 θ_K 来表示。若基圆半径为 r_b，则

$$r_K = \frac{r_b}{\cos\alpha_K} \tag{3-3}$$

因为

$$KN = \overset{\frown}{AN}$$

所以

$$r_b\tan\alpha_K = r_b(\theta_K + \alpha_K)$$

$$\theta_K = \tan\alpha_K - \alpha_K \tag{3-4}$$

式（3-3）和式（3-4）为渐开线的极坐标方程式。由式（3-4）可见，极角 θ_K 是 α_K 的函数，常用符号 $\mathrm{inv}\alpha_K$ 表示，称为 α_K 的渐开线函数，即

$$\mathrm{inv}\alpha_K = \theta_K = \tan\alpha_K - \alpha_K \tag{3-5}$$

式中，θ_K、α_K 都是以弧度计算的。只要基圆半径 r_b 一定，任意给定一个 α_K 值，就可求得渐开线上一点的坐标。

例 3-1　已知 $\alpha_K = 20°$，求 $\mathrm{inv}\alpha_K = \theta_K = ?$

解

$$\tan\alpha_K = \tan20° = 0.36397$$

$$\alpha_K = 20° \times \pi/180° = 0.349066$$

因为

$$\mathrm{inv}\alpha_K = \theta_K = \tan\alpha_K - \alpha_K$$

所以

$$\mathrm{inv}20° = 0.36397 - 0.349066 = 0.014904$$

为了计算方便，已将渐开线函数制成表格并列于手册中，使用时可直接查找。

3.2.2　渐开线齿轮符合齿廓啮合基本定律

用渐开线作为齿廓的齿轮称为渐开线齿轮。渐开线齿轮能保持恒定的传动比，证明如下。

设已知两轮的基圆半径分别为 r_{b1} 和 r_{b2}（见图 3-5），在此基圆上各画一渐开线 C_1 和 C_2 作为两轮的齿廓，它们在点 K 接触。过 K 点作 C_1 和 C_2 的公法线，根据渐开线的特性可知，此公法线必同时与两基圆相切，即是两轮基圆的内公切线 N_1N_2，它与连心线 O_1O_2 交于 P 点。

由于两基圆均为定圆,所以无论两齿廓在何处接触(如在 K' 点接触),过其接触点所作两齿廓的公法线都与 N_1N_2 线重合,因两基圆在同一方向的内公切线只有一条,故它与连心线 O_1O_2 的交点 P 也必为定点,该点就是节点。所以,渐开线齿轮符合齿廓啮合基本定律,其传动比为

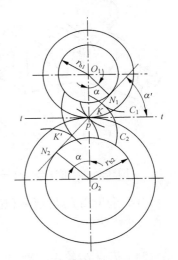

$$i = \frac{\omega_1}{\omega_2} = \frac{O_2P}{O_1P} = \frac{r_{b2}}{r_{b1}} \tag{3-6}$$

可见,其传动比为一常数,且与两基圆半径成反比。

由以上分析可知,渐开线齿轮传动有以下几个性质。

(1) 传动比恒定不变。

由于两基圆的半径为定值,所以两齿轮的传动比在任何时刻都是一个定值,这就保证了渐开线齿轮传动的平稳性。

(2) 中心距变动后不影响传动比。

由式(3-6)可知,传动比只与基圆半径有关,与中心距无

图 3-5　渐开线齿廓啮合情况

关。渐开线齿轮传动的这个性质是个重要的优点,其中心距公差可定得较大,中心距变动不至于影响传动比,这有利于加工和装配。通常称这个性质为渐开线齿轮的可分性。

(3) 啮合线是过节点的直线。

啮合线是两齿轮接触点的轨迹。因为两齿轮齿廓公法线在任何瞬时都是两齿轮基圆的内公切线 N_1N_2,而接触点又必定在公法线上,故内公切线 N_1N_2 就是渐开线齿轮的啮合线。由于啮合线是一固定直线,在传动过程中当外力矩一定时,作用力通过这条啮合线作用在齿轮和轴上的分力大小和方向都不会改变,这对传动的平稳性是有利的。

啮合线 N_1N_2 与过节点的两节圆的公切线 tt 的交角 α' 称为啮合角,见图 3-5,节圆与啮合角都与中心距有关,中心距改变,啮合线的斜率改变,节圆与啮合角也随之变化。

(4) 能够与直线齿廓的齿条啮合。

当齿数无穷多、基圆半径无穷大时,齿形就变成斜直线。用这种斜直线作齿形曲线的无穷大齿轮称为齿条,因为它是渐开线齿轮的一种特殊形式,所以能够与渐开线齿轮互相啮合,用来把回转运动转换为直线运动。

3.3　齿轮各部分名称、符号及渐开线标准圆柱直齿轮的几何尺寸计算

齿轮的形状复杂,设计齿轮时要对其各部分尺寸进行计算,在加工中也要对有关的尺寸参数进行测量和检验。

3.3.1　齿轮各部分名称及其符号

(1) 齿间距 e_K:如图 3-6 所示,相邻两齿之间的空间称为齿间,其在任意圆周上的弧线长称为齿间距。

(2) 齿厚 s_K:轮齿在任意圆周上的弧长称为齿厚。

(3) 周节 p_K:在任意圆周上的相邻两齿,其同一侧齿廓间的弧线长度称为周节,任意圆周的周节为该圆周上齿厚与齿间距之和,即

$$p_K = s_K + e_K$$

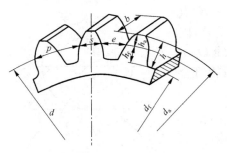

图 3-6　齿轮各部分符号

（4）齿顶圆 d_a：通过轮齿顶端的圆。

（5）齿根圆 d_f：通过轮齿齿间底部的圆。

（6）分度圆 d：齿轮计算、制造时作为基准的圆，标准齿轮在分度圆的圆周上齿厚与齿间距相等。

（7）基圆 d_b：渐开线齿形的生成圆。

（8）齿顶高 h_a：轮齿在分度圆与齿顶圆之间的径向高度。

（9）齿根高 h_f：轮齿在分度圆与齿根圆之间的径向高度。

（10）全齿高 h：齿顶圆和齿根圆之间的径向高度，即

$$h = h_a + h_f$$

（11）齿宽 b：轮齿在轴向的厚度。

3.3.2　齿轮的基本啮合参数

1. 模数 m

模数 m 是与轮齿和周节大小有关的参数，其导出过程如下：

分度圆的直径 d 与其周节 p 的关系为

$$\pi d = zp$$

$$d = \frac{p}{\pi} z \tag{3-7}$$

式中，齿数 z 是正整数，而 $\pi = 3.1415\cdots$ 是个无理数。为了计算和测量方便，希望分度圆直径 d 是个有理数，为此取 p/π 为有理数，并称为模数，用 m 表示，即

$$m = p/\pi \tag{3-8}$$

齿轮的模数 m 是反映周节大小的一个参数，其单位为 mm。模数越大，周节也越大，齿轮的轮齿也越大，因而承载能力也越大。图 3-7 所示为不同模数（齿数相同）的轮齿大小。

齿轮的模数已经标准化，我国国家标准 GB1357—2008 规定的齿轮模数标准系列见表 3-1 和表 3-2。

齿轮采用标准模数，限制了刀具规格数量，有助于降低齿轮加工费用，提高加工精度。设计、加工齿轮时，模数必须按照表 3-1 和表 3-2 选取标准值。

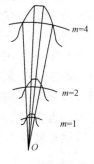

图 3-7　不同模数的轮齿

表 3-1　通用机械和重型机械用圆柱齿轮模数 m（GB/T 1357—2008）　　（单位：mm）

第一系列	1	1.25	1.5	2	2.5	3	4	5	6	8	10	12	16	20	25	32	40	50
第二系列	1.125	1.375	1.75	2.25	2.75	3.5	4.5	5.5	(6.5)	7	9	11	14	18	22	28	35	45

注：① 本标准适用于渐开线圆柱齿轮，对于斜齿轮是指法向模数 m_n。

② 应优先选用第一系列，括号中的模数尽可能不使用。

③ 不适用于汽车齿轮。

表 3-2   小模数齿轮模数 m（SJ 1819—1981）   （单位：mm）

0.1	(0.15)	0.2	(0.25)	0.3	(0.4)	0.5	(0.6)	0.8	1	(1.25)	1.5

注：① 括号中的模数设计时尽可能不采用。

　　② 适用于电子产品中的小模数渐开线齿轮。

模数确定后，齿轮的其他几何尺寸都与它成一定的比例关系，见表 3-3。由此可见模数是齿轮的一个基本参数。

2. 压力角 α

模数决定轮齿的大小，但不能反映渐开线的形状。渐开线齿形与基圆大小有关。工程上用压力角来计算基圆半径。当一对齿轮的轮齿互相作用时，在接触点的作用力方向与运动方向的夹角，称为渐开线在该点的压力角。如图 3-8 所示，B 为齿形在分度圆上的一点，K 为齿形上靠近齿顶的一点。当接触点在 K 点时，其作用力 F_n 的方向（如不考虑摩擦）是沿渐开线在该点的法线方向，K 点的运动方向 v 与回转半径 OK 垂直。F_n 与 v 之间的夹角为渐开线在 K 点的压力角 α_K。作用力 F_n 可分解为两个分力：圆周力 F_t 与 K 点的运动方向一致，是使齿轮转动的有效分力，$F_t = F_n \cdot \cos\alpha_K$；另一分力为径向力 F_r，也称压轴力，$F_r = F_n \cdot \sin\alpha_K$。渐开线上各点的压力角是不同的。$K$ 点的压力角 α_K 大于 B 点的压力角 α。向径越大，压

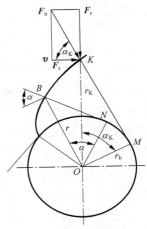

图 3-8 渐开线齿形的压力角

力角也越大，渐开线在基圆始点的压力角为零。当分度圆半径 r 和分度圆上的压力角 α 确定后，就可算出基圆半径 r_b。由图 3-8 所示 $\triangle BON$ 中的关系可计算出 ON，即

$$ON = r_b = r\cos\alpha$$
$$d_b = d\cos\alpha = mz\cos\alpha \tag{3-9}$$

3. 齿数 z

在一对齿轮传动中，当传动比已定时，小齿轮的齿数越少，则大齿轮齿数也相应减少，齿轮的尺寸也减小，因此结构比较紧凑。考虑到齿轮传动的平稳性，当传动比不大时，小齿轮齿数常取 25 以上。

3.3.3 渐开线标准圆柱齿轮传动几何尺寸关系

渐开线标准圆柱齿轮传动几何尺寸计算公式如表 3-3 所示。

表 3-3   外啮合渐开线标准直齿圆柱齿轮传动各部分尺寸的几何关系

名称	代号	公式
模数	m	取标准值
分度圆直径	d	$d_1 = mz_1$，$d_2 = mz_2$
齿顶高	h_a	$h_a = h_a^* m$
齿根高	h_f	$h_f = (h_a^* + c^*)m$
全齿高	h	$h = h_a + h_f = (2h_a^* + c^*)m$
齿顶圆直径	d_a	$d_{a1} = d_1 + 2h_a = (z_1 + 2h_a^*)m$ $d_{a2} = d_2 + 2h_a = (z_2 + 2h_a^*)m$

名称	代号	公式
齿根圆直径	d_f	$d_{f1} = d_1 - 2h_f = (z_1 - 2h_a^* - 2c^*)m$ $d_{f2} = d_2 - 2h_f = (z_2 - 2h_a^* - 2c^*)m$
基圆直径	d_b	$d_{b1} = d_1\cos\alpha,\ d_{b2} = d_2\cos\alpha$
周节	p	$p = \pi m$
齿厚	s	$s = p/2 = \pi m/2$
齿间距	e	$e = p/2 = \pi m/2$
中心距	a	$a = \dfrac{d_1 + d_2}{2} = \dfrac{m}{2}(z_1 + z_2)$

设计齿轮主要是确定基本参数，即模数 m、齿数 z 和分度圆压力角 α，其他参数均可按公式计算。表 3-3 中 h_a^* 称为齿顶高系数，对正常齿取 $h_a^* = 1$，对短齿取 $h_a^* = 0.8$。c^* 称顶隙系数，考虑到两齿轮啮合时，一齿的齿顶进入另一齿的齿底，为避免齿顶和齿底相碰，在它们之间应保留一定的间隙，即径向间隙。径向间隙还可以保存一定的润滑油，使齿面减少磨损。径向间隙的大小为模数乘以顶隙系数，即式中的 $c^* m$。顶隙系数 c^* 的大小与模数有关，当 $m \geqslant 1$ 时，取 $c^* = 0.25$；当 $m < 1$ 时，为保证足够的间隙，取 $c^* = 0.35$。

一对渐开线标准圆柱齿轮传动，相当于直径等于分度圆直径的一对摩擦轮在做无滑动的滚动。这时，分度圆与节圆重合，见图 3-9。

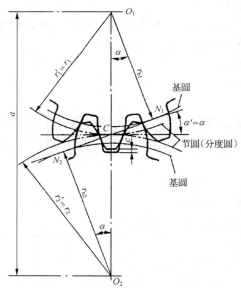

图 3-9　标准圆柱齿轮的正确安装

故一对外啮合标准圆柱齿轮传动的中心距为

$$a = \frac{d_1 + d_2}{2} = \frac{m(z_1 + z_2)}{2} \qquad (3-10)$$

一对内啮合标准圆柱齿轮传动的中心距为

$$a = \frac{d_2 - d_1}{2} = \frac{m(z_2 - z_1)}{2} \qquad (3-11)$$

式中，d_1、d_2 分别为两轮的分度圆直径。

对于单独一个齿轮而言，只有分度圆而无节圆。当一对齿轮互相啮合时，有了节点之后才有节圆。节圆可能与分度圆重合，也可能不重合，一对标准圆柱齿轮传动，其节圆与分度圆是重合的。

同样，对于单独一个齿轮而言，只有压力角而无啮合角。一对齿轮互相啮合时才有啮合角。一对标准圆柱齿轮传动，其啮合角等于分度圆上的压力角。

3.4　渐开线齿轮正确连续啮合条件

3.4.1　一对渐开线齿轮正确啮合的条件

渐开线齿廓能够满足定传动比传动，但假如两个齿轮的齿距相差很大，则一轮的轮齿将无法进入另一轮的齿槽进行啮合，即它们将互相顶住或分离。

一对渐开线齿轮在传动时,它们的齿廓啮合点都应位于啮合线 N_1N_2 上,要使处于啮合线上的各对轮齿都能正确地进入啮合状态,必须保证齿轮 1、2 处在啮合线上的相邻两轮齿的同侧齿廓之间的法向距离相等,见图 3-10。由渐开线特性可知,齿廓之间的法向距离 KK' 应等于基圆齿距 p_{b1} 或 p_{b2},即

$$p_{b1} = p_{b2}$$

又因

$$p_{b1} = \frac{\pi d_{b1}}{z_1} = \frac{\pi d_1 \cos\alpha_1}{z_1} = \frac{\pi m_1 z_1 \cos\alpha_1}{z_1} = \pi m_1 \cos\alpha_1$$

$$p_{b2} = \frac{\pi d_{b2}}{z_2} = \frac{\pi d_1 \cos\alpha_2}{z_2} = \frac{\pi m_2 z_2 \cos\alpha_2}{z_2} = \pi m_2 \cos\alpha_2$$

所以

$$m_1 \cos\alpha_1 = m_2 \cos\alpha_2$$

由于模数和压力角都已经标准化,为满足上述等式,必须使

$$\left. \begin{array}{c} m_1 = m_2 = m \\ \alpha_1 = \alpha_2 = \alpha \end{array} \right\} \qquad (3\text{-}12)$$

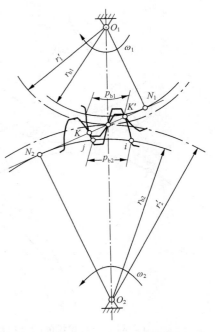

图 3-10 渐开线齿轮正确啮合

上式表明渐开线齿轮的正确啮合条件是两轮的模数和压力角必须分别相等。这样,一对齿轮的传动比可表示为

$$i = \frac{\omega_1}{\omega_2} = \frac{d_2'}{d_1'} = \frac{d_{b2}}{d_{b1}} = \frac{d_2}{d_1} = \frac{z_2}{z_1} \qquad (3\text{-}13)$$

3.4.2 一对轮齿的啮合过程及连续传动条件

图 3-11 所示为一对满足正确啮合条件的渐开线直齿圆柱齿轮传动。设轮 1 为主动轮,以角速度 ω_1 做顺时针方向回转;轮 2 为从动轮,以角速度 ω_2 做逆时针方向回转。直线 N_1N_2 为这对齿轮传动的啮合线。现在来分析一下这对轮齿的啮合过程。如图 3-11 所示,两轮轮齿在 B_2 点(从动轮 2 的齿顶圆与啮合线 N_1N_2 的交点)开始进入啮合。随着传动的进行,两齿廓的啮合点将沿着主动轮的齿廓,由齿根逐渐移向齿顶;沿着从动轮的齿廓,由齿顶逐渐移向齿根。当啮合进行到 B_1 点(主动轮 1 的齿顶圆与啮合线 N_1N_2 的交点)时,两轮齿即将脱离啮合。从一对轮齿的啮合过程来看,啮合点实际所走过的轨迹只是啮合线 N_1N_2 上的 B_1B_2 一段,故特把 B_1B_2 称为实际啮合线段。若将两齿轮的齿顶圆加大,则 B_1、B_2 将分别趋近于啮合线与两基圆的切点 N_1、N_2。但因基圆以内没有渐开线,所以两轮的齿顶圆与啮合线的交点不得超过点 N_1 及 N_2。因此,啮合线 N_1N_2 是理论上可能达到的最长啮合线段,特称为理论啮合线段,而点 N_1、N_2 则称为啮合极限点。

由此可见,一对轮齿啮合传动的区间是有限的,所以,为了两轮能够连续地传动,必须保证在前一对轮齿尚未脱离啮合时,后一对轮齿就要及时进入啮合。为了达到这一目的,实际啮合线段 B_1B_2 应大于或至少等于齿轮的法向齿距 p_b,如图 3-12 所示。

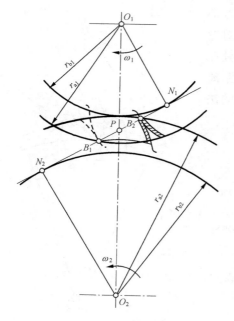

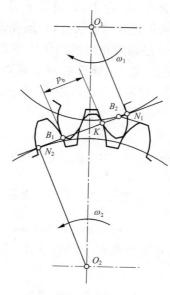

图 3-11　一对轮齿的啮合过程　　　　　　　　　　图 3-12

　　通常把 B_1B_2 与 p_b 的比值 ε 称为齿轮传动的重合度,于是可得到齿轮连续传动的条件为

$$\varepsilon = \frac{B_1B_2}{p_b} > 1 \tag{3-14}$$

为了保证正确连续传动,重合度必须大于 1,通常取 $\varepsilon=1.2$。

3.5　齿轮加工原理和根切现象

　　齿轮加工方法很多,机械切削加工方法有铣齿、插齿、滚齿、剃齿、磨齿等;无屑或少屑加工方法有轧制、冲压、铸造、粉末冶金等。这些方法虽各有特点,但从加工成型原理上可分为两大类,即成型法和范成法。下面以机械切削加工为例说明这两类加工原理。

3.5.1　成型法

　　成型法是用成型的刀具或模具直接加工出齿轮的齿形。例如,在铣床上用成型片铣刀加工齿轮就是成型法的一种。

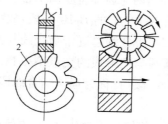

　　图 3-13 中,铣刀 1 的刀刃形状与齿间形状相同,加工时铣刀绕自身轴线转动,齿坯沿自身轴线移动,这样就铣出一个齿间,然后用分度头将齿坯转动 $360°/z$,铣出第二个齿间,再继续下去,直至铣出整个齿轮。

　　用这种方法加工齿轮,齿形的精度主要靠刀刃的形状来保证。齿轮的渐开线齿形与基圆大小有关,而基圆直径 $d_b = mz\cos\alpha$。由此可见,渐开线齿形不仅与模数 m、压力角 α 有关,而且与齿数 z 有关。这样,为了得到准确的齿形,对同一模数

图 3-13　成型法加工齿轮
1—铣刀;2—齿坯

和压力角的齿轮,加工一种齿数就需一把铣刀。很显然,这样既不经济又不方便,这时精确度和经济性产生了矛盾。在生产实践中把这对矛盾统一在一定的精度范围内,即对同一模数和

压力角的齿轮,只准备 8 把铣刀,每把铣刀加工一定齿数范围的齿轮。每把铣刀能加工齿轮的齿数范围如表 3-4 所示。

表 3-4 各号铣刀加工齿轮的齿数范围

刀号	1	2	3	4	5	6	7	8
加工齿数范围	12～13	14～16	17～20	21～25	26～34	35～54	55～134	134 以上

为了保证加工出的齿轮在啮合时不致卡住,每号铣刀的齿形都按照该组内最小齿数的齿形制作(如 3 号铣刀是按 17 个齿的齿形制成的)。因此,在加工其他齿数的齿轮时,必然会存在一定齿形误差。

用成型法铣齿,在普通铣床上就可以进行,刀具也比较简单,但效率低,加工不连续,且精度低。所以,这种加工方法只适用于修配和精度不高的小批生产。

3.5.2 范成法

范成法是利用一对齿轮(或齿轮与齿条)互相啮合时其共轭齿廓互为包络线的原理来切齿的。如果把其中一个齿轮(或齿条)做成刀具,就可以切出与它共轭的渐开线齿廓。用范成法切齿的常用刀具如下。

1. 齿轮插刀

齿轮插刀的形状如图 3-14(a)所示,刀具顶部比正常齿高出 $c^* m$,以便切出径向间隙部分。插齿时,插刀沿轮坯轴线方向做往复切削运动,同时强迫插刀与轮坯模仿一对齿轮传动时的状态,以一定的角速比转动(图 3-14(b)),直至全部齿槽切削完毕。

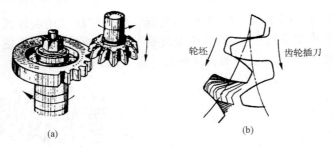

(a)   (b)

图 3-14 齿轮插刀切齿

因齿轮插刀的齿廓是渐开线,所以插制的齿轮也是渐开线。根据正确啮合条件,被切齿轮的模数和压力角必定与插刀的模数和压力角相等。故用同一把插刀切出的齿轮都能正确啮合。

2. 齿条插刀

齿条插刀又叫梳齿刀。用齿条插刀切齿是模仿齿轮与齿条的啮合过程,把刀具做成齿条状,如图 3-15 所示。图 3-16 表示齿条插刀齿廓的形状,其顶部比传动用的齿条高出 $c^* m$(圆角部分),以便切出传动时的径向间隙部分。因齿条的齿廓为一直线,由图 3-16 可见,不论在中线(齿厚与齿槽宽相等的直线)上还是在与中线平行的其他任一直线上,它们都具有相同的齿距 $p(\pi m)$、相同的模数 m 和相同的齿廓压力角 $\alpha(20°)$。对于齿条刀具,α 也称为齿形角或刀具角。

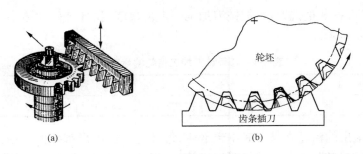

图 3-15　齿条插刀切齿

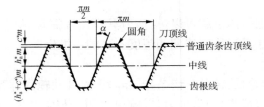

图 3-16　齿条插刀的齿廓

在切制标准齿轮时,应令轮坯径向进给直至刀具中线与轮坯分度圆相切并保持纯滚动。这样切成的齿轮,分度圆齿厚与分度圆齿槽宽相等,即 $s = e = \dfrac{\pi m}{2}$,且模数和压力角与刀具的模数和压力角分别相等。

3. 齿轮滚刀

以上两种刀具都只能间断地切削,生产率较低。目前广泛采用齿轮滚刀,它能连续切削,生产率较高。滚齿又称螺旋铣齿,滚刀又叫螺旋铣刀,它像个螺杆,在螺旋的法向截面上开出几条沟槽,形成刀刃(图 3-17),滚刀的轴向截面是齿条,如图 3-18 所示。

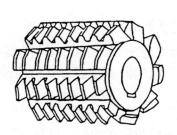

图 3-17　滚刀结构

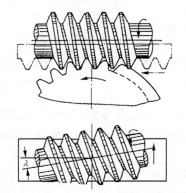

图 3-18　滚齿法加工齿轮

滚刀滚动时,在轴向截面中相当于一个齿条在移动,若是单头滚刀,当它转一周时,相当于齿条移动一个齿。对于头数为 $z_刀$ 的滚刀,它转一周相当于齿条移动 $z_刀$ 个齿。此时,滚刀与工件应保持以下传动比的关系,即

$$i = \frac{\omega_刀}{\omega_工} = \frac{n_刀}{n_工} = \frac{1}{\dfrac{z_工}{z_刀}} = \frac{z_工}{z_刀}$$

滚齿法用于中等精度的齿轮,一般可加工 7、8 级精度的齿轮,对于精密设备,可加工 6 级

精度的齿轮。由于用专用设备(滚齿机)加工,生产率较高,所以滚齿法在生产中应用较广。

3.5.3 根切现象

用范成法加工齿轮,当被加工齿轮的齿数较少(<17)时,齿根渐开线就会被刀具切去一部分,如图 3-19 所示,这种现象称根切现象。齿根被切掉一部分,不仅削弱了轮齿的强度,而且破坏了渐开线齿形,影响传动的平稳性。下面分析齿数较少时产生根切现象的原因及不产生根切的最少齿数。

图 3-20 表示用齿条刀具加工不同齿数齿轮的情况。齿条与齿轮的啮合线是一条直线,它既垂直于刀具的齿形直线,又与齿轮的基圆相切,切点 N 为极限啮合点,由图 3-20 可看出,齿数较少,极限啮合点位置也越低,当齿数少到一定数值,使刀具的齿顶线(不包括圆角部分)超过极限啮合点时就会产生根切现象。

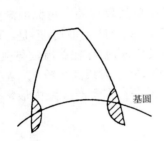

图 3-19 根切现象

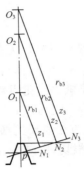

图 3-20 不同齿数对加工的影响

滚齿法加工过程见图 3-21,在啮合线 NN 上刀具的齿和齿轮相啮合,当刀具的刀刃在位置 Ⅰ 时,与齿轮的渐开线在 A 点相切,在位置 Ⅱ 时,与渐开线在极限点 N_1 相切,这时刀具已将渐开线加工完了(因基圆内无渐开线)。但此时刀具齿顶部分尚未退出加工,若刀具继续移动一段距离 l 到位置 Ⅲ,则齿轮的分度圆转过的弧长也应等于 l,其对应的转角为 φ,且 $\varphi = l/r$。此时,已加工出的渐开线上的 N_1 点转到了 N_1' 位置,而刀具与啮合线相交于 K 点。

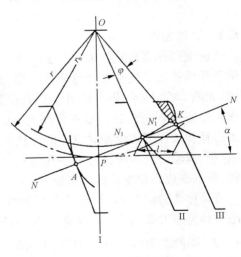

图 3-21 根切过程

因为 $\qquad N_1K = l\cos\alpha$

而

$$l = \varphi r, \quad N_1K = \varphi r\cos\alpha = \varphi r_b = \overset{\frown}{N_1N_1'}$$

所以 $\qquad N_1K = \overset{\frown}{N_1N_1'}$

因为 N_1K 是直线,而 $\overset{\frown}{N_1N_1'}$ 是圆弧,两者长度相等,则 N_1' 点必然在 K 点后面,因而,从 N_1' 点引出的渐开线与刀具的齿廓相交,这样就会被切去一段而形成根切。

由以上分析可知,当刀具齿顶线(不包括圆角部分)超过极限啮合点 N_1 时,就会产生根切现象。避免根切的办法是使刀具的齿顶线不超过极限啮合点 N_1。根据这个条件,可找出加工标准齿轮时不根切的最少齿数。

图 3-22 表示齿条刀具加工标准齿轮时的情况,加工时的啮合线为 NN_1,极限啮合点 N_1

至齿条中线的距离为 N_1M，为了避免根切，刀具的齿顶高必须小于或等于 N_1M，即

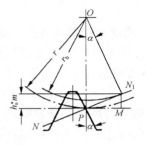

图 3-22　不产生根切
的极限位置

$$h_a^* \cdot m \leqslant N_1M$$

在 $\triangle PN_1M$ 中，$N_1M = PN_1\sin\alpha$；在 $\triangle PON_1$ 中，$PN_1 = r \cdot \sin\alpha$，所以

$$N_1M = r\sin\alpha \cdot \sin\alpha = \frac{1}{2}mz\sin^2\alpha$$

$$h_a^* \cdot m \leqslant N_1M = \frac{1}{2}mz\sin^2\alpha$$

$$z \geqslant \frac{2h_a^*}{\sin^2\alpha}$$

则不产生根切的最小齿数

$$z_{\min} = \frac{2h_a^*}{\sin^2\alpha} \tag{3-15}$$

由上式可知，最小齿数与模数无关，而与压力角和齿顶高系数有关。对标准渐开线齿轮，$\alpha = 20°$，$h_a^* = 1$，则由式(3-15)可算出 $z_{\min} = 17$。齿数少于 17 就会产生根切，但是，在生产实践中，有许多机构，常希望减少齿轮齿数以减小整个机构的尺寸，这就存在着齿数与根切的矛盾。如何解决这个矛盾呢？从公式(3-15)中可知，增大压力角，减小齿顶高系数 h_a^*，都可以使最小齿数 $z_{\min}$ 减小，但这些方法需要更换刀具，既不方便又不经济。在生产实践中最常用的方法是采用变位齿轮来消除根切，以减少齿轮的齿数。

3.6　变　位　齿　轮

3.6.1　变位齿轮

当标准圆柱直齿轮的齿数少于 17 时，用范成法加工就会产生根切现象。其根本原因是刀具的齿顶线超过了极限啮合点 N_1，如果把刀具后退一个距离，如图 3-23 所示，即从位置Ⅰ退到位置Ⅱ，使刀具齿顶线正好通过 N_1 点，这时就不会产生根切。用这种改变切齿刀具和被加工齿轮相对位置的方法制造出来的齿轮就叫变位齿轮。这种齿轮的一些几何尺寸已与标准齿轮不同，所以变位齿轮也称修正齿轮。

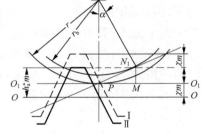

图 3-23　加工变位齿轮的刀具位置

刀具移动的结果是，与齿轮分度圆相切并做纯滚动的已不是齿条刀具的中线 OO，而是另一条与其平行的直线 O_1O_1，即所谓节线。此时刀具移动的距离为 χm，χ 称为变位系数。

3.6.2　变位齿轮的形成和特点

由前可知，变位齿轮的形成是很简单的，与加工标准齿轮比较，它是将刀具相对齿轮毛坯做前后位移再进行加工而形成的，见图 3-24。

其中图 3-24(a)为加工标准齿轮的情况，此时刀具中线 OO 与齿轮分度圆相切，加工时分度圆在直线 OO 上做纯滚动，所以分度圆齿厚与齿间距相等，即 $s = e$。

图 3-24(b)为加工时刀具相对齿轮向外移动距离 χm（外移时称正变位，加工后的齿轮称

正变位齿轮),此时刀具中线 OO 就不再与齿轮分度圆相切,而是与中线 OO 平行的另一直线 O_1O_1 与分度圆相切。

图 3-24(c)为加工时刀具相对齿轮内移一个距离 $-\chi m$(此时称负变位,加工后的齿轮称负变位齿轮),此时与分度圆相切并做纯滚动的是 O_2O_2。

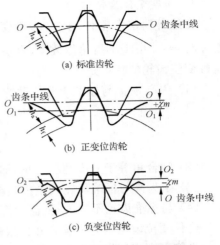

图 3-24　变位齿轮的形成和特点

变位齿轮的几何特点为:

(1) 不论变位情况如何,齿轮的分度圆 d 和分度圆周节 $p = \pi m$ 都没有改变,又因刀具形状和参数(模数 m 和压力角 α)没有改变,因而齿轮的基圆和渐开线形状也未改变。变位齿轮和标准齿轮的齿形应是同一条渐开线上的不同段。

(2) 正变位齿轮的分度圆齿厚增大了,而负变位齿轮的分度圆齿厚却减小了。

(3) 正变位齿轮的齿顶高将增加,齿根高将减小,负变位齿轮的齿顶高将减小,齿根高将增加,但它们的全齿高没变,与标准齿轮的全齿高相同。

3.6.3　变位系数的确定

从避免根切来看,χ 越大越不能产生根切,但最小变位量应多大才不发生根切呢? 为此,必须找出一个数量界限,也就是要计算出避免根切的最小变位系数。由图 3-23 可知,使刀具齿顶移到刚好不产生根切位置的最小距离为

$$\chi_{\min} m = h_a^* m - N_1 M$$

因为

$$N_1 M = PN_1 \cdot \sin\alpha$$

$$PN_1 = OP \cdot \sin\alpha = \frac{1}{2} mz \sin\alpha$$

所以

$$N_1 M = \frac{1}{2} mz \sin^2 \alpha$$

最后得

$$\chi_{\min} m = h_a^* m - N_1 M = h_a^* m - \frac{1}{2} mz \sin^2 \alpha$$

$$\chi_{\min} = h_a^* - \frac{1}{2} z \sin^2 \alpha$$

将上式作一变换得

$$\chi_{\min} = h_a^* \left(1 - \frac{z}{2h_a^*} \sin^2 \alpha\right) = h_a^* \left(1 - \frac{z}{\frac{2h_a^*}{\sin^2 \alpha}}\right) = h_a^* \left(1 - \frac{z}{z_{\min}}\right) = h_a^* \left(\frac{z_{\min} - z}{z_{\min}}\right)$$

因为

$$h_a^* = 1, \quad z_{\min} = 17$$

所以

$$\chi_{\min} = \frac{17 - z}{17} \tag{3-16}$$

$\chi_{\min}$ 是不产生根切的最小变位系数,实际选用的变位系数一般比计算的数值大一些。变位系数 χ 选得是否合适,可利用附录变位系数线图校验。

3.6.4　变位齿轮传动的分类及其应用

一对变位齿轮按其变位系数之间的关系可分为以下两种。

1. 高度变位齿轮传动

在这种变位齿轮传动中,两轮变位系数的绝对值相等,其一为正值而另一为负值,即 $\chi_1 + \chi_2 = 0$。由于小齿轮齿数少,容易发生根切,因此小齿轮应取正变位而大齿轮应取负变位。这种变位齿轮的特点是:

(1) 中心距 a' 与标准齿轮传动的中心距 a 相等,且分度圆与节圆重合,即

$$a' = a = \frac{1}{2}m(z_1 + z_2)$$

$$r_1' = r_1, \quad r_2' = r_2$$

(2) 啮合角等于分度圆压力角,即 $\alpha' = \alpha$。

(3) 全齿高与标准齿轮的全齿高相等。

(4) 与标准齿轮不同的是,齿顶高和齿根高发生了变化。

这种变位齿轮因为齿顶高和齿根高相对于分度圆的位置有了变化,所以称高度变位齿轮。

为使高度变位齿轮中大齿轮不因负变位而发生根切,必须使

$$\chi_1 \geqslant h_a^* \frac{z_{\min} - z_1}{z_{\min}}, \quad \chi_2 \geqslant h_a^* \frac{z_{\min} - z_2}{z_{\min}}$$

则

$$\chi_1 + \chi_2 \geqslant \frac{h_a^*}{z_{\min}}[2z_{\min} - (z_1 + z_2)]$$

因为

$$\chi_1 + \chi_2 = 0, \quad h_a^* = 1$$

所以

$$z_1 + z_2 \geqslant 2z_{\min} \tag{3-17}$$

式(3-17)表明欲使两轮都不发生根切,则它们的齿数和应大于或等于最小齿数的两倍,这也是采用高度变位齿轮的条件。

在仪器仪表中常采用高度变位齿轮来减小齿数、消除根切,达到结构紧凑的目的。又因其中心距仍为标准齿轮中心距,故可成对替换标准齿轮和修复旧齿轮。

2. 角度变位齿轮传动

一对变位齿轮,两轮变位系数之和不等于零,即 $\chi_1 + \chi_2 \neq 0$,此时啮合角 $\alpha' \neq \alpha$,由于啮合角发生了变化,所以称为角度变位齿轮传动。

角度变位齿轮传动又分为正变位传动($\chi_1 + \chi_2 > 0$)和负变位传动($\chi_1 + \chi_2 < 0$)。

正变位传动的特点:

(1) 中心距 a' 大于标准齿轮中心距 a,分度圆与节圆不重合,即

$$a' > a = \frac{1}{2}m(z_1 + z_2)$$

(2) 啮合角大于标准齿轮分度圆压力角,即

$$\alpha' > \alpha$$

这种正变位齿轮传动称正传动,可用于避免根切,提高齿轮强度,在机械制造中还用来配凑中心距。

负变位传动的特点:

(1) 中心距 a' 小于标准齿轮中心距 a,分度圆与节圆不重合,即

$$a' < a = \frac{1}{2}m(z_1 + z_2)$$

（2）啮合角小于标准齿轮分度圆压力角，即

$$\alpha' < \alpha$$

这种负变位传动也称为负传动，这种变位不利于防止根切和提高强度，因此只有在配凑中心距的一些特殊情况下才可应用。

变位齿轮的几何尺寸计算公式见表 3-5。

表 3-5　变位齿轮几何尺寸计算公式

名称	符号	公式
变位系数	χ	根据使用条件选定
啮合角	α'	$\operatorname{inv}\alpha' = \dfrac{2(\chi_2 \pm \chi_1)}{z_2 \pm z_1}\tan\alpha + \operatorname{inv}\alpha$ 或 $\cos\alpha' = \dfrac{a}{a'}\cos\alpha$
分度圆直径	d	$d_1 = mz_1, \quad d_2 = mz_2$
中心距	a'	$a' = a\dfrac{\cos\alpha}{\cos\alpha'}$
齿根圆直径	d_f	$d_{f1} = d_1 - 2(h_a^* + c^* - \chi_1)m$ $d_{f2} = d_2 \mp 2(h_a^* + c^* \mp \chi_2)m$
齿顶圆直径	d_a	$d_{a1} = \pm(2a' - d_{f2}) - 2c^* m = \pm(2a' - d_2) + 2m(h_a^* - \chi_2)$ $d_{a2} = 2a' + d_{f1} \mp 2c^* m = 2a' + d_1 \pm 2m(h_a^* - \chi_1)$
基圆直径	d_b	$d_{b1} = d_1\cos\alpha, \quad d_{b2} = d_2\cos\alpha$
节圆直径	d'	$d_1' = \dfrac{d_{b1}}{\cos\alpha'}, \quad d_2' = \dfrac{d_{b2}}{\cos\alpha'}$
分度圆齿厚	s	$s_1 = \left(\dfrac{\pi}{2} + 2\chi_1\tan\alpha\right)m, \quad s_2 = \left(\dfrac{\pi}{2} \pm 2\chi_2\tan\alpha\right)m$
重叠系数	ε	$\varepsilon = \dfrac{1}{2\pi}\left[z_1(\tan\alpha_{a1} - \tan\alpha') \pm z_2(\tan\alpha_{a2} - \tan\alpha')\right]$

注：① 凡出现"±"符号处，上面的符号用于外齿轮，下面的符号用于内齿轮。

② α_a 为齿顶圆上的压力角。

3.7　斜齿圆柱齿轮传动

3.7.1　斜齿圆柱齿轮的形成及传动特点

假设把直齿圆柱齿轮沿其轴向宽度切成等宽的齿轮薄片，并将每片依次转过一个角度，便得到类似阶梯的齿轮，如图 3-25（a）所示。如果齿轮片切得很薄，片数无限增多，齿轮就形成图 3-25（b）所示的螺旋形状，这就是斜齿轮。斜齿圆柱齿轮形成过程也可以这样来理解，将一直齿圆柱齿轮沿着轴线方向扭转一定角度，轮齿就由直齿形变成螺旋齿形。

斜齿圆柱齿轮与直齿圆柱齿轮一样，用于平行轴之间的传动。直齿圆柱齿轮的轮齿方向与轴线平行，在啮合过程中齿面接触线长短无变化，如图 3-26 所示。因此直齿轮工作时，一对轮齿开始啮合和脱离啮合时都是突然地沿整个齿宽接触或突然地分开的，故在高速重载时容易引起冲击和噪声。斜齿圆柱齿轮轮齿的方向是斜的，啮合过程中，齿面接触线是变化的，开始啮合时，啮合线长度由小变大，以后又由大变小直至脱离啮合，如图 3-27 所示。因此，斜齿轮传动是逐渐进入啮合且逐渐分离的，故传动平稳，冲击小。又由于斜齿轮的齿是斜的，其同时啮合的轮齿对数较直齿多，故斜齿轮的承载能力也比直齿高，适用于高速重载传动。

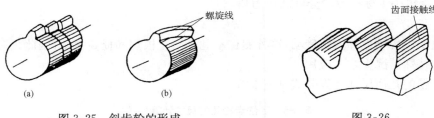

图 3-25　斜齿轮的形成　　　　　　　　　　图 3-26

由于斜齿轮的齿与轮轴方向成一螺旋角 β，故在传动中会产生轴向分力 $\boldsymbol{F}_a$，螺旋角 β 越大，则产生的轴向力 $\boldsymbol{F}_a$ 也越大。为了减小轴向力，螺旋角不宜过大，一般取 $\beta=8°\sim20°$。产生轴向力是斜齿轮传动的主要缺点。图 3-28(b)所示的人字齿轮能够抵消轴向力，故人字齿轮的螺旋角可适当取大些，可取 $\beta=27°\sim45°$，但人字齿轮制造困难，主要用于较大的动力传动。

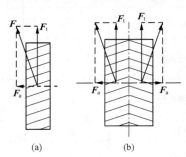

图 3-27　齿轮齿面接触情况　　　　图 3-28　斜齿上的轴向作用力

3.7.2　斜齿圆柱齿轮几何尺寸计算

由前面分析可知，斜齿圆柱齿轮是由直齿圆柱齿轮演变过来的。它们在端面(垂直轮齿轴线的平面)上的齿廓都是渐开线，如果是采用端面上的参数(模数、压力角、齿顶高系数、顶隙系数)作为计算依据，就可以用直齿轮的公式进行几何尺寸计算。但斜齿轮在加工时，刀具是沿着斜齿轮螺旋方向进刀的，故斜齿轮的法面(垂直轮齿螺旋线方向的面)齿形应与刀具齿形相同。因此规定斜齿轮的法面参数为标准值，而端面参数为非标准值。但在计算斜齿轮的几何尺寸时却需按端面的参数来进行计算，因此就必须建立法面参数与端面参数的换算关系。图 3-29 所示为斜齿

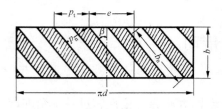

图 3-29　斜齿圆柱齿轮分度圆柱展开面

圆柱齿轮分度圆柱的展开面。设 p_n 为法面周节，p_t 为端面周节；m_n 为法面模数，m_t 为端面模数；β 为分度圆柱上的螺旋角；b 为齿轮宽度，b_n 为轮齿宽度，则

$$p_n = p_t\cos\beta \tag{3-18}$$

$$m_n = m_t\cos\beta \tag{3-19}$$

$$b_n = \frac{b}{\cos\beta} \tag{3-20}$$

一对斜齿圆柱齿轮啮合时，除了两轮的模数和压力角必须相等外，两轮在分度圆柱面上的螺旋角 β 也必须大小相等，方向相反，即 $\beta_1=-\beta_2$，一个齿轮是左旋，另一齿轮必须是右旋。

为计算方便，将正常齿制标准斜齿圆柱齿轮的各部分几何尺寸列于表 3-6。

表 3-6 斜齿圆柱齿轮各部分的几何尺寸

各部分名称	代号	公式
法面模数	m_n	按 GB 1357—1987 选取或由强度计算决定
分度圆直径	d	$d = m_t z = \dfrac{m_n z}{\cos\beta}$
齿顶高	h_a	$h_a = m_n$
齿根高	h_f	$h_f = 1.25 m_n$
全齿高	h	$h = h_a + h_f = 2.25 m_n$
齿顶圆直径	d_a	$d_a = d + 2 m_n$
齿根圆直径	d_f	$d_f = d - 2.5 m_n$
中心距	a	$a = \dfrac{d_1 + d_2}{2} = \dfrac{m_t(z_1 + z_2)}{2} = \dfrac{m_n(z_1 + z_2)}{2\cos\beta}$

3.7.3 斜齿轮的当量齿数

在进行强度计算和用成形法加工选择铣刀时,必须知道斜齿轮的法向齿形。通常采用下述近似方法进行研究。

如图 3-30 所示,过斜齿轮分度圆柱上齿廓的任一点 C 作轮齿螺旋线的法面 nn,该法面与分度圆柱的交线为一椭圆,其长半轴为 $a = \dfrac{d}{2\cos\beta}$,短半轴为 $b = \dfrac{d}{2}$。由高等数学知识可知,椭圆在 C 点的曲率半径为

$$\rho = \frac{a^2}{b} = \frac{d}{2\cos^2\beta}$$

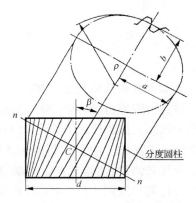

图 3-30 斜齿轮的当量齿轮

以 ρ 为分度圆半径,以斜齿轮法面模数 m_n 为模数,取标准压力角 α_n 作一直齿圆柱齿轮,其齿形即可认为近似斜齿轮的法面齿形。该直齿圆柱齿轮称为斜齿圆柱齿轮的当量齿轮,其齿数称为斜齿轮的当量齿数,用 z_v 表示,故

$$z_v = \frac{2\rho}{m_n} = \frac{d}{m_n \cos^2\beta} = \frac{m_n z}{m_n \cos^3\beta} = \frac{z}{\cos^3\beta} \tag{3-21}$$

式中,z 为斜齿轮的实际齿数。

正常齿标准斜齿轮不发生根切的最小齿数 z_{min} 可由其当量直齿轮的最少齿数 z_{vmin}(17)计算出来,即

$$z_{min} = z_{vmin} \cos^3\beta \tag{3-22}$$

例 3-2 在万能铣床上铣一斜齿圆柱齿轮,其法面模数 $m_n = 1mm$,$z = 16$,$\beta = 30°$,应选取几号铣刀?

解
$$z_v = \frac{z}{\cos^3\beta} = \frac{16}{\cos^3 30°} = 24.64$$

根据以上计算结果,查表 3-4 可知应按 $z_v = 25$ 来选刀。由于 4 号刀规定铣 21~25 齿数的齿轮,所以最后应选 4 号成型铣刀来加工。

3.8 直齿圆锥齿轮传动

圆锥齿轮用于相交两轴之间的传动,其轮齿有直齿、斜齿和曲齿三种类型。本节只讨论最常用的两轴垂直相交(轴交角 $\Sigma=90°$)的标准直齿圆锥齿轮传动,见图 3-31。

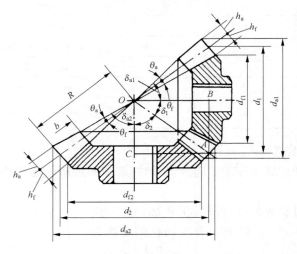

图 3-31 圆锥齿轮传动

基本参数和几何尺寸计算:

和直齿圆柱齿轮相似,直齿圆锥齿轮有齿顶圆锥、分度圆锥和齿根圆锥,且三者相交于一点 O,称为锥顶。因此形成了其轮齿一端大、另一端小,向着锥顶方向逐渐收缩的情况,称为收缩齿。即轮齿在齿宽 b 的全长上,其齿厚、齿高和模数均不相同,向着锥顶方向收缩变小。为了便于尺寸的计算和测量,通常规定以大端模数为标准模数(标准模数系列见 GB 12368—1990),所以圆锥齿轮的分度圆直径、齿顶圆直径和齿高尺寸等也都是指大端的端面尺寸。

一对模数 m 为标准值,压力角 $\alpha=20°$,齿顶高系数 $h_a^*=1$,径向间隙系数 $C^*=0.2$ 的标准直齿圆锥齿轮,在标准安装下传动时,两轮的锥顶重合为一点,分度圆锥相切,见图 3-31。

标准直齿圆锥齿轮各部分的尺寸计算公式见表 3-7。

表 3-7 直齿圆锥齿轮各部分尺寸计算公式($\Sigma=90°$)

名称	代号	公式
模数	m	取大端模数 m 为标准模数
分度圆锥角	δ	$\tan\delta_1=\dfrac{z_1}{z_2}$, $\tan\delta_2=\dfrac{z_2}{z_1}$
轴交角	Σ	$\Sigma=\delta_1+\delta_2=90°$
齿顶高	h_a	$h_a=m$
齿根高	h_f	$h_f=1.2m$
全齿高	h	$h=h_a+h_f=2.2m$
分度圆直径	d	$d_1=mz_1$, $d_2=mz_2$
齿顶圆直径	d_a	$d_{a1}=d_1+2m\cos\delta_1=m(z_1+2\cos\delta_1)$ $d_{a2}=d_2+2m\cos\delta_2=m(z_2+2\cos\delta_2)$

名称	代号	公式
齿根圆直径	d_{f}	$d_{\mathrm{f}1}=d_1-2.4m\cos\delta_1=m(z_1-2.4\cos\delta_1)$ $d_{\mathrm{f}2}=d_2-2.4m\cos\delta_2=m(z_2-2.4\cos\delta_2)$
锥距	R	$R=\sqrt{\left(\dfrac{d_1}{2}\right)^2+\left(\dfrac{d_2}{2}\right)^2}$
齿宽	b	$b=\psi_R\cdot R=R/3$（一般取齿宽系数 $\psi_R=1/3$）
传动比	i	$i=\dfrac{n_1}{n_2}=\dfrac{d_2}{d_1}=\dfrac{z_2}{z_1}=\cot\delta_1=\tan\delta_2$

3.9 蜗杆传动

3.9.1 蜗杆传动原理和特点

当两轴既不平行也不相交,而是空间垂直交叉时,可以采用蜗杆传动,如图 3-32 所示。蜗杆传动由蜗杆和与它相啮合的蜗轮组成,一般蜗杆为主动件。

蜗杆的形状像圆柱形螺旋,蜗轮的形状像斜齿轮,只是它的轮齿沿齿长方向弯曲成圆弧形,以便与蜗杆更好地啮合。

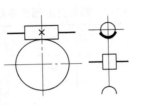

图 3-32 蜗杆传动

蜗杆和螺杆一样有右旋和左旋之分,蜗杆上只有一条螺旋齿的称为单头蜗杆,即蜗杆转一周,蜗轮转过一个齿。若蜗杆上有两条螺旋齿,就称双头蜗杆,即蜗杆转一周,蜗轮转过两个齿。以此类推,设蜗杆的头数为 z_1(一般 $z_1=1\sim4$),蜗轮的齿数为 z_2,则传动比为

$$i=\frac{n_1}{n_2}=\frac{z_2}{z_1} \tag{3-23}$$

式中,n_1、n_2 分别为蜗杆和蜗轮的转速。

蜗杆传动的特点:

(1) 传动比大,结构紧凑。一般 $i=1\sim100$,在某些只传递运动的机构中 i 可达 1000 或更大。这样大的传动比若用齿轮传动,则需采用多级传动才行,所以蜗杆传动的结构紧凑。精密的蜗杆传动常用来作为精密的分度机构。

(2) 当蜗杆的导程角 γ 很小时,蜗杆传动能自锁,即只能由蜗杆带动蜗轮,蜗轮不能带动蜗杆。在一些起重设备中采用蜗杆传动能起到安全保护作用,重物可停悬在任意高度上,而不会因自重落下。这种安全保护作用就是利用了蜗杆传动的自锁性。

(3) 传动平稳,无噪声。因为蜗杆的齿是连续不断的螺旋齿,它与蜗轮齿啮合时是连续的,所以没有冲击和噪声。

(4) 蜗杆传动的摩擦损失较大,致使传动效率低。为了减小磨损,提高效率,常采用较贵重的青铜制造蜗轮。对于较大的动力传动,一般不采用蜗杆传动。

(5) 比一般齿轮的加工费用高。

3.9.2　蜗杆传动的主要参数、转动方向

1. 模数、压力角

通过蜗杆轴线并与蜗轮轴线垂直的平面称为中间平面。它对于蜗杆来说为轴面,对于蜗轮来说为端面。在中间平面内,蜗杆的齿廓为直线,蜗轮的齿廓为渐开线,故相当于齿条、齿轮传动。为了能正确啮合传动,在中间平面内,蜗杆的轴向模数 m_{x1} 应等于蜗轮的端面模数 m_{t2},且为标准值(见 GB 10088—1988);蜗杆的轴面压力角 α_{x1} 应等于蜗轮的端面压力角 α_{t2},且均为标准值 20°。

2. 蜗杆的直径系数和导程角

理论上,蜗杆的分度圆直径可任意选择,只要保证强度和刚度要求即可。但是,由于加工蜗轮的滚刀必须与蜗杆的参数(模数、压力角等)完全一样,如果任意选择蜗杆直径,就需要有相应的滚刀,而滚刀的成本又较高,为了减少刀具数量,便于规格化,国家标准中规定将蜗杆的分度圆直径标准化,且与其模数相匹配。d_1 与 m 匹配的标准系列值见表 3-8。由表 3-8 可根据模数 m 选定蜗杆的分度圆直径 d_1。

表 3-8　蜗杆分度圆直径与其模数的匹配标准系列　　　　　(单位:mm)

m	d_1	m	d_1	m	d_1	m	d_1
1	18		(22.4)		40		(80)
1.25	20	2.5	28	4	(50)	6.3	112
	22.4		(35.5)		71		(63)
1.6	20		45		(40)	8	80
	28		(28)	5	50		(100)
2	(18)	3.15	35.5		(63)		140
	22.4		(45)		90		(71)
	(28)		56	6.3	(50)	10	90
	35.5	4	(31.5)		63		⋮

注:摘自 GB/T 10085—1988,括号中的数字尽可能不采用。

蜗杆的分度圆直径计算公式为

$$d_1 = mq \tag{3-24}$$

式中,q 称为蜗杆的直径系数。

图 3-33 所示为一普通圆柱蜗杆及其分度圆柱展开图。图中蜗杆的轴向齿距 $p_x = \pi m$,导程 $p_z = p_x z_1 = m\pi z_1$。因此可求得蜗杆的导程角为

$$\tan\gamma = \frac{p_z}{\pi d_1} = \frac{m\pi z_1}{\pi mq} = \frac{z_1}{q} \tag{3-25}$$

3. 一对蜗杆蜗轮正确啮合的条件

(1)中间平面内,蜗杆蜗轮的模数、压力角相等。

(2)蜗杆导程角 γ 与蜗轮螺旋角 β_2 相等,且螺旋方向相同。

蜗杆头数 z_1 和蜗轮齿数 z_2 按以下经验选取:

通常 $z_1 = 1 \sim 4$。当 $z_1 = 1$ 时,可得到较大的传动比,结构紧凑,易自锁。头数多,则螺旋升角大,效率较高,但头数多又会使蜗轮和整个传动的结构尺寸加大,所以一般 z_1 不超过 4,常

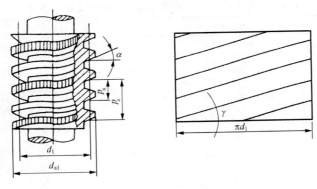

图 3-33　蜗杆的导程角

用的是 2 或 3。

z_2 一般取为 30～70。当 $z_1=1$ 时,蜗轮齿数不能小于 22;当 $z_1>1$ 时,蜗轮齿数不能小于 26。否则,必须对蜗轮采取变位。

4. 蜗杆传动的转动方向判别

蜗轮的转向不仅与蜗杆的转向有关,而且与其螺旋线方向有关。具体判断时,可把蜗杆看做螺杆,蜗轮看做螺母来考察其相对运动。例如,图 3-34 中的右旋蜗杆 1 按图示方向转动时,可借助右手判断如下:拇指伸直,其余四指握拳,令四指弯曲方向与蜗杆转动方向一致,则拇指的指向(向左)即是螺杆相对螺母前进的方向。按照相对运动原理,螺母相对螺杆的运动方向应与此相反,故蜗轮 2 上的啮合点应向右运动,从而使蜗轮逆时针转动。同理,对于左旋蜗杆,则应借助左手按上述方法分析判断。

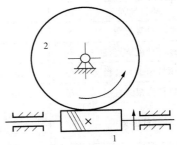

图 3-34　蜗杆传动的
转动方向

3.9.3　蜗杆传动的几何尺寸计算

轴交角 $\Sigma=90°$ 的普通圆柱蜗杆传动的几何尺寸计算见图 3-35 和表 3-9。

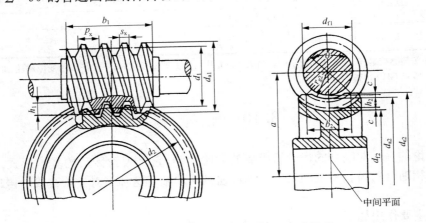

图 3-35　普通圆柱蜗杆传动的几何尺寸关系

表 3-9　轴交角 $\Sigma=90°$ 的普通圆柱蜗杆传动的几何尺寸

模数	m	$m_{x1}=m_{t2}=m$	由设计确定,按 GB 10088—1988 选取
压力角	α	$\alpha_{x1}=\alpha_{t2}=\alpha=20°$	
齿顶高	h_a	$h_a=h_a^* m$	
齿根高	h_f	$h_f=(h_a^*+c^*)m$	
齿高	h	$h=h_a+h_f=(2h_a^*+c^*)m$	
顶隙(径向间隙)	c	$c=c^* m$	
传动比	i	$i=\dfrac{\omega_1}{\omega_2}=\dfrac{n_1}{n_2}=\dfrac{z_2}{z_1}$	按 GB 10085—1988 选取
中心距	a	$a=\dfrac{1}{2}(d_1+d_2)=\dfrac{1}{2}m(q+z_2)$	
蜗杆头数	z_1	取 1、2、4	
蜗杆直径系数	q	$q=d_1/m$	
蜗杆轴向齿距	p_x	$p_x=\pi m$	
蜗杆轴向齿厚	s_x	$s_x=\pi m/2$	
蜗杆导程	p_z	$p_z=\pi m z_1$	
蜗杆导程角	γ	$\tan\gamma=z_1/q$	
蜗杆分度圆直径	d_1	$d_1=mq$	按 GB 10085—1988 选取
蜗杆齿顶圆直径	d_{a1}	$d_{a1}=d_1+2h_a=m(q+2h_a^*)$	
蜗杆齿根圆直径	d_{f1}	$d_{f1}=d_1-2h_f=m(q-2h_a^*-2c^*)$	
蜗杆齿宽	b_1	$z_1=1\sim2$ 时,$b_1\geqslant(0.06z_2+11)m$; $z_1=3\sim4$ 时,$b_1\geqslant(0.09z_2+12.5)m$	由设计确定
蜗轮齿宽	b_2		
蜗轮齿数	z_2	$z_2=iz_1$	按 GB 10085—1988 选取
蜗轮分度圆直径	d_2	$d_2=mz_2$	
蜗轮齿顶圆直径	d_{a2}	$d_{a2}=d_2+2h_a$	
蜗轮齿根圆直径	d_{f2}	$d_{f2}=d_2-2h_f$	
蜗轮咽喉母圆半径	r_{g2}	$r_{g2}=a-\dfrac{1}{2}d_{a2}$	
蜗轮齿宽角	θ	$\theta=2\arcsin(b_2/d_1)$	
蜗轮顶圆直径	d_{e2}	$d_{e2}=2\left(a-\dfrac{d_1}{2}\cos\dfrac{\theta}{2}\right)$	

注:本表是按照标准蜗杆、蜗轮传动给出的。当为了满足中心距的取整要求时,一般需采用变位蜗轮,此时蜗轮的有关尺寸计算见 GB 10085—1988。

3.10　轮　　系

前面讨论的是一对啮合的齿轮所组成的齿轮传动,它是齿轮传动的基本形式。工程上常采用数对互相啮合的齿轮将主动轴的运动传递到从动轴。这种多对齿轮组成的传动装置称为轮系。

轮系的主要作用如下。

(1)获得大传动比,并使结构紧凑。一对齿轮的传动比选择过大,是不合理的,这不仅会使大小齿轮磨损程度相差悬殊,造成小齿轮过早磨损,而且还会使齿轮传动外廓尺寸增大。因此,传动比大的传动应采用轮系。

（2）用于传递相距较远两轴之间的运动。当两轴相距较远时，用多对齿轮传动与用一对齿轮传动相比，前者可以减小结构尺寸，并节省材料，见图 3-36。

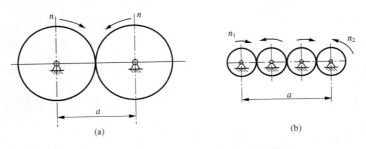

图 3-36　多对齿轮传动对减小结构的影响

（3）用于实现变速要求。由图 3-37 可知，当主动轴 Ⅰ 转速不变时，只要移动该轴上的三联滑移齿轮的位置，使其分别与从动轴 Ⅱ 上的相应齿轮啮合，便可使轴 Ⅱ 得到三种不同的转速，从而满足变速需要。

（4）可实现换向传动。改变轮系中参加工作的轮数，可使从动轮获得不同的转向，如图 3-38 所示，若轴 Ⅰ 为逆时针转动，z_1 与 z_2 啮合时，轴 Ⅱ 为顺时针转动；当 z_3 与 z_4、z_5 啮合时，轴 Ⅱ 便变为逆时针转动，即改变双联齿轮的位置可改变轴 Ⅱ 的转动方向。

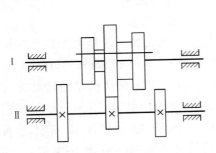

图 3-37　实现变速的轮系

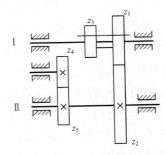

图 3-38　实现换向传动的轮系

（5）可将两个转动合成为一个转动。根据轮系运动时各轮几何轴线位置是否固定，可将轮系分为定轴轮系和周转轮系两大类。周转轮系就能实现运动的合成与分解。

3.10.1　定轴轮系传动比计算

凡各轮均绕固定几何轴线回转的轮系，称为定轴轮系。轮系中首末两轴的角速度之比称为轮系的传动比。

由前知，一对齿轮的传动比是指主动轮的角速度与从动轮的角速度之比，它也等于两轮齿数的反比，即

$$i_{12} = \frac{\omega_1}{\omega_2} = \frac{n_1}{n_2} = \pm \frac{z_2}{z_1}$$

式中，正、负符号分别表示输入、输出两轴的转动方向相同或相反。对于外啮合传动，因转向相反，取负号；对于内啮合传动，则取正号。

下面计算图 3-39 所示定轴轮系的传动比 i_{17}。

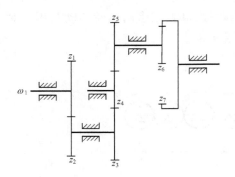

图 3-39　定轴轮系

组成此轮系的各对齿轮的传动比为

$$i_{12} = \frac{\omega_1}{\omega_2} = \frac{n_1}{n_2} = -\frac{z_2}{z_1}$$

$$i_{34} = \frac{\omega_3}{\omega_4} = \frac{n_3}{n_4} = -\frac{z_4}{z_3}$$

$$i_{45} = \frac{\omega_4}{\omega_5} = \frac{n_4}{n_5} = -\frac{z_5}{z_4}$$

$$i_{67} = \frac{\omega_6}{\omega_7} = \frac{n_6}{n_7} = +\frac{z_7}{z_6}$$

将上式两端分别连乘,则得

$$i_{12} \cdot i_{34} \cdot i_{45} \cdot i_{67} = \frac{n_1}{n_2} \cdot \frac{n_3}{n_4} \cdot \frac{n_4}{n_5} \cdot \frac{n_6}{n_7} = (-1)^3 \frac{z_2 z_4 z_5 z_7}{z_1 z_3 z_4 z_6}$$

因为 z_2、z_3 在同一轴上,z_5、z_6 在同一轴上,故 $n_2 = n_3$,$n_5 = n_6$,整理上式可得

$$i_{17} = i_{12} \cdot i_{34} \cdot i_{45} \cdot i_{67} = \frac{n_1}{n_7} = (-1)^3 \frac{z_2 z_5 z_7}{z_1 z_3 z_6}$$

由此可见,定轴轮系的传动比等于组成该轮系的各对齿轮传动比的连乘积,也等于轮系中所有从动轮齿数的连乘积与所有主动轮齿数的连乘积之比,其计算通式为

$$i_{1k} = \frac{n_1}{n_k} = (-1)^M \frac{从动轮齿数连乘积}{主动轮齿数连乘积} \tag{3-26}$$

式中,1、k 分别代表首末两轮;M 代表轮系中外啮合齿轮的对数。

在图 3-39 的定轴轮系中,齿轮 4 的齿数 z_4 与传动比无关。这是因为轮 4 对轮 3 来说是从动轮,而对轮 5 来说是主动轮,所以 z_4 必定同时出现在式(3-26)的分子与分母上,结果被消掉。工程上称这种齿轮为惰轮,它虽然与传动比无关,但可影响从动轮的转动方向。另一方面,当轮系中主动轮与从动轮相距较远时,增加惰轮可使结构紧凑。

当轮系中不仅有圆柱齿轮,而且有圆锥齿轮和蜗杆蜗轮时,如图 3-40 所示,这种定轴轮系的传动比数值仍可用式(3-26)求出,但其传动比的符号不能用 $(-1)^M$ 来决定。此时,用正负号无法表示两轮转向间的关系,而必须用画箭头的方法来决定,故式(3-26)中传动比的符号没有意义,在计算中不再加负号。

例 3-3　如图 3-40 所示轮系,蜗杆的头数 $z_1 = 1$,右旋,蜗轮的齿数 $z_2 = 26$。一对圆锥齿轮 $z_3 = 20$,$z_4 = 21$。一对圆柱齿轮 $z_5 = 21$,$z_6 = 28$。若蜗杆为主动轮,转速 $n_1 = 1500$ r/min,试求齿轮 6 的转速 n_6 和转向。

解　根据总传动比公式可得

$$i_{16} = \frac{n_1}{n_6} = \frac{z_2 z_4 z_6}{z_1 z_3 z_5} = \frac{26 \times 21 \times 28}{1 \times 20 \times 21} = 36.4$$

$$n_6 = \frac{n_1}{i_{16}} = \frac{1500}{36.4} \approx 41.2 \ (\text{r/min})$$

由于圆锥齿轮和蜗杆蜗轮的轴线不平行,所以其转向用画箭头的方法确定,见图 3-40。

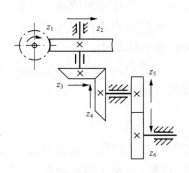

图 3-40　轴线不平行的定轴轮系

3.10.2 周转轮系传动比计算

在轮系中,若至少有一轮的轴线能绕另一齿轮的固定轴线转动,此轮系就称为周转轮系。图 3-41 是一周转轮系,轮 3 固定不动,当齿轮 1 带动齿轮 2 转动时,齿轮 2 不仅自转而且还随构件 H 绕齿轮 1 的轴线公转。在周转轮系中,轴线位置变动的齿轮,即为既做自转又做公转的齿轮,称行星轮;支持行星轮做自转和公转的构件称为转臂;轴线位置固定的齿轮则称为中心轮或太阳轮。每一个基本的周转轮系具有一个转臂,中心轮的数目不超过两个。应当指出,基本周转轮系中转臂与两中心轮的几何轴线必须重合,否则不能转动。

图 3-41 所示周转轮系中,只有一个中心轮能转动,该机构的活动件 $n=3$,$p_L=3$,$p_H=2$,机构自由度 $W=3\times3-2\times3-2=1$,即只需一个原动件。这种周转轮系称为行星轮系。

图 3-42 所示的周转轮系,它的两个中心轮都能转动。该机构的活动件 $n=4$,$p_L=4$,$p_H=2$,机构的自由度 $W=3\times4-2\times4-2=2$,需要两个原动件。这种周转轮系称为差动轮系。

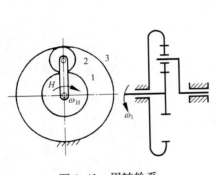

图 3-41 周转轮系

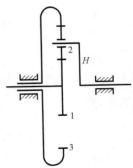

图 3-42 差动轮系
1、3—中心轮;2—行星轮

周转轮系和定轴轮系的根本区别就在于周转轮系中有转臂,所以使得行星轮既有自转又有公转。由于这个差别,周转轮系的传动比就不能直接用定轴轮系的传动比计算方法来计算。

计算周转轮系传动比时通常采用相对速度法。根据相对运动原理可知,如果给整个轮系加一个与转臂 H 的转速 n_H 大小相等、方向相反的转速 $(-n_H)$,则轮系各构件间相对运动关系仍保持不变。这样转臂 H 变为不动,而整个周转轮系转化为定轴轮系。这种经转化而得的假想定轴轮系称为原周转轮系的转化轮系。

以图 3-41 中周转轮系为例,当轮系中加上 $-n_H$ 后,各构件的转速示于表 3-10 所示。

表 3-10

构件名称	周转轮系中的转速	转化轮系中的转速
中心轮 1	n_1	$n_1^H = n_1 - n_H$
行星轮 2	n_2	$n_2^H = n_2 - n_H$
中心轮 3	n_3	$n_3^H = n_3 - n_H$
转臂 H	n_H	$n_H^H = n_H - n_H$

由表 3-9 可知,转化轮系中转臂 H 静止不动,故为定轴轮系。转化轮系中任意两轮的传动比皆可用定轴轮系求传动比的方法求得。例如

$$i_{13}^H = \frac{n_1^H}{n_3^H} = \frac{n_1 - n_H}{n_3 - n_H} = -\frac{z_2 z_3}{z_1 z_2} = -\frac{z_3}{z_1}$$

周转轮系中任意两轮 G 和 K 以及转臂 H 的转速间关系的一般表达式为

$$i_{GK}^H = \frac{n_G - n_H}{n_K - n_H} = f(z) \tag{3-27}$$

i_{GK}^H 的大小和符号应按定轴轮系的方法求出。此时,正负号不可忽略,否则无法求得正确结果。上式表明各轮齿数在已知条件下,若 n_G、n_K、n_H 三者之中,知其中两者之值,则另一值便可求出。若知其中一个角速度,则可求其余两转速的比值。但要注意,在计算时要考虑各构件的转向。如给定的任意两个转速方向相反,则其中一个用正号,另一个应用负号代入式(3-27),并且这样求得的第三个转速就可按其正负号确定转向。

例 3-4　在图 3-41 所示的行星轮系中,各轮的齿数:$z_1 = 27$,$z_2 = 17$,$z_3 = 61$。已知 $n_1 = 6000$ r/min,求传动比 i_{1H} 和转臂 H 的转速 n_H。

解　由式(3-27)得

$$i_{13}^H = \frac{n_1 - n_H}{n_3 - n_H} = -\frac{z_3}{z_1}$$

$$\frac{n_1 - n_H}{0 - n_H} = -\frac{61}{27}$$

解得

$$i_{1H} = \frac{n_1}{n_H} = 1 + \frac{61}{27} \approx 3.26$$

设 n_1 的转向为正,则

$$n_H = \frac{n_1}{i_{1H}} = \frac{6000}{3.26} \approx 1840 \ (\text{r/min})$$

n_H 的转向和 n_1 相同。

3. 10. 3　复合轮系的传动比计算

在一些机械传动中,所用的轮系除了单一的定轴轮系和单一的周转轮系外,也可以是这两种基本轮系或是几个基本周转轮系组合的复合轮系。这时不能简单地将它看成某一轮系,而用某一传动比公式来计算。必须分清这个机构中包含哪几个基本轮系及每个基本轮系包括哪些构件,然后用相应的传动比公式,分别计算各基本轮系的传动比,最后解出所求的总传动比。

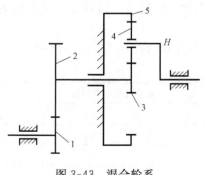

图 3-43　混合轮系

例 3-5　图 3-43 所示轮系中,已知 $n_1 = 400$ r/min,$z_1 = z_3 = z_4 = 20$,$z_2 = 40$,$z_5 = 60$,求 $n_H = ?$

解　由图 3-43 可知,此轮系为混合轮系,其中轮 1、2 为定轴轮系部分,轮 3、4、5 及 H 为周转轮系部分。

定轴轮系传动比为

$$i_{12} = \frac{n_1}{n_2} = -\frac{z_2}{z_1} = -2$$

周转轮系传动比为

$$i_{35}^H = \frac{n_3^H}{n_5^H} = \frac{n_3 - n_H}{n_5 - n_H} = -\frac{z_4 z_5}{z_3 z_4}$$

因为 $n_5 = 0$,故此轮系为行星轮系,所以

$$\frac{n_3}{n_H} = 1 + \frac{z_5}{z_3} = 1 + \frac{60}{20} = 4$$

$$i_{1H} = \frac{n_1}{n_H} = i_{12} \cdot i_{3H} = (-2) \cdot 4 = -8$$

$$n_H = \frac{n_1}{i_{1H}} = \frac{400}{-8} = -50 \ (\text{r/min})$$

计算表明 n_H 的转向与 n_1 相反。

例 3-6 图 3-44 所示为加法机构的轮系,其中圆锥齿轮 1、2、3 和转臂 H 组成周转轮系,圆柱齿轮 4、5 组成定轴轮系。已知 $z_1 = z_2 = z_3 = 15, z_4 = 30, z_5 = 15$,轮 1 和轮 3 都是主动轮,它们的转速分别为 n_1 和 n_3,求输出转速 n_5。

解 周转轮系传动比为

$$i_{13}^H = \frac{n_1^H}{n_3^H} = \frac{n_1 - n_H}{n_3 - n_H}$$

$$= (-1) \frac{z_2 z_3}{z_1 z_2} = (-1) \frac{15 \times 15}{15 \times 15} = -1$$

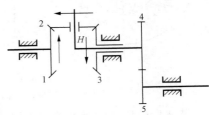

图 3-44 加法机构轮系

该周转轮系由圆锥齿轮组成,转化轮系中 n_1 与 n_3 的转向用画箭头方法表示。由于轮 1 和轮 3 的箭头方向相反(即转向相反),所以上式中传动比的计算取负号。整理上式可得

$$n_H = \frac{1}{2}(n_1 + n_3)$$

该轮系为差动轮系,轮 1、3 均为主动件,因转臂 H 和轮 4 装在同一轴上,故 $n_H = n_4$。轮 4、5 为定轴轮系,故

$$i_{45} = \frac{n_4}{n_5} = -\frac{z_5}{z_4} = -\frac{1}{2}$$

所以

$$n_5 = -2n_4 = -2 \cdot \frac{1}{2}(n_1 + n_3) = -(n_1 + n_3)$$

若 n_1 与 n_3 转向相同,则用正号代入;若 n_1 与 n_3 转向相反,则其中一个用正号代入,另一个用负号代入;n_5 的转向由计算结果所得的正负号来确定。

3.10.4 谐波齿轮传动

谐波齿轮传动的主要组成部分如图 3-45 所示,H 为波发生器,它相当于行星轮系中的转臂;内齿轮 1 为刚轮,其齿数为 z_1,它相当于中心轮;齿轮 2 为柔轮,其齿数为 z_2,可产生较大的弹性变形,它相当于行星轮。系杆 H 的外缘尺寸大于柔轮内孔直径,所以将它装入柔轮内孔后,柔轮即变成椭圆形,椭圆长轴处的轮齿与刚轮轮齿相啮合,而短轴处与刚轮轮齿脱开,其他各点则处于啮合和脱离的过渡状态。一般情况下,刚轮固定不动,当主动件波发生器 H 回转时,柔轮与刚轮的啮合区也就跟着发生转动。由于柔轮齿数比刚轮少 $(z_1 - z_2)$ 个齿,所以当波发生器转过一周时,柔轮相对刚轮少啮合 $(z_1 - z_2)$ 个齿,亦即柔轮与原位比较相差 $(z_1 - z_2)$ 个齿距角,从而反转 $\frac{z_1 - z_2}{z_2}$ 周,因此得传动比为

$$i_{H2} = \frac{n_H}{n_2} = -\frac{1}{(z_1 - z_2)/z_2} = -\frac{z_2}{z_1 - z_2} \tag{3-28}$$

按照波发生器上装的滚轮数不同,可有双波传动(图 3-45)和三波传动(图 3-46)等,而最常用的是双波传动。

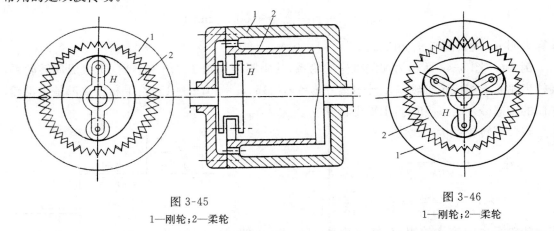

图 3-45
1—刚轮;2—柔轮

图 3-46
1—刚轮;2—柔轮

谐波齿轮传动的齿数差应等于波数或波数的整数倍。为了实际加工的方便,谐波齿轮的齿形多采用渐开线齿形。

谐波齿轮传动的主要优点有传动比大、传动比变化范围宽(单级传动比范围为 50~400)。由于同时啮合的齿数多,所以传动平稳、运动精度高、承载能力强,而且其传动效率高、结构简单、体积小、重量轻(柔轮可直接输出,不需要专门的输出机构),因而其适应范围很广。谐波齿轮传动技术发展迅速,应用广泛,在机械制造等行业,特别是在军工机械和精密机械等方面得到日益广泛的应用。其传递功率可达数十千瓦,负载转矩可大到数万牛·米,传动精度已达几秒量级。主要缺点是柔轮工作时周期性弹性变形,易产生疲劳损坏。

3.11　转子流量计器差补偿器分析和计算

转子流量计工作原理见图 3-47,转子流量计属容积式流量计,它是通过计量转子的转数来计量流体的累计流量,转子每转一圈流过的流体的流量为

$$Q = 4Q_0$$

$$Q_总 = 4Q_0 n_转$$

式中,Q_0 为图 3-47 阴影体积内流体的流量。

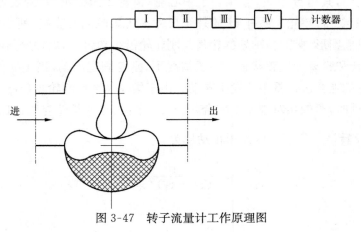

图 3-47　转子流量计工作原理图

转子轴到计数器之间有四个机械变速器。Ⅰ、Ⅳ为定传动比齿轮变速器且均为定轴轮系；Ⅱ为器差补偿器，是一周转轮系，传动比为 i_2；Ⅲ为温差补偿器，也是周转轮系，传动比为 i_3。

$$i_{总} = n_{转}/n_{计} = i_1 \cdot i_2 \cdot i_3 \cdot i_4 = 18.8$$

转子转 18.8 圈计数器转一圈为 10L。在标准温度 20℃和标准容积条件下 $i_2 = 1, i_3 = 1$。

器差补偿器的原理见图 3-48，器差补偿器的作用是补偿容器和转子的加工误差，以及由装配等因素造成间隙差异引起的误差。误差性质属于恒定误差，补偿办法是使该误差与转子微小恒定转数相对应，当间隙增大时，使 $i_2 < 1, i_{总} < 18.8$。把Ⅱ设计成微量机械有级变速器，在仪器标定时进行调整，可分粗调（调整精度可达 0.5%）和细调（调整精度可达 0.05%）。

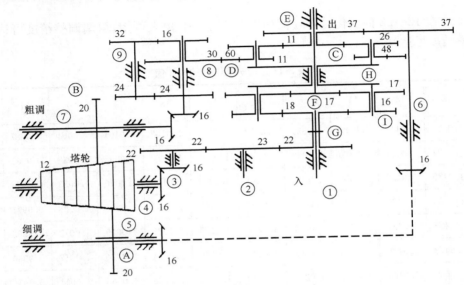

图 3-48　器差补偿器的原理图

①～⑨—轴代号；Ⓐ—细调齿轮 20；Ⓑ—粗调齿轮 20；Ⓒ—双联齿轮 11-26；Ⓓ—内外齿轮 60-48；Ⓔ—双联齿轮 11-37；Ⓕ—齿轮 17，即输出；Ⓖ—双联齿轮 22-18，即输入；Ⓗ—转臂；Ⓘ—双联齿轮 16-17

设计内容：

(1) 写出输出与输入传动比的计算公式。

(2) 当塔轮齿数在 12~22 内变化时，计算并列表分析粗调和细调调整精度各是多少？

设计步骤：写出输出与输入传动比的计算公式。设输入转速 $n_入$，方向为正，输出转速，$n_出$；塔轮与粗调齿轮 B 啮合齿数为 x，塔轮与细调齿轮 A 啮合齿数为 y。

1-2-3-4-7-9-8-D 组成定轴轮系

$$i_{1D} = \frac{n_入}{n_D} = \frac{23}{22} \times \frac{22}{23} \times \frac{16}{16} \times \frac{20}{x} \times \frac{16}{16} \times \frac{24}{24} \times \frac{16}{32} \times \frac{60}{30} = \frac{20}{x} \tag{3-29}$$

$$n_D = \frac{x}{20} n_入 \tag{3-30}$$

1-2-3-4-5-6-E 组成定轴轮系

$$i_{1E} = \frac{n_入}{n_E} = \frac{23}{22} \times \frac{22}{23} \times \frac{16}{16} \times \frac{20}{y} \times \frac{16}{16} \times \frac{37}{37} = \frac{20}{y} \tag{3-31}$$

$$n_E = \frac{y}{20} n_入 \tag{3-32}$$

C-D-E-H 组成周转轮系

$$i_{DE}^{H} = \frac{n_D - n_H}{n_E - n_H} = -\frac{11}{48} \times \frac{11}{26} \tag{3-33}$$

G-I-F-H 组成周转轮系

$$i_{CF}^{H} = \frac{n_{\text{入}} - n_H}{n_{\text{出}} - n_H} = +\frac{16}{18} \times \frac{17}{17} = \frac{8}{9} \tag{3-34}$$

联立式(3-30)～式(3-34)可得

$$i_{\text{出入}} = \frac{n_{\text{出}}}{n_{\text{入}}} = 1.125 - 0.005\ 698x - 0.000\ 55y \tag{3-35}$$

当 x、y 在 12～22 内变化时，$i_{\text{出入}}$ 值如表 3-11 所示，由表可知，粗调调整精度可达 0.5%，细调调整精度可达 0.5%。

表 3-11　x、y 变化时的 $i_{\text{出入}}$ 值

y ＼ x	12	13	14	15	16	17	18	19	20	21	22
12	1.0500	1.0443	1.0386	1.0329	1.0272	1.0215	1.0158	1.0101	1.0044	0.9987	0.9930
13	1.0494	1.0437	1.0380	1.0323	1.0266	1.0209	1.0152	1.0095	1.0038	0.9981	0.9924
14	1.0489	1.0432	1.0375	1.0318	1.0261	1.0204	1.0147	1.0090	1.0033	0.9976	0.9919
15	1.0483	1.0427	1.0370	1.0313	1.0256	1.0199	1.0142	1.0085	1.0028	0.9971	10.9914
16	1.0478	1.0421	1.0364	1.0307	1.0250	1.0193	1.0136	1.0079	1.0022	0.9965	0.9908
17	1.0473	1.0416	1.0359	1.0302	1.0245	1.0188	1.0131	1.0074	1.0017	0.9960	0.9903
18	1.0467	1.0410	1.0353	1.0296	1.0239	1.0182	1.0125	1.0068	1.0011	0.9954	0.9897
19	1.0462	1.0405	1.0348	1.0291	1.0234	1.0177	1.0120	1.0063	1.0006	0.9949	0.9892
20	1.0456	1.0399	1.0342	1.0285	1.0228	1.0171	1.0114	1.0057	1.000	0.9943	0.9886
21	1.0450	1.0394	1.0337	1.0280	1.0223	1.0166	1.0109	1.0052	0.9995	0.9938	0.9881
22	1.0445	1.0388	1.0331	1.0274	1.0217	1.0160	1.0103	1.0046	0.9989	0.9932	0.9875

习　　题

3-1　一对标准渐开线直齿圆柱齿轮的中心距 $a = 160$ mm，齿数 $z_1 = 20$，$z_2 = 60$，外啮合。求模数和两轮分度圆和齿根圆、齿顶圆。

3-2　需要传动比 $i = 3$ 的一对标准渐开线直齿圆柱齿轮外啮合传动，现有三个渐开线标准直齿圆柱齿轮，齿数为 $z_1 = 20$，$z_2 = z_3 = 60$，齿顶圆直径分别为 $d_{a1} = 44mm$，$d_{a2} = 124mm$，$d_{a3} = 139.5mm$。问哪两个齿轮能正确啮合？并求中心距 a。

3-3　有一圆柱直齿轮传动的减速箱，小齿轮磨损后报废，现已测得箱体孔心距 $a = 200mm$，大齿轮齿顶圆直径 $d_{a2} = 355mm$，齿数 $z_2 = 140$，压力角 $\alpha = 20°$，试配制标准小齿轮，并计算其几何尺寸（求 d_1、d_{a1}、d_{f1}）。

3-4　已知一对渐开线标准外啮合圆柱齿轮传动，其模数 $m = 5mm$，压力角 $\alpha = 20°$，中心距 $a = 350mm$，传动比 $i_{12} = 9/5$，试求两轮的齿数、分度圆直径、齿顶圆直径、基圆直径以及分度圆上的齿厚和齿槽宽。

3-5　有一对直齿圆柱齿轮，模数 $m = 4mm$，$z_1 = 25$，$z_2 = 50$，基圆直径分别为 $d_{b1} = 93.96mm$，$d_{b2} = $

187.92mm,试求:(1)分度圆压力角;(2)若齿轮安装中心距 $a=150$mm,啮合角 α' 为多大? 节圆直径各为多少?

3-6　已知一对外啮合渐开线直齿圆柱标准齿轮的中心距 $a=300$mm,模数 $m=5$mm,传动比 $i_{12}=2$。试求两个齿轮的齿数 z_1、z_2 和分度圆直径 d_1、d_2。

3-7　有六个 $m=2,\alpha=20°,z=50$ 的齿轮,其变位系数分别为 $\chi_1=\chi_2=0,\chi_3=\chi_4=0.6,\chi_5=\chi_6=-0.6$,试分析以下传动是标准齿轮传动正变位传动还是负变位传动,或高度变位传动。

(1) 1 轮与 2 轮啮合为(　　)传动,a'(　　)a,α'(　　)α;

(2) 3 轮与 4 轮啮合为(　　)传动,a'(　　)a,α'(　　)α;

(3) 5 轮与 6 轮啮合为(　　)传动,a'(　　)a,α'(　　)α;

(4) 3 轮与 5 轮啮合为(　　)传动,a'(　　)a,α'(　　)α。

3-8　设有一对外啮合齿轮的齿数 $z_1=30,z_2=40$,模数 $m=20$mm,压力角 $\alpha=20°$,齿顶高系数 $h_a^*=1$。试求当中心距 $a'=725$mm 时,两轮的啮合角 α'。又当 $\alpha'=22°30'$ 时,试求其中心距 a'。

3-9　计算一对高度变位齿轮的几何尺寸,$z_1=9,z_2=61,m=0.5,\alpha=20°$。

3-10　有一斜齿轮,螺旋角 $\beta=15°$,齿数 $z=56$,齿顶圆直径 $d_a=119.92$mm,试求齿轮的法面模数,并计算其他几何尺寸。

3-11　工具显微镜头部采用了蜗轮蜗杆、斜齿轮斜齿条作升降机构,其参数如图 3-49 所示,试求:(1)蜗杆转一圈,升降部分(斜齿条)上升的距离为多少;(2)计算斜齿轮的几何尺寸;(3)计算蜗轮蜗杆的几何尺寸。

3-12　一对直齿圆锥齿轮,大端模数 $m=1,z_1=26,z_2=39,b=6$mm,求大、小圆锥齿轮各部分尺寸,并画出结构图。

3-13　在图 3-50 所示的手摇提升装置中,已知各轮齿数 $z_1=20,z_2=50,z_3=15,z_4=30,z_6=40,z_7=18,z_8=51$,蜗杆 $z_5=1$ 且为右旋。求传动比 i_{18},并指出提升重物时手柄转向。

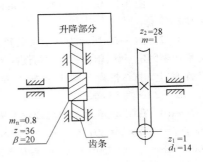

图 3-49　工具显微镜升降机构示意图

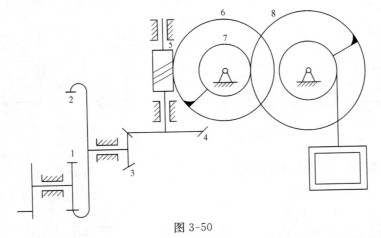

图 3-50

3-14　在图 3-51 所示的蜗杆传动中,试分别在图(a)、(b)上标出蜗杆 1 的旋向和转向。

3-15　在图 3-52 中,标出未注明的蜗杆(或蜗轮)的螺旋线旋向及蜗杆或蜗轮的转向。

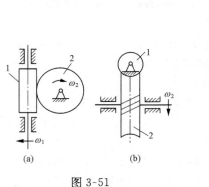

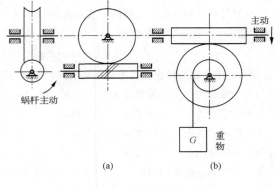

图 3-51　　　　　　　　　　　　图 3-52

3-16　图 3-53 所示为一钟表轮系,已知:$z_2=60,z_3=8,z_4=64,z_5=28,z_6=42,z_8=64$,求 z_1、z_7 各为多少?

3-17　图 3-54 所示为一示数装置的传动机构。a、b、c 分别代表固定指针、粗读标尺和精读标尺。行星轮 2-2′ 装在转臂 H 上,中心轮为 1 和 3,且轮 3 固定。已知:$z_1=60$,$z_2=z_{2'}=20,z_3=59$,求 i_{bc}。

3-18　在图 3-55 所示的混合轮系中,已知:$z_1=1,z_2=100,z_3=45,z_4=30,z_5=z_6=15,n_1=10$ r/min,$n_6=1000$ r/min,求 n_H(题中 n_3 与 n_6 转动方向相同)。

3-19　在图 3-56 所示的轮系中,蜗杆 1 是单头右旋,转速 $n_1=1000$ r/min,$z_2=50,z_3=z_4=20,z_5=60$,求输出轴转速 n_6。

3-20　在图 3-57 所示的电动卷扬机减速器中,各轮齿数为 $z_1=24,z_2=52,z_{2'}=21,z_3=78,z_{3'}=18,z_4=30,z_5=78$,求 i_{1H}。

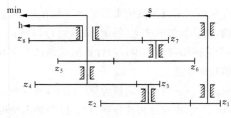

图 3-53　钟表轮系传动图

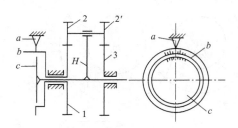

图 3-54　示数装置传动机构

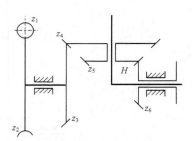

图 3-55　轮系

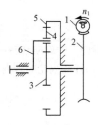

图 3-56　轮系

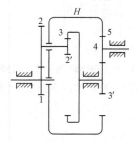

图 3-57　电动卷扬机减速器

3-21 在图 3-58 所示的三爪电动卡盘的传动轮系中,各轮齿数为 $z_1=6, z_2=z_{2'}=25, z_3=57, z_4=56$,求传动比 i_{14}。

3-22 在图 3-59 所示的串联行星轮系中,已知各轮的齿数,试求传动比 i_{aH}。

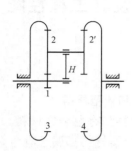

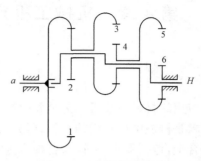

图 3-58 三爪电动卡盘的传动轮系 　　　　图 3-59 串联行星轮系

3-23 在图 3-60 所示万能刀具磨床工作台横向微动进给装置中,运动经手柄输入,由丝杆传给工作台。已知丝杆螺距 $P=50$ mm,且单头,$z_1=z_2=19, z_3=18, z_4=20$。试计算手柄转一周时工作台的进给量 s。

3-24 在图 3-61 所示机构中,已知 $z_1=60, z_2=40, z_{2'}=z_3=20, n_1=n_3=120$ r/min,并设 n_1 与 n_3 转向相反,求 n_H 的大小及方向。

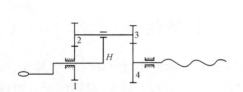

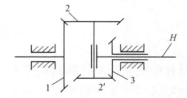

图 3-60 微动进给轮系 　　　　　　　　图 3-61

3-25 在图 3-62 自行车里程表的机构中,C 为车轮轴。已知 $z_1=17, z_3=23, z_4=19, z_{4'}=20, z_5=24$,设轮胎受压变形后,28in(1in=2.54cm)的车轮有效直径约为 0.7m。当车行 1km 时,表上的指针 P 要刚好回转一周,求齿轮 2 的齿数。

3-26 在图 3-63 所示的轮系中,已知 $z_1=z_2=z_4=z_5=20, z_3=z_6=60$,齿轮 1 的转速 $n_1=1440$ r/min,求齿轮 6 的转速(大小及方向)。

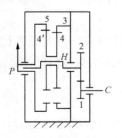

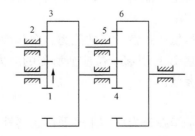

图 3-62 里程表轮系 　　　　　　　　图 3-63

第 4 章　机械工程常用材料及其工程性能

4.1　概　　述

机械中应用的材料一般可分为金属材料、非金属材料和新型材料。

金属材料是机械中最常用的材料,可分为黑色金属材料和有色金属材料。黑色金属材料是铁基金属合金,包括碳钢、铸铁及各种合金钢。其余的金属材料都属于有色金属材料,如铝及铝合金、铜及铜合金、钛及钛合金等。

非金属材料指除金属材料以外的其他一切材料,这类材料发展迅速,种类繁多,已在工业领域中广泛应用。非金属材料主要包括高分子材料(如塑料、胶黏剂、合成橡胶、合成纤维等)、陶瓷(如日用陶瓷、金属陶瓷等)、复合材料等,其中工程塑料和工程陶瓷在工程结构中占有重要的地位。

新型材料是指那些新发展或正在发展中的、采用高新技术制取的、具有优异性能和特殊性的材料,如形状记忆合金、超导材料、光导纤维和纳米材料等。

4.2　金属材料的机械性能

金属材料的机械性能是指其在外力作用下表现出来的特性,如弹性、塑性、刚度、强度等。

金属材料机械性能指标不仅反映了金属材料在变形过程中的某些特性,而且对选用材料有重要意义。

1. 强度

强度是指材料抵抗塑性变形和断裂的能力。显然,屈服极限 σ_s 和强度极限 σ_b 是表征强度的主要指标。对于低碳钢这样的塑性较好的材料,产生塑性变形后就会影响其正常工作,故通常取其屈服极限 σ_s 作为破坏的极限应力。铸铁等脆性材料一般不会产生明显的塑性变形,只有在断裂时才丧失工作能力,所以对脆性材料通常取其强度极限 σ_b 作为破坏的极限应力。

2. 刚度

刚度是指材料抵抗弹性变形的能力。在弹性变形范围内应力与应变的比值即弹性模量 E 是常数。弹性模量 E 是引起单位应变所需的应力,E 值大,说明材料的刚度大。故 E 是表征材料刚度的主要参数。

3. 塑性

金属的塑性是指在外力作用下金属产生塑性变形而不产生断裂的能力。工程上通常用试件拉断后所留下的残余变形来表示材料的塑性,一般用两个指标表征塑性。

(1)延伸率。试件拉断后单位长度内产生残余伸长的百分数称为延伸率,用 δ 表示,即

$$\delta = \frac{l_1 - l}{l} \times 100\%$$

(4-1)

（2）收缩率。试件拉断后截面面积相对收缩的百分数称为收缩率，用 ψ 表示，即

$$\psi = \frac{A - A_1}{A} \times 100\% \tag{4-2}$$

式中，A_1 为拉断后颈缩处的截面积；A 为拉伸前的截面积。

塑性指标在工程技术中具有重要的意义，良好的塑性可使零件完成某些成型工艺，如冷冲压、冷拔等。

4. 硬度

硬度是工业生产上控制和检查零件质量最常用的检验方法。通常采用压入法，以淬火钢球或金刚石锥体为压头，在一定载荷下压入材料表面。用这种方法测得的硬度分别表示为布氏硬度 HBS（淬火钢球为压头）、洛氏硬度 HRC（锥角为 120° 的金刚石圆锥体为压头）、维氏硬度 HV（锥面角为 136° 的金刚石四棱锥体为压头）。压头压入时，由于压头周围材料发生塑性变形，所以硬度是材料抵抗局部塑性变形能力的性能指标。

5. 金属的疲劳

金属材料所受的应力在 σ_b 以下是不会产生断裂现象的。但是，应力虽未超过 σ_b，却在工作中周期变化（如周期地从 $-\sigma$ 增至 $+\sigma$ 或从 0 增至 σ），当周期循环次数增加到某一数值 N 后，材料也会产生断裂，这种现象叫做金属的疲劳。实践证明，材料所受交变或重复应力 σ 与其断裂前的应力循环次数 N 有关，如图 4-1 所示 σ 与 N 的关系曲线，该曲线称为疲劳曲线。可以看出，应力最大值 σ 的数值越小，断裂前的循环次数 N 越大。应力 σ 降到某一定值后，疲劳曲线与横坐标平行，表明材料可以经受无限次应力循环而不产生疲劳断裂。此时的应力值称为疲劳极限。当应力循环对称时，用符号 σ_{-1} 表示。对钢材来说，若 N 达到 $10^6 \sim 10^7$ 次仍不产生疲劳断裂，就可以认为不会出现疲劳了。因此可采用 $N = 10^7$ 为基数确定钢材的疲劳极限。

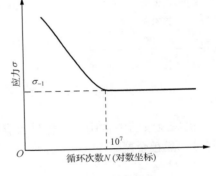

图 4-1　疲劳曲线

6. 线膨胀系数 α

由于物体具有热膨胀性，所以一个零件的尺寸在不同温度下会有不同的数值。零件尺寸与温度之间的变化关系可表示如下：

$$\Delta l = l\alpha(t - t_0) \tag{4-3}$$

式中，l 为零件在温度 t_0 时的尺寸；Δl 为零件在温度 t 时线伸长量；α 为零件材料的线膨胀系数，其物理意义是温度变化 1℃时零件单位长度的线伸长量，其单位为 K^{-1}。

表 4-1、表 4-2、表 4-3 分别列出了常用金属材料的弹性模量、机械性能及线膨胀系数的数值。

表 4-1　金属材料的弹性模量

材料名称	E/MPa	材料名称	E/MPa
灰口铸铁	$(7.85 \sim 14.7) \times 10^4$	冷拔黄铜	$(8.82 \sim 9.8) \times 10^4$
碳素钢	$(19.6 \sim 21.6) \times 10^4$	铸铝青铜	10.3×10^4
合金钢	$(18.6 \sim 21.6) \times 10^4$	硬铝合金	7.05×10^4
轧制磷青铜	11.25×10^4	轧制铝	6.25×10^4

表 4-2　几种常用材料的主要机械性质

材料		力学性能			试件尺寸 /mm
类别	牌号	强度极限 σ_b/MPa	屈服极限 σ_s/MPa	延伸率 δ /%	
碳素结构钢	Q215	335~410	215	31	$d \leqslant 16$
	Q235	375~460	235	26	
	Q275	490~610	275	20	
优质碳素结构钢	20	410	245	25	$d \leqslant 25$
	35	530	315	20	
	45	600	355	16	
合金结构钢	35SiMn	883	735	15	$d \leqslant 25$
	40Cr	981	785	9	$d \leqslant 25$
	20CrMnTi	1079	834	10	$d \leqslant 15$
	65Mn	981	785	8	$d \leqslant 80$

表 4-3　常用材料的线膨胀系数 α

材料	α/K^{-1}	材料	α/K^{-1}
紫铜	17.2×10^{-6}	碳钢	$(10.6 \sim 12.2) \times 10^{-6}$
黄铜	17.8×10^{-6}	铬铜	11.2×10^{-6}
青铜	17.6×10^{-6}	40CrSi	11.7×10^{-6}
铸铝合金	20×10^{-6}	30CrMnSiA	11×10^{-6}
铸铁	$(8.7 \sim 11.1) \times 10^{-6}$	低膨胀合金	$\leqslant 1.5 \times 10^{-6}$

4.3　常用的工程材料

机械及仪器中常用的工程材料有黑色金属、有色金属、非金属材料和新型材料等。

4.3.1　黑色金属

1. 铸铁

铸铁是含碳量大于 2.11% 的铁碳合金。工业上常用的铸铁一般含碳量为 2.11%~4.05%,此外,铸铁还含有硅(Si)、锰(Mn)、磷(P)、硫(S)等杂质。

铸铁具有许多优良的性能,如良好的铸造性(溶化状态的铸铁具有良好的流动性,能充满复杂的铸模),良好的耐磨性及切削加工性能,而且价格低廉,生产设备简单,有良好的吸振性等。因此,从生产的角度来看,它是应用最多的一种铁碳合金。常用的铸铁有灰口铸铁、可锻铸铁、球墨铸铁和合金铸铁四种,其中应用最多的是灰口铸铁。

灰口铸铁:碳在铸铁组织中以片状石墨的形态存在,断口呈灰色,故称灰口铸铁(简称灰口铁)。它的性能是软而脆,但具有良好的铸造性能、耐磨性、减振性和切削加工性。灰口铸铁常用于受力不大、冲击载荷小、需要减振或耐磨的各种零件,如机床床身、机座、箱壳、阀体等。灰口铸铁的牌号用"HT"及最低抗拉强度的一组数字表示,如 HT150,表明它是最低抗拉强度为 150MPa 的灰口铸铁。

2. 碳素钢

通常把含碳量在 0.02%~2.11% 的铁碳合金称为钢(碳素钢)。实际应用的碳素钢或多或少地含有一些杂质,如硅(Si)、锰(Mn)、硫(S)、磷(P)等。碳素钢可以轧制成板材和型材,也可以锻造成各种形状的锻件,但锻件的形状一般比铸件简单。

杂质对碳素钢性能的影响如下。

(1) 硅、锰的影响。它们使钢的强度、硬度增加。在含量不多而仅作为杂质存在时(含 Si 0.17%～0.37%，Mn 0.5%～0.8%)，对钢的影响不显著。此外，锰还可以减少硫对钢的危害性。

(2) 硫的影响。硫使钢的热加工性能降低，使钢在轧制或锻造时容易产生开裂现象。这种现象称为"热脆"。热脆性是十分有害的。

(3) 磷的影响。磷使钢的强度、硬度增加，而使钢的塑性、韧性显著降低，特别在低温时影响更为严重。这种现象称为"冷脆"。

但是，磷与硫化锰(MnS)可使切屑易断，在高速切削的条件下对刀具磨损较轻，且工件表面光洁，所以有一种叫做"易切削钢"的钢中含磷、硫量较高。

碳素钢的分类一般可按含碳量、质量和用途这三种情况来分。

按含碳量，碳素钢可分为：

低碳钢——含碳量小于 0.25%；

中碳钢——含碳量在 0.25%～0.6%；

高碳钢——含碳量大于 0.6%。

按钢的质量，主要根据钢中所含有害杂质硫、磷的多少可分为：

普通碳素钢——含硫<0.055%，含磷<0.045%；

优质碳素钢——含硫<0.045%，含磷<0.040%；

高级优质碳素钢——含硫<0.03%，含磷<0.035%。

按用途分：

碳素结构钢——主要用于制造各种工程构件(桥梁及建筑用钢)和机器仪器的零件(齿轮、轴、杆件及连接件等)。这类钢一般为低碳和中碳钢。

碳素工具钢——主要用于制造各种刀具、量具、模具，一般为高碳钢。

下面简要介绍几种常用的钢。

(1) 普通碳素结构钢。普通碳素结构钢的牌号是以钢的屈服极限(σ_s)数值划分的。Q195、Q215 主要用于制造薄板，焊接钢管、铁丝和钉等。Q255 和 Q275 主要用于制造强度要求较高的某些零件，如拉杆、连杆、轴等。

(2) 优质碳素结构钢。这类钢在一般机械、仪器结构的零部件中均可应用。正常含锰量的优质碳素结构钢，其钢号有 10，15，20，25，30，35，40，45，50，60，…，85。以含碳量 0.01% 为单位，钢号 20 表示含碳量为 0.20%。较高含锰量的优质碳素结构钢，其钢号是在两位数后加上锰的化学符号，如 20Mn，45Mn，…。

(3) 碳素工具钢。这类钢的编号原则是"T"字后面附以数字来表示，数字表示钢的平均含碳量，以 0.1% 为单位。T8 即表示含碳量 0.8% 的碳素工具钢。若为高级优质碳素工具钢，则在钢号后附以"A"，如 T12A。其牌号有 T7，T8，…，T13，T7A，T8A，…，T13A。

3. 合金钢

为了改善钢的性能，专门在钢中加入一种或数种合金元素的钢叫做合金钢。常用的合金元素有铬(Cr)、锰(Mn)、镍(Ni)、硅(Si)、铝(Al)、硼(B)、钨(W)、钼(Mo)、钒(V)、钛(Ti)、铌(Nb)、锆(Zr)和稀土元素(Re)等。加入这些元素的目的在于使钢获得一般碳素钢达不到的性能，如硬度、强度、塑性和韧性等；提高耐磨、防腐、防酸性能；获得高弹性、高抗磁或导磁性等。

合金钢按用途一般可分为合金结构钢、合金工具钢和特殊性能钢三大类。

(1) 合金结构钢。牌号以"两位数字＋合金元素符号＋数字"表示。前面的两位数表示含碳量的万分数,合金元素符号后的数字表示该元素含量的百分数,含量低于 1.5% 的元素后面不加注数字,如 30SiMn2MoV,其成分:C 为 0.26%～0.33%,Mn 为 1.6%～1.8%,Si、Mo、V 含量均低于 1.5%。合金结构钢包含渗碳钢、调质钢、弹簧钢、轴承钢四类,可用于制造齿轮、凸轮、轴、销、弹性零件、滚珠、导轨等。

(2) 合金工具钢。合金工具钢按用途分为刃具钢、模具钢和量具钢三类,使用时,可参考材料手册。

(3) 特殊性能钢。具有特殊物理、化学性能的钢及合金的种类很多,并正在迅速发展。使用时,可参考材料手册。

4.3.2　有色金属

有色金属及其合金具有许多优良特性,如减摩性、耐蚀性、耐热性、导电性等。在精密仪器仪表中多作为耐磨、减摩、耐蚀或装饰材料来使用。

1. 铜及铜合金

1) 纯铜

纯铜又叫紫铜,它具有良好的导电、导热性能,极好的塑性及较好的耐腐性能。但机械性能很低,不宜用来制造结构零件,常用来制作电元件和耐腐件。我国铜的产量不高,铜价很贵,应慎重选用。

2) 黄铜

黄铜是铜与锌(Zn)的合金。它的色泽美观,有良好的防腐性能与机械加工性能,强度比起单独的铜和锌都要高。黄铜中锌的含量在 20%～40%,随着锌含量的增加,强度增加而塑性下降。黄铜可铸造也可锻造。普通黄铜的牌号有 H80、H70、H62、H59 等,牌号中两位数表示铜的百分数。在黄铜中加入少量的其他元素,可以改善黄铜的某些性能。如加入 Al 和 Mn 提高黄铜的机械性能,加入 Al、Mn、Sn 可提高耐磨性。特殊黄铜的牌号有 HPb59-1、HA159-3-2、HMn58-2 等。

3) 青铜

铜合金中加入的主要元素不是锌而是锡、铅等其他元素时,统称为青铜。

(1) 锡青铜。它是铜与锡的合金。其强度、硬度、耐磨性及耐腐性都比黄铜高,并有良好的导电性和弹性。含锡量小于 8% 的锡青铜适于压力加工,含锡量超过 10% 的锡青铜适于铸造。锡青铜多用于制造耐磨零件、弹性元件及导电元件。常用的牌号有:铸造用锡青铜 ZCuSn10Pb5、ZCuSn10Zn2、ZCuPb10Sn10,压力加工锡青铜 QSn4-3、QSn6.5-0.1、QSn6.5-0.4。

(2) 无锡青铜。这类青铜不含锡而含铝、铍(Be)、锰等元素。加入这些元素可以改善铜合金的机械性能及耐腐、耐磨性。铝青铜价格低廉,性能优良,强度比黄铜及锡青铜都高,耐腐、耐磨性也好,常用来铸造承受重载的耐磨件。铍青铜经淬火和人工时效处理后,强度、硬度、弹性极限和疲劳极限都很高,具有良好的耐腐性、导电导热性,无磁性,是制造弹簧及弹性元件的极好材料。但它的成本很高,非重要零件不宜采用。无锡青铜有 ZQAl9-4、ZQPb30、QBe2 等。

2. 铝及铝合金

纯铝是一种轻金属,其密度只有铜的 1/3,是一种导电性好、塑性好的金属。由于铝表面能生成一层极致密的氧化铝薄膜,能阻止铝的进一步氧化,所以铝的抗大气腐蚀能力很高。

纯铝常用牌号有 1A99(原 LG5)、1070A(原 L1)、1060(原 L2)。纯铝的主要用途是配制铝合金,在电器工业中用铝代替铜做导线、电容器等,还可制作质轻、导热、耐大气腐蚀的器具及包覆材料。

在铝中加入适量的硅、铜、镁、锰等合金元素,可以得到较高强度的铝合金。若再经过冷加工及热处理,还可进一步提高强度。

铝合金主要分为铸铝合金和变形铝合金。铸铝合金最常用的是硅铝合金,其代号有 ZL101~ZL111、ZL201~ZL203、ZL301、ZL302 等系列。ZL101 适合制造光学仪器和精密机械的壳体、支架等零件;ZL201 的铸造性、切削加工性都很好,强度高且耐腐蚀,可用于载荷较大和形状复杂的零件。

变形铝合金分为防锈铝、硬铝、超硬铝和锻铝四种。其中硬铝合金主要是 Al-Cu-Mg 系合金与 Al-Cu-Mg-Zn 系合金,经轧制成材(铝棒、铝型材及铝板等)。它们广泛用于制造各种结构零件和仪表的框架等。常用牌号有 2A11、2A12 等。超硬铝合金属于 Al-Cu-Mg-Zn 合金,另外还含有少量的 Cr、Mn 等元素,超硬铝合金常用代号为 7A04、7A09。

超硬铝合金主要用于重量轻、工作温度不超过 120~130℃的、受力较大的结构件,如飞机的蒙皮、壁板、大梁、起落架部件和隔框等,以及光学仪器中受力较大的结构件。

3. 钛及钛合金

钛及钛合金具有密度小、比强度高、耐高温、耐腐蚀以及良好低温韧性等优点,同时资源丰富,有着广泛应用前景。

常用牌号有 TA5、TB2、TC2,主要用于制作飞机构件,但加工条件复杂,成本较昂贵。

4.3.3　非金属材料

在机械和仪器中,除了大量应用各种金属材料外,还经常使用各种非金属材料,如工程塑料、橡胶、人工合成矿物等。

1. 工程塑料

工程塑料是以天然树脂或人造树脂为基础,加入填充剂、增塑剂、润滑剂等而制成的高分子有机物。其突出的优点是密度小,质量轻,耐腐蚀性能好,容易加工,可用注塑、挤压成型的方法制成各种形状复杂、尺寸精确的零件。

工程塑料按其成型工艺的特点,可分为热塑性塑料和热固性塑料。热塑性塑料的加工成型经过三个步骤,即加热塑化(使塑料变为黏状液体)、流动成型(即在压力下注入模具中)、冷却固化为制成品。上述过程可反复进行。热固性塑料,则在加热加压过程中发生化学反应而固化,这种成型的固化反应是不可逆的,故已固化的塑料是不能重复使用的。

常用的热塑性塑料有聚酰胺(尼龙)、聚甲醛、聚碳酸酯、氯化聚醚、有机玻璃和聚砜等。热固性塑料有酚醛塑料、氨基塑料等。

塑料品种繁多,而且不断出现新的品种,满足某些特殊要求、具有特殊性能的塑料如医用塑料等也应运而生。

为了提高塑料零件的机械强度和耐磨、耐油性能,防止老化和静电聚集,还可在塑料表面电镀或涂覆。

2. 橡胶

橡胶除具有较大的弹性和良好的绝缘性之外,还有耐磨损、耐化学腐蚀、耐放射性等性能。

3. 人工合成矿物

使用较多的人工合成矿物有刚玉和石英。刚玉俗称宝石,它的成分是三氧化二铝(Al_2O_3),硬度仅次于钻石。纯宝石是无色的,但由于杂质的渗入,会具有红、蓝、黑、褐等不同颜色。天然宝石十分珍贵,大多用作装饰品,工业用宝石则多采用人工合成制品,而且已能大量生产。渗入氧化铬和二氧化钛的宝石是红宝石,渗入氧化钛和氧化铁的宝石是蓝宝石。目前,我国仪器仪表和钟表行业一般多使用红宝石来制造微型轴承,如一些电表、航空仪表、某些百分表和钟表等中的宝石轴承。由于宝石的弹性模量、硬度都很高,宝石轴承的孔可以加工得十分光洁,它与钢制轴颈之间的摩擦系数很小,因此其在工作中摩擦损耗极小,从而可长期保持仪器仪表的原始精度,并延长了使用寿命。此外,许多记录仪也采用了有毛细管的红宝石做记录笔尖,因红宝石十分耐磨,所以笔尖不会在短期内磨损。宝石轴承已有了国家标准,使用时可查阅参考有关文献。

石英是一种透明晶体,有天然与人工合成的两种,现多用人工合成的石英晶体,成分为二氧化硅,是一种六棱柱形多面体,两端呈角锥形。石英晶体是一个各向异性体,具有压电效应。如果将石英晶体按要求制成一定规格的石英晶片,则它具有固定的振动频率,当晶片的固有频率与外加电场的交电频率相同时,晶片会产生谐振,利用这个特性,可制成石英振荡器。目前,电子钟、电子表以及各种频率计中的晶体振荡器,都是由石英晶体制成的。此外,石英还是多种新型压力、力传感器的优良材料。

4．陶瓷材料

陶瓷是无机非金属材料,是用天然的或人工合成的粉状化合物通过成型和高温烧结而制成的多晶固体材料。陶瓷材料具有许多优良特性,在现代工业中得到日益广泛的应用,目前已同金属材料、高分子材料合称为三大固体材料。

陶瓷材料具有硬度高、耐高温、抗氧化、耐腐蚀以及其他优良的物理、化学性能。

陶瓷材料的分类方法很多。按原料来源,可分为普通陶瓷(传统陶瓷)和特种陶瓷(近代陶瓷)。普通陶瓷是以天然的硅酸盐矿物,如黏土、石英、长石等为原料;特种陶瓷是采用纯度较高的人工合成化合物,如 Al_2O_3、ZrO_2、SiC、Si_3N_4、BN 等为原料。按照用途分为日用陶瓷和工业陶瓷,工业陶瓷又可分为工程结构陶瓷和功能陶瓷。此外,还可按性能分为高强度陶瓷、高温陶瓷、压电陶瓷、磁性陶瓷、半导体陶瓷、生物陶瓷等。特种陶瓷还可按化学组成分为氧化物陶瓷、氮化物陶瓷、碳化物陶瓷和金属陶瓷(硬质合金)等。

4.3.4　复合材料

复合材料是由两种或两种以上性质不同的金属材料或非金属材料,按设计要求进行定向处理或复合而得的一种新型材料。复合材料有纤维复合材料、层叠复合材料、颗粒复合材料、骨架复合材料等。工业中用的较多的是纤维复合材料,这种材料主要用于制造薄壁压力容器。再如,在碳素结构钢板表面贴覆塑料或不锈钢,可以得到强度高且耐蚀性能好的塑料复合钢板或金属复合钢板。目前,复合材料除已普遍用于各种容器外,在汽车、航空航天工业中也广泛使用。随着科学技术的发展,复合材料的应用将日趋广泛。

常用材料的应用举例见表 4-4。

表 4-4　常用材料的应用举例

材料类别		应用举例或说明
碳素钢	低碳钢($\omega_C \leqslant 0.25\%$)	铆钉、螺钉、连杆、渗碳零件等
	中碳钢($\omega_C > 0.25\% \sim 0.60\%$)	齿轮、轴、蜗杆、丝杠、连接件等
	高碳钢($\omega_C > 0.60\%$)	弹簧、工具、模具等
合金钢	低合金钢(合金元素总含量(质量分数)小于等于 5%)	较重要的钢结构和构件、渗碳零件、压力容器等
	中合金钢(合金元素总含量(质量分数)大于 5%～10%)	飞机构件、热镦锻模具、冲头等
	高合金钢(合金元素总含量(质量分数)大于 10%)	航空工业蜂窝结构、液体火箭壳体、核动力装置、弹簧等

续表

材料类别			应用举例或说明
一般铸钢	普通碳素铸钢		机座、箱壳、阀体、曲轴、大齿轮、棘轮等
	低合金铸钢		容器、水轮机叶片、水压机工作缸、齿轮、曲轴等
特殊用途铸钢			用于耐蚀、耐热、无磁、电工零件、水轮机叶片、模具等
铜合金	铸造铜合金	铸造黄铜(ZCu)	用于轴瓦、衬套、阀体、船舶零件、耐蚀零件、管接头等
		铸造青铜(ZCu)	用于轴瓦、蜗轮、丝杠螺母、叶轮、管配件等
	变形铜合金	黄铜(H)	用于管、销、铆钉、螺母、垫圈、小弹簧、电气零件、耐蚀零件、减摩零件等
		青铜(Q)	用于弹簧、轴瓦、蜗轮、螺母、耐磨零件等
轴承合金(巴氏合金)	锡基轴承合金(ZSnSb)		用于轴承衬,其摩擦系数低,减摩性、抗烧伤性、磨合性、耐蚀性、韧性、导热性均良好
	铅基轴承合金(ZPbSb)		强度、韧性和耐蚀性稍差,但价格较低,其余性能同 ZSnSb
塑料	热塑性塑料(如聚乙烯、有机玻璃、尼龙等)		用于一般结构零件、减摩和耐磨零件、传动件、耐腐蚀件、绝缘件、密封件、透明件等
	热固性塑料(如酚醛塑料、氨基塑料等)		
橡胶	普通橡胶		用于密封件、减振件、防振件、传动带、运输带和软管、绝缘材料、轮胎、胶辊等
	特种橡胶		

4.3.5 新型材料

1. 形状记忆合金

1951 年美国科学家最早发现某些金属合金具有形状记忆效应。这类合金在低于某一温度时,在外力作用下发生塑性变形,除掉外力后仍保持形变,但当温度升到某一温度以上时,合金就会自动恢复变形前的形状,即使经过千万次重复也能十分准确地恢复形状。这类合金称为形状记忆合金。最早发现的是钛镍合金,目前已研制出十多种记忆合金产品,如钛镍、银镉、镍锆、铜锑等。正式作为商品生产的是 Ti-Ni 合金、Cu-Zn-Al 合金和 Cu-Al-Ni 合金。

记忆合金具有非凡的形状记忆能力,其在宇航、电子、医疗、机械等方面获得广泛的实际应用。

举世闻名的阿波罗登月飞船上的半球形通信天线,占有很大空间,科学家用钛镍记忆合金制成再生式天线,将其冷却到一定温度,合金变成柔软的马氏体,然后将它折叠成一个小团。登月后,在太阳光的照射下,天线受热,小团天线就像孔雀开屏似地自动展开成原半球形网状天线。

记忆合金可用来制作紧固件、连接件和密封盖等。如美国海军 F-14 战斗机的液压系统就采用记忆合金做管接头,使用已超过 30 万个,无一例失败。

记忆合金在医学上也有广泛用途。我国已用钛镍合金制成脊椎骨矫正棒、输卵管夹、双杯髋假体、口腔矫正丝等,都已用于临床。

记忆合金还可用于制作热敏传感器及与温度有关的自动控制元件,国外已研制成功功率达 1kW 的热发动机。此外,记忆合金在机器人的智能化及仿生机械上也得到应用。表 4-5 为形状记忆材料的应用举例。

表 4-5　形状记忆材料的应用举例

应用领域	应用举例
电子仪器仪表	温度自动调节器、火灾报警器、温控开关、电路连接器、空调自动风向调节器、液体沸腾报警器、光纤连接、集成电路钎焊
航空航天	人造卫星天线、卫星、航天飞机等自动启闭窗门
机械工业	机械人手、脚，微型调节器，各种接头、固定销、压板、热敏阀门，工业内窥镜，战斗机、潜艇用油压管、送水管接头
医疗器件	人工关节、耳小骨连锁元件，止血、血管修复件，牙齿固定件，人工肾脏泵，去除胆固醇用环，能动型内窥镜，杀伤癌细胞置针
交通运输	汽车发动机散热风扇离合器、卡车散热器自动开关、排气自动调节器、喷气发动机内窥镜
能源开发	固相热能发电机、住宅热水送水管阀门、温室门窗自动调节弹簧、太阳能电池帆板

2. 其他新型材料

其他新型材料还有超导材料、光导纤维、纳米材料、智能材料等。可参考相关材料手册。

4.4　金属材料的热处理与表面精饰

4.4.1　钢的热处理

在生产过程中，钢制零件除经过各种热、冷加工工序外，往往还要在加工工序中进行若干次热处理，以改善钢的加工工艺性能，提高钢的机械性能，增加寿命、耐磨性等。钢的热处理就是将钢在固态范围内施以不同形式的加热、保温和冷却，从而改变（或改善）其组织结构以达到预期性能的操作工艺。热处理一般不改变工件的形状及化学成分（只有表面化学处理使某些元素渗入钢件表面而改变表面的化学成分）。但是钢的组织结构却随着加热温度与冷却速度的不同而发生变化，从而获得各种不同的性能。目前，一般机器和仪器上的零件大约80％要进行热处理，而刀具、模具、量具、轴承等则全部要进行热处理。

根据加热和冷却方法的不同，主要的热处理可分为下列几类：

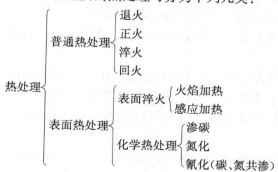

下面简单地介绍各种热处理的方法及其达到的目的。

1. 普通热处理

（1）退火。将钢加热到稍高于临界温度，并在该温度下保持一定时间，然后随炉缓慢冷却。退火的目的是软化钢件，以便进行切削加工；细化晶粒，改善组织以提高钢的力学性能；消除残余应力，以防止钢件的变形、开裂。

铸件、锻件、焊接件、热轧件、冷拉件等在制造过程中聚集有残余应力,如果这些应力不予消除,会导致钢件在一定时间以后,或在随后的切削加工中产生变形或裂纹。

（2）正火。加热温度和保温时间与退火相似,不同的是正火在空气中冷却,冷却速度大于退火时的冷却速度,故获得的组织更细些,从而得到较高的力学性能（硬度和强度均比退火后高）。正火的目的是用于普通结构零件的最终热处理（不再进行淬火和回火）,用于低、中碳素结构钢的预热处理,以获得合适的硬度,便于后续的切削加工。

（3）淬火。将钢加热到临界温度以上的某一温度,经保温后投入水、盐水或油中迅速冷却。淬火的目的是提高零件的硬度和耐磨性。

普通淬火处理是将整个零件按上述淬火过程进行淬火,这种热处理方式亦称整体淬火。整体淬火后的零件会有较大的内应力,因此淬火后必须进行回火。

（4）回火。将淬火以后的零件,重新加热到临界温度以下的某一温度,保持一段时间,然后在空气或油中冷却。回火的目的是消除淬火时因冷却过快而产生的内应力,以降低钢的脆性,使其具有一定的韧性。因而回火不是独立的工序,它是淬火后必定要进行的工序。

2. 表面热处理

（1）表面淬火。表面淬火主要是通过快速加热与立即淬火冷却相结合的方法来实现的。即利用快速加热使钢件表面很快地达到淬火的温度,而不等热量传至中心,即迅速予以冷却,如此便可以只使表层被淬硬,而中心仍留有原来塑性和韧性较好的退火、正火或调质状态的组织。工业中应用最多的为感应加热表面淬火。

感应加热表面淬火目前已有专用设备。感应电流透入工件表层的深度主要取决于电流频率,频率越高,电流透入深度越浅,即淬透层越薄。因此,可选用不同频率来达到不同要求的淬硬层深度。

生产中一般可根据工件尺寸大小和所需淬硬层的深度来选用感应加热的频率（见相关手册）。

表面淬火适用于要求表面硬度高、内部韧性大的零件,如齿轮、蜗杆、丝杠、轴颈等。

（2）化学热处理。化学热处理是将工件置于一定介质中加热和保温,使介质中的活性原子渗入工件表层,以改变表层的化学成分和组织,从而使工件表面具有某种特殊的力学或物理、化学性能的一种热处理工艺。与表面淬火相比,其不同之处在于:表面层不仅有组织的变化,而且有成分的变化。

化学热处理工艺较多,如渗碳、氮化、氰化等,渗入的元素不同,工件表面所具有性能也不同。

目前,应用最为广泛的是气体氮化法。它是利用氨气加热时分解出的活性氮原子,被钢吸收后在其表面形成氮化层,并向心部扩散。氨的分解从 200℃ 以上开始,同时铁素体对氮有一定的溶解能力,所以气体氮化一般在 500～570℃ 下进行。结束后随炉降温到 200℃ 以下,停气出炉。

氮化能获得比渗碳淬火更高的表面硬度、耐磨性、热硬性、疲劳强度和抗腐蚀性能。氮化后不再淬火,变形小。氮化主要用于硬度和耐磨性高,以及不易磨削的精密零件,如齿轮（尤其是内齿轮）、主轴、镗杆、精密丝杠、量具、模具等。

4.4.2 金属零件的表面精饰

表面精饰是在金属表面加覆盖层,以达到防腐、改善性能及装饰的作用。通常分为电镀、化学处理和涂漆三种。

1. 电镀

电镀是应用电解原理在某些金属（或非金属）表面镀上一薄层其他金属或合金的过程。

　　(1) 镀铬:适用于钢件、铜及铜合金件。铬层有很高的硬度和耐磨性。镀铬层经抛光后其反射系数可达 70% 左右。精密计量测试仪器及小型量具常采用镀铬。镀铬的成本较高。

　　(2) 镀镍:适用于钢、铜及铜合金、铝合金零件。镍具有较高的硬度(略低于铬)和良好的导电性。镀镍层呈黄白色,容易抛光。镍层有抵抗空气腐蚀的作用,也有抵抗碱和弱酸的作用。镍层易出现微孔。镍容易具有磁性,不适合镀防磁零件。镀镍主要用于装饰和某些导电元件的防腐。

　　(3) 镀锌:镀锌是一种应用最广泛的电镀,适用于钢、铜及铜合金,镀层具有中等硬度,在大气条件下具有很高的防护性能,但在湿热性地带及海洋蒸汽地区,锌层的防腐蚀性能比镉层低。镀锌的成本比镀铬、镀镍低。

　　(4) 镀银:镀银层有很高的化学稳定性和良好的导电性。银层抛光后反射率可达 90% 以上。镀银主要用于铜合金零件。镀银层在氯和硫化物作用下会变黑。

　　2. 化学处理

　　金属零件表面的化学处理主要有氧化和磷化。氧化是在零件表面形成该金属的氧化膜,以保护金属不受侵蚀,并起美化作用;磷化是在金属表面生成一层不溶于水的磷酸盐薄膜,可以保护金属。

　　(1) 黑色金属的氧化与磷化:将零件放入浓碱和氧化剂溶液中加热氧化,使其表面生成一层厚 $0.6\sim0.8\mu m$ 的 Fe_3O_4 薄膜。氧化多用于碳钢和低合金钢。随着操作和零件表面化学成分的不同,氧化膜的厚度有所不同。氧化膜可呈黄、橙、红、紫、蓝、黑等颜色,一般要求蓝黑或黑色,故氧化又称发蓝或发黑。黑色磷化膜的结晶很细,色泽均匀,呈黑灰色,厚度为 $2\sim 4\mu m$,膜层与基体结合牢固,耐磨性强,所以黑色磷化膜层的保护能力比氧化膜层的保护能力强。氧化与磷化都不会影响零件的尺寸精度。

　　(2) 铝及铝合金的阳极氧化:铝的氧化膜的化学性能十分稳定,膜层与基体结合牢固,提高了铝及铝合金的耐磨性及硬度,也提高了防腐蚀性能。铝及铝合金的阳极氧化还能染成不同的颜色,纯铝可以染成任何颜色。而硅铝合金只能染成灰黑色。

　　(3) 铜及铜合金的氧化:铜的氧化膜层为黑色,在大气条件下容易变色。膜层不影响尺寸精度及表面粗糙度,它的耐磨能力不强。黄铜用氨液氧化后能获得良好的氧化膜层,膜层很薄,其表面不易附着灰尘,适用于与光学零件接触的零件及形状复杂的零件。电解氧化层可得到较厚的膜层,性能比较稳定,但易附着灰尘,故不宜用于与光学零件接触的零件。

　　3. 涂漆

　　涂漆是在零件或制品的表面涂上漆,使零件或制品表面与外界环境中的有害作用机械地隔开,并对零件、制品起装饰作用,有时还可起绝缘作用。

　　常用的油漆种类很多,按性能分有清油、清漆和磁漆(色漆)三大类,可按手册中的规格及性能要求来选用。

习　题

　　4-1　解释下列名词术语:强度、刚度、硬度。

　　4-2　试述碳素钢的分类。45、40、T8、T12A 分别代表何种钢?

　　4-3　何谓热处理?工件为什么要进行热处理?

　　4-4　常用的热处理有哪些种类?请说明退火、正火、淬火、回火的作用。

　　4-5　仪器仪表中应用的非金属材料有哪些?试举出它们在仪器仪表中应用的例子。

第5章 构件的受力分析与计算

5.1 静力学的基本概念和物体的受力分析

5.1.1 静力学的基本概念

静力学主要研究受力物体平衡时作用力所应满足的条件,同时也研究物体受力的分析方法,以及力系简化的方法等。在静力学中,经常用到以下几个基本概念:力和力系、刚体、平衡。

1. 力和力系

1) 力的基本概念

力是物体间相互的机械作用,这种作用使物体的机械运动状态发生变化。

在工程实践中,人们逐渐认识到,物体的机械运动状态发生变化(包括变形),都是其他物体对该物体施加力的结果。这些力,有的是接触作用,例如,人推车,蒸汽推动汽缸的活塞,放在梁上的设备使梁发生弯曲等;也有的是"场"对物体的作用,例如,地球引力场对于物体的引力,电场对于电荷的引力和斥力等。在研究物体的运动或平衡时,人们撇开物体相互作用力的来源和物理本质不同,将其统称为"力"。

通过接触作用,力使物体运动状态发生变化的效应称力的外效应。而力使物体产生变形的效应称为力的内效应(力的内效应在本书第6章讲述)。

实践表明,力对物体的作用效果决定于三个因素,即力的大小、方向和作用点。力的作用点就是力对物体的作用位置。力的作用位置一般并不是一个点,而往往是物体某一部分面积或体积。例如,两物体接触时,它们之间的相互压力分布在接触表面上,重力分布在物体整个体积上。但很多情况下,我们把分布力简化为作用于一点的集中力。例如,当分布力作用面积不大时,可以把该面积抽象化为一个点。又如在研究力对物体的外效应时,可把重力简化为集中作用于物体的重心。

由于力有大小和方向,即力是矢量,所以可用有向线段把力的三要素表示出来。线段的长短按选定的比例(即每单位长度代表多少牛顿)表示力的大小,箭头的指向表示力的方向,箭尾或箭头端表示力的作用点。与表示力的线段重合的直线叫做力的作用线。图 5-1 所示的有向线段 $\overrightarrow{A'A}$ 表示推力的矢量,简称为力矢。本书用 $\boldsymbol{F}$ 表示力矢,用 F 表示力矢的大小(模)。如图 5-1 中,$F=80\mathrm{N}$。

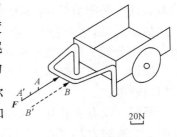

图 5-1 手推车

为了测定力的大小,必须明确力的单位。在国际单位制(SI制)中,以"牛顿"作为力的单位,记做 N。有时也以"千牛顿"作为单位,记做 kN。

2) 力系

一个物体所受的力往往不止一个。同时作用在同一物体的许多力称为力系。力系可以按各力作用线的分布情况来分类。各力的作用线均在同一平面内的力系称为平面力系,否则称为空间力系。

在平面力系中,各力的作用线均通过一点时,此力系称为平面汇交力系;各力的作用线互相平行时,此力系称为平面平行力系;不具备上述条件的平面力系称为平面一般力系。平面汇交力系和平面平行力系可以看成是平面一般力系的特殊情况。作用于物体上的力系如果可以用另一适当的力系来代替,而不改变作用效果,那么这两个力系互称等效力系。

2. 刚体

所谓刚体,是在受力情况下保持形状和大小不变的物体。它是一理想化了的力学模型。

如前所述,力对物体的作用效果除了使物体的运动状态发生变化外,还使物体产生程度不同的变形。但是,在正常情况下,工程上用的机械零件或构件都有足够抵抗变形的能力,因此在允许力的作用下产生的变形是微小的,这种微小的变形对研究物体的平衡问题不起主要作用,可以忽略不计。这样就可以把物体看成不变形的刚体。这一抽象概念不仅是解决实际工程问题所允许的,而且是认识和研究力学规律所必需的。但是当所研究的对象主要是变形的时候(如第 6 章研究构件的受力变形及应力分析时),就不再把构件视为刚体了。

3. 平衡

在工程上物体相对于地球处于静止或做匀速直线运动的状态称为平衡状态。平衡是物体机械运动的一种特殊形式。应该注意,绝对平衡和绝对静止是不存在的,工程上所指的物体平衡一般是相对于地球而言的。

如果物体在力系的作用下处于平衡状态,那么这种力系称为平衡力系。满足力系平衡的条件称为平衡条件。

5.1.2　静力学公理

静力学以下述公理为基础。

公理 1(二力平衡公理)　作用于刚体上的二力平衡的必要和充分条件是,此二力大小相等,方向相反,且沿同一直线,如图 5-2 所示。

此公理总结了作用于刚体上的最简单的力系平衡时所必须满足的条件。对于刚体这个条件是既必要又充分的,但对于非刚体,这个条件是不充分的。例如,软绳受两个等值反向的拉力作用可以平衡,而受两个等值反向的压力作用就不能平衡。

公理 2(加减平衡力系公理)　在作用于刚体的已知力系上,加上或减去任一平衡力系,并不改变原力系对刚体的作用效果。

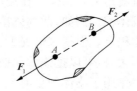

图 5-2　二力平衡

显而易见,这个公理是简化力系的依据,因为平衡力系对刚体的平衡或运动状态没有影响。应用公理 2 可以推导出作用于刚体上的力的一个重要性质——力的可传性。

推论　作用于刚体上某点的力,可以沿其作用线移至刚体上任意一点,而不改变它对刚体的作用效果。

证明　设力 F 作用于刚体 A 点,如图 5-3(a)所示。沿该力作用线任取一点 B,在 B 点加上两个平衡的力 F_1 和 F_2,且使 $|F_1|=|F_2|=F$,方向如图 5-3(b)所示,则 F_2 和 F 也形成一平衡力系,根据加减平衡力系的原理,可将它们去掉,而不改变原来的运动状态。于是只剩下 F_1(图 5-3(c)),它的大小和方向与 F 完全相同。这样就相当于力 F 自点 A 沿其作用线移至点 B。

根据力的可传性,对于刚体来说,力的三要素可改变为大小、方向、作用线。这样,力矢可从它的作用线上任一点画出。

公理 3(力的平行四边形公理)　作用于物体上同一点的两个力,可以合成一个合力。合力的作用点仍在该点,合力的大小和方向以这两个力为边所作的平行四边形的对角线来表示(图 5-4)。

由力的平行四边形公理可以看出,将两个力相加时,不能简单地求算术和,而是要用平行四边形公理求几何和,即矢量和,这种力的合成方法,称为矢量加法,可用下式表示:

$$R = F_1 + F_2 \tag{5-1}$$

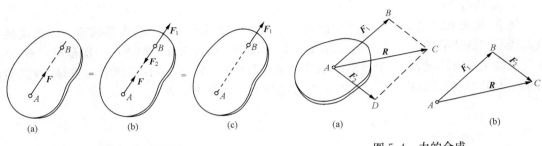

图 5-3　力的移动　　　　　　图 5-4　力的合成

公理 4(作用与反作用公理)　两物体间相互作用的力总是大小相等,方向相反,沿同一条作用线,并分别作用在这两个物体上。

此公理表明,力总是成对出现的。有作用力,必定有反作用力。两者同时存在,同时消失。

值得注意的是,作用力与反作用力虽然大小相等,方向相反,沿同一条作用线,但并不作用在同一物体上,因此,不能错误地认为这两个力互相平衡。这与二力平衡条件有本质的区别。

公理 5(刚化原理)　变形体在某一力系作用下处于平衡,如将此变形体刚化为刚体,则平衡状态保持不变。

这一公理提供了把变形体抽象成刚体模型的条件。如图 5-5 所示,绳索在等值、反向、共线的两个拉力作用下处于平衡,如将绳索刚化成刚体,则平衡状态保持不变。而绳索在两个等值、反向、共线的压力作用下不能平衡,这时绳索就不能刚化为刚体。但刚体在上述两种力系的作用下都是平衡的。

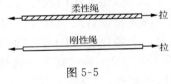

图 5-5

由此可见,刚体的平衡条件是变形体平衡的必要条件,而非充分条件。在刚体静力学的基础上,考虑变形体的特性,可进一步研究变形体的平衡问题。

5.1.3　约束及约束反力

能在空间任意运动的物体称为自由体,例如,飞机、宇宙飞船等能在空中向任何方向运动。受到其他物体的限制而在某些方向上不能运动的物体称为非自由体,例如,在轨道行驶的火车,受到钢轨的限制,只能沿轨道方向运动。对非自由体的某些位移起限制作用的周围物体称为约束,例如,铁轨对于机车,轴承对于电机转子,钢索对于重物等,都是约束。

由于约束阻碍着物体的运动,所以物体在其运动受阻碍的方向上对约束产生作用力,根据作用力与反作用力公理,约束对被约束的物体产生反作用力,称为约束反力。促使物体产生运动的力称为主动力。约束反力的大小和方向取决于主动力的作用情况和约束的形式。约束反力的方向总是和约束所阻碍的运动方向相反。

工程中的约束是复杂多样的。下面把各种各样的实际约束形式加以简化、分类,并逐类分析其反力特点。

1. 理想光滑面约束

如果物体接触面之间的摩擦力远小于物体所受的其他力,则摩擦力可以略去不计而认为接触面是光滑的。光滑接触面的约束反力的方向必然是沿接触面的公法线方向。例如,齿轮啮合面之间的约束(图 5-6),在不计摩擦情况下,属于光滑面约束,其约束反力沿法线方向指向物体。

2. 柔性约束

绳索、皮带和链条等柔软物体叫做柔体。柔体所提供的约束叫做柔性约束。由于柔性约束只能限制物体沿柔索伸长方向的运动,所以柔性约束的约束反力的方向一定是沿柔索方向,并且只能是拉力。例如,一个被铝链吊着的日光灯(图 5-7),G 是日光灯管的重量,根据柔性约束反力的特点,可以确定铝链给日光灯管的拉力一定是 F_{TA}、F_{TB}。

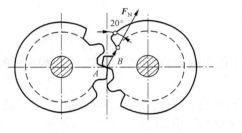

图 5-6　齿面的约束反力

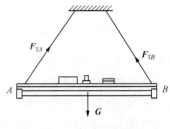

图 5-7　柔性约束

3. 光滑铰链约束

光滑铰链约束在工程实践中极为常见,它主要有以下几种形式。

1) 固定铰链支座

固定铰链支座由底座、被连接构件和销钉三个主要部分构成(图 5-8(a))。这种支座的连接情况是将销钉插入被连接构件和底座上相应的销孔中,用螺钉将底座固定在其他基础或机架上。于是,在垂直于销钉轴线的平面内,被连接构件只能绕销钉的轴线转动而不能任意移动(图 5-8(b))。当以被连接构件作为研究对象并受到一定的载荷作用时,其上的销孔壁便压在销钉的某处,于是销钉便通过接触点给研究对象一个反作用力 F(图 5-8(c))。根据光滑接触面约束的特点可知,这个约束反力应沿圆柱面接触点的公法线并通过铰链中心。若研究对象所受载荷不同,则销孔与销钉接触点的位置不同,即反力的方向不同。因而,固定铰链支座的约束反力的作用线必定通过销钉中心,但方向需要根据研究对象的受载情况确定。

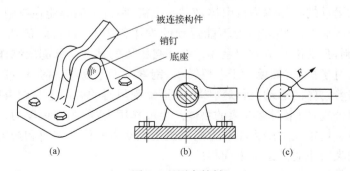

图 5-8　固定铰链

　　工程上,固定铰链支座常用图 5-9(a)所示的简图表
示。通过销钉中心而方向待定的约束反力,常用两个互
相垂直的分力 F_x、F_y 表示(图 5-9(b))。可以假定两分
力的指向,通过计算判定其是否正确。

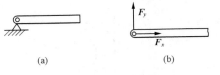

图 5-9　铰链简图

　　2) 活动铰链支座

　　如果固定铰链支座中的底座不用螺钉与固定基础
相固连,而改用滚子与支承面相接触(图 5-10(a)),便形成了活动铰链支座。这种支座常在桥
梁、屋架等结构中采用,以保证在温度变化时,允许结构作微量的伸缩。活动铰链支座常用
图 5-10(b)所示的简图表示。这种支座能够限制被连接构件沿支承面的法线方向上下运动,
因而在不计接触面间摩擦的情况下,活动铰链支座的约束反力的作用线必通过销钉的中心,并
且垂直于支承面。通常用 F_N 表示其法向约束反力,如图 5-10(c)所示。

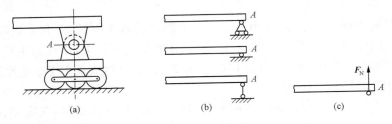

图 5-10　活动铰链约束反力

5.1.4　物体的受力分析和受力图

　　在应用力系平衡条件解决工程实际问题时,例如,已知力、应用力系平衡条件,求解约束反
力大小和作用方向,需要首先确定物体受到哪些力作用以及每个力的作用位置和作用方向。
这一分析过程称为物体的受力分析。

　　在对非自由体进行受力分析时,必须先将所研究的对象从其周围的物体中分离出来,并将
所受的约束除去代之以相应的约束反力,使物体成为在主动力与约束反力共同作用下的自由
体。这种表示分离出来的物体及其所受外力的图称为受力图。

　　正确地进行受力分析并作出受力图,是解决力学问题的前提和关键,如果受力图画得不正
确,进一步的分析和计算就无法正确进行,结果也必然是错误的。画受力图时需要注意以下
几点:

　　(1) 除重力等主动力外,物体之间只有在彼此之间的接触点处,才有力的相互作用。

　　(2) 约束反力应画在解除约束的地方,并且必须根据约束的类型画约束反力,而不要单凭
主动力推测。

　　(3) 若约束是二力构件,则其约束反力沿二力构件两个受力点的连线,不是压力就是拉
力,通常是可以判断出来的。

　　(4) 作物体系整体的受力图时,各物体间相互作用的力变成内力,不必画出。

　　(5) 物体系中各物体之间的作用力与反作用力,其中一个力的方向一经确定(或假定),则
另一个力的方向必与其相反,不必再另行假定。

　　例 5-1　重量为 G 的均质圆球 O,由杆 AB,绳索 BC 与墙壁支持如图 5-11(a)所示。如果
各处摩擦与杆重不计,试分别画出球 O 和杆 AB 的受力图。

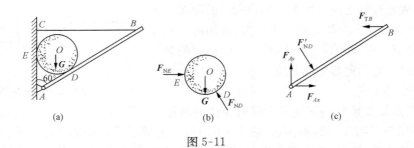

图 5-11

解　（1）取球 O 为研究对象，画受力图。先画主动力 G，再画约束反力。由于 D、E 处为光滑面约束（摩擦不计），故在 E 处球受墙壁法向反力 F_{NE} 的作用，在 D 处球受杆件 AB 的法向反力 F_{ND} 的作用。它们均沿接触点的公法线指向球心。

球受力图如图 5-11(b) 所示。

（2）以 AB 杆为研究对象，画受力图。A 处为固定铰链支座约束，其约束反力方向不定，用相互垂直的两个分力 F_{Ax}、F_{Ay} 表示其约束反力；B 处受绳索约束（柔性约束），其约束反力为拉力 F_{TB}；D 处为光滑接触面约束，其法向反力为 F'_{ND}，它与约束反力 F_{ND} 是作用与反作用力的关系，其受力图如图 5-11(c) 所示。

例 5-2　如图 5-12(a) 所示，梯子的两部分 AB 和 AC 在 A 点铰接，又在 D、E 两点用水平绳连接，梯子放在光滑水平面上，其自重不计。已知在 AB 的中点 H 处作用一铅直载荷 F。试分别画出绳子 DE 和梯子 AB、AC 部分以及整个系统的受力图。

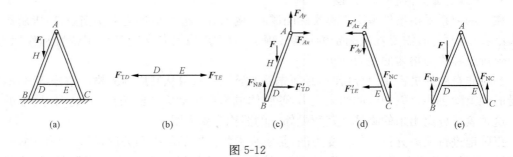

图 5-12

解　（1）取绳子为研究对象。

绳子 DE 的受力分析。绳子两端 D、E 分别受到梯子对它的拉力 F_{TD}、F_{TE} 作用。绳子 DE 的受力图如图 5-12(b) 所示。

（2）取梯子 AB 部分为研究对象。梯子 AB 部分的受力分析。它在 H 处受到载荷 F 的作用，在铰链 A 处受到梯子 AC 部分给它的约束反力 F_{Ax} 和 F_{Ay} 的作用。在点 D 受到绳子对它的拉力 F'_{TD}（与 F_{TD} 互为作用力与反作用力）的作用。在点 B 受到光滑地面对它的法向反力 F_{NB} 的作用。梯子 AB 部分的受力图如图 5-12(c) 所示。

（3）取梯子 AC 部分为研究对象。梯子 AC 部分的受力分析。在铰链 A 处受到 AB 部分对它的作用力 F'_{Ax} 和 F'_{Ay}（分别与 F_{Ax} 和 F_{Ay} 互为作用力与反作用力）的作用。在 E 点受到绳子对它的拉力 F'_{TE}（与 F_{TE} 互为作用力与反作用力）的作用。在 C 处受到光滑地面对它的法向反力 F_{NC} 的作用。梯子 AC 部分的受力图如图 5-12(d) 所示。

（4）取整个系统为研究对象。整个系统的受力分析。梯子的两部分（AB 和 AC）在点 A

处铰接。当以整个系统为研究对象时,铰链 A 处受力是互为作用力与反作用力关系,即 $F_{Ax} = -F'_{Ax}$,$F_{Ay} = -F'_{Ay}$;同理,绳子与梯子在连接点 D 和 E 处受力亦互为作用力与反作用力关系,即 $F_{TD} = -F'_{TD}$,$F_{TE} = -F'_{TE}$;这些力都成对作用在系统内,称为内力。内力对整个系统的平衡没有影响,故在系统受力图上不必画出。

但是,载荷 F 和约束反力 F_{NB}、F_{NC} 不然。这些力是系统以外物体对系统的作用力,称为外力。外力在系统受力图上必须画出。

整个系统的受力图如图 5-12(e)所示。

应该指出,内力和外力的区别不是绝对的,它们在一定条件下可以互相转化。例如,当我们把梯子的 AC 部分作为研究对象时,F'_{Ax}、F'_{Ay} 和 F'_{TE} 均属外力;但取整体为研究对象时,F'_{Ax}、F'_{Ay} 和 F'_{TE} 又成为内力。可见,内力和外力的区别,只有相对于某一确定的研究对象才有意义。

例 5-3 发动机的曲柄滑块机构如图 5-13(a)所示。活塞 C 上作用可燃气体的爆发力 F,曲柄 AB 上作用阻力矩 M_A。试画出曲柄滑块机构的主要构件活塞 C、连杆 BC 和曲柄 AB 的受力图。各构件的自重均不计。

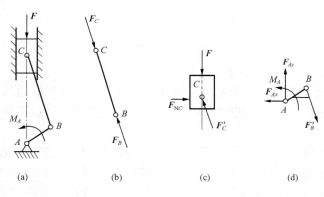

图 5-13

解 (1)取连杆 BC 为研究对象。F_C 和 F_B 分别为活塞和曲柄对二力构件(简称二力杆)BC 的约束反力,根据二力杆的受力特点,F_C 和 F_B 大小相等、方向相反,并且作用在过 C、B 二点的连线上。连杆 BC 的受力图如图 5-13(b)所示。

(2)取活塞 C 为研究对象。活塞 C 受力分析。活塞 C 受主动力 F 及缸壁侧压力 F_{NC} 和连杆的约束反力 F'_C。因为缸壁与活塞是光滑面接触,所以 F_{NC} 的方向垂直于缸壁。力 F'_C 和 F_C 为作用力与反作用力,所以它们等值、反向、共线。活塞 C 的受力图如图 5-13(c)所示。

(3)取曲柄 AB 为研究对象。曲柄 AB 的受力分析。曲柄 AB 受工作阻力矩 M_A 作用,曲柄 A 端固定在主轴颈上,为固定铰链支座约束,其作用方向不定,用两个互相垂直的分力 F_{Ax} 和 F_{Ay} 表示。曲柄 B 端铰接于连杆轴颈,受到连杆的作用力 F'_B,F'_B 和 F_B 互为作用力与反作用力,两者等值、反向、共线。图 5-13(d)所示为曲柄 AB 的受力图。

综合上述各例可知,画物体受力图的步骤如下:

(1)由题意取研究对象。

(2)将研究对象单独画出,即把它从周围的物体中分离出来。

(3)画已知力,如各种载荷(重量、压力、力偶矩等)。

(4)画约束反力。先分析确定约束类型,然后由其特点画出相应的约束反力。

(5)画受力图时应先找出二力杆,画出其受力图,然后画其他物体的受力图。

5.2　平面汇交力系的合成与平衡

5.2.1　平面汇交力系合成的几何法

前面讲过,如果作用在物体上的力系,所有各力的作用线都在同一平面内,并且汇交于一点,那么这种力系称为平面汇交力系。例如,当车间里的吊车匀速吊起重为 G 的钢梁时(图 5-14(a)),钢梁受到 G、F_{T1}、F_{T2} 三个力的作用(图 5-14(b)),这三个力的作用线在同一平面内且汇交于 A 点。这是一个平面汇交力系。

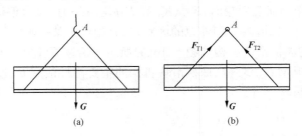

图 5-14　平面汇交力系

下面讨论平面汇交力系合成的几何法:

设物体上作用有一平面汇交力系 F_1、F_2、F_3(图 5-15(a)),选取适当的比例尺,应用力的三角形法则,先将力 F_1 和 F_2 合成(图 5-15(b)),得到合力 R_{12},然后再将力 R_{12} 与 F_3 合成,得到 R。显然,R 就是力系 F_1、F_2、F_3 的合力。

由图 5-15(b)可以看出,在实际作图求合力 R 时,代表 R_{12} 的虚线不必画出,只要将力系中各力矢量依次首尾相连地连成折线,然后用一矢量连接折线的首末两点,使其封闭成一力多边形即可。这个代表合力 R 的边称为力多边形的封闭边。这种用力多边形求合力的方法称为力多边形法或几何法。

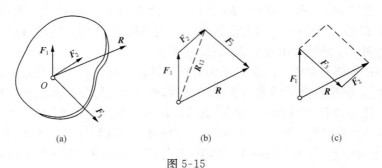

图 5-15

上述方法可以推广到三个以上汇交力的情形。由此可知,平面汇交力系合成的结果是一个合力,它等于力系中各力的矢量和,合力的作用线通过各力的汇交点。用矢量式可表示为

$$R = \sum F \tag{5-2}$$

注意,在画力多边形时,如果改变力系中各力的先后次序,则力多边形的形状会发生变化(图 5-15(c)),但不影响合力的大小和方向。此外,力多边形中各分力矢量都是首尾相连的,而合力矢量则与上述顺序相反。

5.2.2　平面汇交力系平衡的几何条件

由于平面汇交力系合成的结果是一个合力,因此如果物体处于平衡,则合力 R 应等于零。反之,如果合力等于零,则物体必处于平衡。因此可得物体在平面汇交力系作用下平衡的必要和充分条件是力系的合力等于零。用矢量表示为

$$R = \sum F = 0 \tag{5-3}$$

在几何法中,平面汇交力系的合力 R 是用力多边形的封闭边来表示的。当合力 R 等于零时,力多边形的封闭边就不存在了,即力多边形中第一个力的起点应与最末一个力的终点重合,构成一个自行封闭的力多边形(图 5-16(b))。所以平面汇交力系平衡的几何条件是:力系中各力构成的力多边形自行封闭。

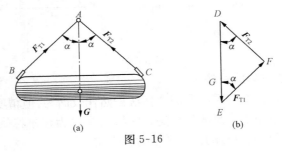

图 5-16

5.2.3　三力平衡汇交定理

定理 1　若刚体在三个力作用下处于平衡,且其中二力的作用线相交于一点,则第三个力的作用线必须通过同一点(图 5-17)。

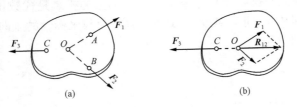

图 5-17

证明　设三个力 F_1、F_2、F_3 分别作用在刚体上 A、B、C 三点,使刚体处于平衡,其中力 F_1 与 F_2 的作用线交于 O 点。

根据力的可传性原理,将力 F_1、F_2 沿作用线移到 O 点,并按力的平行四边形公理,合成为一个合力 R_{12}。由于三个力 F_1、F_2、F_3 是平衡的,因此 F_3 应与 F_1、F_2 的合力 R_{12} 平衡。根据二力平衡的条件,力 F_3 必定与 R_{12} 共线,所以 F_3 必须通过 F_1 与 F_2 的交点 O。

例 5-4　如图 5-18(a)所示的钢架,在 C 点作用一水平力 F。试求支座 A 和 B 处的约束反力。钢架的重量略去不计。

解　(1)取钢架为研究对象,画受力图(图 5-18(a))。钢架在 C 点受到向右的水平力 F 作用,且活动铰链支座 B 的反力 F_B 通过铰链中心并垂直于支承面垂直向上,由三力平衡汇交定理可知,固定铰链支座 A 的约束反力 F_A 的作用线必定通过 F 与 F_B 两力的作用线交点 D。

(2)作封闭的力三角形(图 5-18(b))。在图 5-18(a)中,可求得

$$AD = \sqrt{a^2 + (2a)^2} = a\sqrt{5}$$

因为△ABD 相似于△abd,其对应边应成比例,故有

$$\frac{F}{2a}=\frac{F_A}{a\sqrt{5}}=\frac{F_B}{a}$$

解得

$$F_A=F\frac{a\sqrt{5}}{2a}=\frac{\sqrt{5}}{2}F,\quad F_B=F\frac{a}{2a}=\frac{1}{2}F$$

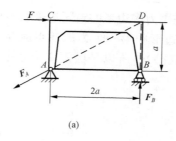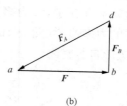

(a)　　　　　　　　(b)

图 5-18

5.2.4 平面汇交力系合成的解析法

上面所介绍的解平面汇交力系问题的几何法虽然比较简易,但精度比较低,通常只适用于解平面问题。下面介绍应用更广泛的解析法。解析法是以力在坐标轴上的投影为基础的,为此,先介绍一下力在坐标轴上投影的概念及合力投影定理。

1. 力在坐标轴上的投影

设力 F 作用于物体 A 点,自力矢 F 的两端 A 和 B 分别向同平面内直角坐标系的两轴引垂线,得垂足 a_1、b_1 和 a_2、b_2(图 5-19(a)),则线段 a_1b_1 称为 F 在 x 轴上的投影,用 F_x 表示;线段 a_2b_2 称为 F 在 y 轴上的投影,用 F_y 表示。力在轴上的投影是代数量,其正负号规定如下:当力 F 投影的指向(即从 a_1 到 b_1 或从 a_2 到 b_2 的指向)与坐标轴的正向一致时,力的投影为正值;反之为负值(图 5-19(b))。

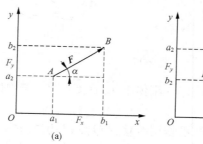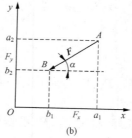

(a)　　　　　　　　(b)

图 5-19

设力 F 与 x 轴所夹的锐角为 α,则力的投影一般可写为

$$F_x=\pm F\cos\alpha,\quad F_y=\pm F\sin\alpha \tag{5-4}$$

2. 合力投影定理

定理 2 合力在任意轴上的投影,等于诸分力在同一轴上投影的代数和。

证明 图 5-20(a)为作用于物体上一平面汇交力系,用力多边形求出该力系的合力 R(图 5-20(b))。确定一直角坐标 Oxy,将力系中诸力 F_1、F_2、F_3 及合力 R 都投影在 x 轴上,得

$$F_{1x}=ab,\quad F_{2x}=bc$$
$$F_{3x}=cd,\quad R_x=ad$$

由图 5-20(b)中可以看出

$$ad = ab + bc + cd$$

即

$$R_x = F_{1x} + F_{2x} + F_{3x}$$

同理可以证明

$$R_y = F_{1y} + F_{2y} + F_{3y}$$

显然,上面的结果可以推广到有任意个力的情况,即

$$\left. \begin{aligned} R_x &= F_{1x} + F_{2x} + \cdots + F_{nx} = \sum F_x \\ R_y &= F_{1y} + F_{2y} + \cdots + F_{ny} = \sum F_y \end{aligned} \right\} \tag{5-5}$$

用解析法求平面汇交力系的合力时,先求出各力在两坐标轴上的投影,再根据合力投影定理求出力系的合力 **R** 在两个坐标轴上的投影 R_x、R_y,然后求出合力的大小和方向(图 5-21),即

$$\left. \begin{aligned} R &= \sqrt{R_x^2 + R_y^2} = \sqrt{\left(\sum F_x\right)^2 + \left(\sum F_y\right)^2} \\ \tan\alpha &= \left| \frac{R_y}{R_x} \right| = \left| \frac{\sum F_y}{\sum F_x} \right| \end{aligned} \right\} \tag{5-6}$$

式中,α 为合力 **R** 与 x 轴所夹的锐角。合力 **R** 的指向由 R_y 与 R_x 的正负号判定。

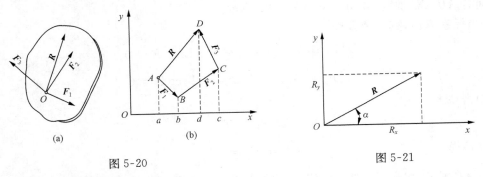

图 5-20　　　　　　　　　　　　　　　　　图 5-21

5.2.5　平面汇交力系的平衡方程

平面汇交力系平衡的充分和必要条件是力系的合力等于零。由式(5-6)可得

$$R = \sqrt{\left(\sum F_x\right)^2 + \left(\sum F_y\right)^2} = 0$$

要使上式成立,必须同时满足

$$\left. \begin{aligned} \sum F_x &= 0 \\ \sum F_y &= 0 \end{aligned} \right\} \tag{5-7}$$

由此可得平面汇交力系平衡的解析条件是:力系中所有各力在两个坐标轴中每一轴上投影的代数和都等于零。式(5-7)称为平面汇交力系的平衡方程。这是两个独立的方程,可以求解两个未知量。

例 5-5　压紧机构如图 5-22(a)所示。AB 与 BC 长度相等,自重略去不计;A、B、C 三处均为铰链连接;油压活塞产生的水平推力为 **F**。求滑块 C 加于工件上的压紧力。

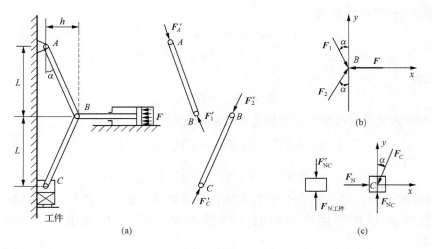

图 5-22

解　这是一个平面汇交力系的平衡问题。如果先取工件或滑块 C 作为研究对象，它们上面没有已知力，就不能算出需求之力，因此，必须先取销钉 B 为研究对象，求出连杆所受之力，然后再取滑块 C 为研究对象，求出滑块 C 给工件的压紧力。

（1）取销钉 B 为研究对象，画受力图（图 5-22(b)）。连杆 AB、BC 为二力杆，所以力 F_1 和 F_2 分别沿 AB、BC 轴线，方向假设如图 5-22 所示。

取坐标系 Bxy，列平衡方程

$$\sum F_x = 0, \quad F_1 \sin\alpha + F_2 \sin\alpha - F = 0 \tag{1}$$

$$\sum F_y = 0, \quad -F_1 \cos\alpha + F_2 \cos\alpha = 0 \tag{2}$$

由式（2）得

$$F_1 = F_2$$

代入式（1）得

$$F_1 = F_2 = \frac{F}{2\sin\alpha} \tag{3}$$

因为 $\alpha < 90°$，所以力 F_1、F_2 都为正值，表明与假设方向相同。

（2）取滑块 C 为研究对象，画受力图（图 5-22(c)）。工件给滑块 C 的力 F_{NC} 垂直向上。连杆 BC 给滑块 C 的力 F_C 是 F'_C 的反作用力，而 F'_C 与 F'_2 二力平衡，F'_2 与 F_2 也是互为作用力与反作用力，所以 $F_C = F_2$，滑道给滑块的反力 F_N 水平向右。

取坐标系 Cxy，列平衡方程

$$\sum F_y = 0, \quad -F_C \cos\alpha + F_{NC} = 0 \tag{4}$$

由式（4）得
$$F_{NC} = F_C \cos\alpha = F_2 \cos\alpha \tag{5}$$

将式（3）代入式（5），则

$$F_{NC} = \frac{F}{2\sin\alpha}\cos\alpha = \frac{F}{2}\cot\alpha = \frac{FL}{2h}$$

滑块给工件的力 F'_{NC} 与力 F_{NC} 等值、反向。

设 $F = 300\text{kN}$，$h = 20\text{mm}$，$L = 150\text{mm}$，代入上式，可得

$$F_{NC} = \frac{300}{2} \times \frac{0.15}{0.02} = 1125(\text{kN})$$

通过以上例题的分析和计算,可以将平面汇交力系平衡问题的方法和步骤归纳如下:

(1) 选取研究对象。

(2) 画受力图。这两个步骤与几何法相同,所不同的是需先假定未知约束反力的方向。

(3) 选取适当的坐标,列平衡方程。为了简化计算,坐标尽可能与未知力垂直。

(4) 求解方程。求得的力的绝对值表示力的大小,力的正、负号分别表示假设的力的方向与实际指向相同和相反。

5.3　力对点的矩、平面力偶系的合成与平衡

在解决比较复杂的力系合成和平衡问题时,经常用到力对点的矩和力偶的概念及计算,因此,掌握这些基本知识是十分必要的。

5.3.1　力对点的矩

如图 5-23 所示,螺母 1 的轴线固定不动,它在图面上的投影为点 O,若在扳手上作用一力 $\boldsymbol{F}$,该力在垂直于固定轴平面(即图面)内。

实践表明,力使扳手绕点 O 转动的效果,完全由下列两个因素决定:①力的大小与力臂的乘积 $F \cdot h$;②力使物体绕点 O 转动的方向。

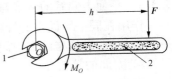

图 5-23

这两个因素用一个代数量表示,这个代数量称为力对点的矩,简称力矩。

综上所述,在平面问题中力对点的矩定义如下:力对点的矩是一个代数量,它的绝对值等于力的大小与力臂的乘积,它的正负可按下法确定:力使物体绕矩心逆时针转动时为正,反之为负。

力 $\boldsymbol{F}$ 对于点 O 的矩以 $M_O(F)$ 表示,其计算公式为

$$M_O(F) = \pm Fh \tag{5-8}$$

力矩在下述两种情况下等于零:①力等于零;②力的作用线通过矩心,即力臂等于零。

在国际单位制中,力矩的单位是 N·m(牛·米)。

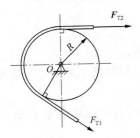

图 5-24

例 5-6　如图 5-24 所示,已知皮带紧边拉力 $F_{T1} = 2000N$,松边拉力 $F_{T2} = 1000N$,轮子半径 $R = 250mm$。试求皮带两边拉力分别对轮心 O 的矩。

解　由于皮带拉力沿着轮缘的切线,所以轮的半径就是拉力对轮心 O 的力臂,即

$$h = R = 250mm$$

拉力 $\boldsymbol{F}_{T1}$ 对轮心 O 的矩为

$$M_O(F_{T1}) = F_{T1}R = 500N \cdot m$$

因为拉力 $\boldsymbol{F}_{T1}$ 使轮逆时针转动,故其力矩为正值。拉力 $\boldsymbol{F}_{T2}$ 使轮顺时针转动,它对轮心 O 的矩为

$$M_O(F_{T2}) = -F_{T2}R = -250N \cdot m$$

5.3.2　力偶和力偶矩

在生产实践中,常会遇到物体上同时受到两个大小相等、方向相反、作用线不重合的平行力的作用。例如,汽车司机旋转方向盘时,两手作用在方向盘上的两个力 $\boldsymbol{F}$ 和 $\boldsymbol{F}'$(图 5-25),

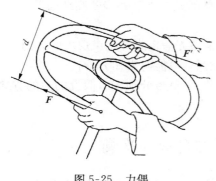

图 5-25　力偶

在这两个力的作用下,物体产生转动。我们将大小相等、方向相反、作用线不重合的两个力称为力偶,以 (F, F') 表示。力偶中二力所在平面称为力偶作用面。二力之间的垂直距离 d 称为力偶臂。

物体在力偶作用下的转动效应用力偶矩来度量。实践表明,力偶中力 F 越大,力偶臂 d 越长,物体转动效果就越显著。为区别力偶在作用面内的两种不同转向,与力矩类似,平面力偶矩也用代数量来表示,常用符号 M 表示,则

$$M = \pm F \cdot d \qquad (5-9)$$

即力偶的力偶矩等于力偶中一个力与力臂的乘积,式中正负号的规定与前相同。力偶矩的单位与力矩的单位相同。

由力偶的定义可知,力偶没有合力,因为它在其作用面内任一坐标轴上投影的代数和等于零。因此,力偶不能用一个力来代替,也不能用一个力来平衡。力偶只能用力偶来平衡。

5.3.3　平面力偶系的合成与平衡条件

作用在同一平面内的许多力偶,称为平面力偶系。前面讲过,力偶无合力,即力偶不能与一个力等效,只能与一个力偶等效。下面首先讨论力偶的等效性。

1) 力偶的等效性

设有一力偶 (F, F'),其力偶矩为 $M = F \cdot d$,在力偶的作用面内任取一点 O 为矩心(图 5-26)。显然,力偶使物体绕 O 点转动的效应可用力偶中两个力 F, F' 对 O 点之矩的代数和来度量。设 O 点到力 F' 的垂直距离为 x,则力偶中两个力 F 和 F' 对 O 点之矩的代数和为

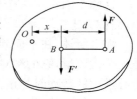

图 5-26

$$M_O(F) + M_O(F') = F(x+d) - F'x = Fd = M$$

上式说明,力偶中的二力对其作用面内任一点的力矩的代数和为一常数,并等于力偶矩。可见,力偶对物体的转动效应与矩心的位置无关。因此,如果两个力偶的力偶矩大小相等且转向相同,那么,这两个力偶对物体就有相同的转动效应,我们称它们为等效力偶。

根据力偶等效的条件,可以得到下列两个重要推论:

(1) 力偶可以在其作用面内任意转移,而不会改变它对刚体的作用;

(2) 在保持力偶矩大小和转向不变的条件下,可以任意改变力和力偶臂的大小,而不影响它对刚体的作用。

由于力偶对物体的作用完全取决于力偶矩的大小和转向,因此力偶也可以用一带有箭头的弧线表示。如图 5-27 所示为同一个力偶的三种不同的表示法。

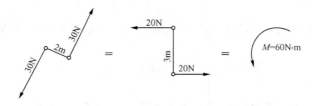

图 5-27

2) 平面力偶系的合成

设有一平面力偶系($\boldsymbol{F}_1,\boldsymbol{F}'_1$)和($\boldsymbol{F}_2,\boldsymbol{F}'_2$),它们的力偶臂各为 d_1 和 d_2,如图5-28(a)所示,则它们的力偶矩分别为 $M_1=F_1d_1,M_2=F_2d_2$。

首先,在力偶的作用面内任取一线段 $AB=d$,然后在保持力偶矩不变的条件下,转移这两个力偶,并将两力偶的力偶臂都化为 d,而与 AB 重合(图 5-28(b)),得到两个等效力偶($\boldsymbol{F}_3,\boldsymbol{F}'_3$)和($\boldsymbol{F}_4,\boldsymbol{F}'_4$)。其中 $\boldsymbol{F}_3$、$\boldsymbol{F}_4$ 的大小分别为(设 $F_3>F_4$)

$$F_3=\frac{M_1}{d},\quad F_4=\frac{M_2}{d}$$

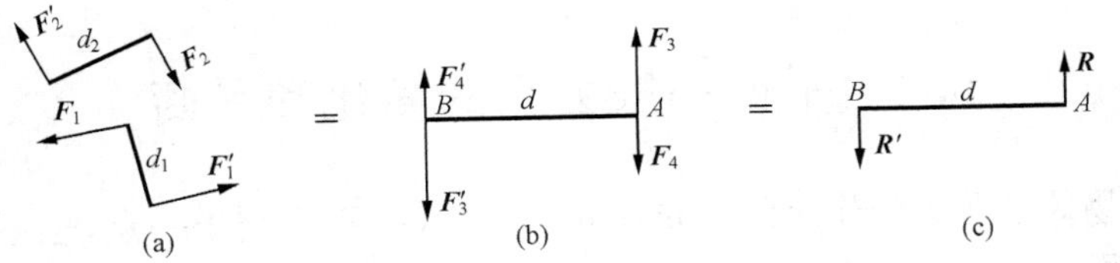

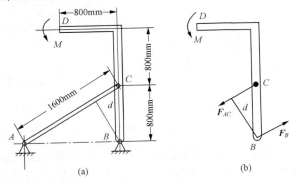

图 5-28

将作用在 A 点的 $\boldsymbol{F}_3$、$\boldsymbol{F}_4$ 及 B 点的 $\boldsymbol{F}'_3$、$\boldsymbol{F}'_4$ 分别合成为 $\boldsymbol{R}$ 和 $\boldsymbol{R}'$,其大小分别为

$$R=F_3-F_4,\quad R'=F'_3-F'_4$$

因 $\boldsymbol{R}$ 与 $\boldsymbol{R}'$ 大小相等,方向相反,且不共线,故组成了一个新的力偶($\boldsymbol{R},\boldsymbol{R}'$),这就是原力偶($\boldsymbol{F}_1,\boldsymbol{F}'_1$)及($\boldsymbol{F}_2,\boldsymbol{F}'_2$)的合力偶,其力偶矩为

$$M=Rd=(F_3-F_4)d=\left(\frac{M_1}{d}-\frac{M_2}{d}\right)d=M_1-M_2$$

对于由更多个力偶组成的平面力偶系,仍可用同样的方法进行合成。因此可得如下结论:平面力偶系合成的结果为一合力偶,其力偶矩等于各分力偶矩的代数和。用数学式表示

$$M=M_1+M_2+\cdots+M_n=\sum M \tag{5-10}$$

式中,M 是有方向的,一般规定逆时针为正,顺时针为负。

3) 平面力偶系的平衡条件

平面力偶系合成的结果为一合力偶,显然,力偶系平衡的条件是合力偶矩必须等于零,即 $M=0$。所以平面力偶系平衡的充要条件是:力偶系中所有力偶的力偶矩的代数和等于零,即

$$\sum M=0 \tag{5-11}$$

例 5-7　已知支架的构造如图 5-29(a)所示,在支架上作用有一力偶,其力偶矩 $M=200\text{N}\cdot\text{m}$,支架杆重不计,试求铰链 B 处的约束反力。

图 5-29

解　取构件 BCD 为研究对象。构件在力偶矩为 M 的力偶及 B、C 两点的约束反力作用下处于平衡,因力偶必须用力偶来平衡,故 B、C 两点的反力应组成一力偶。由于 AC 是二力杆,故 C 点反力 $\boldsymbol{F}_{AC}$ 沿 AC 连线,所以 B 点反力 $F_B=-\boldsymbol{F}_{AC}$,$\boldsymbol{F}_B$ 与 $\boldsymbol{F}_{AC}$ 的假设指向如图 5-29(b)所示。根据平面力偶系的平衡条件

$$\sum M=0,\quad M+F_Bd=0$$

故

$$F_B=-\frac{M}{d}=-\frac{200}{0.8\times\sin60°}=-\frac{200}{0.8\times0.866}=-289(\text{N})$$

计算结果为负值,表示它们假设的指向与实际的指向相反。

5.4　平面一般力系的简化和平衡

如果作用在物体上各力的作用线分布在同一平面内,不汇交于一点,也不互相平行,那么这种力系称为平面一般力系。下面讨论平面一般力系的简化和平衡问题。

5.4.1　力线平移定理

平面一般力系向一点简化的方法是以力线平移定理为基础的,因此,首先介绍力线平移定理。

定理3　可以把作用在刚体上点 A 的力 $\boldsymbol{F}$ 平行移到任一点 B,但必须同时附加一个力偶,这个附加力偶的矩等于原来的力 $\boldsymbol{F}$ 对新作用点 B 的矩。

证明　如图 5-30(a)所示力 $\boldsymbol{F}$ 作用于刚体上的 A 点。在此刚体上任取一点 B,并在点 B 加上两个等值反向的力 $\boldsymbol{F}'$ 和 $\boldsymbol{F}''$,使它们与力 $\boldsymbol{F}$ 平行,且 $F'=F''=F$,如图 5-30(b)所示。显然,三个力 $\boldsymbol{F}$、$\boldsymbol{F}'$、$\boldsymbol{F}''$ 组成的新力系与原来的一个力 $\boldsymbol{F}$ 等效。但是这三个力可看做是一个作用在点 B 的力 $\boldsymbol{F}'$ 和一个力偶$(\boldsymbol{F},\boldsymbol{F}'')$,这样,原来作用在点 A 的力 $\boldsymbol{F}$,现在被一个作用在点 B 的力 $\boldsymbol{F}'$ 和一个力偶$(\boldsymbol{F},\boldsymbol{F}'')$ 等效替换。亦即,可以把作用于点 A 的力 $\boldsymbol{F}$ 平移到另一点 B,但必须同时附加上一个相应的力偶,这个力偶称为附加力偶(图 5-30(c))。显然,附加力偶的矩为

$$M=Fd$$

式中,d 为附加力偶的臂。由图 5-30(b)可见,d 就是点 B 到力 $\boldsymbol{F}$ 的作用线垂距,因此,Fd 也等于力 $\boldsymbol{F}$ 对点 B 的矩,即

$$M_B(F)=Fd$$

亦即证得

$$M=M_B(F)$$

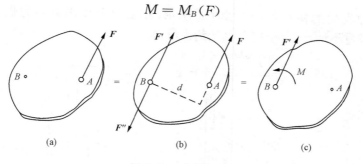

图 5-30　力的平移

力线平移定理不仅是力系向一点简化的理论根据,而且可以用来解释一些力学现象。例如,用丝锥攻丝时,要求两手用力均匀,尽可能使扳手只受力偶作用(图 5-31(a))。如果仅用

一只手加力,虽然扳手也能转动,但却容易使丝锥折断(图 5-31(b))。这可由力线平移定理解释,如将作用于扳手 A 点的力 F 平行移动到丝锥中心 O 点(这时 $F'=F$),需附加一个力偶矩为 $M=F \cdot d$ 的力偶(图 5-31(c))。就是说,扳手 A 处作用一力 F 的效应与在 O 处作用一个力 F' 和一个力偶矩为 $M=F \cdot d$ 的力偶的效应是完全等效的。这个力偶使丝锥转动,而这个力是使丝锥折断的主要原因。用双手均匀加力时,丝锥上就不存在这个力。

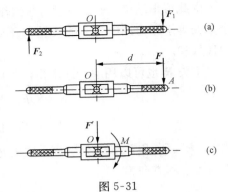

图 5-31

5.4.2　平面一般力系向一点简化

为了解平面一般力系对刚体作用的性质和效应,需要将力系进行简化。下面介绍力系向一点简化的方法。

设刚体上作用有平面一般力系 $F_1, F_2, \cdots, F_n$(图 5-32(a)),力系中各分力分别作用在刚体上的点 $A_1, A_2, \cdots, A_n$,在力系所在平面内任取一点 O,点 O 称为简化中心。应用力线平移定理,把各力平移到点 O 并加上相应的附加力偶,于是得到作用于点 O 的平面汇交力系 $F'_1, F'_2, \cdots, F'_n$ 和作用于力系所在平面内的力偶矩为 $M_1, M_2, \cdots, M_n$ 的附加力偶系(图 5-32(b))。平面汇交力系中各力的大小和方向分别与原力系中对应的各力相同,即

$$F_1 = F'_1, \ F_2 = F'_2, \ \cdots, \ F_n = F'_n$$

而各附加力偶的力偶矩分别等于原力系中各力对简化中心 O 点的矩,即

$$M_1 = M_O(F_1), \ M_2 = M_O(F_2), \ \cdots, \ M_n = M_O(F_n)$$

于是,平面一般力系的简化问题便成为平面汇交力系与平面力偶系的合成问题。

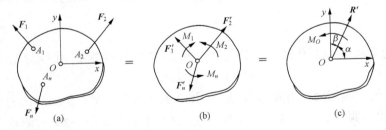

图 5-32

将平面汇交力系合成,得到作用在点 O 的一个力,这个力的大小和方向等于作用在 O 点的各力的矢量和,也就是等于原力系中各力的矢量和,用 R' 表示,则有

$$R' = F'_1 + F'_2 + \cdots + F'_n = F_1 + F_2 + \cdots + F_n = \sum F \tag{5-12}$$

我们把原力系中各力的矢量和 R' 称为该力系的主矢量,简称主矢(图 5-32(c))。

再将附加力偶系合成,可得到一个力偶,这力偶的力偶矩等于各附加力偶矩的代数和,也就是等于原力系中各力对简化中心 O 点的矩的代数和,用 M_O 表示,则

$$M_O = M_1 + M_2 + \cdots + M_n = M_O(F_1) + M_O(F_2) + \cdots + M_O(F_n)$$
$$= \sum M_O(F) \tag{5-13}$$

我们把原力系中各力对简化中心 O 点的矩的代数和 M_O 称为该力系对简化中心 O 点的主矩(图 5-32(c))。

由此可得结论：平面一般力系向作用面内任一点简化可以得到一个主矢和一个主矩。这个主矢等于原力系中各力的矢量和,作用在简化中心;主矩等于原力系中各力对简化中心之矩的代数和。

主矢 $\boldsymbol{R}'$ 也可以用解析法求得。为此通过 O 点作直角坐标 Oxy,由合力投影定理可得

$$
\left.\begin{array}{l}
R'_x = F_{1x} + F_{2x} + \cdots + F_{nx} = \sum F_x \\
R'_y = F_{1y} + F_{2y} + \cdots + F_{ny} = \sum F_y
\end{array}\right\} \tag{5-14}
$$

式中, R'_x、R'_y 和 F_x、F_y 分别表示主矢 $\boldsymbol{R}'$ 和力系中各力 $\boldsymbol{F}_i$ 在 x、y 轴上的投影。由此可得主矢 $\boldsymbol{R}'$ 的大小和方向为

$$
\left.\begin{array}{l}
R' = \sqrt{R'^2_x + R'^2_y} = \sqrt{(\sum F_x)^2 + (\sum F_y)^2} \\
\tan\alpha = \left| \dfrac{R'_y}{R'_x} \right| = \left| \dfrac{\sum F_y}{\sum F_x} \right|
\end{array}\right\} \tag{5-15}
$$

式中, α 为 $\boldsymbol{R}'$ 与 x 轴所夹的锐角。$\boldsymbol{R}'$ 的指向由 R'_x、R'_y 的正负号判定。

5.4.3 合力矩定理

图 5-33 所示为平面一般力系合成为一个合力的具体过程。

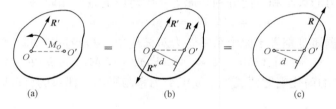

图 5-33

如果平面力系向点 O 简化的结果是主矢和主矩,且都不等于零(图 5-33(a)),即

$$R' \neq 0, \quad M_O \neq 0$$

首先将矩为 M_O 的力偶用两个力 $\boldsymbol{R}$ 和 $\boldsymbol{R}''$ 表示,并令 $R'=R=-R''$(图 5-33(b))。然后将作用于点 O 的力 $\boldsymbol{R}'$ 和力偶($\boldsymbol{R}$,$\boldsymbol{R}''$)合成为一个作用在点 O' 的力 $\boldsymbol{R}$,如图5-33(c)所示。这个力 $\boldsymbol{R}$ 就是原力系的合力。

由图 5-33(b)可知,合力 $\boldsymbol{R}$ 对点 O 的矩为

$$M_O(R) = Rd = M_O$$

又由前述力系向一点简化可知,原力系的各力对点 O 的矩的代数和等于主矩,即

$$\sum M_O(F) = M_O$$

于是得
$$M_O(R) = \sum M_O(F) \tag{5-16}$$

由于简化中心 O 是任意选取的,故上式具有普遍意义,可表述如下:平面一般力系的合力对作用面内任一点的矩等于力系中各力对同一点的矩的代数和。这就是合力矩定理。

例 5-8 在梁 AB 上有三个力组成的平面一般力系(图 5-34),其大小分别为 20kN、50kN、60kN,求将此力系分别向 C 点和 D 点简化的结果。

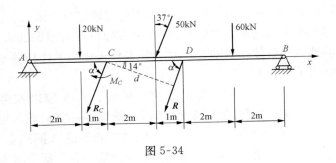

图 5-34

解　(1) 先将此力系向 C 点简化。取坐标如图 5-34 所示,则主矢在 x、y 轴上投影为

$$R_{Cx} = \sum F_x = -50\sin37° = -30(\text{kN})$$

$$R_{Cy} = \sum F_y = -20 - 50\cos37° - 60 = -120(\text{kN})$$

故得

$$R_C = \sqrt{(\sum F_x)^2 + (\sum F_y)^2} = \sqrt{(-30)^2 + (-120)^2} = 123.7(\text{kN})$$

$$\tan\alpha = \left|\frac{-120}{-30}\right| = 4, \quad \alpha = 76°$$

因为 R_{Cx}、R_{Cy} 均为负值,故 R_C 在第Ⅲ象限,其指向如图 5-34 所示。

再计算力系向 C 点简化的主矩 M_C,由式(5-16)得

$$M_C = \sum M_C(F) = 20 \times 1 - 50\cos37° \times 2 - 60 \times 5 = -360(\text{kN} \cdot \text{m})$$

(2) 将力系向 D 点简化。利用前面简化的结果,并利用力线平移定理将力 R_C 平移到 D 点,令其为 R,R 的大小和方向与 R_C 相同,则其附加力偶的力偶矩为

$$M = R_c d = 123.7 \times 2.91 = 360(\text{kN} \cdot \text{m})$$

则力系向 D 点简化的主矩为

$$M_D = \sum M_D(F) = M + M_C = 360 + (-360) = 0(\text{kN} \cdot \text{m})$$

因为力系向 D 点简化的主矩等于零,故向 D 点简化的主矢即为力系的合力。

5.4.4　平面一般力系的平衡方程

平面一般力系向任一点简化后,得到一个主矢 R' 和一个主矩 M_O。显然,如果力系平衡,则其主矢 R' 和主矩 M_O 必须等于零;反之,若力系的主矢 R' 和主矩 M_O 等于零,则力系必定平衡。因此,平面一般力系平衡的必要和充分条件是:力系的主矢和力系对于任一点的主矩均等于零,即

$$R' = 0, \quad M_O = 0$$

这个条件可以用解析式表示。由式(5-13)和式(5-15)可知,要使 $R'=0$,$M_O=0$,就应该使

$$\left. \begin{aligned} \sum F_x &= 0 \\ \sum F_y &= 0 \\ \sum M_O(F) &= 0 \end{aligned} \right\} \tag{5-17}$$

式(5-17)称为平面一般力系的平衡方程,即力系中所有各力在两个坐标轴上投影的代数和分别等于零,所有各力对其作用面内任一点力矩的代数和为零。式(5-17)中的前两个方程称为

投影方程,后一个称为力矩方程。由这三个独立方程可以确定三个未知量。

在应用平衡方程解平衡问题时,式(5-17)中三个方程可根据解题的方便而首先选用其中的任一个。坐标系的选取一般使坐标轴与该力系中多数未知力的作用线平行或垂直,而矩心则通常选在两个未知力的交点上。

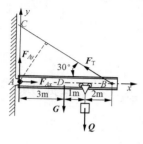

图 5-35

例 5-9 起重机的水平梁 AB,A 端以铰链固定,B 端用拉杆 BC 拉住,如图 5-35 所示。梁重 $G=4$kN,载荷重 $Q=10$kN,梁的尺寸如图所示。试求拉杆的拉力和铰链 A 的约束反力。

解 (1)选取梁 AB 与重物一起为研究对象。

(2)画受力图。在梁上除了受已知力 G 和 Q 作用外,还受未知力,拉杆的拉力 F_T 和铰链 A 的约束反力 F_A 作用。因杆 BC 为二力杆,故拉力 F_T 沿连线 BC;力 F_A 的方向未知,故分解为两个分力 F_{Ax} 和 F_{Ay}。这些力的作用线可近似地认为分布在同一平面内。

(3)列平衡方程。由于梁 AB 处于平衡,因此这些力必然满足平面任意力系的平衡方程。取坐标轴如图 5-35 所示,应用平面任意力系的平衡方程,得

$$\sum F_x = 0, \quad F_{Ax} - F_T\cos30° = 0 \tag{1}$$

$$\sum F_y = 0, \quad F_{Ay} + F_T\sin30° - G - Q = 0 \tag{2}$$

$$\sum M_A(F) = 0, \quad F_T \cdot AB \cdot \sin30° - G \cdot AD - Q \cdot AE = 0 \tag{3}$$

解联立方程。从式(3)可解得

$$F_T = 17.33\text{kN}$$

把 F_T 值代入式(1)、(2),可得

$$F_{Ax} = 15.01\text{kN}, \quad F_{Ay} = 5.33\text{kN}$$

例 5-10 起重机重 $G=10$kN,可绕垂直轴 AB 转动;起重机的挂钩上挂一重 $Q=40$kN 的重物,如图 5-36 所示。起重机的重心 C 到转动轴的距离为 1.5m,其他尺寸如图所示。求在止推轴承 A 和轴承 B 处的反作用力。

解 (1)以起重机为研究对象。

(2)在止推轴承 A 中只有两个反力,垂直反力 F_{Ax} 和水平反力 F_{Ay};在轴承 B 中只有一个与转动轴垂直的反力 F_{NB},其方向设为向右。

(3)取坐标系如图 5-36 所示,应用平面任意力系的平衡方程,得

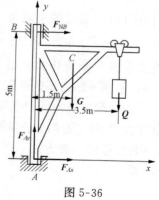

图 5-36

$$\sum F_x = 0, \quad F_{Ax} + F_{NB} = 0 \tag{1}$$

$$\sum F_y = 0, \quad F_{Ay} - G - Q = 0 \tag{2}$$

$$\sum M_A(F) = 0, \quad -F_{NB} \cdot 5 - G \cdot 1.5 - Q \cdot 3.5 = 0 \tag{3}$$

由此求得

$$F_{Ay} = G + Q = 50\text{kN}$$

$$F_{NB} = -0.3G - 0.7Q = -31\text{kN}$$

$$F_{Ax} = -F_{NB} = 31\text{kN}$$

F_{NB}为负值,说明它的方向与假设的方向相反,即应指向左。

例 5-11　图 5-37 所示的水平横梁 AB,在 A 端用铰链固定,在 B 端为一滚动支座。梁的长为 $4a$,梁重 G,重心在梁的中点 C,在梁的 AC 段上受均布载荷 q 作用,在梁的 BC 段上受力偶作用,力偶矩 $M=Ga$。试求 A 和 B 处的支座反力。

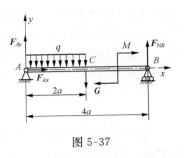

图 5-37

解　选梁 AB 为研究对象。它所受的主动力有:均布载荷 q,重力 G 和矩为 M 的力偶。它所受的约束反力有:铰链 A 的约束反力,通过点 A,但方向不定,故用两个分力 F_{Ax} 和 F_{Ay} 代替;滚动支座 B 处的约束反力 F_{NB} 垂直向上。

取坐标系如图 5-37 所示,列出平衡方程,得

$$\sum M_A(F) = 0, \qquad F_{NB} \cdot 4a - M - G \cdot 2a - q \cdot 2a \cdot a = 0 \tag{1}$$

$$\sum F_x = 0, \qquad F_{Ax} = 0 \tag{2}$$

$$\sum F_y = 0, \qquad F_{Ay} - q \cdot 2a - G + F_{NB} = 0 \tag{3}$$

解上列方程,得

$$F_{NB} = \frac{3}{4}G + \frac{1}{2}qa$$

$$F_{Ax} = 0$$

$$F_{Ay} = \frac{G}{4} + \frac{3}{2}qa$$

从上述例题可见,选取适当的坐标轴和力矩中心,可以减少每个平衡方程中的未知量的数目。在平面任意力系情形下,力矩应取在两未知力的交点上,而坐标轴应当与尽可能多的未知力相垂直。

在例 5-11 中,若以方程 $\sum M_B(F) = 0$ 来取代方程 $\sum F_y = 0$,可以不解联立方程直接求得 F_{Ay}。

由上述例题中可以看出,由于矩心是可以任意选择的,有时可以根据题目的要求,选取不同的矩心,只用力矩方程求解。因此,平面一般力系的平衡方程,除式(5-17)这种基本形式(或称一矩式)以外,还有如下两种形式:

(1) 二矩式。由一个投影方程和两个力矩方程组成的三个独立方程

$$\left.\begin{array}{l} \sum F_x = 0 \\ \sum M_A = 0 \\ \sum M_B = 0 \end{array}\right\} \tag{5-18}$$

其中,矩心 A、B 两点的连线不能与 x 轴垂直,否则这三个方程不彼此独立。

(2) 三矩式。由三个力矩方程组成的三个独立方程

$$\left.\begin{array}{l} \sum M_A = 0 \\ \sum M_B = 0 \\ \sum M_C = 0 \end{array}\right\} \tag{5-19}$$

其中,三个矩心 A、B、C 不能在同一直线上,否则这三个方程不彼此独立。

　　必须指出,平面一般力系的平衡方程虽然有三种形式,但每种形式都只有三个独立的平衡方程,任何第四个方程都不是新的独立方程,而是力系平衡的必然结果。因此,当研究物体在平面一般力系作用下的平衡问题时,不论采用哪一种形式的平衡方程,都只能求解三个未知量。具体采用哪一种形式较为简便,要根据问题的要求来决定。

5.5　摩　　擦

　　在前几节讨论物体平衡时,我们把物体的接触表面都看做是绝对光滑的,忽略了物体之间的摩擦。但是,完全光滑的表面事实上并不存在,两物体的接触面之间一般都有摩擦,有时摩擦还起决定作用。例如,精密机械中常见的摩擦轮和带传动、摩擦制动、斜楔夹紧装置等,都是依靠摩擦来工作的。在精密测量仪器(如微力矩测试仪)中,其支承的摩擦力矩往往直接影响仪器达到测量精度。此时,不能再将摩擦忽略不计,必须考虑摩擦的影响。

　　按照接触物体之间的运动性质,摩擦可分为滑动摩擦和滚动摩擦。当两物体接触处有相对滑动或相对滑动趋势时,在接触处的公切面内将受到一定的阻力阻碍其滑动,称为滑动摩擦。例如,活塞在气缸内滑动,就产生滑动摩擦。当两物体有相对滚动或相对滚动趋势时,物体间产生相对滚动的阻碍称为滚动摩擦。如车轮在地面上滚动,就产生滚动摩擦。

5.5.1　滑动摩擦

1. 静滑动摩擦力和静滑动摩擦定律

　　两个相互接触的物体,当其接触表面之间有相对滑动的趋势,但尚保持相对静止时,彼此作用着阻碍相对滑动的力,该阻力称为静滑动摩擦力,简称静摩擦力。

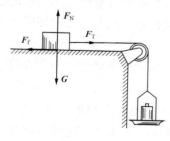

图 5-38

　　为了说明静摩擦力的特性,可做一简单实验。在水平平面上放一重量为 G 的物块,然后用一根重量可以不计的细绳跨过滑轮,绳的一端系在物块上,另一端悬挂一个可放砝码的平盘,如图 5-38 所示。显然,当物块平衡时,平盘与砝码的重量等于绳对物块的拉力 $\boldsymbol{F}_T$ 的大小。当盘中无砝码时,即 $F_T \approx 0$,物块处于平衡状态。当 F_T 逐渐增大,只要不超过一定限度,物块仍然保持平衡。因为这时平面对物块除了作用有法向反力 $\boldsymbol{F}_N$ 外,尚有一个与 $\boldsymbol{F}_T$ 相反的水平力 $\boldsymbol{F}_f$ 阻止物块滑动,这个力就是静摩擦力,其方向与物体相对滑动趋势的方向相反。可见,静摩擦力就是平面对物块作用的约束反力,它与一般的约束反力一样,需用平衡方程确定它的大小,即

$$\sum F_x = 0, \quad F_f = F_T$$

由上式可知,静摩擦力的大小随水平力 $\boldsymbol{F}_T$ 的增大而增大,这是静摩擦力和一般约束反力共同的性质。

　　但是,静摩擦力又与一般约束反力不同,它并不随力 $\boldsymbol{F}_T$ 的增大而无限度地增大。当力 $\boldsymbol{F}_T$ 的大小达到一定数值时,物块处于将要滑动、但尚未开始滑动的临界状态,这时,只要力 $\boldsymbol{F}_T$ 再增大一点,物块即开始滑动。这说明,当物块处于平衡的临界状态时,静摩擦力达到最大值,称为最大静摩擦力,以 $\boldsymbol{F}_{fmax}$ 表示。此后,即使力 $\boldsymbol{F}_T$ 继续增大,但静摩擦力不再随之增大,这就是静摩擦力的特点。

综上所述,静摩擦力的大小随主动力而改变,但介于零与最大值之间,即

$$0 \leqslant F_f \leqslant F_{fmax} \tag{5-20}$$

实验证明:最大静摩擦力的方向与相对滑动趋势的方向相反,其大小与两物体间的正压力(即法向反力)成正比,即

$$F_{fmax} = fF_N \tag{5-21}$$

式中,f 是比例系数,称为静滑动摩擦系数。

上述最大静摩擦力的规律称为静滑动摩擦定律,简称静摩擦定律。

静摩擦系数的大小需由实验测定。它与接触物体的材料和表面情况(如粗糙度、温度和湿度等)有关,而与接触面积的大小无关。

静摩擦系数的数值可在工程手册中查得。第 10 章中表 10-1 列出了部分常用材料的摩擦系数。但由于影响摩擦系数的因素很复杂,因此,如果需要比较准确的数值时,必须在具体条件下进行实验测定。

应该指出,式(5-21)仅是近似的,它远不能完全反映出静滑动摩擦的复杂现象。但是,由于公式简单、计算方便,并且又有足够的准确性,所以在工程实际中被广泛地应用。

2. 动滑动摩擦定律

当两个相互接触的物体,其接触表面之间有相对滑动时,彼此间作用着阻碍相对滑动的阻力,这种阻力称为动滑动摩擦力,简称动摩擦力,以 F_f' 表示。

由实践和实验结果,得出以下动滑动摩擦基本定律:

(1) 动摩擦力的方向与接触物体间相对速度的方向相反。

(2) 动摩擦力与接触物体间的正压力成正比,即

$$F_f' = f'F_N \tag{5-22}$$

式中,f' 为动滑动摩擦系数,它与接触物体的材料和表面情况有关。

(3) 动摩擦系数小于静摩擦系数,即

$$f' < f$$

(4) 动摩擦系数与接触物体间相对滑动的速度大小有关。在多数情况下,动摩擦系数随相对滑动速度的增大而稍减小。当相对滑动速度不大时,动摩擦系数可近似地认为是个常数。参阅第 10 章中表 10-1。

在机械制造中,往往用降低接触表面的粗糙度或加入润滑剂等方法,使动摩擦系数 f' 降低,以减少摩擦和磨损。

3. 摩擦角和自锁现象

首先介绍摩擦角的概念。当考虑摩擦时,支承面对物体的约束反力除法向反力 F_N 外,尚有静摩擦力 F_f,力 F_N 与 F_f 的合力 R 称为全约束反力(简称全反力)。全反力 R 与接触面公法线的夹角为 α(图 5-39(a))。显然,夹角 α 随静摩擦力 F_f 的变化而变化;当静摩擦力 F_f 达到最大值 F_{fmax} 时,夹角 α 也达到最大值 φ(图 5-39(b))。全约束反力与法向间的夹角的最大值 φ 称为摩擦角。由图 5-39(b)可知

$$\tan\varphi = \frac{F_{fmax}}{F_N} = \frac{fF_N}{F_N} = f \tag{5-23}$$

即摩擦角的正切函数等于静摩擦系数。这说明,摩擦角与摩擦系数一样,都是表示材料摩擦性质的物理量。

当作用在物体上的推动力 F 方向改变时,物体滑动趋势的方向改变,全约束反力 R 的方

位也随之改变。如图 5-39(c)所示,如果力 **F** 的方向改为指向左,则全反力 **R** 的作用线就从法向反力 **F_N** 的右侧改变到法向反力 **F_N** 的左侧,因此,在法线的各侧都可作摩擦角,全反力 **R** 的作用线将画出一个以接触点 A 为顶点的锥面,称为摩擦锥(图 5-39(d))。设物体与支承面间沿任何方向的摩擦系数都相同,即摩擦角都相等,则摩擦锥将是一个顶角为 2φ 的圆锥。

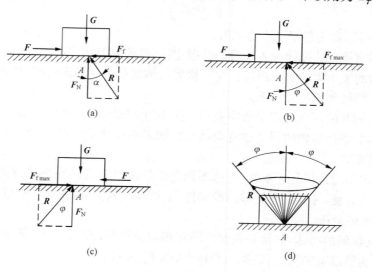

图 5-39

下面介绍自锁现象。

前面已经指出,物体平衡时,摩擦力 **F_f** 的大小不超过最大静摩擦力 **F_{fmax}**。因而全反力 **R** 的作用线与接触面法线的夹角 α 也不能大于摩擦角 φ,即支承面全反力的作用线必定在摩擦角(锥)内。当物体处于将动未动的临界平衡状态时,全反力 **R** 的作用线在摩擦角(锥)的边缘。由摩擦角的性质可知,如果推动力 **F** 的作用线位于摩擦角(锥)之内(图 5-40(a)),那么无论推力 **F** 的数值多大,其在接触面公切线方向的分力都不会大于 **F_{fmax}**,则物体依靠摩擦总是保持相对静止,这种现象称为自锁;反之,如果推动合力 **F** 的作用线位于摩擦角(锥)之外(图 5-40(b)),则无论力 **F** 的数值多小,其在接触面公切线方向的分力一定大于 **F_{fmax}**,物体必然产生运动。

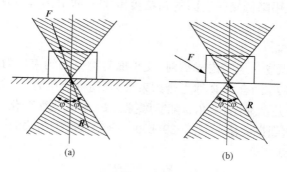

图 5-40

下面分析图 5-41 所示物体在斜面上自锁的条件。设一重块受垂直方向主动力 **F** 的作用(包括重块本身重量),要使物块能静止在斜面上,则必须满足如下条件:

$$F_x \leqslant F_{fmax}$$

由于
$$F_x = F\sin\alpha, \quad F_{\text{fmax}} = fF_{\text{N}} = fF\cos\alpha$$

因而
$$\alpha \leqslant \varphi \tag{5-24}$$

即斜面上的物块在垂直主动力作用下的自锁条件是斜面倾角 $\alpha \leqslant \varphi$。

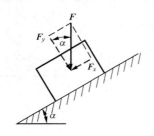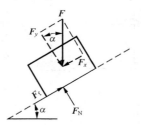

图 5-41

在工程中，有些机械常利用自锁现象进行工作。例如，螺旋千斤顶在顶起重物后自锁使螺旋不能自动反向滑动，保证重物稳定地停留在预定升起的位置；又如皮带运输机、轴上的斜键以及机床上各种夹具的自锁等都是应用自锁的实例。

5.5.2　考虑摩擦时的平衡问题

考虑摩擦时的平衡问题，仍然可以用平衡方程式求解，但在画受力图时，要加上摩擦力。摩擦力的方向永远与相对滑动趋势相反。由于在静滑动摩擦中，摩擦力的大小有一定的变化范围，即 $0 \leqslant F_{\text{f}} \leqslant F_{\text{fmax}}$，因此物体的平衡同样具有一定的范围。为了避免解不等式，在解题过程中，通常可以假设物体处于临界平衡状态来进行分析，即除了列出平衡方程外，还需列出 $F_{\text{fmax}} = fF_{\text{N}}$ 的摩擦关系式，求得结果后再分析讨论。下面举例说明。

例 5-12　有一绞车的制动装置(图 5-42(a))，制动轮半径 $R = 25\text{cm}$，鼓轮半径 $r = 15\text{cm}$，鼓轮上悬吊重 $G = 1\text{kN}$ 的重物，尺寸 $a = 100\text{cm}$，$b = 40\text{cm}$，$c = 50\text{cm}$，制动轮与制动块间的摩擦系数 $f = 0.6$。试计算要使重物不致落下，加在制动杆上的力 $\boldsymbol{F}$ 至少应为多大？

解　按临界平衡状态考虑，此时所需的力 $\boldsymbol{F}$ 为至少所需的力。

(1) 先取鼓轮为研究对象，其受力图如图 5-42(b)所示，列平衡方程
$$\sum M_{O_1} = 0, \quad Gr - F_{\text{fmax}}R = 0$$

可得
$$F_{\text{fmax}} = \frac{Gr}{R}$$

由于 $F_{\text{fmax}} = fF_{\text{N}}$，因而
$$F_{\text{N}} = \frac{F_{\text{fmax}}}{f} = \frac{Gr}{fR}$$

(2) 再取制动杆为研究对象，画受力图如图 5-42(c)所示，列平衡方程
$$\sum M_O = 0$$
$$F'_{\text{fmax}}c + F_{\text{min}}a - F'_{\text{N}}b = 0$$

将 $F'_{\text{fmax}} = F_{\text{fmax}} = \dfrac{Gr}{R}$ 及 $F'_{\text{N}} = F_{\text{N}} = \dfrac{Gr}{fR}$ 代入上式，得
$$\frac{Gr}{R}c + F_{\text{min}}a - \frac{Gr}{fR}b = 0$$

由此可解得
$$F_{\text{min}} = \frac{Gr}{aR}\left(\frac{b}{f} - c\right) = \frac{1000 \times 15}{100 \times 25} \times \left(\frac{40}{0.6} - 50\right) = 100(\text{N})$$

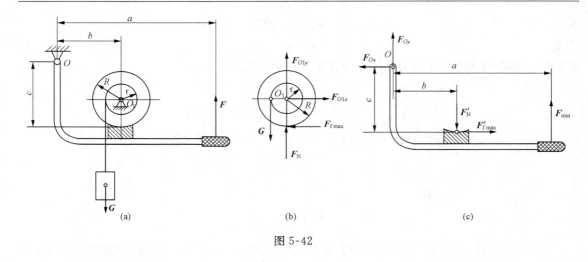

图 5-42

5.6　空间力系

在机械工程实践中,经常遇到构件所受力的作用线不在同一平面内,而是空间分布的。例如,车床主轴(图 5-43),除受到切削力 F_x、F_y、F_z 和在齿轮上的圆周力 F_t 和径向力 F_r 的作用外,在径向轴承 A 和止推轴承 B 处还受约束反力作用,这些力构成一空间力系。

在求解空间力系的平衡问题时,由于作图困难,一般不采用几何法,而用解析法。因此,必须掌握力在空间直角坐标轴上的投影的计算和力对轴的矩的计算。

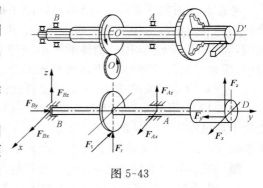

图 5-43

5.6.1　力在空间坐标轴上的投影

设有一力 F,以力的始点为坐标原点 O 取空间直角坐标系 $Oxyz$,如图 5-44(a)所示。若已知力 F 与三个坐标轴 x、y、z 的正向夹角分别为 α、β、γ,则以力 F 为对角线,三个坐标轴为棱边作直角平行六面体。由图上可知,力 F 在三个坐标轴上的投影为 Oa、Ob、Oc,如果分别以 F_x、F_y、F_z 表示,则

$$\left.\begin{array}{l} F_x = F\cos\alpha \\ F_y = F\cos\beta \\ F_z = F\cos\gamma \end{array}\right\} \tag{5-25}$$

如果已知包含力 F 和 z 轴的平面与 x 轴夹角 φ,以及力 F 与 z 轴的夹角 γ(图 5-44(b)),为了求得力 F 在 x、y 轴上的投影,则需先求出力 F 在坐标平面 Oxy 上的投影 F',$F' = F\sin\gamma$,然后再将 F' 投影到 x、y 轴上,于是力 F 在三个坐标轴上的投影也可写为

$$\left.\begin{array}{l} F_x = F'\cos\varphi = F\sin\gamma\cos\varphi \\ F_y = F'\sin\varphi = F\sin\gamma\sin\varphi \\ F_z = F\cos\gamma \end{array}\right\} \tag{5-26}$$

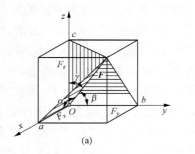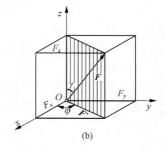

图 5-44

如果将力 F 沿坐标轴 x、y、z 分解为三个分力 F_x、F_y、F_z（图 5-45），则各分力的大小等于相应的投影值。

上面介绍的是已知力求其投影的情况。如果已知力 F 在直角坐标轴上的投影 F_x、F_y、F_z，则由正平行六面体对角线的性质，即可求得力 F 的大小和方向余弦。其计算公式分别为

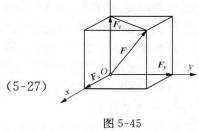

$$F = \sqrt{F_x^2 + F_y^2 + F_z^2}$$
$$\cos\alpha = \frac{F_x}{F}$$
$$\cos\beta = \frac{F_y}{F} \qquad\qquad (5\text{-}27)$$
$$\cos\gamma = \frac{F_z}{F}$$

图 5-45

例 5-13　已知力 $F = 500\text{N}$，与 x、y、z 轴的夹角分别为 $60°$、$45°$ 和 $120°$。试求力 F 在三个坐标轴上的投影。

解　由式(5-25)得

$$F_x = F\cos\alpha = 500\cos60° = 250 \ (\text{N})$$
$$F_y = F\cos\beta = 500\cos45° = 354 \ (\text{N})$$
$$F_z = F\cos\gamma = 500\cos120° = -250 \ (\text{N})$$

例 5-14　已知力 F 在 x、y、z 轴上的投影分别为 $F_x = 20\text{N}$，$F_y = -30\text{N}$，$F_z = 60\text{N}$。求该力 F 的大小及方向。

解　由式(5-27)得

$$F = \sqrt{F_x^2 + F_y^2 + F_z^2} = \sqrt{20^2 + (-30)^2 + 60^2} = 70 \ (\text{N})$$
$$\cos\alpha = \frac{F_x}{F} = \frac{20}{70} = \frac{2}{7}$$
$$\cos\beta = \frac{F_y}{F} = \frac{-30}{70} = -\frac{3}{7}$$
$$\cos\gamma = \frac{F_z}{F} = \frac{60}{70} = \frac{6}{7}$$

于是得　　　　　　　　　　$\alpha = 73.4°$，　$\beta = 115.4°$，　$\gamma = 31.0°$

5.6.2　力对轴的矩

1. 力对轴的矩

在精密机械中，有许多构件（如齿轮、皮带轮等）绕定轴转动。为了度量刚体绕定轴转动时

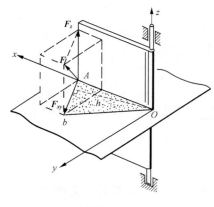

图 5-46

力的作用效果,首先应了解力对轴的矩的概念。

如图 5-46 所示,门上作用一力 F,使其绕固定轴 z 转动。将力 F 分解为平行于 z 轴的分力 F_z 和垂直于 z 轴的分力 F_{xy}(此力即为力 F 在垂直于 z 轴的平面 Oxy 上的投影)。经验表明:分力 F_z 不能使静止的门绕 z 轴转动,力 F_z 对 z 轴的矩为零;只有分力 F_{xy} 才能使静止的门绕 z 轴转动。以 $M_z(F)$ 表示力 F 对 z 轴的矩,点 O 为平面 Oxy 与 z 轴的交点,h 为点 O 到 F_{xy} 作用线的距离。因此,力 F 对 z 轴的距离就是分力 F_{xy} 对点 O 的矩,即

$$M_z(F) = M_O(F_{xy}) = \pm F_{xy}h \qquad (5\text{-}28)$$

于是,力对轴的矩可定义为:力对轴的矩是使刚体绕该轴转动效果的度量,是一个代数量,其绝对值等于这个力在垂直于该轴的平面上的投影对于这平面与该轴交点的矩。其正负号按下法确定:从 z 轴正端看来,若力的这个投影使刚体绕该轴逆时针转动,则取正号,反之取负号。也可按右手螺旋规则来确定其正负号。

力对轴的矩在如下情况为零:①当力与轴相交时(此时 $h=0$);②当力与轴平行时($F_{xy}=0$)。这两种情况可以归结为:当力与轴在同一平面时,力对轴的矩等于零。

力对轴的矩的单位为 N·m(牛顿·米)。

2. 合力矩定理

设有一空间一般力系($F_1, F_2, \cdots, F_n$),其合力为 R,则合力对某轴(如 z 轴)的矩,等于各分力对同轴之矩的代数和。这就是空间力系的合力矩定理,则

$$M_z(R) = \sum M_z(F) \qquad (5\text{-}29)$$

该定理给出了合力对某轴之矩与各分力对同轴之矩的关系。

3. 力对轴的矩的解析式

可以利用合力矩定理推导力对轴的矩的解析式。

如图 5-47 所示,欲求力 F 对各坐标轴的矩,可先将 F 沿三个坐标轴分解为三个分力 F_x、F_y、F_z,根据式(5-29)即可求得力 F 对 x、y、z 各坐标轴的矩为

$$\left.\begin{array}{l} M_x(F) = yF_z - zF_y \\ M_y(F) = zF_x - xF_z \\ M_z(F) = xF_y - yF_x \end{array}\right\} \qquad (5\text{-}30)$$

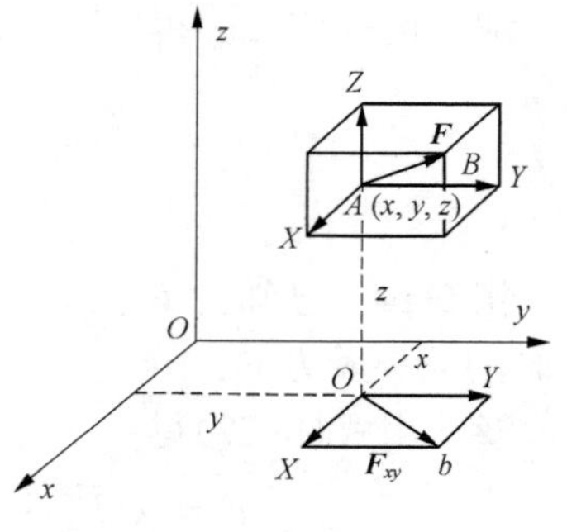

图 5-47

此式是计算力对轴的矩的解析式。

5.6.3 空间力系的平衡方程

在工程实际中,经常遇到物体在空间力系作用下处于平衡状态。例如,装有带轮和齿轮的匀速运动转轴(图 5-48),在转轴上作用有胶带的张力 F_{T1} 和 F_{T2};齿轮上的圆周力 F_t 和径向力 F_r;两支座上的约束反力 F_{Ax}、F_{Az} 和 F_{Bx}、F_{Bz},上述各力构成了空间力系。

与平面力系类似,根据力的作用线位置,空间力系也可分为空间汇交力系、空间平行力系和空间一般力系。下面主要讨论空间一般力系的平衡问题。

平面一般力系的平衡方程是通过力系向某一点简化的方法求得的。对于空间一般力系,

可采用上述方法,推导出空间一般力系的平衡
方程

$$\sum F_x = 0, \quad \sum M_x(F) = 0$$
$$\sum F_y = 0, \quad \sum M_y(F) = 0 \quad (5\text{-}31)$$
$$\sum F_z = 0, \quad \sum M_z(F) = 0$$

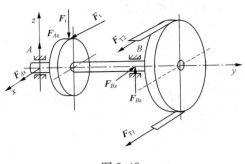

图 5-48

空间一般力系平衡的必要和充分条件是:各
力在空间直角坐标系 $Oxyz$ 中的各坐标轴上投影
的代数和分别等于零,各力对各轴的矩的代数和
也分别等于零。

式(5-31)有六个独立方程,因此可以解出六个未知量。在分析空间力系的平衡问题时,
可以直接运用方程式(5-31)来解,也可以将空间力系分别投影到三个坐标平面上,转化为平
面力系来解。

例 5-15　有一匀速转轴如图 5-49(a)所示。已知胶带张力 $F_{T1} = 800\text{N}$, $F_{T2} = 300\text{N}$,带轮
的直径 $D = 320\text{mm}$,齿轮上的法向作用力 F_n 与齿轮圆周上水平切线间的夹角为 20°,齿轮的
直径 $d = 94.5\text{mm}$。试求齿轮上的作用力 F_n 和轴承 A、B 两处的约束反力。

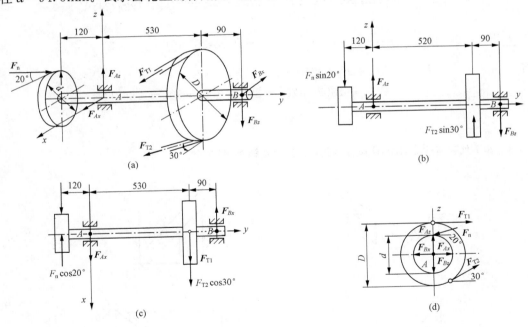

图 5-49

解　(1) 选取齿轮、带轮和轴为研究对象,画受力图(图 5-49(a))。

(2) 将齿轮、带轮和轴以及其上所受的力投影到三个坐标平面上(图 5-49(b)、(c)、(d)),
运用平面一般力系的平衡方程求作用力 F_n 和支承的约束反力。

在 Axz 平面内(图 5-49(d))

$$\sum M_A = 0, \quad F_{T2}\frac{D}{2} - F_{T1}\frac{D}{2} + F_n\cos 20° \frac{d}{2} = 0$$

于是得

$$F_n = \frac{(F_{T1} - F_{T2})D}{d\cos 20°} = \frac{(800 - 300) \times 320}{94.5\cos 20°} = 1802 \text{ (N)}$$

在 Ayz 平面内(图 5-49(b))

$$\sum M_A = 0, \quad 120F_n\sin20° + 530F_{T2}\sin30° - F_{Bz}(530 + 90) = 0$$

于是得

$$F_{Bz} = \frac{120F_n\sin20° + 530F_{T2}\sin30°}{530 + 90} = \frac{120 \times 1802\sin20° + 530 \times 300\sin30°}{530 + 90} = 248(\text{N})$$

$$\sum F_z = 0, \quad F_{Az} + F_{T2}\sin30° - F_n\sin20° - F_{Bz} = 0$$

且有　　$F_{Az} = F_{Bz} + F_n\sin20° - F_{T2}\sin30° = 248 + 1802\sin20° - 300\sin30° = 714(\text{N})$

在 Axy 平面内(图 4-49(c))

$$\sum M_A = 0, \quad F_{Bx}(530 + 90) - (F_{T1} + F_{T2}\cos30°) \times 530 - 120F_n\cos20° = 0$$

于是得

$$F_{Bx} = \frac{530(F_{T1} + F_{T2}\cos30°) + 120F_n\cos20°}{530 + 90}$$

$$= \frac{530(800 + 300\cos30°) + 120 \times 1802\cos20°}{530 + 90} = 1234(\text{N})$$

$$\sum F_x = 0, \quad F_{Ax} + F_{T1} + F_{T2}\cos30° - F_{Bx} - F_n\cos20° = 0$$

且有　　　　　　　$F_{Ax} = F_{Bx} + F_n\cos20° - F_{T1} - F_{T2}\cos30°$

$$= 1234 + 1802\cos20° - 800 - 300\cos30° = 1868(\text{N})$$

习　题

5-1　作下列物体的受力图,假设接触面均为光滑接触面(图 5-50)。

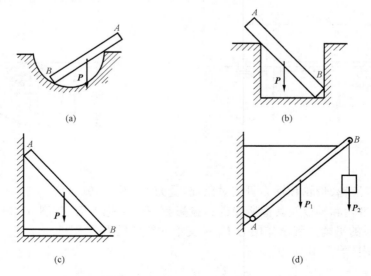

(a)　　　　　　　　　　　　　(b)

(c)　　　　　　　　　　　　　(d)

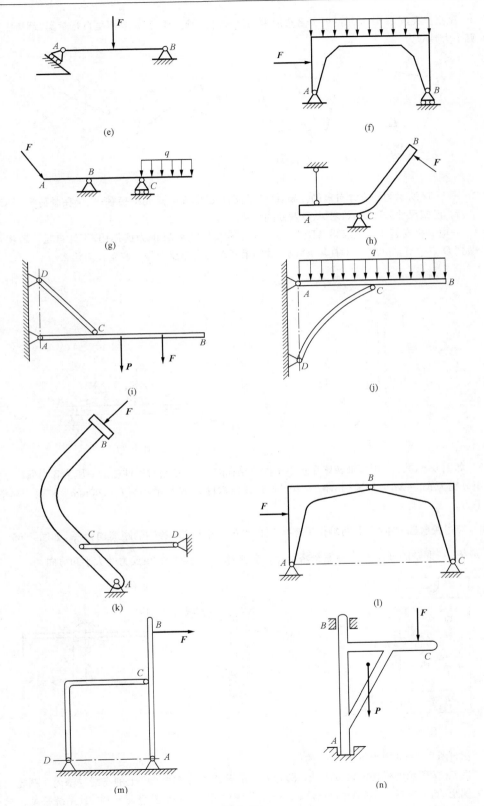

图 5-50

5-2 试指出在图 5-51 所示的各力多边形中,哪个是自行封闭的? 如果不是自行封闭,请指出哪个力是合力? 哪个力是分力?

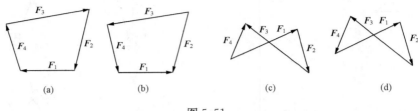

(a)   (b)   (c)   (d)

图 5-51

5-3 图 5-52 所示为一不计自重的托架,B 处是铰链支座,A 处是光滑接触;托架在载荷 $F=2\mathrm{kN}$ 的作用下处于平衡。已知尺寸如图所示,求 A、B 两处的约束反力。

5-4 一电动机安装在双支点梁 AB 的中点 C,受到力偶矩为 M 的力偶作用,不计自重。若将它由梁的中点 C 搬到 D 点位置,如图 5-53 中虚线所示,试问梁两端的支座反力是否改变? 为什么?

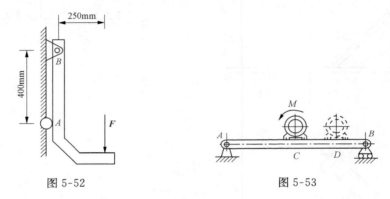

图 5-52   图 5-53

5-5 如图 5-54 所示,用多轴转床在水平工件上钻孔时,每个钻头对工件施加一压力和力偶。已知:三个力偶的矩分别为 $M_1=M_2=10\mathrm{N \cdot m}$,$M_3=20\mathrm{N \cdot m}$,固定螺柱 A 和 B 的距离 $l=200\mathrm{mm}$。求两个光滑螺柱所受的水平力。

5-6 穿过绞磨轴的推杆,其两端作用有推力 F 和 F',各力到对称轴的距离均为 $\dfrac{l}{2}$,如图 5-55(a) 所示。已知 $F'=F$,绞磨轴的直径为 d,摩擦忽略不计。求绞磨轴对推杆的约束反力的大小和方向。

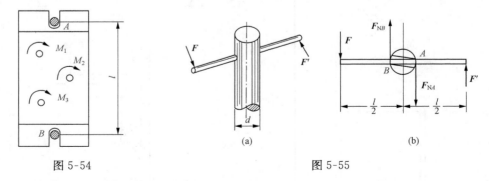

图 5-54   (a)   (b)   图 5-55

5-7 试计算图 5-56 中力 F 对点 O 的矩。

5-8 图 5-57 所示的机构的自重不计。圆轮上的销子 A 放在摇杆 BC 上的光滑导槽内。圆轮上作用一力偶,其力偶矩 $M_1=2\mathrm{kN \cdot m}$,$OA=r=0.5\mathrm{m}$。图示位置时 OA 与 OB 垂直,$\alpha=30°$,且系统平衡。求作用于摇杆 BC 上力偶的矩 M_2 及铰链 O、B 处的约束反力。

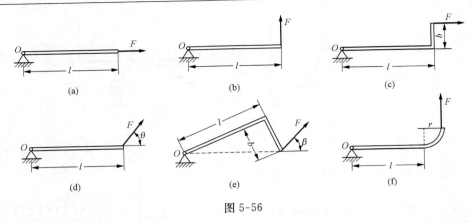

图 5-56

5-9　混凝土浇灌器(图 5-58)连同混凝土共重 $G=60\text{kN}$(重心在 C 处),用钢索沿垂直导轨匀速吊起。已知 $a=30\text{cm}$,$b=60\text{cm}$,$\alpha=10°$。如不计导轮与导轨间的摩擦,求导轮 A 和 B 对导轨的压力以及钢索的拉力。

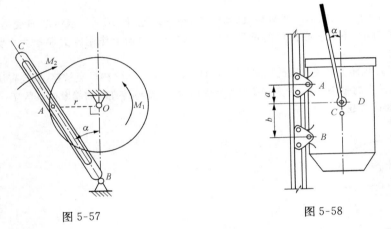

图 5-57　　　　　　　　　　　　　　　图 5-58

5-10　已知 $P=300\text{kN}$,$L=32\text{m}$,$h=10\text{m}$,如图 5-59 所示,求支座 A、B 的反力。

5-11　如图 5-60 所示,已知 $F_1=F_2=10\text{kN}$,求在 C 点与此二力等效的力 F 的大小、方向及 BC 间的距离。

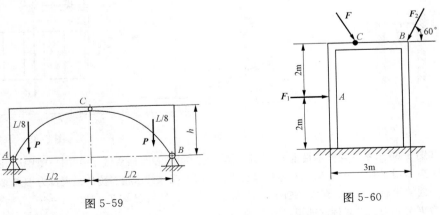

图 5-59　　　　　　　　　　　　　　　图 5-60

5-12　已知 F、M、p、a,分别求在图 5-61(a)、(b)情况下,支座 A、B 处的约束反力。

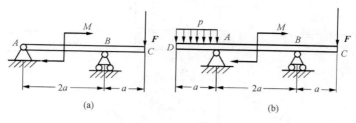

图 5-61

5-13 已知 $F=2000\text{N}$,$q=1000\text{N/m}$,尺寸如图 5-62 所示,求支座反力。

5-14 图 5-63 所示为曲柄冲床简图,由轮 I、连杆 AB 和冲头 B 组成。A、B 两处为铰链连接。$OA=R$,$AB=l$。如忽略摩擦和物体的自重,当 OA 在水平位置、冲压力为 **F** 时,求:(1)作用在轮 I 上的力偶矩 M 的大小;(2)轴承 O 处的约束反力;(3)连杆 AB 受的力;(4)冲头给导轨的侧压力。

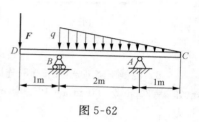

图 5-62

5-15 如图 5-64 所示曲柄滑块机构,已知曲柄 $OA=a$,连杆 $AB=b$,当活塞 B 受力 **F** 作用时,曲柄与水平线的夹角为 θ。不计所有构件的重量和摩擦,试问在曲柄上作用的力偶矩为多大时才能使机构平衡?

5-16 图 5-65 所示为砖夹持器的提砖情况,曲杆 ACB 和 CHED 在 C 点铰接,所提砖块重 $G=120\text{N}$,提砖的力 **F** 作用在砖夹的中心线上,砖夹有关尺寸如图所示,如砖与砖夹间的静摩擦系数 $f=0.5$,试问砖夹上 b 为多大时才能将砖夹起?

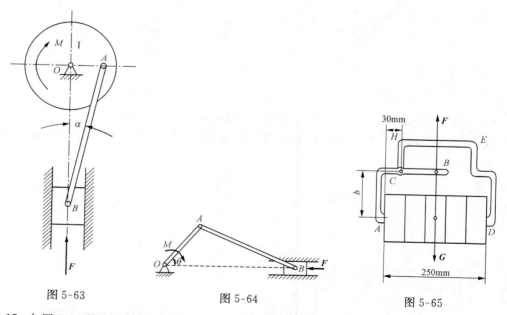

图 5-63   图 5-64   图 5-65

5-17 如图 5-66 所示的均质木箱重 $P=5\text{kN}$,它与地面间的静摩擦系数 $f=0.4$。图中 $h=2a=2\text{m}$,$\alpha=30°$。求:(1)当 D 处的拉力 $F=1\text{kN}$ 时,木箱是否平衡?(2)能保持木箱平衡的最大拉力 F 是多少。

5-18 一曲轴由轴承 A、B 支承,在图 5-67 所示水平位置时,已知 $F=1\text{kN}$,$\alpha=30°$,$d=400\text{mm}$,$r=50\text{mm}$,试求力 **F** 分别对三个坐标轴的矩。

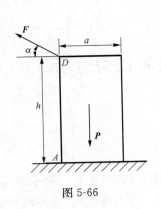

图 5-66

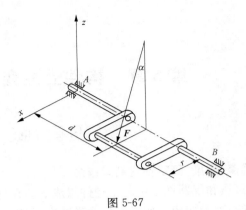

图 5-67

第6章 构件受力变形及其应力分析

6.1 概　　述

6.1.1 强度、刚度、稳定性的基本概念

各种机械和仪器都是由若干构件组成的。在外力作用下,构件的尺寸及形状总会有不同程度的改变,称为变形。变形可分为弹性变形和塑性变形。外力撤去后,变形将随之消失,即可恢复构件原来的形状与尺寸的变形称为弹性变形。当外力超过一定限度,则其撤去后将遗留一部分不能消失的变形,即构件的形状和尺寸不能恢复原状,这种变形称为塑性变形。当外力继续增大到某一限度时,构件将发生断裂破坏。设计时,为了保证构件在外力作用下能正常工作,需满足三个方面的要求。

1) 强度

构件应具有足够的强度,以保证构件不会产生断裂破坏或明显的塑性变形。所谓强度,是指构件抵抗破坏(断裂或产生明显塑性变形)的能力。

2) 刚度

构件应具有足够的刚度,以保证构件工作时的弹性变形在规定的限度之内。所谓刚度,是指构件抵抗变形的能力。

3) 稳定性

构件应具有足够的稳定性,以使构件在工作时不产生失稳现象。所谓稳定性,是指构件保持其原有平衡形态的能力。

6.1.2 构件受力与变形的基本形式

1. 构件受力的情况

机构或机械工作时,作用在构件上的力称为载荷。按照载荷作用的特征,载荷可分为集中载荷与分布载荷两类。

集中载荷:通过极小的面积(与构件本身相比)传递给该构件的压力称为集中载荷。在计算时,由于传递压力的面积很小,可认为载荷作用于一点。

分布载荷:均匀分布作用于构件某段长度或面积上的外力称为分布载荷。若分布在整个面积上的力处处相等,则称为均匀分布载荷;反之,则称为不均匀分布载荷。

作用于平面的分布载荷以单位面积上的力(N/mm^2)度量;作用于构件某段长度上的分布载荷以单位长度上的力(N/mm)度量。

按照载荷作用的性质可分为静载荷与动载荷两类。

静载荷是指逐渐加于构件上并缓慢增加到某值、其大小不随时间变化或很少变化的载荷。当构件受静载荷作用时,其所有部分均处于平衡状态,构件内各点无加速度。

动载荷是指大小随时间迅速改变的载荷。当构件受动载荷作用时,其上各点的速度在较短时间内发生变化,其加速度相当显著。冲击载荷及周期性载荷均为动载荷。

在精密机械中,构件受静载荷作用的情况较多。

2. 构件变形的基本形式

本章研究的对象主要属于杆类构件,即机械结构中各横截面均相同的直杆(梁)件在静载荷作用下的变形与应力。

杆件在不同形式的外力作用下,其变形形式也各不相同。综合分析杆在各种外力作用下的变形情况,可将杆件的变形简化为四种基本形式:拉伸或压缩,剪切,扭转,弯曲。它们的实例、受力和变形简图分别列于表 6-1。实际工程中的杆件变形可能为上述基本变形之一,也可能是上述几种基本变形的组合情况。本章先分别研究每种基本变形的情况,然后再研究组合变形的情况。

表 6-1　基本变形形式表

变形形式	工程实例	受力和变形简图
拉伸或压缩	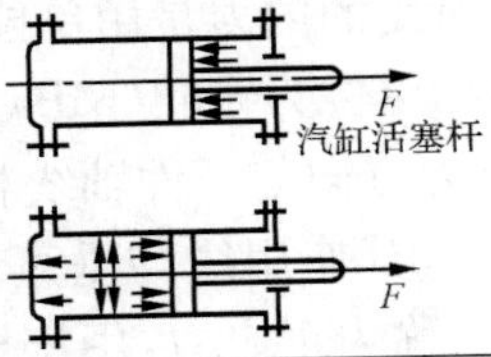 汽缸活塞杆	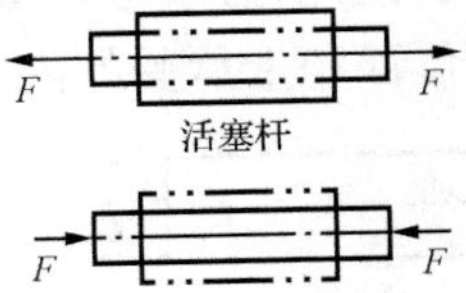 活塞杆
剪切	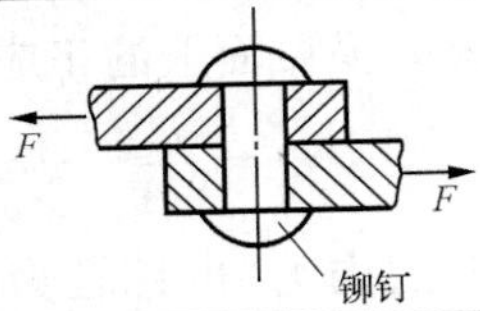 铆钉	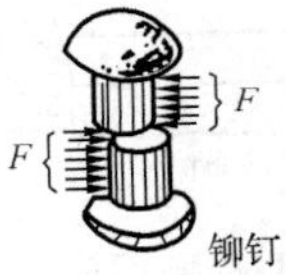 铆钉
扭转	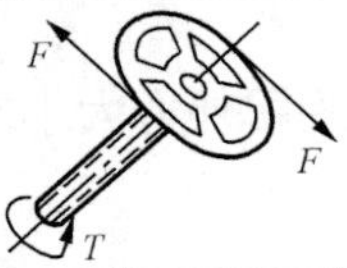	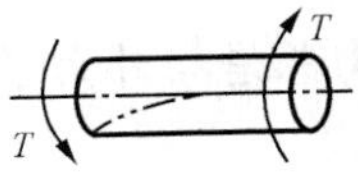
弯曲	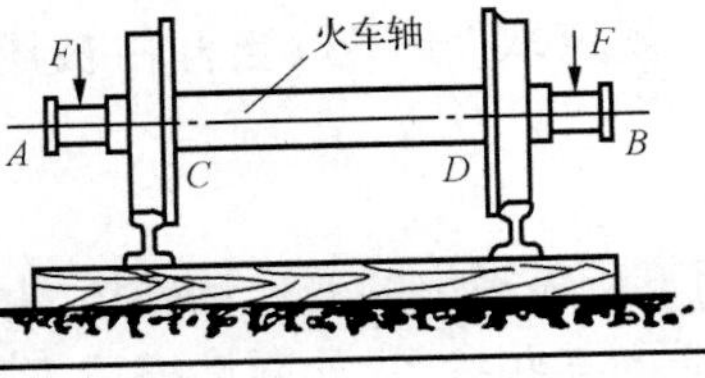 火车轴	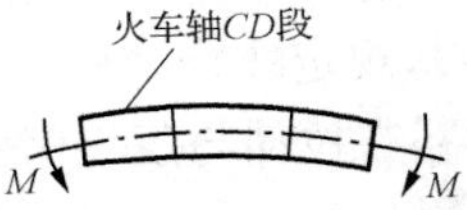 火车轴CD段

6.2　直杆的轴向拉伸与压缩

工程中有许多承受轴向拉伸或压缩的杆件。这些杆件的形状和加载方式并不相同,但就杆长的主要部分来看却有着相同的特点:都是直杆,所受外力的合力与杆轴线重合,沿轴线方向发生伸长或缩短变形。这种变形被称为直杆的轴向拉伸或压缩。

6.2.1　直杆轴向拉伸或压缩时的内力和应力

构件受外力作用产生弹性变形时,构件内部分子间伴随产生一种抵抗力,力求恢复构件已变形部分的形状和尺寸。构件内部两相邻部分之间的相互作用力称为内力。外力越大,变形越大,物体产生的内力也越大;外力除去后,内力也就消失了。现以图 6-1 所示的受拉力作用的杆件为例来说明这一点。为求

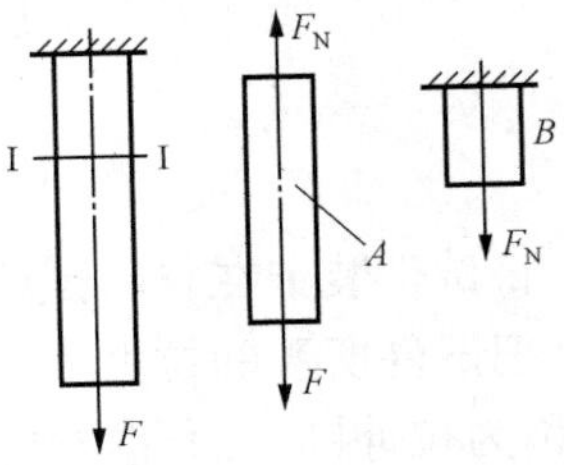

图 6-1　直杆受拉时的计算简图

得内力,假想一垂直于杆件轴线的横截面Ⅰ-Ⅰ把杆件分为A、B两部分。取A部分为分离体(即受力分析对象)。根据平衡条件可知,在横截面Ⅰ-Ⅰ上必有一个力的作用,这个力和外力F大小相等,方向相反,并作用在同一直线上,此力即为内力。内力的作用线垂直于横截面,并与轴线重合,因此称为轴力,并用F_N表示。

$$F_N = F \qquad (6\text{-}1)$$

轴力F_N就是B段对A段的作用力。这种假想用一平面把杆件截分为二,取任一部分为分离体,根据平衡方程式,找出内力与外力的关系,从而确定截面上内力的方法称为截面法。对于受压杆件,其内力的求法与受拉杆件相同。为了区分内力F_N的拉、压性质,规定拉力取"＋"号,压力取"－"号。

知道了内力的大小,还不能判断杆件是否破坏。杆件破坏与否与横截面上各点承受内力的大小有关,因此,必须考虑截面尺寸的影响。一点所受的内力是用单位面积上承受的内力来衡量的,单位面积上承受的内力称为应力,应力的国际单位为兆帕(MPa),即 N/mm²。

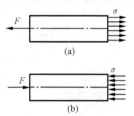

图 6-2　拉压时横截面应力分布

实验表明,若外力方向与杆件轴线相重合,则杆件横截面上的应力为平均分布,其作用线均垂直于横截面(图6-2),这种垂直于截面的应力称为正应力,用符号σ表示,由此可得到直杆轴向拉伸或压缩时横截面上的正应力

$$\sigma = \frac{F_N}{A} \qquad (6\text{-}2)$$

式中,F_N为横截面上的内力,也称轴力,单位 N;A为横截面面积,单位 mm²。

由于内力总是与外力平衡,所以计算应力时,可直接用外力大小来计算,即

$$\sigma = \frac{F}{A}$$

当杆件被拉伸时,σ叫拉应力(图6-2(a)),规定取"＋"号;当杆件被压缩时,σ叫压应力(图6-2(b)),规定取"－"号。

6.2.2　材料在拉伸与压缩时的机械性质

材料的机械性质主要是指材料在外力作用下所表现出的变形和破坏方面的特性。在直杆的强度和变形计算中,会涉及反映材料机械性质的某些参数,如弹性模量E和极限应力σ_b等,这些都必须通过试验得到。

试验时首先要把待测试的材料加工成试件,试件的形状、加工精度和试验条件等都有具体的国家标准。试件见图6-3。

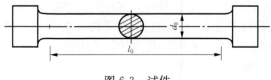

图 6-3　试件

将试件装卡在材料试验机上进行常温、静载拉伸试验,直到把试件拉断,试验机的绘图装置会把试件所受的拉力 F 和试件的伸长量 Δl 之间的关系自动记录下来,绘出一条 F-Δl 曲线,称为拉伸图。研究拉伸图,可测定材料机械性质的各项指标。

低碳钢是工程上广泛使用的材料,其机械性质又具有典型性,因此常选择它来说明钢材的

一些特性。

1. 低碳钢的拉伸图

图 6-4 为低碳钢试件的拉伸图。由图可见,在拉伸试验过程中,低碳钢试件工作段的伸长量 Δl 与试件所受拉力 F 之间的关系,大致可分为以下四个阶段:

第 I 阶段,试件受力后,长度增加,产生变形,这时如将外力卸去,试件工作段的变形消失,恢复原状,因此,称第 I 阶段为弹性变形阶段。低碳钢试件在弹性变形阶段的大部分范围内,外力与变形成正比,拉伸图呈一直线。

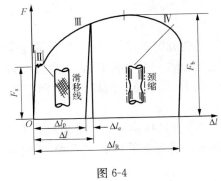

图 6-4

第 II 阶段,弹性变形阶段后,试件的伸长量显著增加,但外力却在很小的范围内上下波动。这时低碳钢似乎是失去了对变形的抵抗能力,即使外力不增加,变形也继续增大,这种现象称为屈服或流动。因此,第 II 阶段称为屈服阶段或流动阶段。屈服阶段中拉力波动的最低值称为屈服载荷,用 F_s 表示。在屈服阶段,试件表面呈现出与轴线大致成 45° 的条纹线,这种条纹线是材料沿最大剪应力面滑移形成的,通常称为滑移线。

第 III 阶段,过了屈服阶段后,若要继续增加变形,则需要加大外力,即试件对变形的抵抗能力又获得增强。因此,第 III 阶段称为强化阶段。强化阶段中,力与变形之间不再成正比,呈现非线性关系。

超过弹性阶段后,若将载荷卸去(简称卸载),则在卸载过程中,力与变形按线性规律减小,且其间的比例关系与弹性阶段基本相同。载荷全部卸除后,试件所产生的变形一部分消失,另一部分残留下来,试件不能完全恢复原状。卸载后不能恢复的变形称为塑性变形或残余变形。在屈服阶段,试件已经有了明显的塑性变形,因此,过了弹性阶段以后,拉伸图曲线上任一点对应的变形,都包含着弹性变形 Δl_e 及塑性变形 Δl_p 两部分(图 6-4)。

第 IV 阶段,当拉力继续增大达某一确定数值时,可以看到,试件某处突然开始变细,形同细颈,称颈缩现象。颈缩出现以后,变形主要集中在细颈附近的局部区域。因此,第 IV 阶段称为局部变形阶段。局部变形阶段后期,颈缩处的横截面面积急剧减小,试件所能承受的拉力迅速降低,最后在颈缩处被拉断。若用 d_1 及 l_1 分别表示断裂后颈缩处的最小直径及断裂后试件工作段的长度,则 d_1 及 l_1 与试件初始直径 d_0 及工作段初始长度 l_0 相比,均有很大差别。颈缩出现前,试件所能承受拉力的最大值称为最大载荷,用 F_b 表示。

2. 低碳钢拉伸时的机械性质

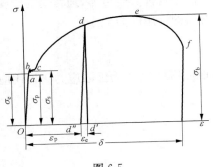

图 6-5

低碳钢的拉伸图反映了试件变形及破坏的情况,但还不能完全反映材料的机械性质。因为试件尺寸的不同,会使拉伸图在量的方面有所差异,为了定量地表示出材料的机械性质,将拉伸图纵、横坐标分别除以 A_0 及 l_0,所得图形称为应力-应变图(σ-ε 图)。图 6-5 为低碳钢的应力-应变图。由图可见,应力-应变图曲线上有几个特殊点(如图中 a、b、c、e 等),当应力达到这些特殊点所对应的应力值时,图中的曲线就要从一种形态变到另一种形态。这些特殊点所对应的应力称为极限应力,材料拉伸时的一些机械性质就是用这些极限应力来表示的。应力-应变图还可反映材料对弹性变形的抵抗能力及材料的塑性。下面对材料拉伸时机械性质的主要指标逐一进行讨论。

(1) 比例极限 σ_p 及弹性模量 E。按一般工程精度要求,应力-应变曲线上 Oa 段可视为直线,在 a 点以下,应力与应变成正比。对应于 a 点的应力,称为比例极限,用 E 表示比例常数,则有

$$\sigma = E\varepsilon \tag{6-3}$$

这就是胡克定律,其中比例常数 E 表示产生单位应变时所需的应力,是反应材料对弹性变形抵抗能力的一个性能指标,称为抗拉弹性模量,简称弹性模量。不同材料,其比例极限 σ_p 和弹性模量 E 也不同。例如,低碳钢中的普通碳素钢 Q275,比例极限约 200 MPa,弹性模量约 200 GPa。

(2) 弹性极限 σ_e。σ_e 是卸载后不产生塑性变形的最大应力,在图 6-5 中用 b 点所对应的应力表示。实际上低碳钢的弹性极限 σ_e 与比例极限 σ_p 十分接近,对低碳钢来说,可以认为 $\sigma_e = \sigma_p$。

(3) 屈服极限或屈服点 σ_s。σ_s 等于屈服载荷 F_s 除以试件的初始横截面面积 A_0,即

$$\sigma_s = \frac{F_s}{A_0} \tag{6-4}$$

由图 6-5 可见,屈服阶段曲线呈锯齿形,应力上下波动,锯齿形最高点所对应之应力称为上屈服点,最低点称为下屈服点。上屈服点不太稳定,常随试验状态(如加载速率)而改变,下屈服点比较稳定(图 6-5 中的 c 点)。通常把下屈服点所对应之应力作为材料的屈服极限。应力达屈服极限 σ_s 时,材料将产生显著的塑性变形。

(4) 强度极限或抗拉强度 σ_b。图 6-5 中 e 点的应力等于试件拉断前所能承受的最大载荷 F_b 除以试件初始横截面面积 A_0,即

$$\sigma_b = \frac{F_b}{A_0} \tag{6-5}$$

当横截面上的应力达强度极限 σ_b 时,受拉杆件将开始出现颈缩并随即发生断裂。

屈服极限和强度极限是衡量材料强度的两个重要指标。普通碳素钢 Q215 的屈服极限 $\sigma_s = 220$ MPa,强度极限 $\sigma_b = 420$ MPa。

6.2.3 拉伸与压缩时的许用应力与强度条件

由实验可知,对脆性材料,当应力达到其强度极限 σ_b 时,构件会断裂而破坏;对塑性材料,当应力达到其屈服极限 σ_s 时,将产生显著的塑性变形,使构件不能正常工作。工程中,把构件断裂和显著的塑性变形统称为破坏。材料破坏时的应力称为极限应力。要保证构件工作时不致破坏,必须使工作应力小于材料的极限应力。设计时为保证构件安全可靠,通常需要给构件一定的强度储备,把极限应力除以大于 1 的系数 n 作为材料的许用应力

$$[\sigma] = \frac{极限应力}{n} \tag{6-6}$$

脆性材料取强度极限 σ_b 为极限应力,塑性材料一般取屈服极限 σ_s 为极限应力。许用应力分别为

脆性材料
$$[\sigma] = \frac{\sigma_b}{n} \tag{6-7a}$$

塑性材料
$$[\sigma] = \frac{\sigma_s}{n} \tag{6-7b}$$

式中，n 为安全系数。

构件工作时不破坏的条件为

$$\sigma = \frac{F_{\mathrm{N}}}{A} \leqslant [\sigma] \tag{6-8}$$

这个条件称为强度条件。

6.2.4　受拉(压)杆件的变形

在轴向拉力作用下，将引起直杆轴向尺寸的伸长和横向尺寸的缩短。以图 6-6所示的等直杆为例，设杆的原长为 l，横截面面积为 A，在轴向拉力作用下，杆长由 l 变为 l_1，则 $\Delta l = l_1 - l$，称为绝对伸长。

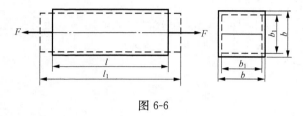

图 6-6

实验表明，在弹性范围内，杆的变形 Δl 与所加的拉力 F 成正比，与试件的长度 l 成正比，而与试件的横截面面积 A 成反比。其表达式为 $\Delta l \propto \dfrac{Fl}{A}$，由于 $F = F_{\mathrm{N}}$，并引进比例常数 E，上式可改写为

$$\Delta l = \frac{F_{\mathrm{N}} l}{EA} \tag{6-9}$$

这一比例关系，也称为胡克定律。

从式(6-9)可见，对长度相同、受力相等的杆件，EA 越大，则变形 Δl 越小。所以，EA 称为抗拉(压)刚度，它反映了杆件抵抗拉伸(或压缩)变形的能力。

同样，式(6-9)可用来计算杆件压缩时的变形。

Δl 与杆件的长度 l 有关，为了消除长度的影响，将绝对伸长 Δl 除以原长 l，得

$$\varepsilon = \frac{\Delta l}{l}$$

将 $\sigma = \dfrac{F_{\mathrm{N}}}{A}$ 和 $\varepsilon = \dfrac{\Delta l}{l}$ 代入式(6-9)中，即得胡克定律的前一表达形式 $\varepsilon = \dfrac{\sigma}{E}$，或写成 $\sigma = E\varepsilon$。

例 6-1　图 6-7(a)为一吊架，AB 为木杆，其横截面面积 $A_{AB} = 10^4\,\mathrm{mm}^2$，许用应力 $[\sigma]_{AB} = 7\,\mathrm{MPa}$；$BC$ 为钢杆，$A_{BC} = 600\,\mathrm{mm}^2$，$[\sigma]_{BC} = 160\,\mathrm{MPa}$。试求 B 处可承受的最大许可载荷。

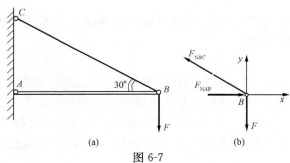

图 6-7

解　求 AB 与 BC 杆的轴力，AB、BC 均为二力杆，由节点 B 的平衡（图 6-7(b)），即

$$\sum F_x = 0, \quad F_{NAB} - F_{NBC}\cos30° = 0$$

$$\sum F_y = 0, \quad F_{NBC}\sin30° - F = 0$$

解得
$$F_{NAB} = \sqrt{3}F, \quad F_{NBC} = 2F$$

由杆 AB 的强度条件

$$\sigma_{AB} = \frac{F_{NAB}}{A_{AB}} \leqslant [\sigma]_{AB}$$

有
$$\frac{\sqrt{3}F}{A_{AB}} \leqslant [\sigma]_{AB}$$

$$F \leqslant \frac{A_{AB}[\sigma]_{AB}}{\sqrt{3}} = \frac{10^4 \times 10^{-6} \times 7 \times 10^6}{\sqrt{3}} = 40.4(\text{kN})$$

同理由 BC 杆的强度条件

$$\sigma_{BC} = \frac{F_{NBC}}{A_{BC}} \leqslant [\sigma]_{BC}$$

有
$$\frac{2F}{A_{BC}} \leqslant [\sigma]_{BC}$$

$$F \leqslant \frac{A_{BC}[\sigma]_{BC}}{2} = \frac{600 \times 10^{-6} \times 160 \times 10^6}{2} = 48(\text{kN})$$

　　只有 AB 和 BC 两杆均满足强度条件，吊架才安全，因此吊架的最大许可载荷应取较小值，即

$$[F] = 40.4 \text{ kN}$$

6.3　剪　切

6.3.1　剪切作用的特点

　　剪切作用的特点是：一对大小相等、方向相反的力作用在物体的两侧，两力作用线间的距离很近（图 6-8）。物体受上述两力作用后，受剪面（m-n 面）发生相对错动，称为剪切。

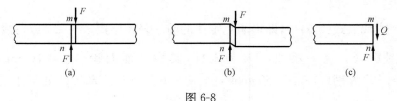

图 6-8

　　工程中的一些连接件，如键、销钉、螺栓及铆钉等，都是主要承受剪切作用的零件。

6.3.2　剪切和挤压的强度计算

1. 剪切强度计算

　　现以铆钉连接（图 6-9）为例，分析剪切时的内力及应力。铆钉的受力情况如图 6-9(b)、(c)所示。图中的两个力 F 分别代表两块被连接板传给铆钉的均布力的合力。两力 F 大小相等，方向相反，但不作用在一条直线上。力 F 试图在两块被连接板相贴合的平面上切断铆钉。

　　如忽略铆钉头处的反力偶在铆钉杆上引起的垂直应力，在I-I处假想用截面法将铆钉杆截分

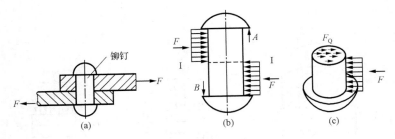

图 6-9　铆钉受剪计算简图

为二,取下半部分为分离体。根据平衡条件,知截面上有一与力 F 大小相等,方向相反的力 F_Q 存在(图 6-9(c)),此力即为截面上内力的合力,其方向平行于截面。在该截面上引起的并与截面相切的应力即为剪应力 τ。通常认为剪应力沿受剪面均匀分布。剪应力的大小可用下式求得:

$$\tau = \frac{F_Q}{A} \tag{6-10}$$

式中,A 为受剪面面积,单位 mm^2。

剪应力的单位采用 MPa。设计时应满足剪切强度条件,即构件的工作剪应力小于或等于材料的许用剪应力,即

$$\tau \leqslant [\tau] \tag{6-11}$$

式中,$[\tau]$ 为许用剪应力。

2. 挤压强度计算

连接件除了可能发生剪切破坏外,由于在相互的接触面上承受较大的压力作用,使接触处的局部区域发生塑性变形或压溃,在局部表面还可能因相互挤压而破坏。图 6-10 表示挂钩钢板的圆孔被销钉挤压成椭圆孔的情况。这种局部受压现象称为挤压。受压处的压力叫挤压力,以符号 F_{jy} 表示,由此引起的应力叫挤压应力,以 σ_{jy} 表示。

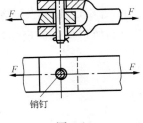

挤压应力在接触面上的分布是比较复杂的,为简化计算,假定销钉对板(或板对销钉)的挤压应力在挤压面的计算面积上是均匀分布的,则

$$\sigma_{jy} = \frac{F_{jy}}{A_{jy}} \tag{6-12}$$

图 6-10

式中,F_{jy} 为挤压力;A_{jy} 为挤压面的计算面积,视接触面的具体情况而定。

对于销钉、铆钉一类的圆柱形构件,挤压面近似于半个圆柱表面。挤压应力分布比较复杂,在实际计算中,以直径投影面作为挤压面,如图 6-11 中的阴影面积,即 $A_{jy}=dt$,用它除挤压力 F_{jy} 所得出的挤压应力与圆柱接触面上的实际最大应力数值大致相等。

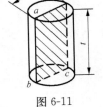

图 6-11

挤压强度条件用下式表示:

$$\sigma_{jy} = \frac{F_{jy}}{A_{jy}} \leqslant [\sigma_{jy}] \tag{6-13}$$

式中,$[\sigma_{jy}]$ 为材料的许用挤压应力,可从有关设计手册中查到。

例 6-2　图 6-12 所示销钉连接中,若已知 $F=20$ kN,$t=10$ mm,销钉材料的许用剪应力 $[\tau]=60$ MPa,$[\sigma_{jy}]=160$ MPa,试求所需销钉的直径 d。

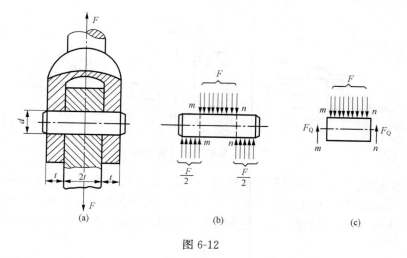

图 6-12

解　销钉剪切面上的剪力(图 6-12(c))为

$$F_Q = \frac{F}{2}$$

按剪切强度条件

$$\tau = \frac{F_Q}{A} \leqslant [\tau]$$

或

$$A = \frac{\pi d^2}{4} \geqslant \frac{F_Q}{[\tau]}$$

所以

$$d \geqslant \sqrt{\frac{2F}{\pi[\tau]}} = \sqrt{\frac{2 \times 20 \times 10^3}{\pi \times 60 \times 10^6}} = 0.0146(\text{m})$$

由图 6-12(b)可知,挤压力为 F 处的挤压面积 $A_{jy} = 2td$,而挤压力为 $F/2$ 处的挤压面积 $A_{jy} = td$,所以两处的挤压应力相同。按挤压强度条件

$$\sigma_{jy} = \frac{F_{jy}}{A_{jy}} = \frac{F_{jy}}{2td} \leqslant [\sigma_{jy}]$$

所以

$$d \geqslant \frac{F_{jy}}{2t[\sigma_{jy}]} = \frac{20 \times 10^3}{2 \times 10^{-2} \times 160 \times 10^6} = 0.00625(\text{m})$$

可见销钉直径按剪切强度选定,可取 $d = 15$ mm。

例 6-3　冲床将钢板冲出直径 $d = 25$ mm 的圆孔,钢板厚度 $t = 10$ mm。剪切极限应力 $\tau_b = 300$ MPa,试求所需的冲力 F。

解　钢板剪切面为直径等于 d,高等于 t 的圆柱侧面(图 6-13(b)),即

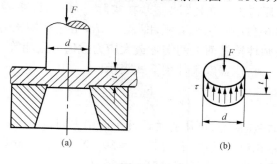

图 6-13

$$A = \pi dt$$

按剪切破坏的极限条件

$$\tau = \frac{F_Q}{A} = \frac{F}{A} = \tau_b$$

得　　　　$F = A \cdot \tau_b = \pi dt\tau_b = \pi \times 25 \times 10 \times 300 = 236 \times 10^3 = 236(\text{kN})$

即所需的冲力不小于 236 kN。

6.4　圆 轴 扭 转

6.4.1　圆轴扭转变形特征

一端固定的等直圆杆,在其表面刻上轴向线和圆周线(图 6-14(a)),然后在杆的自由端加上一个外力偶矩(图 6-14(b))。在变形微小的情况下,可以观察到:

(1) 各轴向线倾斜了同一个微小角度 γ,等直圆杆表面由轴向线与圆周线组成的正方形格子歪斜成菱形。

(2) 各圆周线均围绕轴线旋转一个微小的角度,而圆周线的长度、形状及圆周线间的距离均未改变。

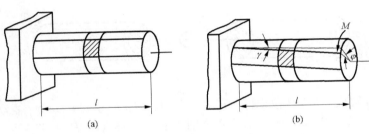

(a)　　　　　　　　　　　　　　　　　　　　(b)

图 6-14

这种由扭矩作用在圆轴横截面上产生的变形称扭转变形。

从变形的可能性出发,假定圆周线反映了横截面的变形,便可作出关于圆轴扭转时内部变形的设想:圆轴扭转前的横截面在变形后仍为平面,形状和大小不变,半径仍为直线。这就称为平面截面假设,按照这一假设,产生扭转变形时,横截面就像刚性平面一样,绕轴线旋转了一个角度。

扭转时圆轴的轴向和径向都没有线应变,所以横截面上不存在正应力 σ。扭转时圆轴表面上的每一个方块都歪斜了同一角度 γ,即扭转变形是剪切变形的另一种形式;直角改变量 γ 为剪应变。由此可知,在圆轴横截面上存在剪应力 τ。

6.4.2　扭矩和扭矩图

对于图 6-15(a)所示的圆轴,为分析其内力,按截面法,假想在轴的任一横截面 n-n 处把圆轴截成左、右两部分,保留左部,考虑其平衡,用矩为 T 的力偶表示作用于横截面 n-n 上的内力(图 6-15(b)),由平衡条件 $\sum M_x = 0$,得

$$T = M$$

力偶矩 T 称为扭矩,扭矩 T 是圆轴扭转时横截面上的内力。扭矩的符号规定如下:按右手螺旋法则,拇指指向表示 T 的矩矢方向,当矩矢方向与截面的外法线方向一致时定为正号,反之为负(图 6-16)。按照这一规定,图 6-15(b)中所示扭矩 T 的符号为正。当保留右部时(图 6-15(c)),

所得扭矩的大小、符号将与按保留左部时的计算结果相同。

为形象地表示扭矩沿轴线的变化情况，常绘制扭矩图。图 6-15(d)为图 6-15(a)所示的受扭转圆轴的扭矩图。

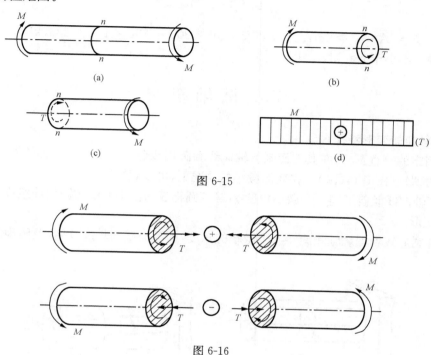

图 6-15

图 6-16

例 6-4　一等圆截面传动轴如图 6-17(a)所示，其转速 n 为 300r/min。主动轮 A 的输入功率 $P_A=221$ kW。从动轮 B、C 的输出功率分别为 $P_B=148$ kW，$P_C=73$ kW。试求轴上各截面的扭矩，并作扭矩图。外力偶矩的计算公式为 $M=9549\dfrac{P_k}{n}$，式中 P_k 为功率，n 为转速。

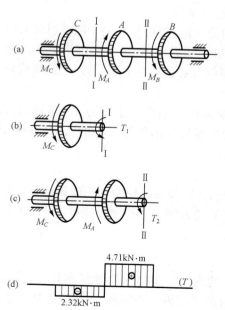

(a)

(b)

(c)

(d)

4.71kN·m

2.32kN·m

图 6-17

解　在确定外力偶矩转向时，应注意到主动轮上的外力偶矩的转向与轴的转向相同，而从动轮上的外力偶矩的转向则与轴的转向相反，这是因为从动轮上的外力偶矩是阻力偶矩。

（1）按公式计算各轮上的外力偶矩。

$$M_A=9549\frac{P_A}{n}=9549\times\frac{221}{300}$$
$$=7.03\times10^3(\text{N}\cdot\text{m})$$

$$M_B=9549\frac{P_B}{n}=9549\times\frac{148}{300}$$
$$=4.71\times10^3(\text{N}\cdot\text{m})$$

$$M_C=9549\frac{P_C}{n}=9549\times\frac{73}{300}$$
$$=2.32\times10^3(\text{N}\cdot\text{m})$$

（2）应用截面法，并根据平衡条件，计算轴各段内的扭矩。在 AC 段内（图 6-17(b)），以 T_1 表

示截面 I-I 上的扭矩,并假定 T_1 的方向如图所示。因为

$$\sum M_x = 0$$

所以

$$T_1 = -M_C = -2.32 \times 10^3 \mathrm{N} \cdot \mathrm{m}$$

AC 段内各横截面上的扭矩不变,所以在这一段内,扭矩图为一水平线,如图 6-17(d)。

同理,在 AB 段内(图 6-17(c)),$\sum M_x = 0$,所以 $M_C - M_A + T_2 = 0$,得

$$T_2 = M_A - M_C = 7.03 \times 10^3 - 2.32 \times 10^3 = 4.71 \times 10^3 (\mathrm{N} \cdot \mathrm{m})$$

(3) 按照上列数据,把各截面上的扭矩沿轴线变化的情况用图 6-17(d)所示的扭矩图表示出来。由图中可见最大扭矩值($|T|_{max} = 4.71 \times 10^3 \mathrm{N} \cdot \mathrm{m}$)及其所在截面的位置。

6.4.3　圆轴扭转时的应力

由于应力与应变有关,为了导出应力的计算公式,可先找出应变的规律。从圆轴中取出一微小段 $\mathrm{d}x$(图 6-18),$\mathrm{d}x$ 段的两个横截面间的相对扭转角为 $\mathrm{d}\varphi$。截面上任意半径 ρ 处的剪应变为 γ_ρ,可写出

$$\gamma_\rho = \rho \frac{\mathrm{d}\varphi}{\mathrm{d}x} \tag{6-14}$$

式中,$\mathrm{d}\varphi/\mathrm{d}x$ 为单位长度转角,是转角 φ 沿杆长的变化率,在同一截面上为一常量。

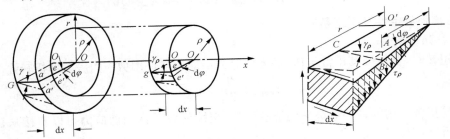

图 6-18　圆轴扭转应变分析

式(6-14)说明,剪应变 γ_ρ 与距轴心的距离 ρ 成正比。截面内径向各点剪应变按直线规律变化,在同一半径 ρ 处各点的剪应变 γ_ρ 相同。

实验证明,在弹性极限内,剪应力 τ 与剪应变 γ 之间的关系符合胡克定律,即

$$\tau = G\gamma$$

式中,G 为剪切弹性模量(单位:MPa)。将式(6-14)代入上式,得到

$$\tau_\rho = G \cdot \rho \frac{\mathrm{d}\varphi}{\mathrm{d}x} \tag{6-15}$$

式(6-15)说明剪应力 τ 也沿着截面半径按线性规律变化,即 τ_ρ 与 ρ 成正比,其方向垂直于半径,并与扭矩 T 方向一致,如图 6-19 所示。

根据静力学关系,圆轴横截面上各微面积 $\mathrm{d}A$ 上的剪应力($\tau_\rho \cdot \mathrm{d}A$)对轴心的力矩($\tau_\rho \cdot \mathrm{d}A \cdot \rho$)的总和应等于扭矩 T,即

$$T = \int_A \rho \tau_\rho \mathrm{d}A \tag{6-16}$$

将式(6-15)代入式(6-16)得

$$T = \int_A G\rho^2 \cdot \frac{\mathrm{d}\varphi}{\mathrm{d}x} \mathrm{d}A$$

式中,G 为常量。由于是对全截面的积分,在同一截面上 $\mathrm{d}\varphi/\mathrm{d}x$ 也是一个常量,故

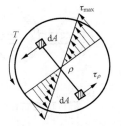

图 6-19　横截面上剪
　　　应力的分布

$$T = G \frac{\mathrm{d}\varphi}{\mathrm{d}x} \int_A \rho^2 \mathrm{d}A$$

式中，$\int_A \rho^2 \mathrm{d}A$ 仅与截面尺寸有关，称为横截面的极惯性矩，并用符号 I_ρ 表示，其单位为 mm^4。上式可写为

$$T = G \frac{\mathrm{d}\varphi}{\mathrm{d}x} I_\rho \quad \text{或} \quad \frac{\mathrm{d}\varphi}{\mathrm{d}x} = \frac{T}{GI_\rho} \tag{6-17}$$

将式(6-17)代入式(6-15)，得到

$$\tau_\rho = \frac{T\rho}{I_\rho} \tag{6-18}$$

式(6-18)为圆轴扭转时横截面上任意点的剪应力计算公式，此式说明，如果截面形状尺寸一定，当 $\rho = r$ 时，剪应力 τ_ρ 达到最大值。可见圆轴扭转时的危险点在横截面的周边表面上，$\tau_{\max}$ 的计算公式为

$$\tau_{\max} = \frac{T}{I_\rho/r} = \frac{T}{W_t} \tag{6-19}$$

式中，$W_t = I_\rho/r$ 称为抗扭截面模量，单位 mm^3。对于实心圆截面，$W_t = \pi d^3/16$；对于空心圆截面，$W_t = \pi D^3(1-\alpha^4)/16$，式中，$\alpha = \dfrac{d}{D}$，$D$ 为空心圆外径，d 为空心圆内径。

6.4.4 扭转强度条件及刚度条件

1. 扭转强度条件

圆轴扭转时，要保证其正常工作，最大剪应力不能超过许用剪应力$[\tau]$，即扭转强度条件为

$$\tau_{\max} = \frac{T}{W_t} \leqslant [\tau] \tag{6-20}$$

由于受扭转作用的轴一般都采用塑性材料，塑性材料的许用剪应力可以直接从拉伸许用应力换算得出，它们的关系是

$$[\tau] = (0.55 \sim 0.6)[\sigma] \tag{6-21}$$

2. 扭转刚度条件

如前所述，圆轴单位长度的扭转角为

$$\theta = \frac{\mathrm{d}\varphi}{\mathrm{d}x} = \frac{T}{GI_\rho}$$

对于两端受外扭矩的等截面圆轴，在轴长 l 范围内，T 与 I_ρ 都是常量，其扭转角为

$$\varphi = \int_l \frac{T}{GI_\rho} \mathrm{d}x = \frac{Tl}{GI_\rho} \tag{6-22}$$

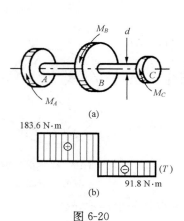

图 6-20

轴除应满足强度条件外，在精密传动中，对扭转角也要加以限制，使实际扭转角不超过许用扭转角，即满足扭转刚度条件。工程上许用扭转角的衡量标准，为每米不超过多少度并用符号$[\theta]$表示。一般传动轴的$[\theta]$可取 $2°/\mathrm{m}$；精密机械中的$[\theta]$常取 $0.15° \sim 0.3°/\mathrm{m}$。扭转刚度条件的表达式为

$$\theta = \frac{\varphi}{l} \leqslant [\theta] \tag{6-23}$$

例 6-5 一传动轴如图 6-20(a)所示，转速 $n = 208\mathrm{r/min}$，主动轮 B 的输入功率 $P_B = 6 \ \mathrm{kW}$，两个从动轮 A、C 的输出功率分别为 $P_A = 4 \ \mathrm{kW}$，$P_C = 2 \ \mathrm{kW}$。已知轴的许用剪应力

$[\tau]=30$ MPa,许用扭转角$[\theta]=1°/m$,剪切弹性模量$G=8\times10^4$ MPa,试按强度条件和刚度条件设计轴的直径 d。

解 (1)计算外力偶矩,绘扭矩图。

$$M_B=9549\frac{P_B}{n}=9549\times\frac{6}{208}=275.4(\text{N}\cdot\text{m})$$

$$M_A=9549\frac{P_A}{n}=9549\times\frac{4}{208}=183.6(\text{N}\cdot\text{m})$$

$$M_C=9549\frac{P_C}{n}=9549\times\frac{2}{208}=91.8(\text{N}\cdot\text{m})$$

由截面法及前述扭矩符号的规定,得 AB、BC 段扭矩分别为

$$T_{AB}=183.6\ \text{N}\cdot\text{m}$$
$$T_{BC}=-91.8\ \text{N}\cdot\text{m}$$

根据以上计算结果,作扭矩图如图 6-20(b)所示。

(2)按强度条件设计轴的直径。由扭矩图可见,最大扭矩为 $T_{max}=183.6$ N·m。根据强度条件(6-20)

$$\tau_{max}=\frac{T_{max}}{W_t}=\frac{T_{max}}{\dfrac{\pi d^3}{16}}\leqslant[\tau]$$

得

$$d\geqslant\sqrt[3]{\frac{16T_{max}}{\pi[\tau]}}=\sqrt[3]{\frac{16\times183.6}{\pi\times30\times10^6}}=31.5\times10^{-3}(\text{m})=31.5(\text{mm})$$

(3)按刚度条件设计轴的直径。由刚度条件(6-23)

$$\theta=\frac{T_{max}}{GI_\rho}\times\frac{180°}{\pi}=\frac{T_{max}}{G\dfrac{\pi d^4}{32}}\times\frac{180°}{\pi}\leqslant[\theta]$$

得

$$d\geqslant\sqrt[4]{\frac{32T_{max}\times180°}{G\pi^2[\theta]}}=\sqrt[4]{\frac{32\times183.6\times180}{80\times10^9\times\pi^2\times1}}=34\times10^{-3}(\text{m})=34(\text{mm})$$

为了同时满足强度及刚度要求,应在以上两计算结果中取较大值作为轴的直径,即轴的直径应大于或等于 34mm,可取 $d=34$mm。

6.5 梁的平面弯曲

机械结构中最常遇到的弯曲形式是平面弯曲,其特点是:杆件是直杆或曲率不大的杆,其截面至少有一个对称轴线(图 6-21(a))。外力或外力偶矩作用在杆件的纵对称面内(图 6-21(b))。杆件变形后,它的轴线在纵对称面内成一条平面曲线。

工程上一般将受力后产生弯曲变形的杆称为梁。截面相同的直梁称为等直梁。下面我们讨论等直梁的平面弯曲。

根据梁的支承情况,梁的基本类型有如下三种(图 6-22):

(1)简支梁。其特点是一端为固定铰链支座,另一端是活动铰链支座(图 6-22(a))。

(2)悬臂梁。其特点是一端刚性固定,另一端自由(图 6-22(b))。

(3)外伸梁。其特点也是用一个固定铰链支座和一个活动铰链支座支承,不过梁的一端或两端是外伸的(图 6-22(c))。

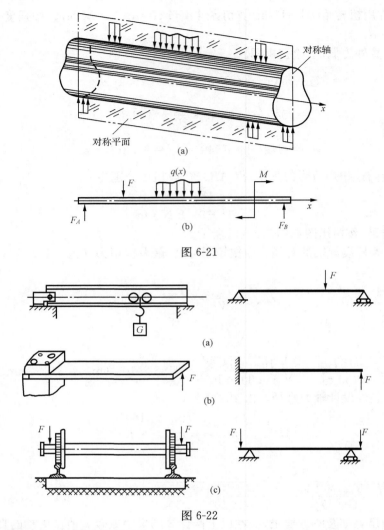

图 6-21

图 6-22

6.5.1　梁弯曲时的内力:剪力与弯矩

分析梁的应力及变形,需先计算梁的内力。求内力的根本方法是截面法。

现以图 6-23(a)所示的简支梁为例,分析梁弯曲时的内力。梁的跨度 $l=5\mathrm{m}$,负荷 $F=8500\mathrm{N}$,距左端 A 的距离 $a=3.2\mathrm{m}$。

首先根据静力学平衡方程求出支反力

$$\sum F_x = 0, \quad F_{Ax} = 0$$

$$\sum M_A = 0, \quad F_{By}l - Fa = 0$$

故

$$F_{By} = \frac{Fa}{l} = \frac{8500 \times 3.2}{5} = 5440(\mathrm{N})$$

$$\sum F_y = 0, \quad F_{Ay} + F_{By} - F = 0$$

故

$$F_{Ay} = F - F_{By} = 8500 - 5440 = 3060(\mathrm{N})$$

　　然后运用截面法,求梁任意横截面上的内力。如果求距 A 端为 x_1 处的 1-1 截面上的内力,则在该处假想用 1-1 截面截开,如取左段为分离体(图 6-23(b))。根据平衡条件

$$\left.\begin{aligned}\sum F_y = 0, \quad -F_{Ay} + F_{Q_1} = 0, \quad F_{Q_1} = F_{Ay} \quad (0 < x_1 < a) \\ \sum M_{O_1} = 0, \quad M_1 - F_{Ay}x_1 = 0 \quad (0 \leqslant x_1 \leqslant a) \\ M_1 = F_{Ay}x_1\end{aligned}\right\} \quad (6\text{-}24)$$

式中,F_{Q_1} 为剪力,M_1 为弯矩。剪力 F_{Q_1} 与弯矩 M_1 是平面弯曲时梁横截面上的两种内力。

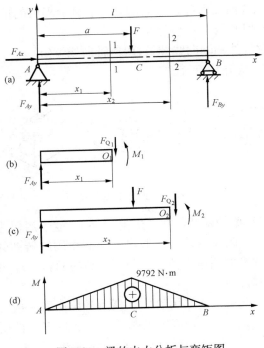

图 6-23　梁的内力分析与弯矩图

　　在取分离体进行内力分析时,需对内力的方向作出规定。剪力的方向规定如下:剪力对分离体内任意点取矩,顺时针转动时为正,逆时针转动时为负。弯矩的方向规定如下:当弯矩使梁弯曲成凹形时为正,反之,使梁弯曲成凸形时为负(图 6-24)。

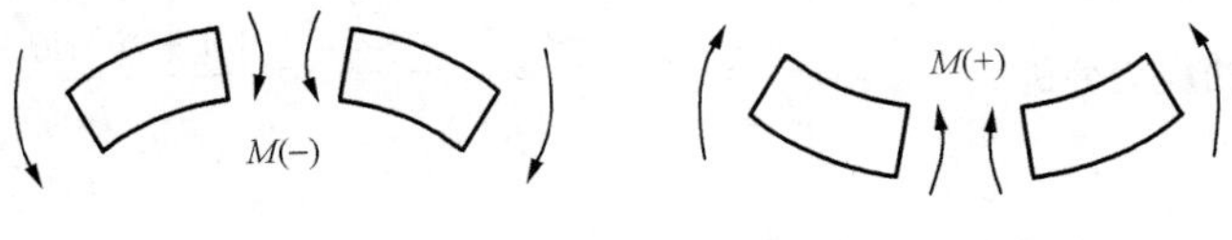

$$M(-) \qquad \qquad M(+)$$

图 6-24　弯矩的正负号

　　在工程实践中,常遇到的细长杆受载弯曲时,弯矩是梁破坏的主要因素,而剪断的可能性是很小的,因此在计算弯曲内力时,常常只考虑弯矩 M,而忽略剪力 F_Q。但剪力 F_Q 作为内力之一,其方程式及计算方法还是应该掌握的。

　　现在再研究距 A 端为 x_2 的 2-2 截面的弯矩,也取左段为分离体(图 6-23(c)),根据平衡条件

$$\left.\begin{aligned}\sum M_{O_2} = 0, \quad M_2 - F_{Ay}x_2 + F(x_2 - a) = 0, \quad a < x_2 \leqslant l \\ M_2 = F_{Ay}x_2 - F(x_2 - a)\end{aligned}\right\} \quad (6\text{-}25)$$

从式(6-24)和式(6-25)可看出一个规律:某一截面的弯矩,在数值上等于截面一侧所有外力(包括负荷和反力)对此截面形心力矩的代数和。利用这个规律,就可直接写出任意截面的弯矩方程。

为了形象地描写弯矩在不同截面的变化规律,便于找到最大弯矩的数值和其位置(即危险截面),常根据弯矩方程画出弯矩图,如图 6-23(d)所示。

6.5.2　弯曲时的应力及强度计算

若在矩形截面梁的侧面画出一些互相正交的圆周线和轴向线(图 6-25(a)),然后在梁的两端加上外力偶矩,使梁产生弯曲变形(图 6-25(b)),可看到变形后的情形为:

(1)圆周线仍为直线,但倾斜了一小角度。

(2)轴向线变为圆弧线,外侧轴向线伸长,内侧轴向线缩短。

(3)各轴向线仍与圆周线互相垂直。

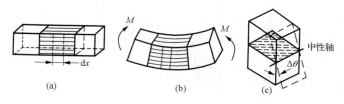

图 6-25　平面弯曲变形特征

根据上述情形可以假设:梁的横截面在变形前为平面,变形后仍为平面,只是转动一个小的角度 $\Delta\theta$(图 6-25(c))。这个假设叫做平面假设。横截面围绕转动的那个轴叫做中性轴,由梁的轴线和中性轴所构成的平面叫做中性层(图 6-25(c)的阴影面)。根据平面假设可知,中性层上的材料不伸长,也不缩短。

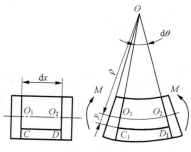

图 6-26　梁的弯曲应变分析

从图 6-25 所示的梁中取一微段 $\mathrm{d}x$ 放大后如图 6-26 所示。假定纵向纤维 $\overset{\frown}{O_1O_2}$ 位于中性层上,其弧长与变形前长度相同(仍为 $\mathrm{d}x$),其曲率半径为 ρ。距中性层 y 的纤维 $\overset{\frown}{CD}$ 的长度则比变形前加长了。由图 6-26 可知

$$\overset{\frown}{O_1O_2} = \mathrm{d}x = \rho\mathrm{d}\theta, \quad \overset{\frown}{C_1D_1} = (\rho + y)\mathrm{d}\theta$$

纤维 CD 的单位伸长量(即应变)为

$$\varepsilon = \frac{\overset{\frown}{C_1D_1} - \overset{\frown}{O_1O_2}}{\overset{\frown}{O_1O_2}} = \frac{(\rho + y)\mathrm{d}\theta - \rho\mathrm{d}\theta}{\rho\mathrm{d}\theta} = \frac{y}{\rho}$$

$$(6\text{-}26)$$

对于微段 $\mathrm{d}x$ 来说,ρ 可看做常量,故应变 ε 与 y 成正比。由此可见,离中性层越远的材料变形越大;离中性层越近,变形越小,且按直线规律变化。于是,在材料弹性范围内,根据胡克定律可得应力与应变的关系为

$$\sigma = E\varepsilon = E\frac{y}{\rho}$$

$$(6\text{-}27)$$

当梁的材料一定时,对于微段 $\mathrm{d}x$ 来说,E、ρ 均为常量。所以式(6-27)表明,梁横截面上任意点的正应力与该点距中性轴的距离 y 成正比。即应力在中性轴上为零,离中性轴越远应力越大(图 6-27(a)),离中性轴最远的两个边缘上的各点应力最大。而且中性轴的一侧全是压应力,另一侧全是拉应力。

从截面上取微小面积 $\mathrm{d}A$（图 6-27（b）），可认为该微小面积上的应力均匀分布。然后，将 $\mathrm{d}A$ 上的微小的力对中性轴取矩，这些矩累加的总和应该等于截面上的弯矩，即

$$M = \int_A y\sigma \mathrm{d}A = \int_A yE\frac{y}{\rho}\mathrm{d}A = \frac{E}{\rho}\int_A y^2 \mathrm{d}A \qquad (6\text{-}28)$$

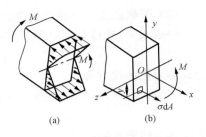

图 6-27　梁横截面应力分布情况

上式中的积分 $\int_A y^2 \mathrm{d}A$ 是仅与截面尺寸和形状有关的一个量，称为截面对于 z 轴的惯性矩，并用符号 I_z 表示，其单位是 mm^4。式（6-28）可写成

$$\frac{1}{\rho} = \frac{M}{EI_z} \qquad (6\text{-}29)$$

将式（6-29）中的 ρ 值代入式（6-27），得到

$$\sigma_y = \frac{My}{I_z} \qquad (6\text{-}30)$$

式（6-30）是计算梁截面上任意点的弯曲正应力的公式。当 y 为最大值时，正应力 σ 值也最大，即

$$\sigma_{\max} = \frac{My_{\max}}{I_z} \qquad (6\text{-}31)$$

式中，$I/y_{\max}$ 可用符号 W 表示，称为抗弯截面模量，其单位为 mm^3。

不同截面形状的抗弯截面模量不同，常见截面形状的计算公式为：

矩形截面　　　　　　　　　　　$W = bh^2/6$

实心圆截面　　　　　　　　　　$W = \pi d^3/32$

空心圆截面　　　　　　　　　　$W = \pi(D^4 - d^4)/(32D)$

式中，b 为宽度，h 为厚度，D 为空心圆外径，d 为空心圆内径。

根据式（6-31），最大弯曲正应力可写为

$$\sigma_{\max} = \frac{M}{W} \qquad (6\text{-}32)$$

为使受弯杆件安全可靠地工作，危险截面上的最大弯曲应力必须小于或等于材料抗弯的许用应力 $[\sigma]$，即弯曲强度条件计算式为

$$\sigma_{\max} = \frac{M}{W} \leqslant [\sigma] \qquad (6\text{-}33)$$

6.5.3　弯曲时的变形及刚度计算

有时，尽管梁满足了强度要求，但如变形不符合刚度要求，梁仍然不适用。特别是仪器中的构件，刚度不足会严重影响仪器的精度。通常以挠度和转角来衡量梁的变形，如图 6-28 所示。图中虚线表示梁受外力作用时的变形形状，在梁的变形过程中，横截面 ab 既有移动又有转动，即：

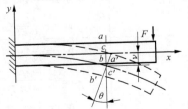

图 6-28　弯曲时的两种变形量度

（1）ab 横截面的形心 c（即梁轴线上的点）移动到 c' 点。原轴线垂直方向（即垂直于 x 轴方向）的线位移 ν 称为梁在该点的挠度。

（2）横截面绕中性轴的转角 θ 称为该截面的转角。

一般说来，挠度是随截面位置而变化的，即挠度 ν 是坐标 x 的函数

$$\nu = f(x)$$

上式称为挠曲线方程式。

一般情况下，转角也随截面位置而变化。转角 θ 与坐标 x 之间的函数关系为

$$\theta = \theta(x)$$

上式称为转角方程式。

图 6-28 示的坐标系中，规定向上的挠度为正，向下的挠度为负；逆时针的转角为正，顺时针的转角为负。

工程上为方便起见，常将简单载荷作用下常见梁的变形计算公式制成表格，供实际计算时查用，见表 6-2。

表 6-2　梁在简单载荷作用下的变形

序号	梁的简图	挠曲线方程	端截面转角	最大挠度
1		$\nu = -\dfrac{Mx^2}{2EI}$	$\theta_B = -\dfrac{Ml}{EI}$	$\nu_B = -\dfrac{Ml^2}{2EI}$
2		$\nu = -\dfrac{Mx^2}{2EI},\quad 0 \le x \le a$ $\nu = -\dfrac{Ma}{EI}\left[(x-a) + \dfrac{a}{2}\right]$ $a \le x \le l$	$\theta_B = -\dfrac{Ma}{EI}$	$\nu_B = -\dfrac{Ma}{EI}\left(l - \dfrac{a}{2}\right)$
3		$\nu = -\dfrac{Fx^2}{6EI}(3l - x)$	$\theta_B = -\dfrac{Fl^2}{2EI}$	$\nu_B = -\dfrac{Fl^3}{3EI}$
4		$\nu = -\dfrac{Fx^2}{6EI}(3a - x), 0 \le x \le a$ $\nu = -\dfrac{Fa^2}{6EI}(3x - a), a \le x \le l$	$\theta_B = -\dfrac{Fa^2}{2EI}$	$\nu_B = -\dfrac{Fa^2}{6EI}(3l - a)$
5		$\nu = -\dfrac{qx^2}{24EI}(x^2 - 4lx + 6l^2)$	$\theta_B = -\dfrac{ql^3}{6EI}$	$\nu_B = -\dfrac{ql^4}{8EI}$
6		$\nu = -\dfrac{Mx}{6EIl}(l-x)(2l-x)$	$\theta_A = -\dfrac{Ml}{3EI}$ $\theta_B = \dfrac{Ml}{6EI}$	在 $x = \left(1 - \dfrac{1}{\sqrt{3}}\right)l$ 处，$\nu_{max} = -\dfrac{Ml^2}{9\sqrt{3}EI}$ 在 $x = \dfrac{l}{2}$ 处，$\nu_{\frac{l}{2}} = -\dfrac{Ml^2}{16EI}$
7		$\nu = -\dfrac{Mx}{6EIl}(l^2 - x^2)$	$\theta_A = -\dfrac{Ml}{6EI}$ $\theta_B = \dfrac{Ml}{3EI}$	在 $x = \dfrac{1}{\sqrt{3}}$ 处，$\nu_{max} = -\dfrac{Ml^2}{9\sqrt{3}EI}$ 在 $x = \dfrac{l}{2}$ 处，$\nu_{\frac{l}{2}} = -\dfrac{Ml^2}{16EI}$

续表

序号	梁的简图	挠曲线方程	端截面转角	最大挠度
8		$\nu=\dfrac{Mx}{6EIl}(l^2-3b^2-x^2)$ $0\leqslant x\leqslant a$ $\nu=\dfrac{M}{6EIl}\big[-x^3+3l(x-a)^2$ $+(l^2-3b^2)x\big]$ $a\leqslant x\leqslant l$	$\theta_A=\dfrac{M}{6EIl}(l^2-3b^2)$ $\theta_B=\dfrac{M}{3EIl}(l^2-3a^2)$	
9		$\nu=-\dfrac{Fx}{48EI}(3l^2-4x^2)$ $0\leqslant x\leqslant\dfrac{l}{2}$	$\theta_A=-\theta_B=-\dfrac{Fl^2}{16EI}$	$\nu_C=-\dfrac{Fl^3}{48EI}$
10		$\nu=-\dfrac{Fbx}{6EIl}(l^2-x^2-b^2)$ $0\leqslant x\leqslant a$ $\nu=-\dfrac{Fb}{6EIl}\bigg[\dfrac{l}{b}(x-a)^3$ $+(l^2-b^2)x-x^3\bigg]$ $a\leqslant x\leqslant l$	$\theta_A=-\dfrac{Fab(l+b)}{6EIl}$ $\theta_B=\dfrac{Fab(l+a)}{6EIl}$	设 $a>b$, 在 $x=\sqrt{\dfrac{(l^2-b^2)}{3}}$ 处, $\nu_{max}=-\dfrac{Fb(l^2-b^2)^{3/2}}{9\sqrt{3}EIl}$ 在 $x=\dfrac{l}{2}$ 处, $\nu_{\frac{1}{2}}=-\dfrac{Fb(3l^2-4b^2)}{48EI}$
11		$\nu=-\dfrac{qx}{24EI}(l^3-2lx^2+x^3)$	$\theta_A=-\theta_B=-\dfrac{ql^3}{24EI}$	$\nu=-\dfrac{5ql^4}{384EI}$
12		$\nu=\dfrac{Fax}{6EIl}(l^2-x^2),0\leqslant x\leqslant l$ $\nu=-\dfrac{F(x-l)}{6EI}\big[a(3x-l)$ $-(x-l)^2\big]$ $l\leqslant x\leqslant(l+a)$	$\theta_A=-\dfrac{1}{2}\theta_B=\dfrac{Fal}{6EI}$ $\theta_C=-\dfrac{Fa}{6EI}\times(2l+3a)$	$\nu_C=-\dfrac{Fa^2}{3EI}(l+a)$

可采用叠加法计算多载荷作用下梁的变形。

由于梁的变形很微小,其变形都在弹性极限内,故转角和挠度都与载荷成线性关系。这样,梁上某一载荷所引起的变形,不受同时作用的其他载荷的影响,即每个载荷对弯曲的影响是各自独立的。因此当梁上同时作用几个载荷时,可分别算出每一个载荷单独作用时所引起的变形,然后将所求得的变形代数相加,即为这些载荷共同作用时的变形,这就是叠加原理。

梁的刚度条件 $\qquad |\nu|_{max}\leqslant[\nu],\qquad |\theta|_{max}\leqslant[\theta]$

式中,$|\nu|_{max}$ 和 $|\theta|_{max}$ 为梁的最大挠度和最大转角,$[\nu]$ 和 $[\theta]$ 为许用挠度和许用转角。

例 6-6 图 6-29(a)所示为一简支梁,受集中力 F 及均布载荷 q 作用。已知抗弯刚度为 $EI,F=ql/4$。试用叠加法求梁上 C 点的挠度。

解 把梁所受载荷分解为只受集中力 F 及只受均布载荷 q 两种情况(图6-29(b)、(c))。

由表 6-2 查得集中力 F 引起的 C 点挠度为

$$\nu_{CF}=\frac{F(2l)^3}{48EI}=\frac{ql^4}{24EI}$$

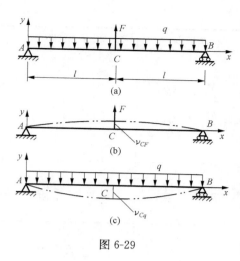

图 6-29

均布载荷 q 引起的 C 点挠度为

$$\nu_{C_q} = -\frac{5q(2l)^4}{384EI} = -\frac{5ql^4}{24EI}$$

梁在 C 点的挠度等于以上两挠度的代数和

$$\nu_C = \nu_{CF} + \nu_{C_q} = \frac{ql^4}{24EI} - \frac{5ql^4}{24EI} = -\frac{ql^4}{6EI}$$

例 6-7　有一仪器中用的片弹簧如图6-30所示。片簧有效长 $l=50$ mm。工作载荷 $F=5.9$ N。要求自由端在集中载荷 F 的作用下,片簧端点挠度 $\nu=2$ mm。材料为锡青铜,$E=112700$ MPa,$[\sigma]=147$ MPa,设计此片弹簧的宽度 b 及厚度 h。

解　此片弹簧可视为一矩形截面的悬臂梁,根据悬臂梁的最大挠度计算公式

$$\nu_{\max} = \frac{Fl^3}{3EI_z}$$

可先求出片簧的截面惯性矩

$$I_z = \frac{Fl^3}{3E\nu} = \frac{5.9 \times (50)^3}{3 \times 112700 \times 2} \approx 1.1(\text{mm}^4)$$

由于 $W=bh^2/6$, $I_z = bh^3/12$,所以 $W=\dfrac{2I_z}{h}$。然后,根据弯曲强度公式

$$\sigma_{\max} = \frac{M}{W} = \frac{Fl}{2I_z/h} = \frac{hFl}{2I_z} \leqslant [\sigma]$$

即可求出片簧的厚度

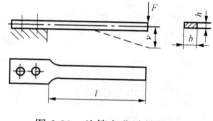

图 6-30　片簧弯曲计算简图

$$h \leqslant \frac{2I_z[\sigma]}{Fl} = \frac{2 \times 1.1 \times 147}{5.9 \times 50} \leqslant 1.1(\text{mm})$$

片簧宽度为

$$b = \frac{12I_z}{h^3} = \frac{12 \times 1.1}{1.1^3} = 9.9 \approx 10(\text{mm})$$

6.6　复杂变形时的强度计算

上述各节讨论的杆件变形,仅限于一种变形的简单变形,即直杆轴向拉伸或压缩、梁的剪切、圆轴扭转、梁的平面弯曲的作用及其应力分析。但工程实际中常存在比较复杂的情况,构件同时受到两种以上变形的作用,即所谓复杂变形问题。

6.6.1　弯曲与拉伸或弯曲与压缩的联合作用

例如,梁 AB 上作用着均布载荷 q 及轴向力 F,如图 6-31 所示。在这类问题中,通常假设一种载荷作用在弹性体系上所引起的变形与构件尺寸相比是非常小的,此变形对构件位置的影响可以忽略不计。例如图 6-31 所示梁受弯曲后的挠度很小时,可以假设轴向力 F 即使在梁

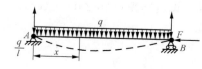

图 6-31　梁受弯曲与压缩联合作用

产生弯曲变形之后,也将只引起梁的简单压缩。因此,欲求出一个弹性体系在复杂变形作用时的总应力和总变形,可以用力作用的叠加法,根据力 F 及载荷 q 引起的应力相加,求出任一横截面上任意点的正应力。

力 F 引起的压应力在横截面面积 A 上是平均分布的,

而且在各横截面上都相等,即

$$\sigma_F = \frac{F}{A}$$

在图 6-31 所示 x 处横截面上,由弯曲所引起的正应力由式(6-30)计算

$$\sigma_q = \frac{M(x)y}{I}$$

坐标 x 从梁左端算起,因此,x 处横截面上坐标 y(从中性轴算起)点的总应力为

$$\sigma = \sigma_F + \sigma_q = \frac{F}{A} + \frac{M(x)y}{I}$$

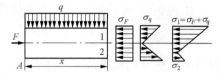

图 6-32　弯曲与压缩的应力合成

　　x 处横截面上由力 F、载荷 q 引起的应力分布及合成情况如图 6-32 所示。该截面上的危险点在上部边缘纤维处,该处两种变形都引起压缩;在下部纤维处需根据应力 σ_F 和 σ_q 的大小来确定是压缩还是拉伸。

　　在最大弯矩作用处,梁的危险截面上的边缘纤维处由弯曲引起的最大正应力为

$$\sigma_{q\max} = \pm \frac{M_{\max}}{W}$$

因此,在梁的危险截面的边缘纤维(图 6-32)1 及 2 处的合成正应力为

$$\left.\begin{array}{l}\sigma_1\\\sigma_2\end{array}\right\} = -\frac{F}{A} \mp \frac{M_{\max}}{W}$$

其最大合成应力将发生在梁的上部边缘纤维 1 处。

　　如果力 F 是拉伸的,则第一项应力的符号就应改变。其最大合成应力将发生在梁的下部边缘纤维 2 处。于是,可写出强度条件的计算式为

$$\sigma_{\max} = \pm \left[\frac{F}{A} \mp \frac{M_{\max}}{W} \right] \leqslant [\sigma] \tag{6-34}$$

6.6.2　扭转与弯曲的联合作用

　　如图 6-33(a)所示,以传动轴 AB 为例,动力由皮带轮 Ⅰ 输入,由齿轮 Ⅱ 输出。若皮带轮 Ⅰ 与支座 A 靠得较近,则皮带张力对轴的弯曲作用可以忽略,故在 Ⅰ 轮上可认为只有一个使轴转动的力偶矩 M 作用。作用在齿轮 Ⅱ 齿上的力 F 可由使轴转动的力偶矩 M 求出,并把这个力 F 移向 AB 轴的轴线,则在轴线上可得一个力 F 和一个力偶矩 $FR=M$。这样就可以绘出 AB 轴的计算简图(图 6-33(b))。设轴是等截面的,轴的危险截面就是齿轮 Ⅱ 所在位置的截面。此危险截面上的内力作用情况如图 6-34(a)所示。

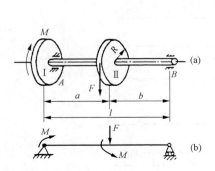

图 6-33　扭转弯曲联合作用的轴

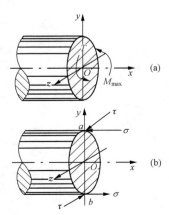

图 6-34　扭转与弯曲的应力合成

当截面上有两种以上的内力存在时,可先计算各内力单独作用时的应力,然后根据适用于塑性材料的最大剪应力理论进行合成,得出总应力。

由弯矩所引起的正应力在截面上 a、b 两点处的数值最大,其值为

$$\sigma = \frac{M_{max}}{W}$$

a 点为压应力,b 点为拉应力。

由扭矩 T 所引起的剪应力在该危险截面的外周上最大,其值为

$$\tau = \frac{T}{W_t}$$

剪应力 τ 的方向与截面半径垂直。

由此可见,a、b 两点的正应力和剪应力都是最大值,所以 a、b 两点是该危险截面上的危险点,其应力情况如图 6-34(b)所示。

根据最大剪应力理论(见"材料力学"中相关内容),可导出弯曲与扭转复合作用时的强度条件计算式为

$$\sigma_{max} = \frac{1}{W} \sqrt{M^2 + T^2} \leqslant [\sigma] \tag{6-35}$$

例 6-8　平带传动轴如图 6-35(a)所示。B 轮平带拉力为水平方向,C 轮平带拉力为铅垂方向。已知 B 轮直径 $D_B = 400$ mm,C 轮直径 $D_C = 320$ mm,轴的直径 $d = 22$ mm。材料的许用应力 $[\sigma] = 80$ MPa,试校核轴的强度。

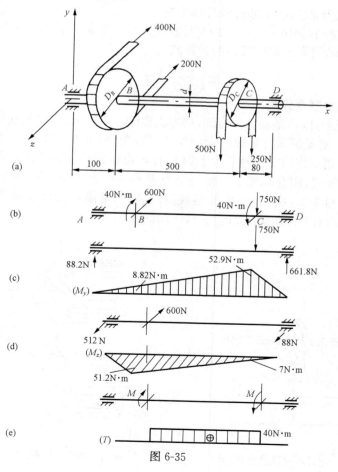

图 6-35

解　根据传动轴的受力情况,可绘出如图 6-35(b)所示计算简图。在 B 截面处有水平方向的集中力 600 N 作用,在 C 截面处有铅垂方向的集中力 750 N 作用,此外,在 B、C 截面处尚有大小相等、方向相反的一对扭转力偶矩 $M=(400-200)\times 0.2=40(\text{N}\cdot\text{m})$。

先计算在铅垂方向的集中力 750 N 引起的约束反作用力及弯矩 M_y(图 6-35(c)):

$$F_A = 88.2\,\text{N}, \quad F_D = 661.8\text{N}$$

$$M_{y_B} = 88.2\,\text{N}\times 0.1\,\text{m} = 8.82\,\text{N}\cdot\text{m}$$

$$M_{y_C} = 88.2\,\text{N}\times 0.6\,\text{m} = 52.9\,\text{N}\cdot\text{m}$$

再计算水平方向的集中力 600 N 引起的反力及弯矩 M_z(图 6-35(d)):

$$F_A = 512\,\text{N}, \quad F_D = 88\,\text{N}$$

$$M_{z_B} = 512\,\text{N}\times 0.1\,\text{m} = 51.2\,\text{N}\cdot\text{m}$$

$$M_{z_C} = 88\,\text{N}\times 0.08\,\text{m} = 7\,\text{N}\cdot\text{m}$$

在 BC 段由扭转力偶矩 M 引起的扭矩为(图 6-35(e)):

$$T = M = 40\,\text{N}\cdot\text{m}$$

虽然 M_y 和 M_z 作用在两个互相垂直的平面内,但传动轴的横截面为圆形,故可将截面上的 M_y 与 M_z 按矢量合成为一个合成弯矩,进行强度计算。

对 B 截面　　　　$M_B = \sqrt{8.82^2 + 51.2^2} = 52(\text{N}\cdot\text{m})$

对 C 截面　　　　$M_C = \sqrt{52.9^2 + 7^2} = 53.4(\text{N}\cdot\text{m})$

C 截面的合成弯矩略大一些,故为危险截面。可以推导出与最大剪应力理论相应的相当应力为

$$\sigma_{r3} = \frac{1}{W}\sqrt{M_C^2 + T^2} = \frac{32}{\pi\times 0.022^3}\sqrt{53.4^2 + 40^2}\quad\text{Pa} = 64.1\,\text{MPa} < [\sigma]$$

所以该轴符合强度要求。

例 6-9　图 6-36(a)所示的压力机,工作时床身立柱受力 $F=1.6\times 10^6$ N,偏心距 $e=535$ mm。床身是灰铸件,考虑到工作情况,材料的许用应力取 $[\sigma]_压 = 80$ MPa,$[\sigma]_拉 = 28$ MPa,其主要数据如图 6-36(a)所示,$m\text{-}n$ 截面的面积 $A=1.812\times 10^5$ mm^2,$I_z=1.365\times 10^{10}$ mm^4,试校核床身的强度。

解　将力 F 向立柱中心线简化(图 6-36(b)),得到轴向拉力和作用在纵向对称平面内的力偶矩 $M_0 = F\cdot e$,可知是拉伸和弯曲的组合。

用截面法将立柱于 $m\text{-}n$ 处截开,取立柱的上半部分为研究对象(图 6-36(b)),由静力平衡条件知 $m\text{-}n$ 截面上的内力为:

轴向拉力　　　　$F_N = F = 1.6\times 10^6$ N

弯矩　　　　$M = F\cdot e = 1.6\times 10^6 \times 535 = 856\times 10^6(\text{N}\cdot\text{m})$

由轴向拉伸引起的正应力 $\sigma_N = F_N/A$ 是均匀分布的(图 6-36(c)),由弯矩 M 引起的正应力在两侧边缘最大(图 6-36(d)),根据叠加法可以判定,危险点为 m 点及 n 点,故其应力为

$$\sigma_n = \sigma_N - \sigma'_M = \frac{F_N}{A} - \frac{Ma}{I_z} = \frac{1.6\times 10^6}{1.812\times 10^5} - \frac{856\times 10^6 \times 550}{1.365\times 10^{10}}$$

$$= -25.6(\text{MPa})(压应力)$$

即 $|\sigma_n| < [\sigma]_压$,故不会压坏。

$$\sigma_m = \sigma_N + \sigma''_M = \frac{F_N}{A} + \frac{Mb}{I_z} = \frac{1.6 \times 10^6}{1.812 \times 10^5} + \frac{856 \times 10^6 \times 250}{1.365 \times 10^{10}}$$
$$= 24.5(\text{MPa})(拉应力)$$

即 $|\sigma_m| < |\sigma|_拉$，故不会损坏。从上述计算结果可知，压力机床身的强度是足够的。

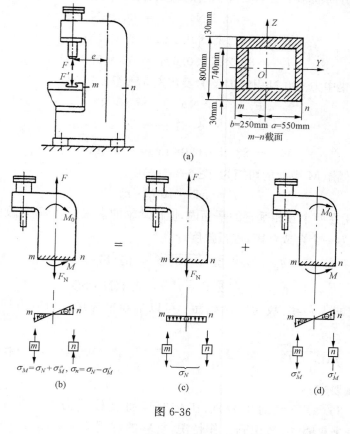

图 6-36

习　题

6-1　用截面法求图 6-37 所示杆件各段截面的内力。

6-2　已知等截面直杆面积 $A = 500$ mm²，受轴向力作用如图 6-38 所示，$F_1 = 1000$ N，$F_2 = 2000$ N，$F_3 = 2000$ N。试求杆各段的内力和应力。

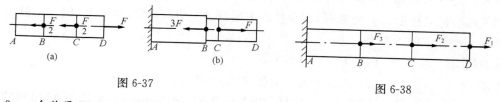

图 6-37　　　　　　　　　　　　　　　　　图 6-38

6-3　一个总重 $W = 1200$ N 的电机，采用 M8 吊环螺钉（螺纹大径为 8 mm，小径为 6.4 mm），如图 6-39所示。其材料是 Q235 钢，许用应力 $[\sigma] = 40$ MPa。试校核吊环螺钉的强度（不考虑圆环部分重量）。

6-4　一钢制阶梯形直杆,其受力如图 6-40 所示,已知$[\sigma]=260$ MPa,各段截面面积分别为 $A_1=A_3=300$ mm²,$A_2=200$ mm²,$E=20\times10^4$ MPa。

(1) 各段的轴向力为多少? 最大轴向力发生在哪一段内? 杆的强度是否安全?

(2) 计算杆的总变形。

6-5　图 6-41 是一托架,AC 是圆钢杆。许用应力$[\sigma]_{AC}=160$ MPa,BC 是方木杆,许用应力$[\sigma]_{BC}=4$ MPa,$F=60$ kN,试确定圆钢杆横截面的直径 d 及木杆方截面的边长 b。

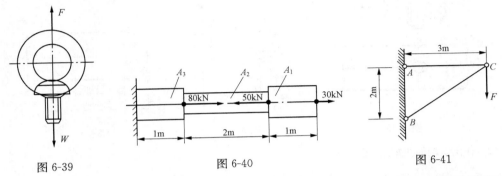

图 6-39　　　　　　　　　　　　　图 6-40　　　　　　　　　　　　　图 6-41

6-6　气动夹具如图 6-42 所示。已知气缸内径 $D=140$ mm,气压 $p=0.6$ MN/m²,活塞杆材料为 20 号钢,其许用应力$[\sigma]=80$ MPa。试设计活塞杆的直径 d(活塞杆的直径远小于活塞的直径)。

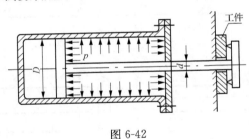

图 6-42

6-7　在图 6-43 所示的阶梯杆中,已知:$F_A=10$ kN,$F_B=20$ kN,$l=100$ mm,AB 段与 BC 段的横截面面积分别为 $A_{AB}=100$ mm²,$A_{BC}=200$ mm²,材料的弹性模量 $E=200$ GPa。试求杆的总伸长量及端面 A 与 D-D 截面间的相对位移。

6-8　图 6-44 所示为一阶梯形钢杆,AC 段的截面面积 $A_{AB}=A_{BC}=500$ mm²,CD 段的截面面积 $A_{CD}=200$ mm²。杆的各段长度及受力情况如图6-44所示。已知钢杆的弹性模量$E=20\times10^4$ MPa,其许用应力$[\sigma]=100$ MPa。试求:

(1) 各段杆横截面上的内力和应力;

(2) 校核钢杆的强度;

(3) 杆的总长度变形。

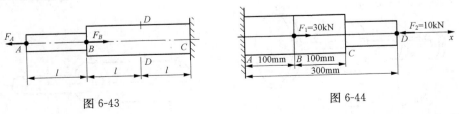

图 6-43　　　　　　　　　　　　　　　　　　图 6-44

6-9　拖车挂钩靠销钉来连接,如图 6-45 所示,已知销钉材料的许用剪应力$[\tau]=20$ MPa,拖车的拉力 $F=15\times10^3$ N。试选择销钉的直径 d。

6-10　一螺栓连接如图 6-46 所示,已知外力 $F = 200 \times 10^3$ N,螺栓的许用剪应力 $[\tau] = 80$ MPa。试求螺栓所需的直径。

6-11　在厚度 $h = 5$ mm 的薄钢板上,冲出一个如图 6-47 所示形状的孔,钢板的极限剪应力 $\tau_b = 320$ MPa,求冲床必须具有的冲力 F。

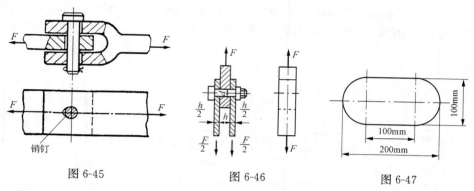

图 6-45　　　　　　　　　　图 6-46　　　　　　　　　图 6-47

6-12　作图示轴的扭矩图(图 6-48)。

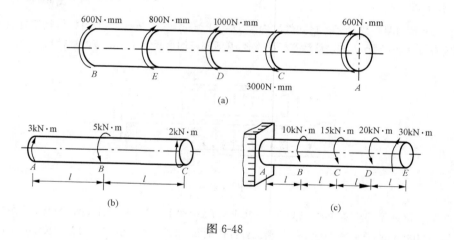

(a)

(b)　　　　　　　　　　　　(c)

图 6-48

6-13　直径为 75 mm 的等截面轴上装有四个皮带轮,作用在皮带轮上的外力偶矩如图 6-49 所示。已知 $G = 8 \times 10^4$ MPa,要求:

(1) 作扭矩图;

(2) 求每段内的最大剪应力;

(3) 求轴的总扭转角。

6-14　一钢制阶梯状轴如图 6-50 所示,已知 $M_1 = 10$ kN·m,$M_2 = 7$ kN·m,$M_3 = 3$ kN·m。试计算其最大剪应力。

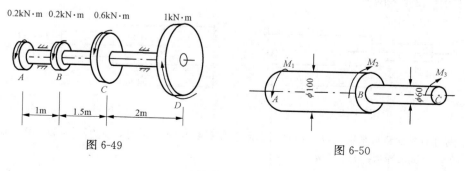

图 6-49　　　　　　　　　　　　　　图 6-50

6-15　某机器的传动轴如图 6-51 所示。转速 $n=300$ r/min，主动轮输入功率 $N_1=367$ kW，三个从动轮输出功率 $N_2=N_3=110$ kW，$N_4=147$ kW。$[\tau]=40$ MPa，$[\theta]=0.3°/$m，$G=80$ GN/m²。试设计轴的直径。

6-16　图 6-52 所示为一受均布载荷的梁，其跨度 $l=200$ mm，梁截面的直径 $d=25$ mm，许用弯曲应力 $[\sigma]=150$ MPa。试问沿梁每米长度上可能承受的最大载荷 q 为多少？

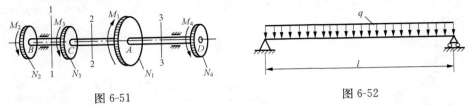

图 6-51　　　　　　　　　　　　　　　　　　　图 6-52

6-17　试列图 6-53 所示各梁的剪力方程及弯矩方程，并作剪力图和弯矩图。

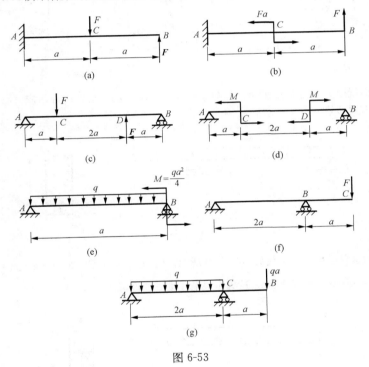

图 6-53

6-18　图 6-54 所示外伸梁由 25a 工字钢制成，其跨度 $l=6$ m，全梁上受均布载荷 q 作用，为使支座处截面 A、B 及跨度中央截面 C 上的最大正应力均为140 MPa，试求外伸部分的长度 a 及载荷集度 q （$W=401.88$ cm³）。

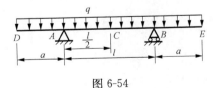

图 6-54

6-19　试用叠加法求图 6-55 所示梁 B 截面的挠度及 B 截面的转角，抗弯刚度 EI 均为常量。

6-20　用叠加法求图 6-56 所示外伸梁自由端 C 处的挠度。已知 l、F、$M=2Fl$，抗弯刚度 EI 为常量。

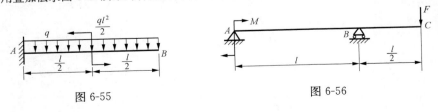

图 6-55　　　　　　　　　　　　　　　　　　　图 6-56

6-21 简易起重架由 №18 号工字钢 AB 及拉杆 AC 组成,滑车可沿梁 AB 移动(图 6-57),如滑车自重及载重共计为 $F=25 \times 10^3$ N,试校核梁 AB 是否安全。梁 AB 的许用应力 $[\sigma]=120$ MPa,$A=30.6$ cm²,$W=185$ cm³。

6-22 电机带动一圆轴 AB,其中点处装有一个重 $F_1=5 \times 10^3$ N,直径为1200 mm的胶带轮(图 6-58),胶带紧边的张力 $F_2=6 \times 10^3$ N,松边的张力 $F_3=3 \times 10^3$ N,如轴的许用应力 $[\sigma]=50$ MPa,按最大剪应力理论,试求轴的直径 d。

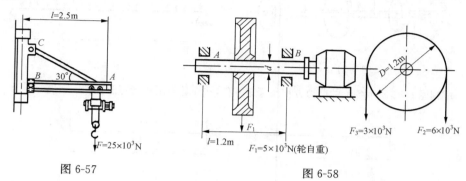

图 6-57　　　　　　　　　　　　　　　　　図 6-58

6-23 矩形截面梁受力如图 6-59 所示。已知 $q=2$ kN/m,$a=1$ m,材料的许用应力 $[\sigma]=110$ MPa,要求按强度设计截面的尺寸 b 和 h。

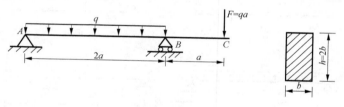

图 6-59

6-24 矩形截面悬臂梁承受均布载荷如图 6-60 所示。已知 $l=3$ m,$E=200$ GPa,$[\sigma]=120$ MPa,许用最大挠度 $[v]=\dfrac{l}{250}$,$b=80$ mm,$h=160$ mm。试确定载荷集度 q 的许可值。

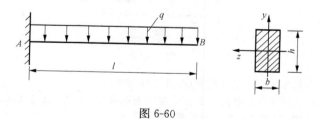

图 6-60

第7章 连 接

7.1 连接的分类

在机械和仪器中,许多零部件需要采用一定的连接方式合成一体,以保证机械或仪器的各组成部分具有确定的相对位置。采用合理的连接方法和结构,可使精密机械和仪器工作可靠,拆装和维修方便,且制造工艺简单、成本低廉。

依据连接方法和结构的特点,可将连接分为两类:可拆连接和不可拆连接(即永久连接)。

(1) 可拆连接。如果把这种连接的零件拆开,构成连接的所有零件都不会损坏。精密机械和仪器中常用的可拆连接有螺纹连接、销钉连接、键连接及速拆连接等。

(2) 不可拆连接。如果拆开这种连接的零件,则连接零件或被连接零件之一必被损坏。精密机械及仪器中常用的不可拆连接有焊接、胶接、铸合连接、铆接等。

无论是可拆连接或不可拆连接,其结构设计均应满足以下要求:

(1) 保证足够的强度。

(2) 保证被连接零件具有一定的位置精度。

(3) 在振动和冲击的条件下,保证连接可靠。

(4) 保证连接结构有良好的工艺性。

此外,对于某些连接结构,还需提出特殊要求,例如,密封性和导电性等。

7.2 可 拆 连 接

7.2.1 螺纹连接

1. 螺纹的主要几何参数

在机械和仪器中,连接螺纹主要是粗牙和细牙普通螺纹,有时采用特种细牙螺纹。

图 7-1 所示为普通螺纹,其主要几何尺寸参数如下:

大径 d, D——与外螺纹牙顶或内螺纹牙底相重合的假想圆柱的直径叫大径。

小径 d_1, D_1——与外螺纹牙底或内螺纹牙顶相重合的假想圆柱的直径叫小径。

中径 d_2, D_2——螺纹牙宽度与牙间宽度相等处的假想圆柱的直径叫中径。

螺距 p——相邻两牙在中径线上对应两点间的轴间距离。

导程 s——同一条螺旋线上的相邻两牙在中径线上对应两点间的轴向距离。设螺旋线数为 n,则 $s=np$。

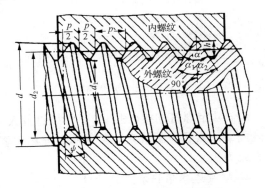

图 7-1 圆柱螺纹的主要几何参数

牙形角 α——轴向截面内螺纹牙形相邻两侧边的夹角称为牙形角。牙形侧边与螺纹轴线的垂线间的夹角称为牙侧角 α_1、α_2。对于对称牙形，$\alpha_1 = \alpha_2 = \dfrac{\alpha}{2}$。

2. 螺纹的类型和应用

根据牙型可将螺纹分为三角形、梯形、锯齿形螺纹等。连接常用三角形螺纹，称为普通螺纹；传动常用梯形螺纹，它具有强度高、精度高的特点。为适应各行业的特殊工作要求，还制定有特殊用途的螺纹，如光学仪器螺纹、管螺纹等，选用时可查阅有关专用标准和手册。

3. 螺纹连接的基本类型

（1）螺栓连接。普通螺栓连接（图 7-2（a））。当被连接件不太厚时，用普通螺栓贯穿两个或多个被连接件的孔，拧紧螺母形成连接。这种连接，孔壁上不制作螺纹，所以结构较简单，拆装方便，成本较低，而且不受被连接件材料限制，因而应用最广。

铰制孔用螺栓连接（图 7-2（b））。螺栓杆和孔多采用基孔制过渡配合（H7/m6）。这种连接能精确固定被连接件的相对位置，并能承受横向载荷，但孔的加工精度要求较高。

（2）螺钉连接（图 7-3）。如果被连接件之一较厚，不宜采用螺栓连接时，可以采用螺钉连接。这种连接不用螺母，螺杆不外露，外观整齐。由于其中一个较厚的被连接件要做出螺纹孔，这种连接形式比普通螺栓连接构造复杂。螺钉拧入被连接件的深度与螺钉及被连接件的材料有关。按等强度条件决定的最小拧入深度已在手册中给出。螺钉连接不适用于经常拆装的连接，常拆装会使螺纹孔磨损而导致被连接件报废或修理困难。

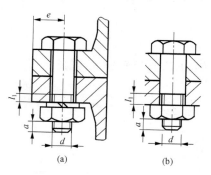

螺纹余留长度 l_1：

　　静载荷 $l_1 \geqslant (0.3 \sim 0.5)d$

　　变载荷 $l_1 \geqslant 0.75d$

　　冲击载荷或弯曲载荷 $l_1 \geqslant d$

螺纹伸出长度 $a = (0.2 \sim 0.3)d$

螺栓轴线到边缘的距离 $e = d + (3 \sim 6)\text{mm}$

图 7-2　螺栓连接

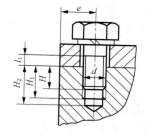

座端拧入深度 H，当螺孔材料为

　　钢或青铜 $H \approx d$

　　铸铁 $H = (1.25 \sim 1.5)d$

　　铝合金 $H = (1.5 \sim 2.5)d$

　　螺纹孔深度 $H_1 = H + (2 \sim 2.5)P$

　　钻孔深度 $H_2 = H_1 + (0.5 \sim 1)d$

l_1、a、e 值同图 7-2

图 7-3　螺钉连接

（3）紧定螺钉连接（图 7-4）。将螺钉拧入一个零件的螺纹孔，使螺钉的末端顶住另一零件表面或顶入相应的坑穴。紧定螺钉连接主要用于固定两个零件的相互位置，不宜传递很大的力或力矩。

4. 螺纹连接用标准连接零件

常用的标准连接零件有螺栓、螺钉、螺母、垫圈和防松零件等，设计时应尽量选用标准连接件。这些标准连接件品种、类型很多，它们的结构特点和有关尺寸可参考设计手册。

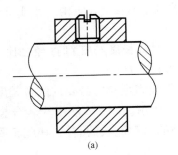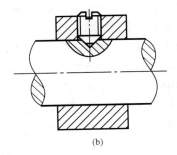

图 7-4　紧定螺钉连接

（1）螺钉。圆柱头螺钉是应用最广泛的一种。不需特制工具，可承受中等拧紧力矩。

六角槽或十字槽的螺钉，可承受较大的拧紧力矩而不致破裂，但需特制拆装工具。

沉头或半沉头螺钉的钉头更薄，适用于较薄零件的连接及结构所限必须沉头之处。钉头有 90°锥面，拧紧时起定位作用。

六角头螺栓（也可叫做六角头螺钉）使用时需要配置螺母，必要时加垫圈。这种连接强度高，主要用于尺寸较大、受力较大的情况。

螺钉的其他用途如图 7-5 所示。图 7-5（a）所示结构用来调节零件的位置；图 7-5（b）所示结构作为转动零件的心轴；图 7-5（c）所示结构中螺钉与直线运动零件组成导轨。

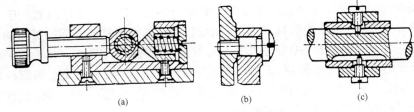

图 7-5　螺钉的其他用途

（2）螺母。螺母的形状有六角形、圆形等。六角螺母有三种不同厚度，薄螺母用于尺寸受到限制的地方。厚螺母用于经常装拆、易于磨损之处。圆螺母常用于轴上零件的轴向固定。

（3）垫圈。垫圈的作用是增加被连接件的支承面积以减小接触处的压强（尤其当被连接件材料强度较差时），并避免拧紧螺母时擦伤被连接件的表面。普通垫圈呈环状，有防松作用的垫圈见手册。

7.2.2　螺钉连接的结构设计

连接零件的类型主要是根据所设计仪器的结构和连接的要求来确定。确定连接零件类型后，再决定其尺寸。

连接零件的尺寸主要是螺钉或螺栓的直径 d 和长度 L。用于仪器中的螺钉在大多数情况下受力都比较小，因而按结构条件选标准螺钉直径。一般来讲，螺钉的制造成本随直径的减小而降低。但是，当螺钉直径过小时，由于制造上的困难和装配的不方便，反而会使成本提高。因此，在不影响连接使用要求的条件下，应避免选用过小的直径。仪器中常用的小型螺钉直径一般是 2 mm、2.5 mm、3 mm。

螺钉长度 L 决定于具有通孔的被连接零件 1 的厚度 h 和螺钉与零件 2 的配合长度 l，如图 7-6 所示。

图 7-6　螺钉尺寸

当螺钉较小时,全长都有螺纹。此时零件1的最小厚度 $h_{\min}$ 应稍大于1.5~2个螺距。当零件1的厚度不够时,可加垫圈。

零件1的最大厚度 $h_{\max}$ 受到螺钉长度的限制,螺钉长度与螺钉直径之比值,一般不大于8~10。如果零件1过厚,可用钉头沉入零件1的办法解决。

在仪器结构中,也常常会遇到零件厚度不够,不能满足螺钉必要的配合长度的情况。这时可以局部增加螺纹处的厚度。常用的方法如图7-7所示。图7-8所示为轻合金或塑料等强度较低的材料制成的零件,在螺纹孔中嵌入强度较高的材料制成的套筒,在此套筒内表面上再车制螺纹。

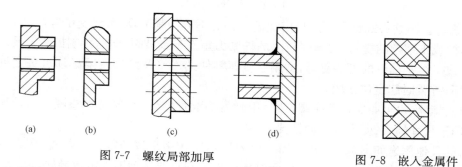

图 7-7　螺纹局部加厚　　　　　　　　　　　图 7-8　嵌入金属件

7.2.3　螺栓组连接的结构设计

螺栓组连接的结构设计是螺栓组连接的重要设计内容,它的主要目的就在于合理地确定连接接合面的几何形状、螺栓的数目及其布置形式,力求各螺栓和接合面间受力均匀、合理,便于加工和装配。为此,设计时应综合考虑以下几方面的问题:

(1) 接合面的形状应力求简单,最好是矩形、圆形或方形,同一圆周上的螺栓数目应采用4、6、8、12等,以便于加工时分度(图7-9)。应使螺栓组的形心与连接接合面的形心重合,最好有两个互相垂直的对称轴,以便于加工和计算。

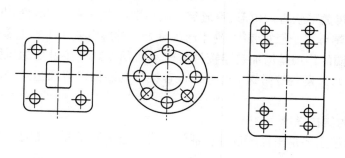

图 7-9　螺栓组接合面的形状

(2) 受力矩作用的螺栓组,螺栓应尽量远离对称轴,以减少螺栓受力。

(3) 受横向力的螺栓组,沿受力方向布置的螺栓不宜超过八个,以免各螺栓受力不均匀。

(4) 同一螺栓组紧固件的形状、尺寸应尽量一致,以便于加工和装配。

(5) 螺栓的布置应有合理的间距、边距。螺栓的周围应留有足够的空间,以方便装配。

布置螺栓时,各螺栓轴线间以及螺栓轴线和机体壁间的最小距离,取决于装配时扳手所需活动空间的大小(图7-10),其尺寸可查有关设计手册。而各螺栓轴线间的最大间距取决于对连接紧密性的要求,通常可参考表7-1选取(不大于表中所推荐的数值)。

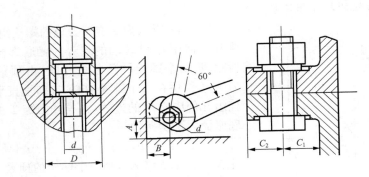

图 7-10 扳手空间尺寸

表 7-1 螺栓间距

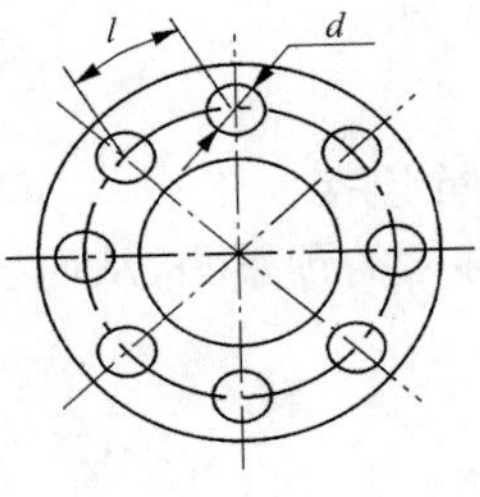	连接用途		$l<$
	普通连接		$10d$
容器法兰连接	工作压强 /MPa	≤1.6	$7d$
		>1.6~4.0	$4.5d$
		>4.0~10	$4.5d$
		>10~16	$4d$
		>16~20	$3.5d$
		>20~30	$3d$

7.2.4 螺栓组连接的受力分析及强度计算

1. 受横向力的螺栓组连接

图 7-11 所示为一受横向力的螺栓组连接,载荷 F_Σ 与螺栓轴线垂直,并通过螺栓组的对称中心。可假设每个螺栓所承受的横向载荷是相同的,由此可得每个螺栓的工作载荷

$$F=F_\Sigma/z \qquad (7-1)$$

式中,z 为螺栓的数目。

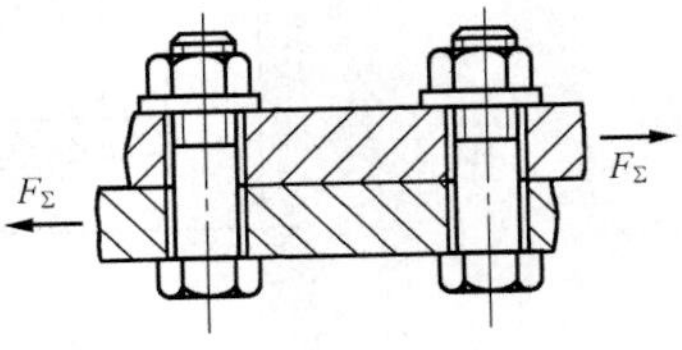

普通螺栓连接,因为螺栓杆与孔壁之间有间隙,为保证连接可靠不产生滑移,不能靠螺栓直接承受工作载荷,而是在装配时拧紧螺栓,由预紧后在接合面间产生的摩擦力传递载荷。其预紧力 F_p 应满足以下条件:

图 7-11 受横向载荷的螺栓组

$$F_p fm \geqslant K_n F$$

或

$$F_p \geqslant \frac{K_n F}{fm} \qquad (7-2)$$

式中,f 为接合面间的摩擦系数;m 为接合面数目;K_n 为可靠性系数,按载荷是否平稳及工作要求决定,一般取 1.1~1.5。

强度计算公式为

$$\sigma_v = \frac{1.3F_p}{\frac{\pi}{4}d_1^2} \leqslant [\sigma] \qquad (7-3)$$

式中,σ_v 为当量应力;d_1 为螺栓的小径;$[\sigma]$ 为许用应力。

2. 受旋转力矩的螺栓组连接

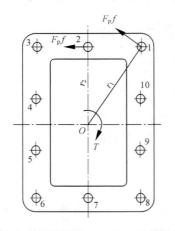

图 7-12　受旋转力矩的普通螺栓连接

图 7-12 所示为受旋转力矩的螺栓组连接,螺栓组有绕其几何中心 O 转动的趋势。普通螺栓连接如图 7-12 所示,设每个螺栓的预紧力相同,由预紧力产生的摩擦力 $F_\mathrm{p}f$ 作用在每个螺栓中心,方向垂直于螺栓中心与螺栓组几何中心 O 的连线,并与外力矩 T 的方向相反。由底座受力平衡条件

$$T = F_\mathrm{p}fr_1 + F_\mathrm{p}fr_2 + \cdots + F_\mathrm{p}fr_n$$

计入可靠性系数 K_n,则每个螺栓的预紧力

$$F_\mathrm{p} = \frac{K_\mathrm{n}T}{f(r_1 + r_2 + \cdots + r_n)} \tag{7-4}$$

式中,$r_1, r_2, \cdots, r_n$ 为各摩擦中心至 O 点的距离;f 为接合面间的摩擦系数。

强度计算公式同式(7-3)。

3. 受轴向力的螺栓组连接

图 7-13(a)所示为压力容器与盖的连接,这是受轴向工作载荷的螺栓连接。工作载荷的方向与螺栓的轴线一致,这种连接要求在拧紧螺母后产生足够大的预紧力,从而当工作载荷作用时,接合面仍保持一定的紧密程度。

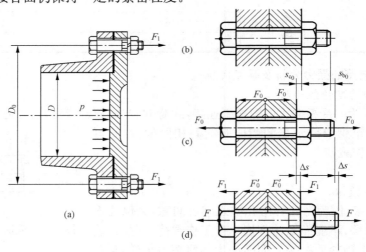

图 7-13　压力容器与盖的连接和螺栓的受力分析

在连接中,各螺栓的受力情况相同,故取一个螺栓进行受力分析。如图 7-13(b)所示为尚未拧紧螺母的情况。在拧紧螺母后(图 7-13(c)),预紧力 F_0 的作用使螺栓伸长了 s_{b0},而被连接件缩短了 s_{c0}。当承受工作载荷 F_1 后(图 7-13(d)),螺栓的伸长量增加了 Δs,而被连接件的缩短量减少了 Δs。因此,当加上工作载荷后,螺栓的伸长量由 s_{b0} 增大到 $s_{b0} + \Delta s$,与此相对应的螺栓拉力由 F_0 增大到 F(F 是螺栓工作时所受的总拉力);被连接件的缩短量由 s_{c0} 减小到 $s_{c0} - \Delta s$,与此相对应的被连接件所受到的压力由 F_0 减少 F_0',F_0' 称为残余预紧力。所以螺栓在工作时所受到的总拉力 F 为工作载荷 F_1 与残余预紧力 F_0' 之和,即

$$F = F_1 + F_0' \tag{7-5}$$

如图 7-14 所示,图(a)和(b)分别表示 F_0 与 s_{b0} 和 s_{c0} 的关系。按此载荷变形图可得到

式(7-5)。若零件中应力没有超过比例极限,从图中可知,螺栓刚度 $K_b = \dfrac{F_0}{s_{b0}}$,被连接件刚度 $K_0 = \dfrac{F_0}{s_{c0}}$。在连接未受工作载荷时,螺栓中的拉力和被连接件的压缩力都等于 F_0,所以把图 7-14(a)和(b)合并,可得图 7-14(c)。

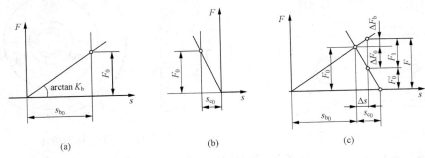

图 7-14 载荷与变形的关系

从图 7-14(c)可知,承受工作载荷 F_1 后,螺栓的伸长量为 $s_{b0} + \Delta s$,相应的总拉伸载荷为 F;被连接件的压缩量为 $s_{c0} - \Delta s$,相应的残余预紧力为 $F_0{}'$,而 $F = F_1 + F_0{}'$。此即式(7-5)。

对于有紧密性要求的螺栓连接(如压力容器的螺栓连接),可取 $F_0{}' = (1.5 \sim 1.8)F_1$;对于没有紧密性要求的螺栓连接,当工作载荷 F_1 为静载荷时,可取 $F_0{}' = (0.2 \sim 0.6)F_1$;当 F_1 为变载荷时,可取 $F_0{}' = (0.6 \sim 1.0)F_1$。

在总拉力 F 作用下工作时,上述螺栓连接的强度条件为

$$\sigma = \frac{1.3F}{\dfrac{\pi d_1^2}{4}} \leqslant [\sigma] \tag{7-6}$$

式中,F 为轴向总拉力,单位 N;σ 为轴向总拉力 F 所引起的正应力,单位 MPa;$[\sigma]$ 为螺栓材料的许用应力,单位 MPa;d_1 为螺栓的小径,单位 mm。

螺栓小径
$$d_1 \geqslant \sqrt{\frac{4 \times 1.3F}{\pi[\sigma]}} \tag{7-7}$$

设计螺栓连接时,首先按仪器结构条件确定螺栓尺寸,然后按式(7-6)进行强度验算,当计算应力 $\sigma \leqslant [\sigma]$ 时,则设计合格,否则需要修改设计。

还应该指出,在一个产品上,往往需要很多螺钉连接,在选定螺钉类型和尺寸后,采用的螺钉类型和尺寸规格越少越好。

7.2.5 保证被连接零件的位置精度及防松方法

1. 保证被连接零件的位置精度

在仪器结构中,常常要求被连接零件的相互位置准确,在拆卸后重装时仍然能够保持原有的位置精度。但在一般的螺钉连接中,如图 7-6 所示,零件 1 的孔径大于螺钉直径,装配后有间隙,达不到位置准确;另外,孔径中心位置也存在加工误差。为此,通常采取以下措施:

(1) 适当规定被连接零件孔径中心位置的误差范围。

(2) 当连接面仅为平面时,必须用两个圆柱销定位,如图 7-15 所示。

(3) 当连接面不仅有平面,而且还有圆柱配合面时,只要用一个圆柱销或其他零件来防止被连接零件绕配合面轴线转动即可。如图 7-16 所示。

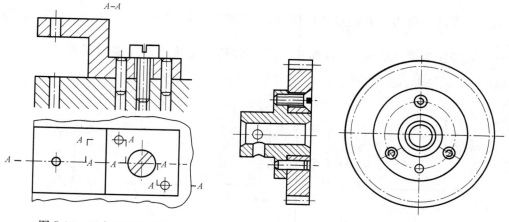

图 7-15　两个圆柱销定位　　　　　图 7-16　一个圆柱销防转

当采用两个定位销时,在其他条件不变的情况下,两销钉中心距离越大则定位精度越高。

只用一个螺钉连接时,被连接零件有相对偏转的可能性。为避免偏转,可考虑采用双螺钉或者采用防转结构,如图 7-17 所示。

2. 防止螺钉连接松动的方法

从理论上看,螺钉具有自锁能力,但螺钉的自锁作用仅在静载荷下才是可靠的,而在振动和变载荷下,由于相互接触的螺牙之间力的作用处于不稳定状态,螺钉连接常常产生松动现象,导致仪器不能正常工作,严重时甚至造成仪器的损坏。因此,对于在振动和交变载荷下工作的螺钉连接,应采取必要的防松措施。

常用的防松方法和典型结构有:

(1) 靠摩擦力防松的方法。

图 7-18(a)所示为弹簧垫圈防松结构。弹簧垫圈是一个具有切口、形状像弹簧的垫圈,通常用 65Mn 钢制成,经过淬火使其富有弹性。当把螺母拧紧后,垫圈受压产生很大的弹性变形。因此,在螺纹间可经常保持一定的摩擦力,以防止螺母松脱。此外,切口的尖端刮着螺母的支承面也起防松作用。缺点是切口的尖端能刮伤与其接触的零件表面。但由于它结构简单、使用方便,因此被广泛采用。

图 7-18(b)所示的结构利用弹簧的弹性作用来提高螺纹间或支承面间的摩擦力,增强连接的防松能力。

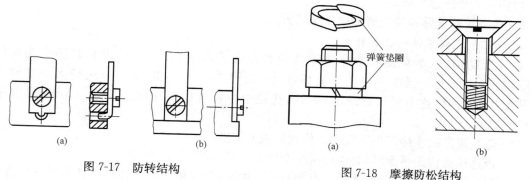

图 7-17　防转结构　　　　　　　图 7-18　摩擦防松结构

（2）用机械方法防松。

图 7-19（a）所示为采用开口销防松的结构。使开口销通过槽形螺母的径向槽和螺钉末端的径向孔，然后将销尾分开，以防止开口销脱落。这样就消除了螺钉和螺母相对松转的可能性。图 7-19（b）所示为采用漆和胶等黏结剂把螺钉头或螺母粘接在被连接零件上，这种方法结构简单，既能防松又能防止腐蚀，是仪表中常用的一种防松方法。

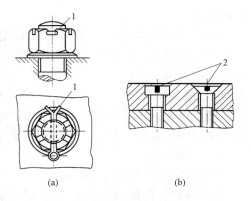

图 7-19　机械方法防松
1—开口销；2—涂漆或胶

7.2.6　销钉连接

销钉连接在仪器中应用较多，除用于连接零件外，还用于定位。图 7-20（a）所示为用于螺钉连接中的定位销钉。图 7-20（b）所示为采用圆锥销钉将齿轮与轴连接起来，用于传递运动和力矩。当载荷过大时，销钉首先损坏，这样，销钉在正常条件下保证连接工作，在超载情况下又能起保护齿轮和轴的作用。

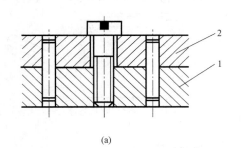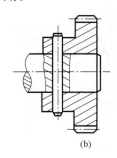

图 7-20　销钉应用
1、2—被连接件

销钉的种类很多，常用的有圆柱销、圆锥销，其形状如图 7-21 所示。

1. 圆柱销

圆柱销多用于定位。在螺钉连接中，如图 7-20（a）所示的结构，由于零件 2 的孔与螺钉杆有一定的间隙，如果将零件 1 与零件 2 拆开再进行组装，就难以保证原来的位置精度。采用销钉定位即可保证被连接零件的相互位置。此外螺钉起紧固作用，销钉起定位作用。为使销钉定位准确，销钉与零件 1 的配合应有不大的过盈，拆卸零件时，销钉在零件 1 上可不动；销钉与零件 2 的配合间隙很小，以保证定位精度；拆卸零件时，零件 2 可从销钉上脱出。

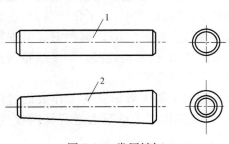

图 7-21　常用销钉

2. 圆锥销

如图 7-21 所示，圆锥销多用作连接件，可以传递运动和一定的扭矩。圆锥销具有 1∶50 的锥度，在承受横向力时不会脱出。连接销钉不仅起连接作用，同时也起定位作用。圆锥销靠楔入销孔后的锥体作用而固定在零件中，可以多次拆装而不影响连接的性质。

销钉材料一般采用 Q235、Q275 等。

销钉类型的选择：根据结构精度、强度、结构工艺性和装拆是否方便等要求，结合上述特点分析选择。

销钉尺寸的确定:对于仅作定位用的销钉,通常不受载荷或者只受很小的载荷,其直径按结构要求来确定。对于传递力矩用销钉,如果传力较大或兼作保护零件,就需要进行剪切和挤压的强度验算。

7.2.7 键连接

键连接主要用来连接轴和轴上的转动零件,以达到传递运动和扭矩的目的,在仪器中有时也用来导向或定位。仪器中常用的为平键、半月键和花键。

1. 平键连接

图 7-22(a)所示为平键连接结构。平键的两端多为圆形(图 7-22(b)),装配时没有预紧力,工作时靠键的侧面与轴槽、轮毂槽贴紧,以起到传递运动或力的作用。在键的上端与轮毂槽之间留有 0.1~0.2mm 的间隙。其优点是配合的对中性好,可用于高速及精密的连接中,装拆也方便;其缺点是不能承受轴向载荷。

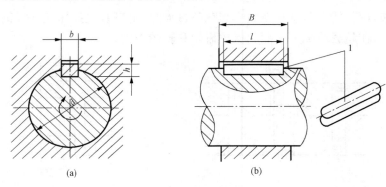

图 7-22 平键连接结构

键是标准件,键高 h 和键宽 b 是根据轴径 d 值查设计手册确定的。键长 l 是根据轮毂的宽度 B 来确定,键长 l 应短于轮毂的宽度,键与键槽的尺寸及其配合公差可查机械设计手册。

平键连接的强度条件为

挤压强度 $$\sigma_p = \frac{2T}{dlK} \leqslant [\sigma_p] \tag{7-8}$$

式中,σ_p 为挤压应力;T 为传递的转矩;d 为轴的直径;l 为键的工作长度;K 为键与轮毂的接触高度(一般取 $K = 0.5\,h$);$[\sigma_p]$ 为许用挤压应力,见表 7-2。

图 7-23 是导向平键连接结构。导向平键较长,需用螺钉固定在轴槽中,为了便于装拆,在键上制出起键螺纹孔(图 7-23)。这种键能实现轴上零件的轴向移动,构成动连接。如变速箱的滑移齿轮即可采用导向平键。

导向平键的主要失效形式为工作表面过度磨损,故一般按工作面上的压力进行强度校核。耐磨性计算公式为

$$p = \frac{2T}{dlK} \leqslant [p] \tag{7-9}$$

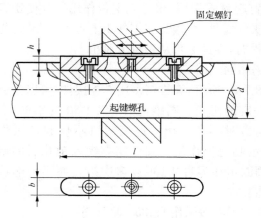

图 7-23 导向平键连接结构

固定螺钉

起键螺孔

式中，p 为压力；$[p]$ 为许用压力，见表 7-2。

表 7-2　键连接的许用挤压应力$[\sigma_p]$和许用压力$[p]$　　　　　　（单位：MPa）

许用挤压应力 许用压力	连接工作方式	连接中较弱 零件的材料	载荷性质		
			静载荷	轻微冲击	冲击
$[\sigma_p]$	静连接	钢	120～150	100～120	60～90
		铸铁	70～80	50～60	30～45
$[p]$	动连接	钢	50	40	30

2. 半月键连接

图 7-24 所示为半月键连接结构。其优点是制造简单，安装方便；另外半月键还可以适应于锥面配合的连接，如图 7-24（b）所示，这种连接能保证配合对中性较高。半月键的缺点是轴槽较深，对轴的强度有影响。

键的常用材料为 Q275 和 45 钢。

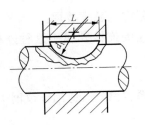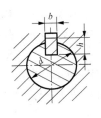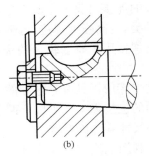

(a)　　　　　　　　　　　　　　　　　　　　(b)

图 7-24　半圆键连接

3. 花键连接

花键连接由内、外花键组成（图 7-25），外花键是一个带有多个纵向键齿的轴，内花键是带有多个键槽的毂孔，因此可将花键连接视为由多个平键组成的连接。键的侧面为工作面，依靠内、外花键的侧面相互挤压来传递转矩。花键可用于静连接，也可用于动连接。花键连接受力均匀，对中性和导向性好，齿数多、承载能力大，而且由于键槽深度较小，故齿根处应力集中小、轴与毂的强度削弱少。花键需专用的加工设备，故成本较高。因此，花键连接适用于承受重载荷或变载荷及要求对中精度高的静、动连接。花键连接按键齿形状的不同，分为矩形花键和渐开线花键连接两种。花键已标准化。

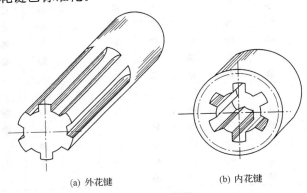

(a) 外花键　　　　　　　　　　(b) 内花键

图 7-25　花键

7.3　不可拆连接

不可拆连接也称永久连接。在这类连接中,多数是利用被连接零件的局部直接相连,一般不再加连接零件。如果结构设计合理,可以获得较高的连接强度。连接时,合理地使用夹具也可以获得较高的相对位置精度。因此,形状复杂而又不适于铸造或机械加工的零件,或各部分性能要求不同的零件,都可以预制成若干形状简单的零件,然后用不可拆连接方式,使其组成一个整体。

7.3.1　焊接

在仪器制造中,焊接是常用的一种不可拆连接。它利用被连接零件间形成的金属焊缝,或者局部熔接,将两个或两个以上的金属零件连接在一起。被连接后的零件表面上除焊缝、焊点外,仍比较平整,不需另加其他连接件,操作也比较简单,可保证一定的强度和气密性。但是,由于被连接件局部加热,会引起局部材料性能变化,并在连接处留下较大残余应力及残余变形。对重要的连接需要考虑退火处理。

焊接种类有:高强度焊接、低强度焊接、接触焊(也称电阻焊)、超声波焊。

高强度焊接用于厚度较大的板料连接,大中型仪器底座的连接就属于这种连接,例如电弧焊。

低强度焊接用于具有导电性的连接中,例如锡焊。

接触焊的连接强度介于以上两者之间,常用有点焊、滚焊、对焊等,适用于仪器中载荷不大的薄壁和小尺寸零件的焊接。

接触焊利用电流在焊件接触处局部加热、加压,使金属在短时间内局部熔融以达到连接目的。利用被连接件本身的金属焊接,并不是所有金属相互间都能实现,有些常用金属材料虽能焊接,但焊接处材料变脆。有的金属材料之间不能直接焊接。所以在决定是否采用接触焊之前,应特别注意焊件材料的可焊性,否则不易保证质量,甚至不能进行焊接。各种金属及合金的可焊性见表 7-3。

表 7-3　金属的可焊性

材料＼材料	碳钢	不锈钢	镍铬合金	蒙纳尔合金	黄铜	青铜	紫铜	铝	锡	镉	镀锌铁皮	镀锡铁皮	铬钢
碳钢	●	●	●	●	●	●	●	●	×	—			
不锈钢	●	●	●	●	●	●	●	×	⊗	—	●	●	●
镍铬合金	●	●	●	●	●	●	●	⊗	⊗	⊗	●	●	●
蒙纳尔合金	●	●	●	●	●	●	●	⊗	●	●	●	●	●
黄铜	●	●	●	●	●	●	●	⊗	●	●	●	●	⊗
青铜	●	●	●	●	●	●	●	○	●	●	●	●	⊗
紫铜	●	●	●	●	●	●	●	●	×	●	●	●	●
铝	●	×	⊗	○	⊗	○	●	—	—	—	●	⊗	×
锡	×	⊗	●	●	●	●	×	—	●	●	—	—	●
镉	—	⊗	●	●	●	●	×	—	●	●	—	⊗	●
镀锌铁皮	●	●	●	●	●	●	⊗	—	—	—	●	●	●
镀锡铁皮	●	●	●	●	●	●	●	⊗	—	⊗	●	●	●
铬钢	●	●	●	⊗	●	●	●	×	—	●	●	●	●

注:●焊接很好;×焊接很好,但焊缝很脆;⊗焊接不好;○几乎不能焊接。

1. 点焊

把焊件以一定的力夹在点焊机两电极之间,通电后,零件间的接触电阻使焊件被电极夹持区域的接触处发生高热,等到接触处材料熔化后,再切断电流,熔化处凝固,即形成焊点,如图 7-26(a)所示。

点焊主要用于焊接薄壁板零件。对于低碳钢零件,厚度应在 6~10mm 以下;对有色金属零件,厚度应在 3mm 以下。

几种常用的点焊连接结构如图 7-26 所示,其中图 7-26(a)搭接强度最高,也是最常用的结构;图 7-26(b)对接强度较差,但不增加焊件厚度;图 7-26(c)焊件互成直角,焊件之一被用做电极。

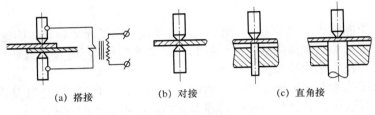

(a) 搭接　　　　(b) 对接　　　　(c) 直角接

图 7-26　点焊

2. 滚焊(也称缝焊)

利用一对滚轮来代替棒状电极,焊接时,焊件在滚轮式电极间移动,由连续焊点形成焊缝,能获得气密性连接。

采用滚焊法的零件厚度决定于焊机的能力。一般来讲,可焊厚度在 2mm 以下的钢制零件和 1.5mm 以下的有色金属零件。

滚焊的典型结构如图 7-27 所示,a 值可查有关的手册。

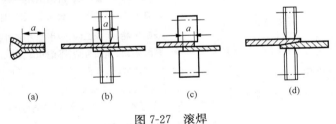

(a)　　　　(b)　　　　(c)　　　　(d)

图 7-27　滚焊

3. 对焊

可以用来对接各种断面的零件。常用于不同种类的金属与合金的连接,以节省贵重金属或合金,减少机械加工上的困难。

对焊的原理见图 7-28,将焊件 3 置于夹钳电极 2 中夹紧,并使两焊件端面压紧,然后通电加热。当焊件端面及附近金属加热到一定温度时,突然增大压力进行顶锻,两焊件便在固态下形成牢固的对接接头 4。

4. 超声波焊

见图 7-29,两块焊件在压力作用下,利用声极发出超声波高频振荡,使焊件表面产生强烈的摩擦作用,清除表面氧化物并局部加热,从而实现焊接。超声波焊仅适用于薄件,尤其是微电子焊接。

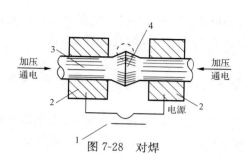

图 7-28　对焊

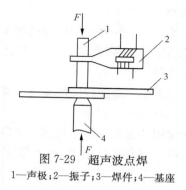

图 7-29　超声波点焊
1—声极；2—振子；3—焊件；4—基座

7.3.2　胶接

胶黏剂是一类能够依靠化学或物理作用,把同类或不同类固体物质牢固地胶接在一起,并且在结合处有一定物理机械强度的物质。胶黏剂又称为黏结剂、黏合剂或胶。用胶黏剂联结两个物体或构件的技术称为胶接技术。

胶黏剂和胶接技术在国民经济的各个领域中得到了广泛的应用,尤其是在航空、宇航、汽车、电子、电气、建筑、包装、医疗、机械维修等方面的应用备受人们重视。

1. 分类

聚合物胶黏剂种类繁多,组成各异,用途广泛,为了便于了解和掌握胶黏剂,现将常见的分类办法介绍如下:

(1) 按主要成分黏料分类。胶黏剂的主要成分黏料可以是树脂或橡胶,另外,根据胶黏剂的用途,黏料还可以是树脂与橡胶的混合改性体。其中树脂又分为热塑性树脂和热固性树脂。具体分类为:

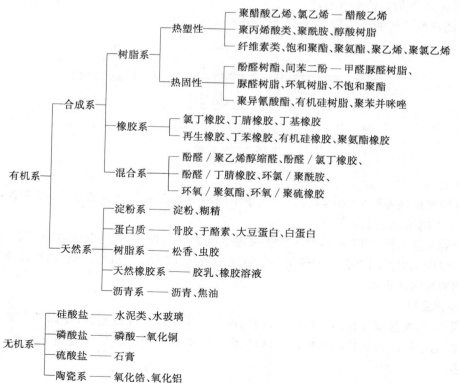

（2）按用途分类。这种分类方法在销售方面是最方便、最常用的。如汽车用胶、建筑用胶、木工用胶、飞机用胶、船用胶、鞋用胶、塑料用胶、金属用胶、橡胶用胶、泡沫用胶、家庭民用胶以及一些特种胶黏剂（如应变胶、导电胶、导磁胶、耐碱胶、光学胶和医用胶）等。

2. 应用

胶接技术应用最广泛的是航空工业，它可以减轻结构重量，提高疲劳寿命，简化工艺，因而几乎所有的国家都在大量采用。如美国歼击机 F-4、F-111，轰炸机 B-36、B-1，运输机 C-130、C-5A，以及大型客机波音 707、727、737、747 等。

飞机用结构胶黏剂，在 82℃ 以下使用的称为一般结构胶黏剂，包括环氧、尼龙-环氧、酚醛-环氧、聚乙烯醇缩醛-酚醛、酚醛-丁腈、丁腈-环氧等。82℃ 以上使用的称为耐热结构胶黏剂，包括聚氨酯-环氧、聚酰亚胺。

胶接蜂窝夹层结构在运载火箭的整流罩、卫星支架、仪器舱等部分也在使用。用做运载火箭整流罩的胶接蜂窝夹层结构，除需要承受几十吨的轴向压力外，还需要承受高达 150～200℃ 的高温。而用做液氢-液氧储箱绝热共底的胶接蜂窝夹层结构，除能承受相当高的内压和外压载荷外，还要经受超低温（-253℃）的考验，因而只有采用能耐超低温的胶黏剂，如聚氨酯类、聚硅氧烷类。

宇宙飞船每减轻一磅的结构重量，降低造价 2 万美元，可见胶接技术在宇航上的重要性。宇宙飞船阿波罗号的隔热屏遮板为铜纤焊结构，外部有隔热系统，用环氧酚醛胶黏剂胶接。航天飞机是在宇宙空间站和地球之间来往飞行联络的工具，美国哥伦比亚号航天飞机返回地面时防热用的陶瓷瓦有 3 万块，这种防热瓦用室温硫化硅橡胶粘在应变隔离垫上。每次经过大气层 20 min，达 2000℃ 的高温，所采用的胶黏剂有芳香族聚酰亚胺、氟化聚酰亚胺、氰基硅氧烷类密封剂。

胶黏剂在电子电气工业上的应用同样十分广泛，小至微型电路的固定，大到大型发电机中的线圈固定，工作温度为 -250～500℃，使用寿命不一，从几分钟到几年，甚至更长时间。例如，小型线圈固定，伺服电极转子特殊成型，定子心胶接，电容器、变压器、印刷电路板及电子管的封端和导电黏合等领域都大量使用胶黏剂。对胶黏剂有绝缘、耐热、密封等多方面要求，而在另一些场合如特殊引线头，又需要导电胶或导磁胶等。

使用的主要是聚乙烯醇缩丁醛、聚乙烯醇缩甲醛、环氧、聚酯、酚醛、聚氨酯、有机硅等系列的胶黏剂。

在光学仪器中，为使光学系统有良好的像质，光学系统的零件往往由若干块透镜或棱镜组合而成，胶接是黏合这些零件的常用方法之一，如图 7-30 所示。

为使光学系统中光学性能不变坏，此类胶除应当满足对于胶的一般要求（如机械强度）外，还必须具有极大的透明度、很高的光学均匀性，以及与光学零件相接近的折射率。

图 7-30　胶接结构

7.3.3 铆接

铆接是利用铆钉或被胶接件之一上起铆钉作用的轴颈产生局部塑性变形，把零件连接在一起的方法。

有时，为减小铆接力，增大连接强度，可在铆接轴颈的端面上制出锥形坑（图 7-31）。

对于玻璃、塑料、陶瓷等零件，可采用扩铆法

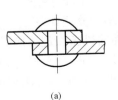

(a)

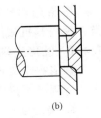

(b)

图 7-31　铆钉连接和铆接结构

把铆钉或铆接轴颈制成空心的,或预钻一个圆柱孔(图 7-32),这样不但能减小铆接时的冲击力,且能得到较大的支承面。根据被连接件的结构,也可把材料向里收合,称为收铆或滚边(图 7-33)。

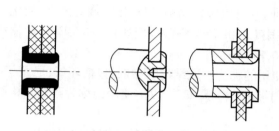 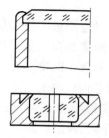

图 7-32　空心铆接结构　　　　图 7-33　收铆铆接结构

7.3.4　过盈连接

过盈连接是利用两个零件配合面的过盈,实现包容件和被包容件间的连接。在装配前,包容件的孔径小于被包容件的轴径,形成连接后,孔径被撑紧变大,轴径被挤压变小,因此,两个件的结合面间将产生很大的结合压力,并相伴产生摩擦力,以此来传递外载荷(图 7-34)。

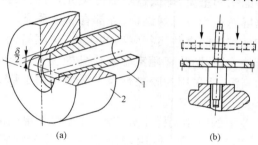

图 7-34　圆柱面过盈连接

连接应有足够的压入长度。通常,压入部分的长度可按下列数据确定:

轴径 d	<2 mm	4 mm	>4 mm
压入长度	$(1.5\sim3)d$	$(1\sim2)d$	5 mm+0.5d

7.4　机械零件与光学零件的连接

光学测量仪器通常由一定数量的光学零件组成的光学系统和机械结构所构成。光学系统不能脱离机械结构,只有利用机械结构使系统中各光学零件的相对位置得到确定并固定,才能构成实用的仪器。

按照光学零件的几何形状特征分为圆形光学零件的固定和非圆形光学零件的固定两大类。现将其机械固定结构分述如下。

7.4.1　圆形光学零件的机械固定结构

圆形光学零件包括透镜、分划板、滤光镜和圆形保护玻璃等。

常用的圆形零件机械固定的方法有辊边法、压圈法、弹性零件法和电镀法。

1. 辊边法

辊边法是将光学零件装入金属镜框中,在专用机床上用专用工具将镜框凸出边缘(厚度一般在 0.15～0.4mm)辊压弯折以包住光学零件的"倒棱",如图 7-35 所示。

辊边法的主要优点是:结构简单紧凑,几乎不需要增加轴向尺寸,也不需要任何附加零件就可以把光学零件固定。但辊边时不易保证质量,特别是口径大而薄的零件,易于出现倾斜及镜面压力不均匀现象。由于辊边后即成永久连接,如出现上述现象并超出了允许误差值,则光学零件与镜框都将报废。对于直径为 50mm 以上的透镜,只有在要求较低的特殊情况下才用辊边法。即使是不重要的光学零件,直径超过 70mm 时,也不宜采用。

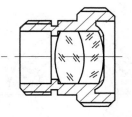

图 7-35 辊边固定结构

2. 压圈法

此法是把光学零件装入带有螺纹的镜框中,并依靠光学零件外圆表面与镜框内孔配合,端面限制轴向移动,然后再利用带有螺纹的压圈将光学零件压紧。图 7-36(a)所示为使用外螺纹压圈固定的结构。图 7-36(b)所示为使用内螺纹压圈固定的结构。

压圈法较辊边法虽然增加了压圈,增大了轴向及径向尺寸,但结构可拆卸,装配方便,可以进行选配和修配,还可以装入其他隔圈和弹性压圈以调整光学零件与镜框的相对位置,易于获得较高的经济加工精度,并适用于多透镜组装配。例如,需要固定几个直径相同而彼此距离又很近的透镜,可采用如图 7-37 所示结构。这种结构把所有的透镜都装入同一镜框内,用一个共同的压圈压紧,而透镜的间距用隔圈控制。

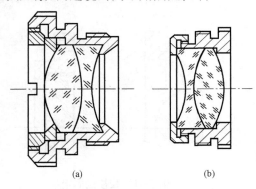 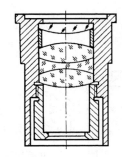

图 7-36 压圈固定结构　　图 7-37 多镜组装配结构

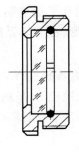

图 7-38 弹簧钢丝圈固定结构

一般情况下,光学零件直径大于 80 mm 时须用压圈压紧,直径在 10 mm 以下用辊边法,直径在 10～80 mm,两种方法都可以采用。但一般直径在 40～80 mm时,优先采用压圈法,而直径在 10～40 mm 时,优先采用辊边法。

3. 弹性零件法

此法主要利用开口弹簧钢丝圈或弹性压板等零件,使光学零件与镜框固定。弹簧钢丝圈一般只用于固紧同心度和牢固性要求不高的光学零件,如保护玻璃、滤波镜及其他不重要的光学零件(图 7-38)。弹簧钢丝圈的钢丝直径为0.4～1.0 mm。

弹簧压板可用于固定直径较大的光学零件(图 7-39)。弹性压板用厚度为 0.3～0.5 mm 的弹簧钢板制成。

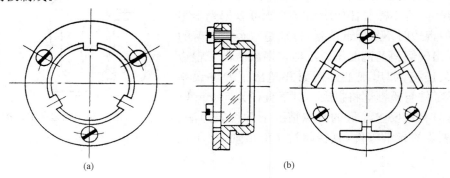

(a)   (b)

图 7-39   压板固定结构

4. 电镀法

此法是利用电镀的方法将铜镀在镜框端部,挡住光学零件,如图 7-40 所示。C 处为电镀层。电镀法一般只用于固定小直径的光学零件,如显微镜中的正透镜及弯月透镜与镜框的固定。

应该注意,电镀时为了使铜只在透镜周围析出,镜框应事先涂以保护蜡层(即绝缘层),而只露出透镜槽孔,使析出的铜充满槽孔以封住透镜。电镀后,再修切出装配定位面。

5. 胶接法

胶接法是用胶黏剂把光学零件与镜框固紧的方法(图 7-41)。胶接法的特点是结构简单,工艺简便。

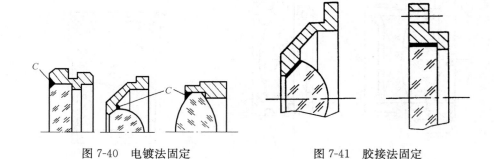

图 7-40   电镀法固定   图 7-41   胶接法固定

7.4.2   非圆形光学零件的机械固定结构

在光学仪器中,非圆形光学零件主要是指棱镜及多角形平面反射镜和平板玻璃。这类零件的形状种类繁多,尺寸变化范围也大,固定方法主要取决于它们的外形、在光学系统中的作用及仪器使用条件。

棱镜最常见的有直角棱镜、直角屋脊棱镜、道威棱镜、五角和半五角棱镜等,虽然它们形状有所差异,但结构设计的基本原则差不多。

1. 压板固定

通光孔径在 25 mm 以下的具有两平行非工作表面的棱镜都可以采用压板法固定。图 7-42所示为利用压板法固定直角棱镜的结

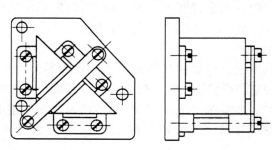

图 7-42   压板法固定结构

构。为了防止棱镜在镜框上移动,可以加定位板,定位板可调,故可以保证棱镜的位置精度。为了适应高度较大的棱镜,压板可以支承于两个小圆柱上,压板与棱镜之间应加垫片。

2. 平板和角铁固定

此法与压板法基本相同。有两种结构:图 7-43 所示结构用于固定棱镜高度不超过 25 mm 的棱镜。具体结构是用一角铁支持棱镜的两面,再用一弯边的平板压紧固定。为了使压紧力均匀分布,角铁上常垫以弹性垫片。

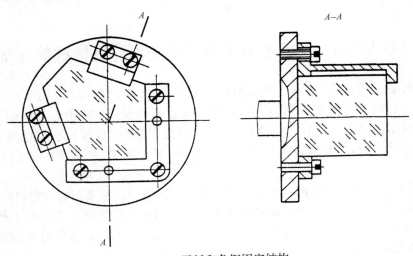

图 7-43 平板和角钢固定结构

当被固定的棱镜尺寸较大时,应采用如图 7-44 所示的结构。由于这时是在靠近底部压紧棱镜,因此压板或角铁高度尺寸较小,这对消除温差影响有利。但需在棱镜上切出沟槽,使棱镜加工复杂。

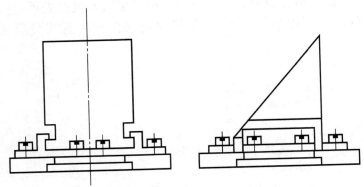

图 7-44 压板压在非工作面的槽上

在图 7-43 所示的结构中,压板的厚度选 0.5～1 mm,对图 7-44 所示结构,选 1～2 mm。压板与角铁的材料一般多用钢或黄铜。

3. 簧片固定

簧片加到光学零件上的压力较易控制,压力分布均匀。图 7-45 是用簧片固紧玻璃标尺的例子。但这种方法一般适用于棱镜尺寸不太大的情况。

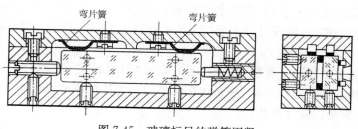

图 7-45　玻璃标尺的弹簧固紧

7.5　应用实例——棱镜分光多波长高温计目镜部件连接设计

棱镜分光多波长高温计是一种新型的辐射测温仪器,可广泛应用于航天、航空、核能、兵器、冶金材料及能源等领域,作为非黑体的真温测量、热物性动态测试及温度传递等。它具有测温范围宽(−50～3000℃)。反应速度快(亚毫秒级)、长期稳定性好及使用寿命长等优点。它适用于远距离目标、运动物体、带电物体及不可接触的目标温度的测量。

多波长辐射测温仪是通过测量目标在多个波长下的辐射能量来同时获得目标的真实温度和光谱发射率的辐射式测温仪器。棱镜分光多波长高温计采用棱镜分光获得工作波长,它最多可有 35 个波长,选择灵活。它克服了传统的干涉滤光片分光限定工作波长的不足,从而提高了仪器的精度和长期稳定性。

仪器的光路系统提供了辐射能量传播的通道,见图 7-46 和表 7-4。目标辐射的能量经主物镜 1、2、3 成像于场栏反射镜 5,一方面经分划板 7、场镜 8 和目镜 9、10 在孔径光阑 11 处成像用于瞄准,另一方面成像于视场光阑的能量经分划场镜 6 入射到准直物镜 12、13 准直为平行光,再投射到组合棱镜 14 上,组合棱镜将复式光展成光谱,经暗箱物镜 15、16 聚焦于反射镜 17,反射至探测器线列,经转换及电路处理可直接显示被测目标的真实温度。

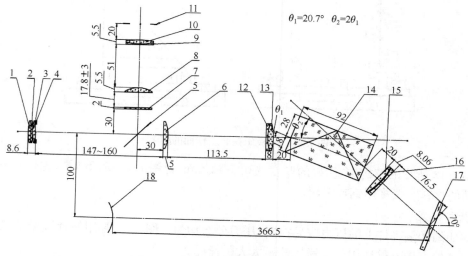

图 7-46　棱镜分光多波长高温计光路图

表 7-4 光学零件的参数 （单位:mm）

序号	名称	外形尺寸	镜框尺寸	中心厚度	序号	名称	外形尺寸	镜框尺寸	中心厚度
1	主物镜	φ26	φ24	3.5	10	目镜正片	φ20	φ18	4
2		φ26	φ24	2	11	孔径光阑			
3		φ26	φ24	3	12	准直物镜	φ32	φ30	2
4	孔径光阑	φ22.8			13		φ32	φ30	6
5	场栏反射镜	25×25×1(金属)			14	组合棱镜	92×46×35		
6	分划场境	φ32	φ30	5	15	暗箱物镜	φ40	φ38	5
7	分划板	φ32	φ30		16		φ40	φ38	2.5
8	场境	φ32	φ30	5.5	17	反射镜	60×45×5		
9	目镜负片	φ20	φ18	1.5	18	光谱镜面			

注:表中序号对应图 7-46。

设计内容:设计目镜部件的连接结构。

习　　题

7-1　零件的连接,按是否允许拆卸可分哪两大类?它们各有哪些优缺点?

7-2　对零件连接结构设计的基本要求有哪些?

7-3　螺栓、螺钉与紧定螺钉各应用在什么场合?

7-4　螺钉连接为什么要防松?常用的防松方法有哪几种?

7-5　在受轴向工作载荷的紧固螺栓连接中,拧紧螺母时螺栓受到预紧力 F_0 的作用,当加上轴向工作载荷 F_1 后,螺栓受到的轴向拉力 F 是否等于 F_0 与 F_1 之和?为什么?

7-6　到实验室自选一仪器或仪表,试分析:其中有哪些连接?各有什么特点?

7-7　试画出齿轮套与轴用销钉连接的结构图。

7-8　设计两种夹板与立柱的连接结构,见图 7-47,要求保证两板上的两中心孔在经拆装后,仍保持中心孔较高的同轴度。

7-9　圆形光学零件固紧方法有哪些?各有何优缺点?

7-10　非圆形光学零件固紧方法有哪些?

7-11　在一直径 $d=80$ mm 的轴端,安装一钢制直齿圆柱齿轮(图 7-48),轮毂宽度 $B=1.5d$,试选择键的尺寸。

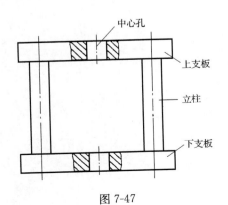

图 7-47

图 7-48

7-12　试说明图 7-49 中的结构错误,并画出正确的结构。

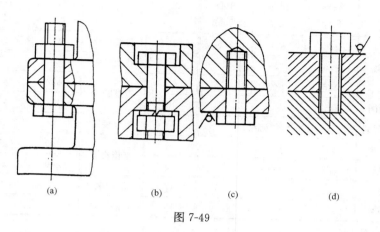

(a)　　　　　　　(b)　　　　(c)　　　　　　(d)

图 7-49

7-13　如图 7-50 所示,缸体与缸盖凸缘用普通螺栓连接,已知汽缸内径 $D=100$ mm,汽缸内气体压强 $p=1$ MPa,螺栓均匀分布于 $D_0=140$ mm 的圆周上,结合面间采用橡胶垫片,试设计该螺栓组连接的螺栓数目与螺栓的公称尺寸。

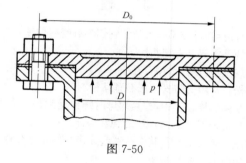

图 7-50

第 8 章　轴系零、部件

轴系零、部件包括轴、轴承、联轴器及连接轴毂所用的键、销等。轴系是精密机械中重要的组成部分,其主要功能是支承,保证旋转零件(齿轮、带轮等)具有确定的工作位置,并传递运动和动力。

8.1　轴 的 设 计

轴是轴系零、部件中的核心零件,本节仅以应用广泛的阶梯直轴为例进行研究。

设计轴时,应将轴和轴系零、部件的整体结构密切联系起来考虑。轴的设计主要包括轴的结构设计、轴的尺寸设计、轴的材料选择。

8.1.1　轴的结构设计

轴的结构设计,目的就是要确定轴的各段直径 d 和长度 l。确定直径时,应先根据转矩初算出受转矩段的最小直径,再逐渐放大推出各段直径;对各段长度 l,需要根据轴上零件的尺寸及安装要求情况来确定。

轴没有固定的标准结构,故结构设计十分灵活。但无论何种结构的轴,设计时必须保证:轴和轴上零件有准确的周向和轴向定位及可靠的固定;轴上零件应装拆和调整方便;轴具有良好的结构工艺性;轴的结构应有利于提高其强度与刚度,尤其是减轻应力集中。

轴上与轴承配合的部分称为轴颈,与传动零件(带轮、齿轮)配合的部分称为轴头,连接轴颈与轴头的非配合部分统称为轴身。

为便于轴上零件的装拆,常将轴做成阶梯形。它的直径从轴端逐渐向中间增大,如图 8-1 所示,可依次把齿轮、双圆螺母、左端滚动轴承、轴承盖、带轮和轴端挡圈从轴的左端装入,这样,当零件往轴上装配时,既不擦伤配合表面,又使装配方便;另一滚动轴承从右端装入。为使轴上零件易于安装,轴端及各轴段的端部应有倒角。

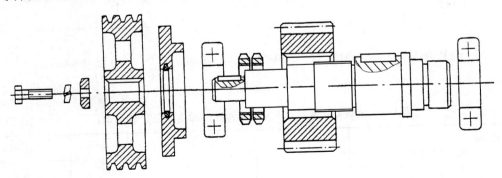

图 8-1　轴上零件的装配

下面以单级齿轮减速器的高速轴(图 8-2)为例,说明轴的结构设计方法。

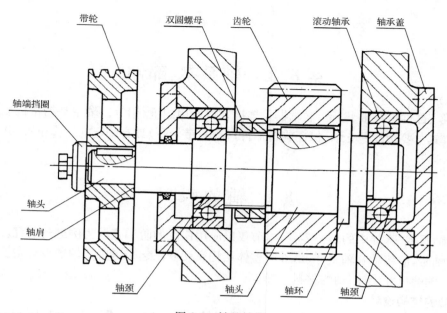

图 8-2　轴的结构

1. 轴上零件的定位和紧固

1) 轴肩和轴环

　　轴肩和轴环是一种简单可靠的轴向固定方法(图 8-3),可承受较大的轴向载荷。为了使轴上零件的端面能与轴肩紧贴,轴肩的圆角半径 r 必须小于零件孔端的圆角半径 R 或倒角 c (图 8-3),否则无法紧贴。轴肩和轴环的高度 a 必须大于 R 或 c。轴肩与轴环尺寸 b、a 及零件孔端圆角半径 R 和倒角 c 的数值见表 8-1。与滚动轴承相配的尺寸 a 参照轴承内圈的圆角半径和内圈厚度来确定。

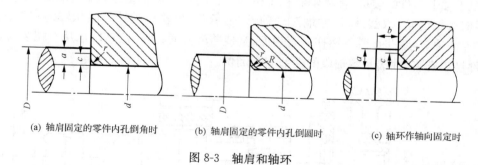

(a) 轴肩固定的零件内孔倒角时　　　(b) 轴肩固定的零件内孔倒圆时　　　(c) 轴环作轴向固定时

图 8-3　轴肩和轴环

表 8-1　轴环与轴肩尺寸 b、a 及零件孔端圆角半径 R 和倒角 c　　　　　(单位:mm)

轴径 d	>10~18	>18~30	>30~50	>50~80	>80~100
r	0.8	1.0	1.6	2.0	2.5
R 或 c	1.6	2.0	3.0	4.0	5.0
a_{min}	2	2.5	3.5	4.5	5.5
b	$b=(0.1 \sim 0.15)d$ 或 $b \approx 1.4a$				

2) 键连接

键连接主要用来连接轴和轴上的转动零件,以传递运动和扭矩。见第 7 章。

3) 圆螺母与轴用弹性挡圈(图 8-4)

两零件相距较远时,可采用圆螺母(GB/T 812—2000),其防松可加止动垫圈(GB/T 858—1988)或使用双圆螺母。当轴向力很小时,可采用弹性挡圈(GB/T 894.1—1986,GB/T 894.2—1986),轴上切槽尺寸见 GB 894.1—1986。

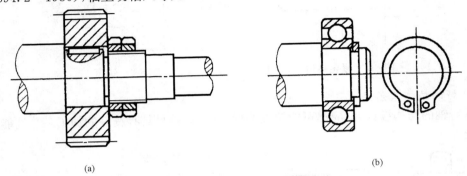

(a)　　　　　　　　　　　　　　　　　　　　(b)

图 8-4　圆螺母与弹性挡圈

4) 轴端挡圈

轴端挡圈只用于轴端零件,工作可靠,结构简单,能承受较大轴向力,应用广泛(图 8-5)。采用止动垫片等防松措施。轴端挡圈尺寸见 GB/T 892—1986。

5) 套筒

套筒(图 8-6)用做轴上相邻两零件相对固定,其结构简单,不宜用于高速轴。设计时注意使轴上零件的轮毂长度 L 大于与之相配合的轴段长度 L',$L'=L-(1\sim3)\text{mm}$。

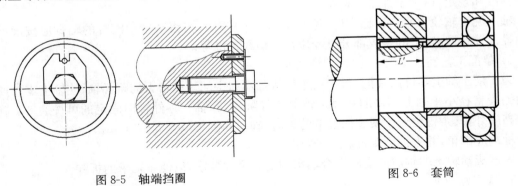

图 8-5　轴端挡圈　　　　　　　　　　　　　　　　图 8-6　套筒

6) 过盈连接

过盈连接可使轴上零件同时获得轴向和周向紧固,见第 7 章。

7) 紧定螺钉(图 8-7)和销钉(图 8-8)

当轴上零件所受扭矩和轴向力很小时,可采用紧定螺钉或销钉连接,这两种连接既起轴向固定的作用又起周向固定的作用。

销钉连接对轴的削弱严重。紧定螺钉连接的优点是轴向位置调整方便。

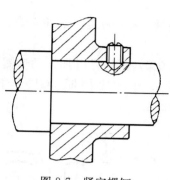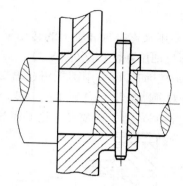

图 8-7　紧定螺钉　　　　　　　　　图 8-8　销钉

2. 良好的结构工艺性

在进行轴的结构设计时,应尽可能使轴的形状简单,并且具有良好的加工工艺性能和装配工艺性能。

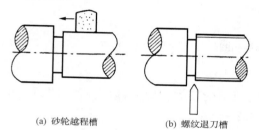

(a) 砂轮越程槽　　　　(b) 螺纹退刀槽

图 8-9　砂轮越程槽与螺纹退刀槽

1) 加工工艺性

轴的直径变化应尽可能少,应尽量限制轴的最大直径与各轴段的直径差,这样既能节省材料,又可减少切削量。

轴上有磨削与切螺纹处,要留砂轮越程槽和螺纹退刀槽(图 8-9),以保证加工的完整和方便。

轴上有多个键槽时,应将它们布置在同一母线上,以免加工键槽时多次装夹,从而提高生产效率。

如有可能,应使轴上各过渡圆角、倒角、键槽、越程槽、退刀槽及中心孔等尺寸分别相同,并符合标准和规定,以利于加工和检验。

轴上配合轴段直径应取标准值(见 GB 2822—1981);与滚动轴承配合的轴颈应按滚动轴承内径尺寸选取;轴上的螺纹部分直径应符合螺纹标准等。

2) 装配工艺性

为了便于轴上零件的装配,常采用直径从两端向中间逐渐增大的阶梯轴,使轴上零件通过轴的轴段直径小于轴上零件的孔径。轴上的各阶梯,除轴上零件轴向固定的可按表 8-1 确定轴肩高度外,其余仅为便于安装而设置的轴肩,轴肩高度可取 0.5～3 mm。

轴端应倒角,并去掉毛刺,以便于装配。

固定滚动轴承的轴肩高度应符合轴承的安装尺寸要求,以便于轴承的拆卸。

3. 减少应力集中

零件截面发生突然变化的地方,都会产生应力集中现象。因此对阶梯轴来说,在截面尺寸变化处应采用圆角过渡。

8.1.2　轴的尺寸设计

轴的尺寸设计首先要保证强度。通常是按轴所传递的转矩估算出轴上受扭转轴段的最小直径,并以其作为基本参考尺寸进行轴的结构设计。

由材料力学可知圆截面的传动轴,扭转强度条件为

$$\tau = \frac{T}{W_t} = \frac{9.55 \dfrac{P}{n} \times 10^6}{0.2 d^3} \leqslant [\tau] \tag{8-1}$$

式中, τ、$[\tau]$ 为分别为扭剪应力、许用扭剪应力,单位 N/mm^2 ; T 为轴所传递的扭矩,单位 $N \cdot mm$; P 为轴传递的功率,单位 kW ; W_t 为轴的抗扭截面模量,单位 mm^3 ; n 为轴的转速,单位 r/min ; d 为轴的直径,单位 mm。

由上式可导出计算轴径 d 的公式

$$d \geqslant \sqrt[3]{\dfrac{9.55 \dfrac{P}{n} \times 10^6}{0.2[\tau]}} = C\sqrt[3]{\dfrac{P}{n}} \tag{8-2}$$

式中, C 为由轴的材料和受载情况所决定的常数,见表 8-2。

表 8-2　轴常用材料的 $[\tau]$ 值和 C 值

轴的材料	Q235,20	35	45	40Cr,35SiMn
$[\tau]$/(N/mm²)	12~20	20~30	30~40	40~52
C	160~135	135~118	118~106	106~98

注:当作用在轴上的弯矩比转矩小或只受转矩时, C 取较小值,否则取较大值。

对于转轴(既受扭矩又受弯矩的轴)由式(8-2)估算轴的基本直径,再依此完成轴的结构设计。

当轴上零件的位置确定后,轴上载荷的大小、位置以及支点跨距等便均能确定。此时就可按弯曲、扭转组合强度校核轴的强度。

弯扭组合强度计算公式为

$$\sigma_e = \frac{M_e}{W} = \frac{\sqrt{M^2 + T^2}}{0.1d^3} \leqslant [\sigma_b]_{-1} \tag{8-3}$$

式中, σ_e 为当量应力,单位 N/mm^2 ; $[\sigma_b]_{-1}$ 为对称循环的许用弯曲应力; M_e 为当量弯矩, $M_e = \sqrt{M^2 + T^2}$,单位 $N \cdot m$; M 为合成弯矩, $M = \sqrt{M_H^2 + M_V^2}$,其中 M_H 为水平面的弯矩, M_V 为垂直平面的弯矩; W 为轴的危险截面的抗弯截面模量。

表 8-3 中, $[\sigma_b]_{+1}$、$[\sigma_b]_0$、$[\sigma_b]_{-1}$ 分别为材料在脉动循环应力、静应力和对称循环应力状态下的许用弯曲应力。

表 8-3　轴材料的许用弯曲应力

材料	σ_B	$[\sigma_b]_{+1}$	$[\sigma_b]_0$	$[\sigma_b]_{-1}$
碳钢	400	130	70	40
	500	170	75	45
	600	200	95	55
	700	230	110	65
合金钢	800	270	130	75
	1000	330	150	90
铸钢	400	100	50	30
	500	120	70	40

计算轴的直径时,式(8-3)可写成

$$d \geqslant \sqrt[3]{\frac{M_e}{0.1[\sigma_b]_{-1}}} \qquad \text{mm} \tag{8-4}$$

通常外载荷不作用在同一平面内,这时应先将这些力分解到水平面和垂直面内,并求出各支点的反力,再绘出水平面弯矩 M_H 图、垂直面弯矩 M_V 图和合成弯矩 M 图, $M = \sqrt{M_H^2 + M_V^2}$;绘出

扭矩 T 图;最后由公式 $M_e = \sqrt{M^2 + T^2}$ 绘出当量弯矩图。

　　轴受弯矩作用会产生弯曲变形,受扭矩作用会产生扭转变形。如果轴的刚度不足,弹性变形过大,就会影响轴和轴上零件的正常工作。

　　轴的刚度计算,就是计算轴在工作时的变形量,并使其在允许范围以内,即

$$挠度\ \nu \leqslant [\nu], \quad 偏转角\ \theta \leqslant [\theta], \quad 扭转角\ \varphi \leqslant [\varphi]$$

式中,轴的弯曲变形量 ν 和 θ、扭转变形量 φ,可按材料力学的方法计算。许用挠度 $[\nu]$ 及许用偏转角 $[\theta]$ 参考表 8-4。

表 8-4　轴的许用挠度及许用偏转角

名称	许用挠度 $[\nu]$/mm	名称	许用偏转角 $[\theta]$/rad
一般用途的轴	$(0.0003 \sim 0.0005)l$	滑动轴承处	0.001
刚度要求较高的轴	$0.0002l$	向心球轴承处	0.005
感应电动机轴	0.1Δ	向心球面轴承处	0.05
安装齿轮的轴	$(0.01 \sim 0.05)m_n$	圆柱滚子轴承处	0.0025
安装蜗轮的轴	$(0.02 \sim 0.05)m$	圆锥滚子轴承处	0.0016
		安装齿轮处	$0.001 \sim 0.002$

注:l—支承间跨距,单位 mm;Δ—电动机定子与转子间的气隙,单位 mm;m_n—齿轮法面模数;m—蜗轮端面模数。

　　精密仪器或仪表中的转轴在受力较小的情况下,有时可按类比法考虑结构条件确定。

8.1.3　轴的材料选择

　　轴的材料种类很多,设计时主要根据轴的工作能力,即强度、刚度和振动稳定性及耐磨性等要求,以及为实现这些要求所采用的热处理方式,同时还应考虑制造工艺等问题加以选用,力求经济合理。

　　轴的常用材料主要是碳素钢和合金钢。碳素钢对应力集中敏感性小,价格较低,因此应用也比较广泛。常用的优质碳素结构钢有 35、45、50 钢,最常用的是 45 钢。为保证其力学性能,一般需进行调质或正火处理。不重要的或受力较小的传动轴,可使用 Q235、Q275 等普通碳素结构钢。合金钢具有较高的力学性能和热处理性能,可用于受力较大并要求尺寸小、重量轻或耐磨性较高的重要的轴。常用的合金钢有 20Cr、40Cr 等。当温度超过 300℃ 时可采用含 Mo 的合金钢。

　　对于仪器中一些受力很小而要求耐磨性高的轴,为了保证其硬度可选用 T8A,T10A 等碳素工具钢制造。在某些仪表中为了防磁,可用黄铜和青铜材料做轴。为了防腐蚀也可采用 2Cr13 及 4Cr13 等不锈钢作为轴的材料。

　　轴常用材料的主要力学性能列于表 8-5 中。

表 8-5　轴常用材料的主要力学性能

材料牌号	热处理	毛坯直径 d/mm	硬度	σ_B/(N/mm²)	σ_s/(N/mm²)	备注
Q235	—	任意	190HBS	520	280	用于不重要或载荷不大的轴
45	正火	≤100	170~217HBS	600	300	应用最广
	调质	≤200	217~255HBS	650	360	
20Cr	渗碳淬火回火	≤60	表面 56~62HRC	640	390	用于强度和韧性要求较高的轴

8.1.4 轴的设计实例

1. 设计依据

图 8-10 所示的斜齿圆柱齿轮减速器中的从动轴传递的功率 $P=10$ kW,从动齿轮的转速 $n_2=202$ r/min,分度圆直径 $d_2=356$ mm,所受的圆周力 $F_{t2}=2656$ N,径向力 $F_{r2}=985$ N,轴向力 $F_{a2}=522$ N,轮毂宽度为80 mm,工作时为单向转动,轴采用轻窄系列向心球轴承支承。

2. 设计内容

设计图 8-10 所示的斜齿圆柱齿轮减速器中的从动轴。

3. 设计步骤

1) 选择轴的材料,确定许用应力

选用 45 钢并经正火处理,由表 8-5 查得硬度为 HB170～ 217,抗拉强度 $\sigma_B=600$ N/mm^2。由表 8-3 查得其许用弯曲应力 $[\sigma_b]_{-1}=55$ N/mm^2。

2) 按扭转强度估算轴最细处的直径

根据式(8-2),查表 8-2;得 $C=115$,故

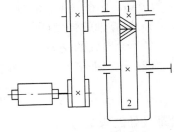

图 8-10 斜齿圆柱齿轮减速器

$$d \geqslant C\sqrt[3]{\frac{P}{n_2}} = 115 \times \sqrt[3]{\frac{10}{202}} = 42.2(\text{mm})$$

取 $d=45$ mm(按国家标准选取)。

3) 轴的结构设计

结构设计时,必须一方面按比例绘制轴系结构草图(图 8-11),一方面考虑轴上零件的固定方式,逐步定出轴各部分的尺寸。

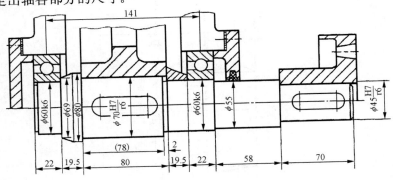

图 8-11 轮系结构草图

(1) 确定轴上零件的位置及轴上零件的固定方式。因为是单级齿轮减速器,故将齿轮布置在箱体内壁的中央,轴承对称地布置在齿轮的两边,轴的外伸端安装联轴器。

齿轮靠轴环和套筒实现轴向定位和轴向固定,靠平键和过盈配合实现周向固定,两端轴承分别靠轴肩、套筒实现轴向定位,靠过渡配合实现周向固定。轴通过两端轴承盖实现轴向定位。联轴器靠轴肩、平键和过盈配合分别实现轴向定位和周向固定。

(2) 确定轴的各段直径。外伸端直径为 45 mm。为了使联轴器能轴向定位,在轴的外伸端做一轴肩,所以通过轴承透盖、右端轴承和套筒的轴段直径取 60 mm。考虑到便于轴承的装拆,与透盖毡圈接触的轴段直径取 55 mm。按题意选用两个 6212 深沟球轴承,故左端轴承处的轴径也是 60 mm。为便于齿轮的装配,齿轮处的轴头直径为 70 mm。轴环直径为 80 mm,其左端呈锥形。按轴承安装尺寸的要求,左端轴承处的轴肩直径取为 69 mm,轴肩圆

角半径取 2 mm。齿轮与联轴器处的轴环、轴肩的圆角半径参照表 8-1 分别取 2 mm 和 1.6mm。

（3）确定轴的各段长度。齿轮轮毂宽度是 80 mm，故取齿轮处轴头长度为78 mm。由轴承标准查得 6212 型轴承宽度是 22 mm，因此左端轴颈长度为 22 mm。齿轮两端面、轴承端面应与箱体内壁保持一定的距离，故取轴环、套筒宽度均为19.5 mm。根据箱体结构要求和联轴器距箱体外壁要有一定距离的要求，穿过透盖的轴段长度取为 58 mm，联轴器处的轴头长度取 70 mm。由图 8-11 知，轴的支承跨距 $l = 141$ mm。

4）核算轴的强度（图 8-12）。

（1）绘出轴的受力图（图 8-12(a)）。

（2）作水平平面内的弯矩图（图 8-12(b)），支座反力为

$$F_{HA} = F_{HB} = \frac{F_{t2}}{2} = \frac{2656}{2} = 1328(N)$$

截面 C 处的弯矩为

$$M_{HC} = F_{HA} \cdot \frac{l}{2} = 1328 \times \frac{0.141}{2} = 93.62(N \cdot m)$$

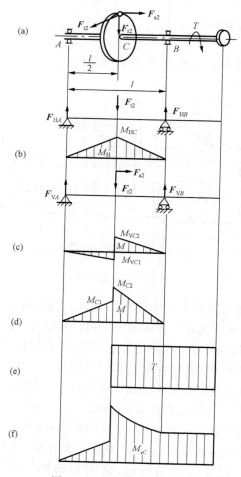

图 8-12　轴的受力分析图

（3）作垂直平面内的弯矩图（图 8-12（c）），支座反力为

$$F_{VA} = \frac{F_{r2}}{2} - \frac{F_{a2}d_2}{2l} = \frac{985}{2} - \frac{522 \times 356}{2 \times 141} = -166.48(\text{N})$$

$$F_{VB} = \frac{F_{r2}}{2} + \frac{F_{a2}d_2}{2l} = \frac{985}{2} + \frac{522 \times 356}{2 \times 141} = 1151.48(\text{N})$$

截面 C 左侧的弯矩为

$$M_{VC1} = F_{VA}\frac{l}{2} = -166.48 \times \frac{0.141}{2} = -11.74(\text{N} \cdot \text{m})$$

截面 C 右侧的弯矩为

$$M_{VC2} = F_{VB}\frac{l}{2} = 1151.48 \times \frac{0.141}{2} = 81.18(\text{N} \cdot \text{m})$$

　　（4）作合成弯矩图（图 8-12（d）），截面 C 左侧的合成弯矩为

$$M_{C1} = \sqrt{M_{HC}^2 + M_{VC1}^2} = \sqrt{93.62^2 + (-11.74)^2} = 94.35(\text{N} \cdot \text{m})$$

截面 C 右侧的合成弯矩为

$$M_{C2} = \sqrt{M_{HC}^2 + M_{VC2}^2} = \sqrt{93.62^2 + 81.18^2} = 123.92(\text{N} \cdot \text{m})$$

　　（5）作扭矩图（图 8-12（e））。

$$T = 9550\frac{P}{n_2} = 9550 \times \frac{10}{202} = 472.77(\text{N} \cdot \text{m})$$

　　（6）作当量弯矩图（图 8-12（f））。

$$T = 472.77\text{N} \cdot \text{m}$$

危险截面 C 处的当量弯矩为

$$M_{eC} = \sqrt{M_{C2}^2 + T^2} = \sqrt{123.92^2 + 472.77^2} = 488.74(\text{N} \cdot \text{m})$$

　　（7）计算危险截面 C 处的轴径。

$$d \geqslant \sqrt[3]{\frac{M_{eC}}{0.1[\sigma_b]_{-1}}} = \sqrt[3]{\frac{488.74 \times 10^3}{0.1 \times 55}} = 44.6(\text{mm})$$

因 C 处有键槽，故将轴径加大 5%，即 44.6×1.05=46.83（mm）。而结构设计草图（图 8-11）中，此处轴径为 70 mm，故强度足够。

　　5）绘制轴的工作图（略）

8.2　轴承的类型与选择、设计方法

　　轴承是轴系中的重要部件，轴的回转精度主要靠精密轴承来保证。根据轴承中摩擦性质的不同，可将轴承分为滚动轴承、滑动轴承、弹性支承和空气静压轴承四大类。

8.2.1　滚动轴承的选择与结构设计

　　1. 滚动轴承的构造、类型和特点

　　1）滚动轴承的构造

　　如图 8-13 所示，滚动轴承一般由外圈、内圈、滚动体和保持架组成。工作时，滚动体在内、外圈滚道上滚动。保持架将滚动体彼此隔开，并使其沿圆周均匀分布。在一般情况下，轴颈与内圈配合，内圈随轴一起转动，外圈和轴承座或机体配合，固定不动。但也可以相反，即内圈不动外圈转动。

　　常见的滚动体有球、短圆柱滚子、圆锥滚子、鼓形滚子、空心螺旋滚子、长圆柱滚子和滚针七种，如图 8-14 所示。

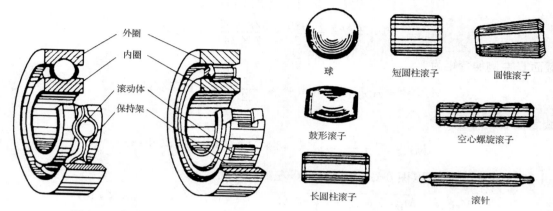

图 8-13　滚动轴承的构造　　　　　　　　　图 8-14　滚动体

　　内、外圈和滚动体的表面硬度为 60～66HRC，材料主要是 GCr15、ZGCr15、GCr15SiMn 等。保持架的材料通常为 08F～30 优质碳素结构钢，也可用黄铜、青铜或工程塑料等其他材料。

　　滚动轴承在各种机械中普遍使用，其类型和尺寸都已标准化。因此，对标准的滚动轴承已不再需要自行设计，可根据具体的载荷、转速、旋转精度和工作条件等方面的要求选用。

　　2）滚动轴承的类型

　　接触角是滚动轴承的一个主要参数，轴承的受力分析和承载能力都与接触角有关。表 8-6 列出各类轴承的公称接触角。

表 8-6　各类轴承的公称接触角

轴承种类	向心轴承		推力轴承	
	径向接触	角接触	角接触	轴向接触
公称接触角 α	$\alpha=0°$	$0°<\alpha\leqslant45°$	$45°<\alpha<90°$	$\alpha=90°$
图例 （以球轴承为例）				

　　滚动体与套圈接触处的法线与轴承径向平面（垂直于轴承轴心线的平面）之间的夹角称为公称接触角。公称接触角越大，轴承承受轴向载荷的能力也越强。

　　滚动轴承按其承受载荷的方向及公称接触角的不同，可分为向心轴承和推力轴承。向心轴承主要用于承受径向载荷，其公称接触角从 0°～45°。

　　推力轴承主要用于承受轴向载荷，其公称接触角为 45°～90°（表 8-6）。

　　我国常用的滚动轴承类型、结构及轴承基本代号见表 8-7。

表 8-7　常用滚动轴承类型、尺寸系列代号及基本代号和特点

轴承类型及标准号	结构简图	类型代号	尺寸系列代号	基本代号	性能和特点
深沟球轴承 GB/T 276—1994		6 6 6 6 6 6 6 6	17 37 18 19 (1)0 (0)2 (0)3 (0)4	61700 63700 61800 61900 6000 6200 6300 6400	主要用以承受径向载荷,也可承受一定的轴向载荷,当轴承的径向游隙加大时,具有角接触球轴承的性能; 允许内圈(轴)对外圈相对倾斜 $8' \sim 15'$
角接触球轴承 GB/T 292—2007		7 7 7 7 7	19 (1)0 (0)2 (0)3 (0)4	71900 7000 7200 7300 7400	可同时承受径向载荷和单向的轴向载荷,也可承受纯轴向载荷。接触角 α 越大,承受轴向载荷的能力越大,极限转速较高。一般应成对使用
圆柱滚子轴承 GB/T 283—2007		N N N N N N	10 (0)2 22 (0)3 23 (0)4	N1000 N200 N2200 N300 N2300 N400	只承受径向载荷,内、外圈沿轴向可分离
圆锥滚子轴承 GB/T 297—1994		3 3 3 3 3 3 3 3 3 3	02 03 13 20 22 23 29 30 31 32	30200 30300 31300 32000 32200 32300 32900 33000 33100 33200	可同时承受以径向载荷为主的径向与轴向载荷; 不宜用来承受纯轴向载荷。当成对使用时,可承受纯径向载荷,可调整径向、轴向游隙
推力球轴承 GB/T 301—1995		5 5 5 5	11 12 13 14	51100 51200 51300 51400	只能承受一个方向的轴向载荷,可限制轴(外壳)一个方向的轴向位移
滚针轴承 GB/T 5801—2006		NA NA NA	48 49 69	NA4800 NA4900 NA6900	在内径相同的条件下,与其他类型轴承相比,其外径最小,内圈或外圈可分离,也可单独用滚动体。径向承载能力较大

　　3）滚动轴承的特点

　　和滑动轴承比,滚动轴承摩擦力矩小,承载能力高,使用寿命长,运动精度高,对温度变化不敏感,具有互换性,维修方便,外形尺寸大,安装结构复杂,成本较高。

　　2. 滚动轴承类型的选择

　　一般的选择原则如下:

　　(1)载荷的大小及方向。轴承所受的载荷,是选择滚动轴承类型的主要依据。当承受的载荷较大时,应选用线接触的滚子轴承;当载荷较小时,应选择点接触的球轴承;当承受纯径向载荷时,选用径向接触轴承;当承受纯轴向载荷时,选用轴向接触轴承;当同时承受径向载荷和不大的轴向载荷时,可选向心角接触球轴承,或深沟球轴承;当同时承受径向载荷和较大的轴向载荷时,可选圆锥滚子轴承;当同时承受轴向载荷比径向载荷大得多时,可采用向心轴承和推力轴承的组合,分别承受径向载荷和轴向载荷。

　　(2)转速。高速运行时,宜选用球轴承;转速较低时,可用推力球轴承、滚子轴承。

　　(3)刚性及调心性能。要求支承刚度较高时,可选用向心角接触轴承(成对使用);支点跨距大、轴的变形大或多支点轴,宜用调心轴承。

　　(4)经济性。在满足使用要求的情况下,可优先选用价格低的滚动轴承。一般说来,球轴承的价格低于滚子轴承;精度越高价格越高;同精度的滚动轴承中深沟球轴承最便宜。

　　3. 滚动轴承的代号

　　轴承代号由基本代号、前置代号和后置代号构成,其排列见表8-8。

表 8-8　滚动轴承代号的构成

前置代号	基本代号					后置代号							
	1	2	3	4	5	1	2	3	4	5	6	7	8
		尺寸系列代号											
成套轴承分部件代号	类型代号	宽(高)度系列代号	直径系列代号	内径代号		内部结构代号	密封与防尘套圈变化代号	保持架及其材料代号	轴承材料代号	公差等级代号	游隙代号	配置代号	其他代号

　　1)基本代号

　　基本代号表示轴承的基本类型、结构和尺寸,是轴承代号的基础。除滚针轴承外,基本代号由轴承类型代号、尺寸系列代号及内径代号构成。

　　(1)类型代号。滚动轴承类型代号用数字或大写拉丁字母表示,见表8-7。

　　(2)尺寸系列代号。滚动轴承尺寸系列代号由宽度系列和直径系列代号组成,对于某一内径的轴承,在承受大小不同的载荷时,可使用大小不同的滚动体,从而使轴承的外径和宽度相应地发生变化。显然,使用的滚动体越大,承载能力越大,轴承的外径和宽度也越大。宽度系列是指相同外径的轴承有几个不同的宽度(图8-15(a)),直径系列是指相同内径的轴承有几个不同的外径(图8-15b)。宽度系列代号、直径系列代号及组合成的尺寸系列代号都用数字表示。常用的向心轴承的尺寸系列代号见表8-9。

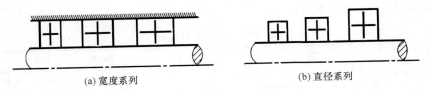

(a) 宽度系列　　　　　　　　　　(b) 直径系列

图 8-15　宽度系列与直径系列

表 8-9　尺寸系列代号

直径系列代号	向心轴承			推力轴承	
	宽度系列代号			高度系列代号	
	0	1	2	1	2
	窄	正常	宽	正常	正常[1]
	尺寸系列代号				
2 轻	02	12	22	12	22
3 中	03	13	23	13	23
4 重	04	—	24	14	24

注：(1)双向推力轴承高度系列。

（3）内径代号。轴承内径代号见表 8-10。

表 8-10　轴承公称内径的代号

轴承公称内径/mm	内径代号	示例
0.6～10(非整数)	用公称内径毫米数直接表示，在其与尺寸系列代号之间用"/"分开	深沟球轴承 618/2.5　$d=2.5$ mm
1～9(整数)	用公称内径毫米数直接表示，对深沟球轴承及角接触球轴承 7、8、9 直径系列，内径与尺寸系列代号之间用"/"分开	深沟球轴承 618/5　$d=5$ mm
10～17　10 12 15 17	00 01 02 03	深沟球轴承　62 00　$d=10$ mm
20～480(22,28,32 除外)	公称内径除以 5 的商数，商数为个位数，需在商数左边加"0"，如 08	调心滚子轴承 232 08　$d=40$ mm
大于和等于 500 以及 22,28,32	用公称内径毫米数直接表示，但其与尺寸系列之间用"/"分开	调心滚子轴承 230/500　$d=500$ mm；深沟球轴承 62/22　$d=22$ mm

2) 前置、后置代号

前置、后置代号是轴承在结构形状、尺寸、公差、技术要求等有改变时，在其基本代号左右添加的补代号。详见 GB/T 272—1993,JB/T 974—2004。

3）公差等级代号（见表 8-11）

表 8-11　公差等级代号

代号	省略	/P6	/P6x	/P5	/P4	/P2
公差等级符合标准规定的	0 级	6 级	6x 级	5 级	4 级	2 级
示例	6203	6203/P6	30210/P6x	6203/P5	6203/P4	6203/P2

注：公差等级中 0 级最低，向右依次增高，2 级最高。

4）轴承代号表示法举例

例 8-1　6205/P4：6——轴承类型代号，表示深沟球轴承；2——尺寸系列代号 02，表示宽度系列代号为 0（省略），直径系列代号为 2；05——内径代号，表示内径为 05×5mm＝25mm；/P4——公差等级代号，表示公差等级为四级。在滚动轴承中，深沟球轴承的宽度系列代号只有为 0 的一种，且省略不表示。故唯有深沟球轴承的代号为四位数字。

4. 滚动轴承的选择计算

1）滚动轴承的寿命计算

在一般条件下工作的轴承，只要类型选择合适，安装、维护得好，绝大多数均因疲劳点蚀而报废。因此，滚动轴承的选择主要取决于疲劳寿命。

在轴承寿命计算中常用到下列术语：

疲劳点蚀　滚动轴承工作过程中，滚动体和内圈（或外圈）不断地转动，滚动体与滚道接触表面受变应力作用。当应力循环次数达到某一数值时，在滚动体或滚道的工作面上就产生麻点和凹坑，这种现象称为疲劳点蚀。

轴承的疲劳寿命　在一定载荷作用下，滚动轴承运转到任一滚动体或内、外圈滚道上出现疲劳点蚀前所经历的转数，称为滚动轴承的疲劳寿命。

轴承材料组织的不均匀性和工艺过程中存在差异等，滚动轴承疲劳寿命数据的离散性非常大。因此不能简单地用单个滚动轴承的寿命来代表一批轴承的寿命。

基本额定寿命 L_{10}（L_{10h}）　一批同型号的滚动轴承在相同条件下运行，当有 10% 的轴承发生疲劳点蚀时，轴承所经历的转数 L_{10}（单位：10^6 r）或工作的小时数 L_{10h}（单位：h），被定义为滚动轴承的基本额定寿命。

基本额定动载荷 C　滚动轴承的基本额定寿命与所受载荷的大小有关。定义基本额定寿命 $L_{10}＝1×10^6$ r 时，轴承所能承受的最大载荷为滚动轴承的基本额定动载荷，以 C 表示。对径向接触轴承，C 为径向载荷；对于向心角接触轴承，C 为载荷的径向分量，均用 C_r 表示；对推力轴承，C 为中心轴向载荷，用 C_a 表示。

基本额定动载荷 C 代表了轴承的承载能力。其值越大，承载能力越大。C 值可从轴承手册中查得。

当量动载荷 P　滚动轴承的基本额定动载荷 C，是在向心轴承仅受径向载荷，推力轴承仅受轴向载荷的条件下，根据实验确定的。如果轴承上承受的载荷与上述条件不同，同时作用有径向载荷和轴向载荷，在进行轴承寿命计算时，为了和基本额定动载荷进行比较，应把实际载荷折算为与基本额定动载荷的方向相同的一假想载荷，则称该假想载荷为当量动载荷。在这一载荷作用下，轴承寿命与实际载荷作用下的寿命相等。

滚动轴承基本额定寿命的计算公式为

$$L_{10} = \left(\frac{C_r}{P}\right)^{\varepsilon} \quad (10^6 \text{r})$$

$$(8-5)$$

式中，L_{10} 为滚动轴承的基本额定寿命，单位 10^6 r；C_r 为基本额定动载荷，单位 N；P 为当量动载荷，单位 N；ε 为寿命指数，对球轴承 $\varepsilon=3$，滚子轴承 $\varepsilon=10/3$。

当给定转速 n 时，轴承寿命可用小时单位表示，寿命计算公式为

$$L_{10h} = \frac{10^6}{60n}\left(\frac{C_r}{P}\right)^{\varepsilon} \quad (\text{h}) \tag{8-6}$$

式中，L_{10h} 为滚动轴承的基本额定寿命，单位 h；n 为轴承工作转速，单位 r/min。

2）滚动轴承的当量动载荷

当量动载荷的一般计算公式为

$$P = XF_r + YF_a \tag{8-7}$$

式中，F_r 为轴承所受的径向载荷，单位 N；F_a 为轴承所受的轴向载荷，单位 N；X 为径向系数，Y 为轴向系数，可查表 8-12。

表 8-12　向心轴承径向载荷系数 X 和轴向载荷系数 Y

轴承类型		相对轴向载荷 F_a/C_0	e	$F_a/F_r>e$		$F_a/F_r \leqslant e$	
				X	Y	X	Y
深沟球轴承		0.014	0.19		2.30		
		0.028	0.22		1.99		
		0.056	0.26		1.71		
		0.084	0.28		1.55		
		0.11	0.30	0.56	1.45	1	0
		0.17	0.34		1.31		
		0.28	0.38		1.15		
		0.42	0.42		1.04		
		0.56	0.44		1.00		
角接触球轴承	$\alpha=15°$	0.015	0.38		1.47		
		0.029	0.40		1.40		
		0.058	0.43		1.30		
		0.087	0.46		1.23		
		0.12	0.47	0.44	1.19	1	0
		0.17	0.50		1.12		
		0.29	0.55		1.02		
		0.44	0.56		1.00		
		0.58	0.56		1.00		
	$\alpha=25°$	—	0.68	0.41	0.87	1	0
	$\alpha=40°$	—	1.14	0.35	0.57	1	0
圆锥滚子轴承		—	轴承手册	0.4	轴承手册	1	0
调心球轴承		—	轴承手册	0.65	轴承手册	1	轴承手册

注：C_0 是轴承的基本额定静载荷。

各类轴承系数 X 与 Y 的值见各类轴承尺寸与性能表。

当考虑轴承承受冲击负荷作用时，当量动载荷可按下式计算：

$$P = f_d(XF_r + YF_a) \tag{8-8}$$

式中，f_d 为冲击负荷系数，见表 8-13。

表 8-13 冲击负荷系数 f_d

负荷性质	f_d	举例
无冲击或轻微冲击	1.0～1.2	电机，汽轮机，通风机，水泵等
中等冲击或中等惯性力	1.2～1.8	车辆，动力机械，起重机，造纸机，冶金机械，选矿机，水力机械，木材加工机械，卷扬机，机床，传动装置等
强大冲击	1.8～3.0	破碎机，轧钢机，石油钻机，振动筛等

3) 向心角接触轴承的轴向载荷计算

由于向心角接触轴承的结构特点，滚动体与滚道接触处存在着接触角 α，如图 8-16 所示，因此当它受到径向力 F_r 作用时，受载的滚动体上的反力沿着与垂直线成 α（接触角）的方向，它的轴向分量 F_s 称为附加轴向力。下面给出向心角接触轴承的附加轴向力 F_s 的近似计算公式。

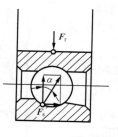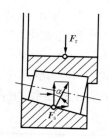

图 8-16 附加轴向力

向心角接触球轴承

$$\left.\begin{array}{ll} F_s = eF_r & (\alpha = 15°) \\ F_s = 0.68F_r & (\alpha = 25°) \\ F_s = 1.14F_r & (\alpha = 40°) \end{array}\right\} \tag{8-9}$$

式中，e 值见轴承设计手册。

圆锥滚子轴承

$$F_s = F_r/(2Y) \tag{8-10}$$

式中，Y 应取轴承性能表中 $F_a/F_r > e$ 的数值。

向心角接触轴承总的轴向载荷计算方法如下：

图 8-17 所示的轴承组，若

$$F_A + F_{s1} > F_{s2}$$

则

$$\left.\begin{array}{l} F_{a1} = F_{s1} \\ F_{a2} = F_A + F_{s1} \end{array}\right\} \tag{8-11}$$

若

$$F_{s1} + F_A < F_{s2}$$

则

$$\left.\begin{array}{l} F_{a1} = F_{s2} - F_A \\ F_{a2} = F_{s2} \end{array}\right\} \tag{8-12}$$

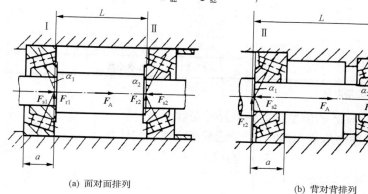

(a) 面对面排列   (b) 背对背排列

图 8-17 角接触向心轴承轴向载荷计算

若外加轴向力的方向与图示方向相反,则需将轴承 I 和轴承 II 交换一下代号,计算公式仍为上面各式。

为了方便地计算向心角接触轴承总的轴向力,可以归纳为下述两个步骤:

(1) 根据轴上的外加轴向力和两轴承上的附加轴向力,判断轴的移动趋势,然后结合轴承的安装方式来分析哪一端轴承被"压紧",哪一端轴承被"放松"。

(2) 确定轴承上总的轴向力。"放松"端轴承上总的轴向力等于其附加轴向力;"压紧"端轴承上的轴向力,等于"放松"端轴承上附加轴向力与外加轴向力的代数和。

例 8-2　图 8-18 所示锥齿轮轴由一对相同的单列圆锥滚子轴承支承。两个支承承受的径向力分别为 $F_{r1} = 6000$ N,$F_{r2} = 2000$ N,锥齿轮的轴向载荷 $F_a = 500$ N,轴的转速 $n = 960$ r/min,轴的直径 $d = 40$ mm,工作中有中等冲击,要求轴承基本额定寿命不低于 10000 h,试选择轴承型号。

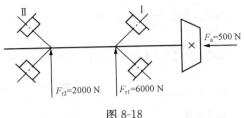

图 8-18

解　(1) 初选轴承型号。根据已知轴颈和工作条件,初选 30208 型轴承,由表 8-17 查得 $C_r = 63000$ N,$C_{0r} = 74000$ N,$e = 0.37$,$Y = 1.6$。

(2) 计算当量动载荷 P。轴承内部附加轴向力为

$$F_{s1} = \frac{F_{r1}}{2Y} = \frac{6000}{2 \times 1.6} = 1875(\text{N})$$

$$F_{s2} = \frac{F_{r2}}{2Y} = \frac{2000}{2 \times 1.6} = 625(\text{N})$$

两个轴承的轴向载荷为

$$F_{a1} = 1875 \text{ N}$$
$$F_{a2} = 2375 \text{ N}$$

因为
$$\frac{F_{a1}}{F_{r1}} = \frac{1875}{6000} = 0.313 < e = 0.37$$

所以
$$P_1 = f_d(XF_{r1} + YF_{a1}) = 1.5(1 \times 6000) = 9000(\text{N})$$

又因为
$$\frac{F_{a2}}{F_{r2}} = \frac{2375}{2000} = 1.1875 > e = 0.37$$

所以
$$P_2 = f_d(XF_{r2} + YF_{a2}) = 1.5(0.4 \times 2000 + 1.6 \times 2375) = 6900(\text{N})$$

(3) 计算轴承基本额定寿命。

$$L_{10h1} = \frac{10^6}{60n}\left(\frac{C_r}{P_1}\right)^\varepsilon = \frac{10^6}{60 \times 960}\left(\frac{63000}{9000}\right)^{10/3} = 11317.6(\text{h})$$

$$L_{10h2} = \frac{10^6}{60n}\left(\frac{C_r}{P_2}\right)^\varepsilon = \frac{10^6}{60 \times 960}\left(\frac{63000}{6900}\right)^\varepsilon = 27416.6(\text{h})$$

$L_{10h1} > 10000$ h,满足要求,故选用 30208 型轴承。

4) 按基本额定静载荷确定滚动轴承的尺寸

对工作于静止状态、缓慢摆动或极低速运转的轴承,主要是防止滚动体与滚道接触处产生过大的塑性变形,以保证轴承平稳地工作。因此,应按轴承的基本额定静载荷选择轴承的尺寸。基本公式为

$$C_0 \geqslant S_0 P_0 \tag{8-13}$$

式中，C_0 为基本额定静载荷；S_0 为安全系数（表 8-14）；P_0 为当量静载荷。

表 8-14 滚动轴承静载荷安全系数 S_0

使用要求或载荷性质	S_0	
	球轴承	滚子轴承
对旋转精度及平稳性要求高，或承受冲击载荷	1.5～2	2.5～4
正常使用	0.5～2	1～3.5
对旋转精度及平稳性要求较低，没有冲击和振动	0.5～2	1～3

向心轴承当量静载荷的计算公式为

$$P_{0r} = X_0 F_r + Y_0 F_a \tag{8-14}$$

式中，X_0 为径向静载荷系数；Y_0 为轴向静载荷系数（表 8-15）。

表 8-15 当量静载荷计算中的 X_0、Y_0

轴承类型	接触角 α	单列轴承		双列轴承	
		X_0	Y_0	X_0	Y_0
深沟球轴承		0.6	0.5	0.6	0.5
角接触球轴承	$\alpha=15°$	0.5	0.46	1	0.92
	$\alpha=25°$	0.5	0.38	1	0.76
	$\alpha=40°$	0.5	0.26	1	0.52
调心球轴承		0.5	$0.22\cot\alpha$	1	$0.44\cot\alpha$
圆锥滚子轴承		0.5	$0.22\cot\alpha$	1	$0.44\cot\alpha$

注：由接触角 α 确定的 Y_0 值可在轴承目录中直接查出。

5. 滚动轴承的结构设计

为保证轴承在机器中正常运行，除合理选择轴承类型、型号（尺寸）外，还应正确解决轴承与其相关零件之间的关系。也就是说，以轴承组合为主体的配套设计包括轴承组合的轴向固定、轴承组合的调整、轴承与其他零件的配合、装拆、润滑与密封等设计。表 8-16～表 8-18 列出了三类轴承的国家标准。

表 8-16 深沟球轴承（摘自 GB/T 276）

轴承代号	原轴承代号	基本尺寸/mm			基本额定载荷/kN		极限转速（r/min）	
		d	D	B	C_r	C_{0r}	脂	油
6202	202	15	35	11	7.65	3.72	17000	22000
6307	307	35	80	21	33.2	19.2	8000	10000
6308	308	40	90	23	40.8	24.0	7000	9000
6309	309	45	100	25	52.8	31.8	6300	8000
6310	310	50	110	27	61.8	38.0	6000	7500
6211	211	55	100	21	43.2	29.2	6000	7500
6311	311	55	120	29	71.5	44.8	5300	6700
6212	212	60	110	22	47.8	32.8	5600	7000
6312	312	60	130	31	81.8	51.8	5000	6300

表 8-17　单列圆锥滚子轴承(摘自 GB/T 297)

轴承代号	原轴承代号	基本尺寸/mm				基本额定载荷/kN		极限转速/(r/min)		计算系数		
		d	D	T	B	C_r	C_{0r}	脂	油	e	Y	Y_0
30205	7205E	25	52	16.25	15	32.2	37.0	7000	9000	0.37	1.6	0.9
33205	7305E	25	52	22	22	47.0	55.8	7000	9000	0.35	1.7	0.9
30207	7207E	35	72	18.25	17	54.2	63.5	5300	6700	0.37	1.6	0.9
32207	7507E	35	72	24.25	23	70.5	89.5	5300	6700	0.37	1.6	0.9
30208	7208E	40	80	19.75	18	63.0	74.0	5000	6300	0.37	1.6	0.9
32211	7511E	55	100	26.75	25	108	142	3800	4800	0.40	1.5	0.8
30212	7212E	60	110	23.75	22	102	130	3600	4500	0.40	1.5	0.8
32212	7512E	60	110	29.75	28	132	180	3600	4500	0.40	1.5	0.8

表 8-18　单列角接触球轴承(摘自 GB/T 292)

轴承代号	原轴承代号	基本尺寸/mm			基本额定载荷/kN		极限转速/(r/min)	
		d	D	B	C_r	C_{0r}	脂	油
7206C	36206	30	62	16	23.0	15.0	9000	13000
7206B	66206	30	62	16	20.5	13.8	8500	12000
7207C	36207	35	72	17	30.5	20.0	8000	11000
7208C	36208	40	80	18	36.8	25.8	7500	10000

为方便起见,下面先介绍单个轴承的轴向固定。

图 8-19 为轴承内圈常用的四种轴向固定方法:图 8-19(a)为利用轴肩作单向固定,它能承受大的单向的轴向力;图 8-19(b)为利用轴肩和轴用弹性挡圈作双向固定,挡圈能承受的轴向力不大;图 8-19(c)为利用轴肩和轴端挡板作双向固定,挡板能承受中等的轴向力;图 8-19(d)为利用轴肩、圆螺母作双向固定,因圆螺母利用机械锁紧,所以能承受大的轴向力。

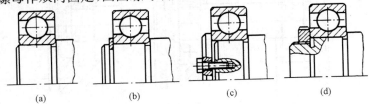

(a)　　　　　　(b)　　　　　　(c)　　　　　　(d)

图 8-19　轴承内圈常用的轴向固定方法

图 8-20 为轴承外圈常用的三种轴向固定法:图 8-20(a)为利用轴承盖作单向固定,能承受大的轴向力;图 8-20(b)为利用孔内凸肩和孔用弹性挡圈作双向固定,挡圈能承受的轴向力不大;图 8-20(c)为利用孔内凸肩和轴承盖作双向固定,能承受大的轴向力。

以下介绍轴承组合的轴向固定。

1) 双支点单向固定

如图 8-21(a)所示,轴的两个支点中每个支点都能限制轴的单向移动,两个支点合起来便可限制轴的双向移动,这种固定方式称为双支点单向固定。它适用于工作温度变化不大的短轴。考虑到轴因受热伸长,对于单列向心轴承可在轴承盖与外圈端面之间留出热补偿间隙 $c=0.2\sim0.3$ mm(图 8-21(b));对于向心角接触轴承,补偿间隙留在轴承内部。

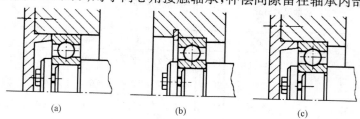

图 8-20　轴承外圈常用的轴向固定法

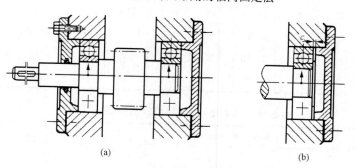

图 8-21　双支点单向固定

2)单支点双向固定

如图 8-22 所示,轴的两个支点中只有一个支点(左端)限制轴的双向移动,另一个支点则可做轴向移动,这种固定方式称为单支点双向固定。可做轴向移动的支承称为游动支承,游动支承不能受轴向载荷。

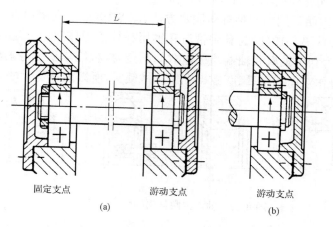

固定支点　　　　　游动支点　　　　　游动支点
(a)　　　　　　　　　　　　(b)

图 8-22　单支点双向固定

选用向心球轴承作游动支承时,因其游隙不大,应在轴承外圈与端盖间留适当间隙(图 8-22(a))。选用内圈或外圈无挡边的短圆柱滚子轴承或滚针轴承作游动支承时,因这类轴承内部有游隙,故不需另外留间隙,对这类轴承的内、外圈要作双向固定(图 8-22(b)),以免内、外圈同时移动,造成过大的错位。向心角接触轴承或推力轴承都不能作游动支承。

单支点双向固定方式适用于温度变化较大的长轴。

　　3）滚动轴承游隙的调整

　　轴承在装配过程中需控制和调节游隙 δ，轴承游隙过大，承受载荷的滚动体数量会减少，致使轴承的寿命和旋转精度降低，引起振动和噪声。尤其当有冲击情况发生时，影响更为显著。轴承游隙过小，轴承容易发热和磨损，也会降低轴承的寿命。因此，为保证轴承正常工作，需将轴承游隙调到合适的程度。调整方法见图 8-23，调整端盖处垫片的厚度，即可调节配置在同一支座上两轴承的游隙 δ。

　　4）滚动轴承的预紧

　　对于精密机械中的轴承，在装配时，常使轴承内、外圈滚道和滚动体表面保持一定的初始弹性变形，消除轴承的游隙，从而提高轴承的旋转精度。这种在装配时，使轴承产生初始弹性变形的方法，称为轴承的预紧。预紧时所加的载荷可根据经验或试验确定。

　　图 8-24 是产生滚动轴承预紧的典型结构。在两个轴承的内圈之间和外圈之间分别安装两个不同长度的套筒，安装时调整螺母使间隙 Δ 为零，从而产生一定的预加载荷。

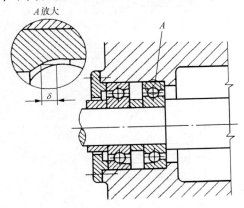

图 8-23　滚动轴承游隙的调整

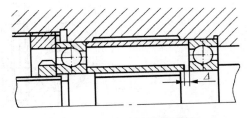

图 8-24　滚动轴承的预紧

8.2.2　滑动轴承的类型与结构设计

　　从摩擦性质来讲，滑动轴承的性能不如滚动轴承优越，但滚动轴承不能适用所有的场合，在下述情况下优先使用滑动轴承：①要求很高的旋转精度；②在重载、振动、有冲击的场合下工作；③结构尺寸要求非常小的场合；④低速、轻载、仪器中使用的支承。

　　1. 圆柱轴承

　　1）结构与材料

　　圆柱轴承的结构如图 8-25 所示。最简单的是在支承构件上直接加工轴承孔（图 8-25(a)），轴承孔上侧形成一个深度为 t 的凹坑，供储存润滑油，一般取 $t=B/3$。当支承构件的材料性能不能满足要求，或为了检修方便，或支承构件的厚度不够时，通常在支承构件上镶嵌轴承衬套（图 8-25(b)、(c)），有的小型仪表采用宝石轴承（图 8-25(d)、(e)），大型、重载的轴承和轴套上常常有油孔用以储存润滑油（图 8-25(f)）。

　　图 8-25 示出的都是整体式轴承，制造简单，但磨损后，间隙无法调整，主要适用于间歇工作、低速和轻载的场合。

　　图 8-26 是一种剖分式轴承，由支承座 1、支承盖 2、剖分轴瓦 4 和 5、支承盖螺栓 3 组成。主要适用于连续工作、高速、重载、有振动的场合。支承盖和支承座的剖分面常做成阶梯形，以便上盖和下座定位。轴瓦表面有油沟，在剖分轴瓦之间装有一组垫片，轴瓦磨损时，调整垫片的厚度，就可以调整轴承的径向间隙。

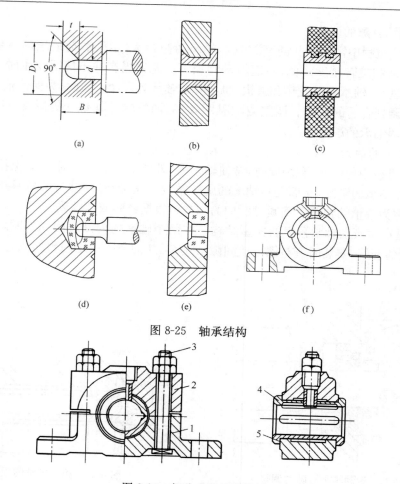

图 8-25　轴承结构

图 8-26　部分式轴承的结构

　　实践证明,轴颈和轴承采用不同材料制造能减少摩擦和磨损。轴承的材料主要有铜合金、轴承合金(适于中高速、重载)、塑料、石墨、宝石等。宝石具有摩擦系数小、硬度高、耐磨蚀、抗压强度高等优点,广泛应用于精密仪器、小型仪表中。各个行业所用宝石轴承已有系列和标准,设计时可选用。

　　2) 摩擦力矩计算

　　一般机械中支承(轴承及与其配合的轴颈)的摩擦会消耗功率,降低机械效率,引起轴承发热。而仪器中支承的摩擦还直接影响仪器的精度,所以支承的摩擦是衡量仪器质量的指标之一。在分析仪器精度时,要计算摩擦力矩。

　　圆柱支承摩擦力矩的计算分两种情况。

　　(1) 支承只承受径向载荷 F_r(图 8-27(a)),那么摩擦力矩 M_f 可按下式计算:

$$M_f = \frac{1}{2} f F_r d \qquad\qquad (8\text{-}15)$$

式中,f 为摩擦系数;F_r 为单个支承承受的径向载荷;d 为轴颈直径。

　　式(8-15)表明,支承的摩擦力矩 M_f 与摩擦系数 f、轴颈直径 d 和载荷 F_r 成正比。通常,摩擦系数 f 由所选材料及加工质量决定,载荷 F_r 由支承的工作要求确定,所以轴颈的直径 d 是影响摩擦力矩的主要因素。

对于摩擦力矩直接影响精度的仪器,要控制轴颈的尺寸,使摩擦力矩不超过允许值,即满足下面不等式:

$$M_{\mathrm{f}} = \frac{1}{2} f F_{\mathrm{r}} d \leqslant [M_{\mathrm{f}}] \tag{8-16}$$

或

$$d \leqslant \frac{2[M_{\mathrm{f}}]}{f F_{\mathrm{r}}} \tag{8-17}$$

式中,$[M_{\mathrm{f}}]$ 为支承允许的最大摩擦力矩,根据仪器精度要求确定。

不等式(8-17)是根据摩擦力矩计算轴颈的设计式。

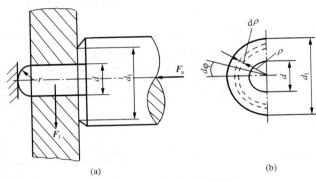

图 8-27　摩擦力矩计算图

(2) 若支承只承受轴向载荷 F_{a},那么,由轴向载荷引起的摩擦力矩有以下两种情况。

① 当止推面是轴肩时(图 8-27(b)),轴向载荷分布在一个圆环上,圆环的内外直径分别为 d、d_1,如果假定轴向载荷 $\boldsymbol{F}_{\mathrm{a}}$ 在圆环上产生的支反力是均匀分布的,则可得出下列计算公式:

$$M_{\mathrm{f}} = \frac{1}{3} F_{\mathrm{a}} f \frac{d_1^3 - d^3}{d_1^2 - d^2} \tag{8-18}$$

② 由轴颈的顶部半球体来承受轴向载荷,由图 8-28可知,支承中是一个半径为 r 的球体和一个平面的接触。如果轴颈和止推轴承垫都是不变形的刚体,那么,接触处将是一个点。实际上,在轴向载荷的作用下,轴颈和轴承在接触点处都将产生弹性变形。根据弹性理论的分析,接触处将由点变成面,这个面是以 R 为半径的圆平面。而接触面上的应力在这个圆上按半球体分布,接触处的应力叫做接触应力。这里直接引用弹性理论导出的公式,接触圆半径

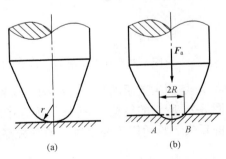

图 8-28　轴颈的顶部承受载荷

$$R = 0.881 \sqrt[3]{F_{\mathrm{a}} \left(\frac{1}{E_1} + \frac{1}{E_2} \right) \cdot r} \tag{8-19}$$

式中,E_1 为轴颈材料的弹性模量;E_2 为轴承材料的弹性模量;r 为轴颈顶部球半径。

摩擦力矩的计算公式为

$$M_{\mathrm{f}} = \frac{3}{16} \pi R f F_{\mathrm{a}} \tag{8-20}$$

(3) 总摩擦力矩 M_{f}

$$M_{\mathrm{f}} = M_{\mathrm{f1}} + M_{\mathrm{f2}} + M_{\mathrm{f3}} \tag{8-21}$$

式中,M_{f1} 为支承 1 承受的摩擦力矩(径向力作用);M_{f2} 为支承 2 承受的摩擦力矩(径向力作

用);M_{f3}为轴向力作用在某一支承上的摩擦力矩。

表 8-19 列出了材料的摩擦系数 f 的数值;表 8-20 列出了常用材料的弹性模量。

表 8-19　摩擦系数

轴颈材料-支承材料	摩擦系数 f	轴颈材料-支承材料	摩擦系数 f
钢-淬火钢	0.16～0.18	钢-玛瑙,人造宝石	0.13～0.15
钢-锡青铜	0.15～0.16	钢-尼龙(含石墨)	0.04～0.06
钢-黄铜	0.14～0.19	黄铜-黄铜	0.20
钢-硬铝	0.17～0.19	黄铜-锡青铜	0.16
钢-灰铸铁	0.19		

表 8-20　支承常用材料弹性模量

材料名称	弹性模量 $E/(10^5 \text{MPa})$	材料名称	弹性模量 $E/(10^5 \text{MPa})$
碳钢	2～2.2	红宝石	4.5
工具钢	2.1	青铜	1.15
钴钨合金	1.3	黄铜	0.91～0.99
玛瑙	1.0	硬铝合金	0.69

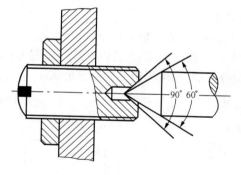

图 8-29　顶尖支承

2. 顶尖支承

顶尖支承由圆锥形轴颈(顶尖)和具有扩孔 90° 的圆柱孔的轴承组成,如图 8-29 所示。

顶尖支承的特点是:结构简单,加工制造容易;对心精度较高,摩擦力矩较小,但不耐磨损。它适用于转速很低、载荷不大的场合。

1)结构

顶尖的圆锥角 2α 通常取 60°。顶尖支承的轴向间隙应该是可调的,因而常将轴承做在可调螺钉上。图 8-30 是顶尖支承的另一种结构。这种结构中,顶尖不会因为做轴向位移而改变径向位置。而图 8-29 所示的结构,因为螺纹配合中总是有径向间隙存在,对心精度就差。所以图 8-30 所示的顶尖支承适用于要求对心精度较高的仪器中。

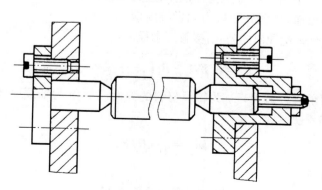

图 8-30　顶尖支承的结构

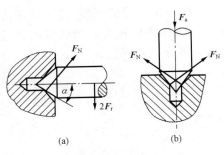

图 8-31　顶尖支承摩擦力矩计算图

2）摩擦力矩计算

顶尖支承的摩擦力矩计算如图 8-31 所示。若作用于轴中点的径向载荷为 $2F_r$，如图 8-31(a) 所示，则每一支承中的摩擦力矩为

$$M_f = \frac{1}{2}F_N fd = \frac{F_r fd}{2\cos\alpha} \qquad (8-22)$$

如果支承承受轴向载荷 F_a，如图 8-31(b) 所示，则摩擦力矩为

$$M_f = \frac{1}{2}2F_N fd = \frac{F_a fd}{2\sin\alpha} \qquad (8-23)$$

3. 轴尖支承

1）轴尖支承的结构

轴尖支承如图 8-32 所示，由轴尖 1 和轴承 2 组成。

位于轴端部的轴尖，是一个半径很小的球面，轴承是一个半径稍大的内球面。这种支承可用于垂直状态工作。

轴尖支承的特点是，运转灵敏，摩擦力矩极小，但运动精度不高。只要存在轴向间隙，轴就会产生倾斜（图 8-33）。使用时，常与圆柱轴承配合使用。

由于轴尖支承的摩擦力矩极小，因而在测量力矩很小的精密测量仪表中得到广泛应用。

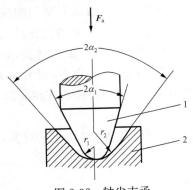

图 8-32　轴尖支承

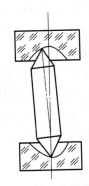

图 8-33　轴尖支承的特点

图 8-34 所示是轴尖支承的典型结构。拧动镶有支承的螺钉 1 可以调整支承中的轴向间隙。调整后用螺母 2 锁紧。

轴尖的材料，除采用上述章节中介绍过的轴颈材料外，还常采用钴钨合金。钴钨合金轴尖已有了系列，设计时可按系列选用。

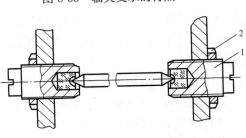

图 8-34　轴尖支承的结构

8.2.3　空气静压支承

空气静压轴承是超精密仪器、超精密机床保证工作精度的核心。转轴要想达到极高的回转精度，其关键在于所用的精密轴承——空气静压轴承。

1. 空气静压支承的工作原理

空气静压支承（图 8-35）利用专用的供气装置，将压缩气体输送到轴承外的环形储存腔

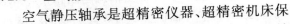

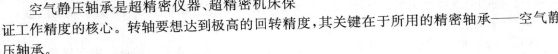

内,再经流量节流器(进气孔)进入轴颈和轴承间的间隙中,形成一定压力的气膜,将转轴浮起并承受载荷,气体再经轴承两端排出。储存腔内的气体压力 P_s,称供给压力。当气体流经进气孔时,压力下降,而以压力 P_0 流进轴承间隙,再以压力 P_a 由轴承两端排出。

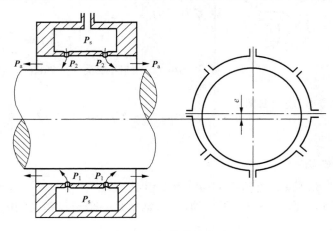

图 8-35 气体静压支承

空载时(忽略转轴自重),进入轴颈与轴承之间的压缩气体使转轴处于轴承中心位置,间隙 h_0 处处相同,压力 P_0 处处相等。轴与轴承的间隙单边在 $6\sim15\mu m$ 之间。

当转轴承受径向载荷 F_r 后,沿 F_r 方向产生径向位移 e。轴承下部间隙减小为 h_0-e;轴承上部间隙增大到 h_0+e。由于上部气体排出时的阻力减小,更多的气体经上部进气孔进入轴承,增大了流经进气孔时的压力差,压力由 P_0 降到 P_2。由于下部气体排出时的阻力增大,流经下部进气孔进入轴承的气体减少,减小了流经进气孔时的压力差,压力由 P_0 增到 P_1。转轴上下部分压力增减所形成的压力差即可平衡外加载荷,使转轴稳定在相应的某位置。

2. 空气静压支承的摩擦力矩

空气静压支承的摩擦力矩很小,一般可不计算。如有需要,可按下式计算(径向气体静压支承):

$$M_f = \frac{\pi \eta_2 L d^3 \omega}{4 h_0} \tag{8-24}$$

式中,η_2 为气体黏度,20℃时的空气黏度为 1.8×10^4 Pa·s;L 为轴颈与轴承的接触长度,单位 mm;d 为轴颈直径,单位 mm;ω 为轴颈回转角速度,单位 rad/s;h_0 为轴颈与轴承之间的间隙,单位 mm。

3. 空气静压轴系的典型结构

1) 圆柱径向与止推空气静压轴系

这种空气静压轴系(图 8-36)结构比较简单,但要求前后径向轴承有很高的同轴度,径向轴承和推力轴承有很高的垂直度,因此要求很高的制造工艺水平。日立精机的超精密车床使用这种结构的空气轴承主轴,获得较好效果。这种结构的空气轴承可以有较高的轴向刚度。

2) 双半球空气静压轴系

如图 8-37 所示,前后轴承均采用半球状,既是径向轴承又是推力轴承。由于轴承的气浮面是球面,因而可以自动定心。后端轴承有弹性环可以补偿由于温升而使主轴伸缩。球面研磨加工,球圆度 $0.25\mu m$,回转精度 $0.25\mu m$。由于主轴直径达 305mm,不能忽视主轴高速旋转时剪切空气的阻力所产生的热影响。用该轴系加工铜球面镜表面粗糙度达 $0.064\mu m$。

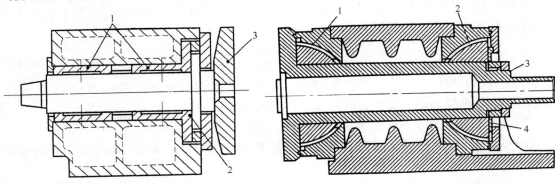

图 8-36　圆柱径向与止推空气静压轴系结构原理图

1—径向轴承；2—推力轴承；3—真空吸盘

图 8-37　双半球空气静压轴系

1—前半球面轴承；2—后半球面轴承；

3—主轴；4—弹性环

8.2.4　弹性支承

弹性支承的特点如下：

(1) 弹性支承中只产生极小的弹性摩擦，摩擦力矩极小，可略而不计。

(2) 结构简单，制造容易，成本低，不要求润滑和特殊的维护。

(3) 没有间隙，对仪器不会造成回差。

(4) 没有磨损，使用寿命长。

(5) 可在各种使用条件下工作，如真空、高温、高压和具有放射线的场合等。

(6) 转动中心是变化的（指十字形弹性支承），且只能在不大的转角内工作。

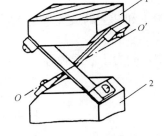

图 8-38　十字形弹性支承

1) 十字形弹性支承

十字形弹性支承（图 8-38）由等长度、等宽度和等厚度，并交叉成十字形的一对片簧所组成。这对片簧的两个端部与运动件 1 相连，而另两个端部与基座 2 相连。采用十字形弹性支承时，运动件的转动中心大致位于片簧的交叉轴线 OO' 上。

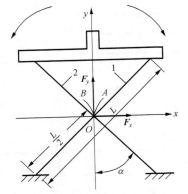

图 8-39　十字形弹性支承的转动中心

1、2—片簧

以下介绍十字形弹性支承的性能和计算：

十字形弹性支承常用于电动单元组合仪器中的变送器和某些测量仪表中，由于这种支承在转角不大时精度很高，因此应用越来越广泛。

(1) 十字形弹性支承运动件的转动中心。

这种运动件的转动中心在工作过程中是变动的。当运动件顺时针方向转动时，转动中心从 O 点沿曲线 OA 变动；当逆时针方向转动时，转动中心从 O 点沿曲线 OB 变动（图 8-39）。研究结果表明，当运动件转角很小时，其转动中心的变化很小。实际应用的弹性支承，运动件一般不超过 15°。图 8-39 中符号 α 是片簧与坐标轴 y 的夹角，通常 $\alpha=45°$。

（2）十字形弹性支承的刚度。

作用在十字形片簧交叉线上的转动力矩 M_φ 与其产生的转角 φ 的比值，称为十字形弹性支承的刚度，刚度可按下列近似公式计算：

$$\frac{M_\varphi}{\varphi} \approx \frac{Ebh^3}{3(L + 9 \times 10^{-4})} \quad (\text{N} \cdot \text{m/rad}) \qquad (8\text{-}25)$$

式中，M_φ 为转矩，单位 N·m；φ 为转角，单位 rad；E 为片簧材料的弹性模量，单位 Pa；L 为片簧的工作长度，单位 m；b、h 为片簧的宽和厚度，单位 m。

（3）十字形弹性支承的强度验算和稳定性。

这种支承在载荷向交叉点平移后的两个分量 $\boldsymbol{F}_x$ 和 $\boldsymbol{F}_y$ 作用下，片簧 1 和 2 沿其长度方向所受的轴向力为

$$F_1 = \frac{1}{2}(F_y \sec\alpha + F_x \csc\alpha) \qquad (8\text{-}26)$$

$$F_2 = \frac{1}{2}(F_y \sec\alpha - F_x \csc\alpha) \qquad (8\text{-}27)$$

片簧 1 和 2 的最大应力可按下式计算：

$$\sigma_{1\max} = \pm \frac{6M_{1\max}}{bh^2} + \frac{F_1}{bh} \qquad (8\text{-}28)$$

$$\sigma_{2\max} = \pm \frac{6M_{2\max}}{bh^2} + \frac{F_2}{bh} \qquad (8\text{-}29)$$

片簧 1 和 2 上的最大弯矩 $M_{1\max}$ 和 $M_{2\max}$ 可利用图 8-40 曲线计算得出（曲线的使用见例 8-3）。

$$\sigma_{1\max} \leqslant [\sigma], \quad \sigma_{2\max} \leqslant [\sigma]$$

式中，$[\sigma]$ 为十字形弹性支承片簧的许用应力。按表 8-21 查取，即强度验算合格。

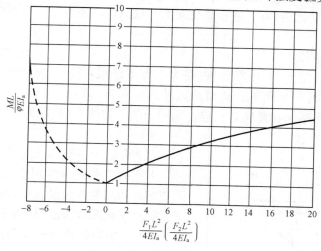

图 8-40　计算片簧弯矩的曲线图

表 8-21　十字形弹性支承中片簧的许用应力 $[\sigma]$

材料	弹簧钢	铍青铜	黄铜
$[\sigma]$/MPa	310	310	100

弹性支承中任一片簧,如在压缩状态下工作(即 F_1 和 F_2 为负值),则 F_1 和 F_2 增大到某一临界值 F_c 时,弹性支承会产生失稳,如图 8-41 所示,临界值 F_c 可按下列公式求出

$$F_c = \frac{4EI_a\pi^2}{L^2} \tag{8-30}$$

例 8-3 某测量装置的十字形弹性支承如图 8-42 所示。根据测量力的要求,支承的刚度应为 0.018 N·m/rad。已知测量杆的量大行程 s 为 1 mm,运动件(测量杆部件)的重量 $G=0.5$ N,测量杆中心到水平片簧固定端的距离 L_g 为 30 mm,片簧的材料为弹簧钢,片簧的长度 L 为 10 mm,片簧的宽度 b 为 5 mm,片簧的厚度 h 为 0.08 mm。试校核弹性支承的刚度、强度和稳定性。

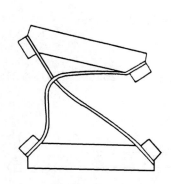

图 8-41 十字形弹性支承的失稳

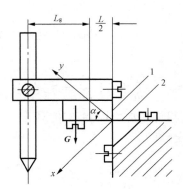

图 8-42 测量装置计算简图

解 (1)校核弹性支承的刚度。

$$\frac{M_\varphi}{\varphi} \approx \frac{Ebh^3}{3(L+9\times10^{-4})}$$

从设计手册上查得弹簧钢的弹性模量 E 为 2×10^5 MPa,所以

$$\frac{M_\varphi}{\varphi} \approx \frac{2\times10^5\times10^7\times0.005\times0.00008^3}{3(0.01+9\times10^{-4})} \approx 0.016(\text{N·m/rad}) < 0.018\text{N·m/rad}$$

因此,其刚度符合设计要求。

(2)校核弹性支承的强度和稳定性。

求片簧所受的轴向力 F_1 和 F_2:由于测量力与重量的方向相反,弹性支承的最大载荷为运动件的重量 G,最大载荷向支承点平移后,沿坐标轴分解,得

$$F_x = G\cos\alpha = 0.5\cos45° = 0.35(\text{N})$$

$$F_y = -G\sin\alpha = -0.5\sin45° = -0.35(\text{N})$$

按式(8-26)和(8-27)可得

$$F_1 = \frac{1}{2}(F_y\sec\alpha + F_x\csc\alpha) = \frac{1}{2}\left(-0.35\times\frac{1}{0.7}+0.34\times\frac{1}{0.7}\right) = 0$$

$$F_2 = \frac{1}{2}(F_y\sec\alpha - F_x\csc\alpha) = \frac{1}{2}\left(-0.35\times\frac{1}{0.7}-0.35\times\frac{1}{0.7}\right) = -0.5(\text{N})$$

(3)强度验算。根据

$$\frac{F_1 L^2}{4EI_a} = 0 \quad \text{或} \quad \frac{F_2 L^2}{4EI_a} = -0.29$$

由图 8-40 查得

$$\frac{M_1 L}{\varphi E I_a} = 1 \quad \text{和} \quad \frac{M_2 L}{\varphi E I_a} = 1.05$$

由于支承的最大转角

$$\varphi_{max} = \frac{S}{\left(L_g + \dfrac{L}{2}\right)} = \frac{1}{30+5} = 0.029 \text{(rad)}$$

因此,作用在片簧上的最大弯矩为

$$M_{1max} = 1 \times \left(\frac{\varphi_{max} E I_a}{L}\right) = 1 \times \left(\frac{0.029 \times 2 \times 10^5 \times 5 \times \dfrac{0.08^3}{12}}{10}\right) = 0.124 \text{(N · mm)}$$

$$M_{2max} = 1.05 \times \left(\frac{\varphi_{max} E I_a}{L}\right) = 0.13 \text{ N · mm}$$

按照式(8-29)得

$$\sigma_{2max} = \frac{-6M_{2max}}{bh^2} + \frac{F_2}{bh} = \frac{-6 \times 0.13}{5 \times 0.08^2} - \frac{0.5}{5 \times 0.08} = -25.65 \text{(MPa)} < 310 \text{MPa}$$

由表 8-21 查得许用应力$[\sigma] = 310$ MPa。

（4）稳定性验算。

$$F_c = -\left(\frac{4EI_a}{L^2}\right)\pi^2 = \frac{-4 \times 2 \times 10^5 \times \dfrac{5 \times 0.08^3}{12} \times \pi^2}{10^2} = -16.8 \text{(N)}$$

$$F_c < F_2$$

因此弹性支承工作是稳定的。

2）拉丝式弹性支承

拉丝式弹性支承是由上、下两根拉丝将回转零件悬吊起来,拉丝为矩形或圆形断面的金属细丝。回转零件在工作时能围绕拉丝的轴线运动。这种拉丝除起支承作用外,还是仪表中平衡测量力矩的弹性元件和导电元件,所以拉丝式弹性支承在电测仪表中应用很广泛。

图 8-43 是拉丝端部的固定结构。拉丝末端可采用压片压紧或钎焊固定在一个带螺纹的零件上。此零件安装在弹簧片上,弹簧片起减振作用,以避免拉丝在振动和冲击时被破坏。

图 8-43(c)、(d)所示为常采用的两种固定弹簧片的形状,它们在圆形弹簧片上开有各种形状的槽,其优点是固定弹簧片弹性很好,是固定拉丝的较好的结构。

3）柔性铰链

柔性铰链是近年来发展起来的一种新型弹性支承,在微动工作台中得到了广泛应用。

图 8-44(a)为柔性铰链的典型结构。在一块板材上加工出孔和开缝,使圆弧的切口处形成弹性支点,即柔性铰链。

一般情况下,这种柔性铰链与剩余的部分成为一体,组成一平行四边形机构。当在 AC 杆上加一力 **F**,由于四个柔性铰链的弹性变形,使 AB 杆（微动工作台）在水平方向产生位移（图 8-44(b)）。由柔性铰链组成的平行四边形机构实际完成的是导轨的功能,故在工程中常称此结构为弹性导轨,在微电子技术中得到广泛应用。

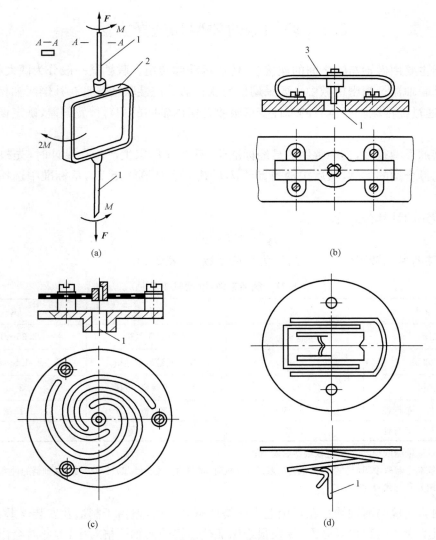

图 8-43 拉丝端部的固定结构
1—拉丝;2—回转框架;3—固定弹簧片

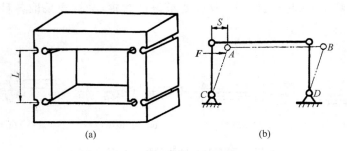

图 8-44 柔性铰链弹性导轨的工作原理

8.3　联轴器的类型和选择方法

联轴器主要用做轴与轴之间的连接,以传递运动和转矩。联轴器一般分为两大类,刚性联轴器和挠性联轴器。精密机械中主要采用挠性联轴器。挠性联轴器具有补偿两轴相对位置偏差的功能,通过挠性联轴器本身的弹性变形吸收补偿两轴间的相对位置偏差,确定设备的运行精度。

联轴器的类型很多,其中常用的已经标准化,有专业厂家生产。在设计时,先根据工作条件和要求选择合适的类型,然后按轴的直径 d、转速 n 和计算转矩 T_c,从标准中选择所需要的型号和尺寸。

计算转矩的计算公式为

$$T_c = KT \quad \text{N} \cdot \text{mm} \tag{8-31}$$

式中,T 为轴的名义转矩(N·mm);K 为载荷系数,见表 8-22。

表 8-22　载荷系数(电动机驱动时)

机器名称		K	机器名称	K
机床		1.25~2.5	往复式压气机	2.25~3.5
离心水泵		2~3	胶带或链板运输机	1.5~2
鼓风机		1.25~2	吊车、升降机、电梯	3~5
往复泵	单行程	2.5~3.5	发电机	1~2
	双行程	1.75		

注:① 刚性联轴器取较大值,弹性联轴器取较小值。
② 摩擦离合器取中间值。当原动机为活塞式发动机时,将表内 K 值增大 20%~40%。联轴器的种类很多,本章仅介绍几种有代表性的结构。

用联轴器连接的两轴轴线在理论上应该是严格对中的,但由于制造及安装误差、承载后的变形以及温度变化的影响等原因,往往很难保证被连接的两轴严格对中,因此就会出现两轴间的轴向位移 x(图 8-45(a))、径向位移 y(图 8-45(b))、角位移 α(图 8-45(c))和这些位移组合的综合位移(图 8-45(d))。如果联轴器没有适应这种相对位移的能力,就会在联轴器、轴和轴承中产生附加载荷,甚至引起强烈振动。这就要求设计联轴器时,要采取各种结构措施,使之具有适应上述相对位移的性能。

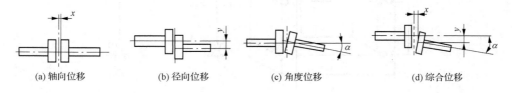

(a)轴向位移　　　(b)径向位移　　　(c)角度位移　　　(d)综合位移

图 8-45　轴线的相对位移

联轴器的类型与特点如下：

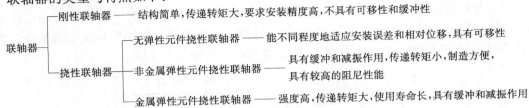

1. **刚性联轴器**

1) 套筒联轴器

套筒联轴器(图 8-46)是刚性联轴器的一种。这种联轴器的结构最简单,径向尺寸小,所连接的两轴能同步运转。它用套筒 1 和两个锥销 2 连接两个轴。尽管这种联轴器要求被连接的两个轴准确重合,但两轴实际上存在轴线的微量偏移和倾斜,并给装配带来困难。因此套筒与被连接轴之间要留有间隙,并且两个销钉位置互相垂直,使被连接轴线有少量偏移的余量。套筒的长度一般取 $(3 \sim 5)d$ 。

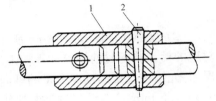

图 8-46　套筒联轴器

套筒通常用碳钢制造,也可用夹布胶木等其他材料制造。

适用于转矩 T 为 $0.3 \sim 4000$ N·m,轴径 d 为 $4 \sim 100$ mm,许用转速 n 为 $200 \sim 250$ r/min 的工作场合。

2) 凸缘联轴器

在刚性联轴器中,凸缘联轴器(图 8-47)是应用最广的一种。这种联轴器主要由两个分装在轴端的半联轴器和连接它们的螺栓所组成。

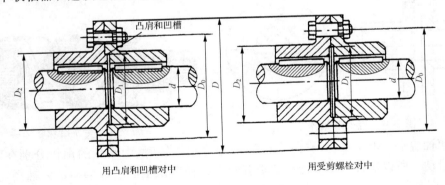

用凸肩和凹槽对中　　　　　　　　　　　用受剪螺栓对中

图 8-47　凸缘联轴器

按对中方法不同,凸缘联轴器有两种形式:①由具有凸肩的半联轴器和具有凹槽的半联轴器相嵌合而对中;②用铰制孔和受剪螺栓对中。

凸缘联轴器对中精度可靠,传递转矩较大,但要求两轴同轴度好,主要用于载荷平稳的连接中。

适用于转矩 T 为 $10 \sim 20000$ N·m,轴径 d 为 $10 \sim 180$ mm,许用转速 n 为 $13000 \sim 2300$ r/min 的工作场合。

2. 无弹性元件的挠性联轴器

（1）舌形联轴器，如图 8-48 所示。它的一根轴上有一个销钉，另一根轴上有相应的销钉槽。这种联轴节允许被连接的轴有一定的轴向位移，但要求被连接轴的轴线准确重合。它的结构简单，但所连接的零件磨损较快，只能在载荷不大的情况下应用。

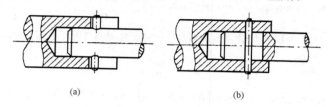

图 8-48　舌形联轴器

（2）盘销联轴器，如图 8-49 所示。在盘 1 的一定半径上固定有拨销，而另一个盘 2 上开有对应的槽。装配时使销钉插入槽中。这种联轴器主要用于被连接的两轴轴线不精确对心的情况，并允许被连接的轴有少量的轴向位移。轴向位移量要小于两盘之间的最大间隙 Δ（一般为 0.8～1.5 mm）。与舌形联轴节比较，它的特点是传动拨销远离轴线，所以在传递相同的扭矩时，作用在接触面上的力较小，因而磨损较慢。

为了减小传动误差，应尽可能增大销钉中心到销盘中心的距离 r 值。尽可能减小被连接轴的径向偏移量。

（3）十字滑块联轴器，如图 8-50 所示。它由两个套筒及中间圆盘组成。套筒用键或过盈配合装在轴上。中间圆盘的两个端面各有一矩形或齿形榫，两榫的中线均通过圆盘中心并互相垂直。中间圆盘上的两个榫分别嵌于两个套筒上相应的凹槽中。

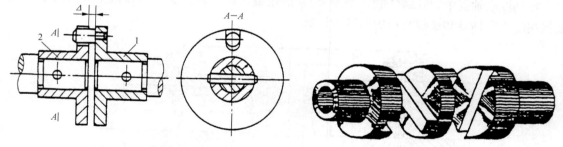

图 8-49　盘销联轴器　　　　　　　　图 8-50　十字滑块联轴器

如果两轴线平行但不重合，有一偏心距 e，当两轴回转时，中间盘的榫将分别在两个套筒的凹槽中滑动。所以这种联轴节允许两轴有较大的径向误差（$y=0.04d$，d 为轴径）及少许的角度误差（$\alpha\leqslant30'$）。

如果两轴不对中，工作时中间圆盘来回做径向窜动，转速太高时离心力大，磨损快，故只适于低速（$n<200$ r/min）时使用。为了减少离心力，中间圆盘做成空心的，内径约为外径的 0.7 倍。为了减少摩擦，中间圆盘上设有油孔进行润滑。摩擦表面需淬火。对于高转速又不能严格对中的情况，必须选用其他形式的联轴器。

中间圆盘为金属的联轴器适用于转矩 T 为 120～20000 N·m，轴径 d 为 15～150 mm，许用转速 n 为 250～100 r/min 的工作场合。

中间圆盘为尼龙的联轴器适用于转矩 T 为 16～5000 N·m，轴径 d 为 10～100 mm，许用转速 n 为 10000～1500 r/min 的工作场合。

（4）万向联轴器。图 8-51 所示为以十字轴为中间件的万向联轴器。十字轴的四端用铰链分别与轴 1、轴 2 上的叉形接头相联。因此，当一轴的位置固定后，另一轴可以在任意方向偏斜 α 角，角位移 α 可达 40°～45°。

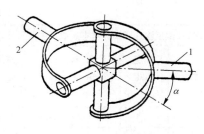

图 8-51　万向联轴器示意图

3. 有金属弹性元件的挠性联轴器

该类型联轴器既具有良好的补偿偏斜或位移的能力，又具有一定的缓冲作用和消振能力。

典型的挠性联轴器外形图见图 8-52。

图 8-52　弹性联轴器外形图

（1）微型膜片联轴器。下面给出 BHM 型微型膜片联轴器的基本参数及结构性能（见表 8-23）。

表 8-23　BHM 型微型膜片联轴器

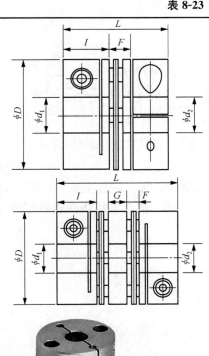

结构特点：

① 高灵敏度、高扭矩刚性；

② 零回转间隙，顺时针和逆时针回转特性完全相同；

③ 结构紧凑，体积小，惯性小；

④ 不锈钢膜片补偿轴向和角向偏差；

⑤ 联轴器主体采用高强度铝合金材料；

⑥ 拆装简单，不需维护；

⑦ 常用于伺服电机、步进电机连接；

⑧ 采用夹紧螺丝固定；

⑨ 材质为铝合金

续表

BHM 微型膜片联轴器基本参数及主要尺寸

型号	额定扭矩 /(N·m)	最大扭矩 /(N·m)	最高转速 /(r/min)	孔径 $d_1 \sim d_2$ /mm	D	L/mm		F	L_1 /mm	轴向偏差 /mm	角向偏差 /(°)	径向偏差 /mm	拧紧力矩 /(N·m)
						单节	双节						
BHM26	1.4	2.8	10000	5~10	26	25.5	35	2.5	11.5	±0.1	1.5	0.40	1.5
BHM34	2.8	5.6	10000	8~14	34	31.3	45	3.1	14.1	±0.1	1.5	0.40	1.5
BHM39	5.8	11.6	10000	10~16	39	34.1	49	4.1	15.0	±0.1	1.5	0.40	2.5
BHM44	8.7	17.4	10000	11~19	44	34.5	50	4.5	15.0	±0.1	1.5	0.40	2.5
BHM56	25	50	10000	14~24	56	45.0	63	5.0	20.0	±0.1	1.5	0.40	7.0
BHM68	55	110	10000	19~35	68	54.0	74	6.0	24.0	±0.1	1.5	0.40	12
BHM82	80	160	10000	24~40	82	68.0	98	8.0	30.0	±0.1	1.5	0.40	16

（2）波纹管联轴器，如图 8-53 所示。由两个轴套和波纹管组成，轴套和波纹管的连接处采用胶接或焊接。结构简单，惯性小，运转稳定。可用于有反转或经常启动的各种自动控制的传动系统。

（3）扭转螺旋弹簧联轴器，如图 8-54 所示。利用弹簧扭转获得弹性变形，目前以单个扭转螺旋弹簧组成的小型联轴器为主，其机构简单，适宜单向转动工作。

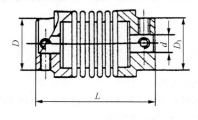

图 8-53　波纹管联轴器

图 8-54　扭转螺旋弹簧联轴器

4. 非金属弹性元件挠性弹轴器

图 8-55 所示是由两个圆盘和一个弹性圆盘组成的联轴器。每个圆盘上有两个拔销，而弹性圆盘上有四个销孔，因此它可以被夹在两圆盘之间传递运动。圆盘可用铸铁或钢制造，弹性圆盘通常根据工作条件选用皮革、橡胶、夹布胶木等材料。

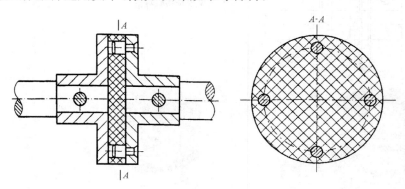

图 8-55　弹性拔销联轴器

习　题

8-1　轴的结构设计应满足哪些基本要求?

8-2　轴的强度、刚度计算的目的是什么?

8-3　图 8-56 中的齿轮、圆螺母和深沟球轴承 6203 分别安装在轴的 A、B、C 段上。试确定:(1)轴上 B 段螺纹大径和螺距;(2)轴上尺寸 L、S、d_1、d_2、d_3、R_1 及 R_1'。

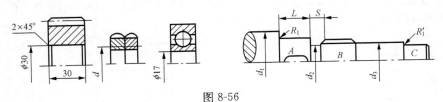

图 8-56

8-4　试设计图 8-57 中减速器的输出轴。已知输出轴传递的功率 $P=13$ kW,输入轴的转速 $n_1=980$ r/min,齿轮齿数 $Z_1=18$,$Z_2=72$,齿轮模数 $m=5$ mm,齿轮轮毂宽度 $L_2=90$ mm,联轴器轮毂宽度为 70 mm,建议采用轻窄系列单列向心球轴承。

8-5　图 8-58 所示为一减速机的输出轴,试分析图中各部分结构的作用和设计时所依据的原则,检查该轴的结构,指出轴上零件定位、安装、固定等有哪些不合理的地方,应如何修改,并说明原因,最后画出正确的结构图。

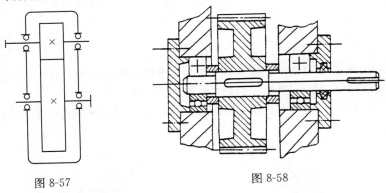

图 8-57　　　　　　　　　　　图 8-58

8-6　试指出图 8-59 所示的轴系零部件结构中的错误,并画出正确的结构图。

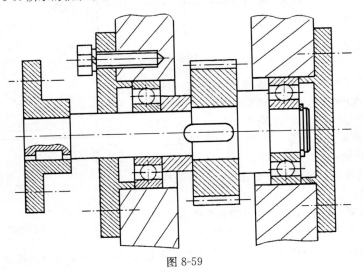

图 8-59

8-7 顶尖支承在结构上有什么特点？试画出顶尖支承的结构图。

8-8 试述基本额定寿命、基本额定动载荷的定义。

8-9 如图 8-60 所示,有一仪表活动系统总重量为 $G=0.75$ N,用圆柱形支承,结构尺寸为 $d=0.8$ mm, $d_1=1.6$ mm,轴颈材料为工具钢,轴承材料为红宝石。试求:

(1) 当轴水平工作时,圆柱支承的摩擦力矩;

(2) 当轴垂直工作,止推面是轴肩时,圆柱支承的摩擦力矩;

(3) 当轴垂直工作,止推面是轴颈顶部半球体时,圆柱支承的摩擦力矩。此时取轴端球半径 $r=0.6$ mm,端部止推轴承为红宝石。

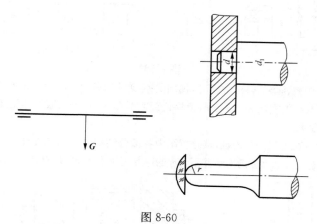

图 8-60

8-10 某圆柱支承轴系,总重量为 0.08 N,支板材料为青铜,轴颈材料为结构钢。允许该轴系最大摩擦力矩 $M_f=0.12\times10^{-4}$ N·m,试确定轴颈尺寸(轴系水平状态工作)。

8-11 图 8-61 所示为顶尖支承,已知径向力 F_r,轴向力 F_a,顶尖锥角 α,轴承孔直径 d_k,试计算该轴的摩擦力矩。

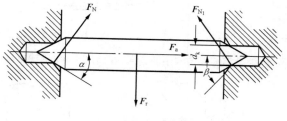

图 8-61

8-12 某通风机用的斜齿圆柱齿轮减速器中,有一轴颈直径 $d=60$ mm,转速 $n=1280$ r/min,已知两支承上的径向载荷 $F_{r1}=6000$ N,$F_{r2}=5000$ N,轴向载荷 $F_a=1700$ N,并指向轴承 I,如图 8-62 所示。负荷有轻微振动,要求轴承寿命 $L_{10h}=6000$ h,试选择轴承的类型和型号。

8-13 试分析齿轮、轴、轴承部件组合设计的错误结构(图 8-63),并改正之。

8-14 一轴上装有一对 6312 型深沟球轴承支承,轴承所受的负荷 $F_{r1}=5500$ N,$F_{a1}=3000$ N,$F_{r2}=6500$ N,$F_{a2}=0$,

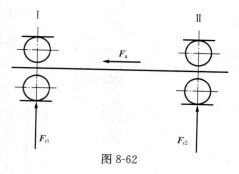

图 8-62

其转速 $n=1250$ r/min,运转时有轻微冲击,$f_d=1.2$,预期寿命 $L_{10h}\geqslant5000$ h。试分析该轴承是否可用?

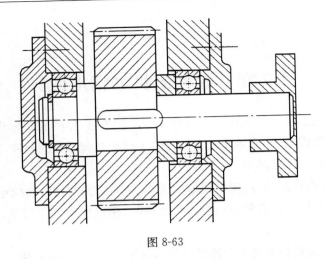

图 8-63

8-15 如图 8-64 所示,试计算 30205 型号的圆锥滚子轴承 I 与 II 所受的当量动负荷。已知:30205 型号轴承的 $e=0.37$,$F_s=F_r/(2Y)$,$Y=1.6$,工作平稳,$f_d=1$。

8-16 某设备中的一转轴,两端用 30207 型轴承(图 8-65)。轴工作转速 $n=1450$ r/min,在常温下工作,轴所受轴向载荷 $F_a=3000$ N,轴承所受的径向负荷 $F_{r1}=3000$ N,$F_{r2}=6000$ N,设计寿命 $L_{10h}=1500$ h,负荷系数 $f_d=1.5$。试校核该轴承是否满足寿命要求?

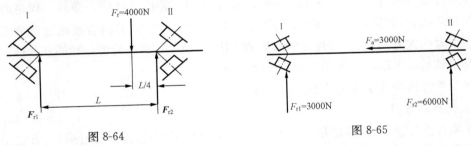

图 8-64 图 8-65

8-17 根据工作条件,某机械传动装置中轴的两端各采用一个深沟球轴承,轴径 $d=55$ mm,转速 $n=2500$ r/min,每个轴承承受径向载荷 $F_r=2000$ N,常温下工作,载荷平稳,预期寿命 $L_{10h}=8000$ h,试选择轴承型号。

8-18 举例说明弹性支承的用途与特点。

8-19 联轴器的类型有哪些? 各适用于哪些情况?

第9章　零件的机械精度设计

零件的几何参数包括尺寸、形状及位置参数等。加工后,零件的实际几何参数对其理想参数的变动量,称为加工误差;而实际几何参数近似于理想几何参数的程度,称为精度。因此,零件的加工误差越小,则其精度越高。

零部件机械精度设计的任务,就是根据使用要求,对结构设计阶段确定的机械零件的几何参数合理地给出尺寸、形状位置和表面粗糙度允许值,用以控制加工误差,从而保证产品的各项性能要求。

本章着重介绍有关机械零件几何精度设计的基本概念、原则和方法。

9.1　基　本　概　念

1. 互换性的含义

互换性是指零部件的几何、功能等参数能够彼此相互替换的性能。即同一规格的零部件不需要作任何挑选、调整或修配,就能装配(或更换)到整机上,并且符合使用性能要求。零件的互换性涉及两大方面:一方面是几何参数的互换性,另一方面是功能参数的互换性。这里所涉及的互换性是指零部件几何参数的互换性。

实现互换性的条件是按公差加工零部件。

2. 互换性的作用

按互换性进行设计,就可以最大限度地采用标准件、通用件,缩短设计周期,有利于产品品种的多样化和计算机辅助设计。

互换性有利于实现加工和装配过程的机械化、自动化。

零部件具有互换性可以减少机器的维修时间和维修费用,增加了机器的平均无故障工作时间,提高了设备的利用率。在诸如航天、航空、核工业、能源、国防等特殊领域或行业,零部件的互换性所起的作用是难以用价值来衡量的,其意义更为重大。

9.2　尺寸精度设计

9.2.1　基本术语和定义

1. 孔、轴的定义

(1) 孔。通常,孔是指工件的圆柱形内表面,也包括非圆柱形内表面(由二平行平面或切面形成的包容面)。

(2) 轴。通常,轴是指工件的圆柱形外表面,也包括非圆柱形外表面(由二平行平面或切面形成的被包容面)。

在图 9-1 中,ϕD_1、D_2 是孔,ϕd、ϕd_1 和 d_2 是轴。

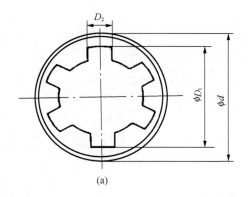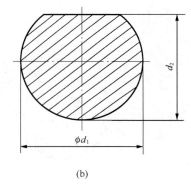

(a)　　　　　　　　　　　　　　　　　　(b)

图 9-1　孔与轴

2. 有关尺寸、偏差和公差的术语和定义

（1）尺寸。尺寸是以特定单位表示线性尺寸值的数值，如直径、半径、长度、宽度、高度、深度、中心距等。

（2）公称尺寸。公称尺寸是指由图样规范确定的理想形状要素的尺寸（D, d）。

（3）提取组成要素的局部尺寸。提取组成要素的局部尺寸是指一切提取组成要素上两对应点之间的距离的统称（Da, da）。

（4）极限尺寸。极限尺寸是指一个孔或轴允许的尺寸的两个极端。其中，孔或轴允许的最大尺寸称为上极限尺寸（maximum limits of size）；孔或轴允许的最小尺寸称为下极限尺寸（minimum limits of size）。极限尺寸是用来限制实际尺寸的。分别用代号 $D_{\max}$、$D_{\min}$ 和 $d_{\max}$，$d_{\min}$ 表示孔和轴的最大、最小极限尺寸。

（5）尺寸偏差（简称偏差）。偏差是指某一尺寸（实际尺寸、极限尺寸等）减其公称尺寸所得的代数差。

极限尺寸减其公称尺寸所得的代数差称为极限偏差（limits of deviation）。其中，最大极限尺寸减其基本尺寸所得的代数差，称为上极限偏差（upper deviation）；最小极限尺寸减其基本尺寸所得的代数差，称为下极限偏差（lower deviation）。孔、轴的上、下偏差代号分别用 ES、EI 和 es、ei 表示。

由极限偏差的定义，有

$$ES = D_{\max} - D, \quad EI = D_{\min} - D$$
$$es = d_{\max} - d, \quad ei = d_{\min} - d$$

偏差是代数值，其值可为正、负或零，但同一个公称尺寸的两个极限偏差不能同时为零。

（6）尺寸公差（简称公差）。尺寸公差是上极限尺寸减下极限尺寸之差，它是允许尺寸的变动量。

公差是一个没有符号的绝对值。公差与极限尺寸、极限偏差的关系如下：

$$T_D = |D_{\max} - D_{\min}| = |ES - EI|, \quad T_d = |d_{\max} - d_{\min}| = |es - ei|$$

图 9-2 是极限与配合的示意图，它表示相互结合的孔、轴的公称尺寸、极限尺寸、极限偏差与公差之间的关系。

（7）尺寸公差带图。公差及偏差在数值上与公称尺寸相差甚大，在图中若用同一比例表示它们之间的关系十分不便，因此采用公差与配合图解（简称公差带图解），见图 9-3。

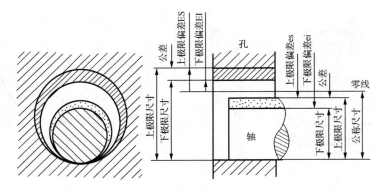

图 9-2　极限与配合示意图

在同一个公差带图中,孔、轴公差带的位置、大小应采用相同的比例,并用适当的方式加以区别。

(8) 公差带。由代表上极限偏差和下极限偏差或上极限尺寸和下极限尺寸的两条直线所限定的一个区域称为公差带。其位置由绝对值较小的极限偏差确定,其大小由垂直于零线方向的高度表示。

(9) 基本偏差。基本偏差是确定公差带相对零线位置的那个极限偏差,它可以是上极限偏差或下极限偏差,一般为靠近零线的那个偏差。

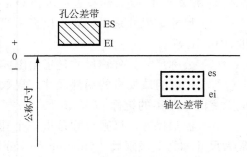

图 9-3　尺寸公差带图

3. 有关配合的术语和定义

(1) 配合。配合是指公称尺寸相同的,相互结合的孔和轴公差带之间的关系。相互配合的孔、轴公称尺寸相等,孔是包容面,轴是被包容面。

(2) 间隙。孔的尺寸减去相配合的轴的尺寸之差为正时,称为间隙。用代号 X 表示间隙。

(3) 过盈。孔的尺寸减去相配合的轴的尺寸之差为负时,称为过盈。用代号 Y 表示过盈。

(4) 配合类别。根据孔、轴公差带相对位置关系,可将配合分为三类,即间隙配合、过盈配合和过渡配合。

① 间隙配合。具有间隙(包括最小间隙等于零)的配合称为间隙配合。此时,孔的公差带在轴的公差带之上(包括相接),如图 9-4 所示。

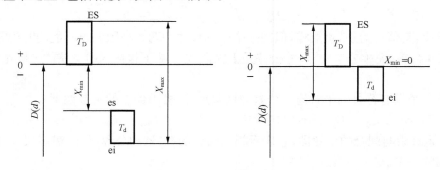

图 9-4　间隙配合

② 过盈配合。具有过盈(包括最小过盈等于零)的配合称为过盈配合。此时,孔的公差带在轴的公差带之下(包括相接),如图 9-5 所示。

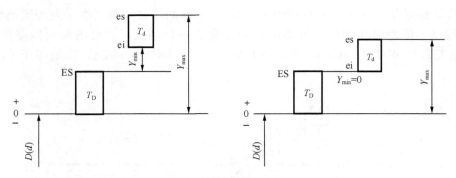

图 9-5　过盈配合

③ 过渡配合。可能具有间隙或过盈的配合称为过渡配合。此时,孔的公差带与轴的公差带相交叠,如图 9-6 所示。

(5) 配合公差。配合公差是允许间隙或过盈的变动量。它等于组成配合的孔、轴公差之和,表示配合精度,是评定配合质量的一个重要综合指标。

配合公差的代号用 T_f 表示,即

$$T_f = T_D + T_d$$

(6) 配合制。配合制是指同一极限制中的孔和轴

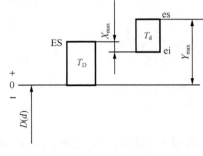

图 9-6　过渡配合

组成配合的一种制度,即以两个相配合的零件中的一个作为基准件,并使其公差带位置固定,而通过改变另一个零件(非基准件)的公差带位置来形成各种配合的一种制度。GB/T 1800.1—2009 中规定了两种平行的配合制:基孔制配合和基轴制配合。

① 基孔制配合(hole-basis system of fits)。基孔制配合就是基本偏差一定的孔的公差带,与不同基本偏差的轴的公差带形成各种配合的一种制度。此时的孔叫做基准孔(basic hole),它是配合的基准件,其下极限偏差为基本偏差,用代号 H 表示,数值等于 0,如图 9-7 所示。

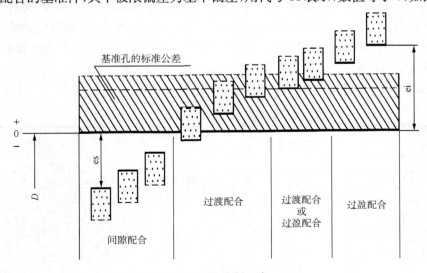

图 9-7　基孔制配合

② 基轴制配合(shaft-basis system of fits)。基轴制配合就是基本偏差一定的轴的公差带，与不同基本偏差的孔的公差带形成各种配合的一种制度。此时的轴叫做基准轴(basic shaft)，是配合的基准件，其上极限偏差为基本偏差，用代号 h 表示，数值等于 0，如图 9-8 所示。

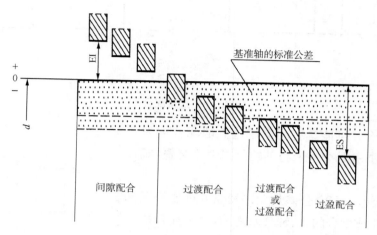

图 9-8　基轴制配合

在基孔制配合中规定的配合种类，在基轴制配合中也有相应的同名配合，并且配合性质相同。

9.2.2　尺寸的极限与配合国家标准简介

为了实现上述三大配合类别，极限与配合(limits and fits)国家标准规定了配合制、标准公差系列和基本偏差系列。

1. 标准公差系列

标准公差系列是"极限与配合国家标准"制定出的一系列标准公差数值，其中的任一公差称为标准公差。标准公差确定公差带的大小。

GB/T 1800.1—2009 在公称尺寸至 500 mm 内规定了 01,0,1,…,18 共 20 个标准公差等级，记为 IT01,IT0,IT1,…,IT18，等级依次降低，同一公称尺寸段内，标准公差值随等级降低而增大；在公称尺寸大于 500～3150 mm 内规定了 1,2,…,18 共 18 个标准公差等级，记为 IT1,IT2,IT3,…,IT18。

表 9-1 是公称尺寸至 80 mm 的标准公差数值表。

表 9-1　标准公差数值(摘自 GB/T 1800.1—2009)

公称尺寸/mm		标准公差等级																
大于	至	IT1	IT2	IT3	IT4	IT5	IT6	IT7	IT8	IT9	IT10	IT11	IT12	IT13	IT14	IT15	IT16	IT17	IT18
		/μm											/mm						
—	3	0.8	1.2	2	3	4	6	10	14	25	40	60	0.1	0.14	0.25	0.4	0.6	1	1.4
3	6	1	1.5	2.5	4	5	8	12	18	30	48	75	0.12	0.18	0.3	0.48	0.75	1.2	1.8
6	10	1	1.5	2.5	4	6	9	15	22	36	58	90	0.15	0.22	0.36	0.58	0.9	1.5	2.2
10	18	1.2	2	3	5	8	11	18	27	43	70	110	0.18	0.27	0.43	0.7	1.1	1.8	2.7
18	30	1.5	2.5	4	6	9	13	21	33	52	84	130	0.21	0.33	0.52	0.84	1.3	2.1	3.3
30	50	1.5	2.5	4	7	11	16	25	39	62	100	160	0.25	0.39	0.62	1	1.6	2.5	3.9
50	80	2	3	5	8	13	19	30	46	74	120	190	0.3	0.46	0.74	1.2	1.9	3	4.6

2. 基本偏差系列

（1）基本偏差及其代号。为了满足各种松紧程度不同的配合需求和尽量减少配合种类，国家标准对孔、轴分别规定了 28 种基本偏差，分别用大、小写字母表示，见图 9-9。

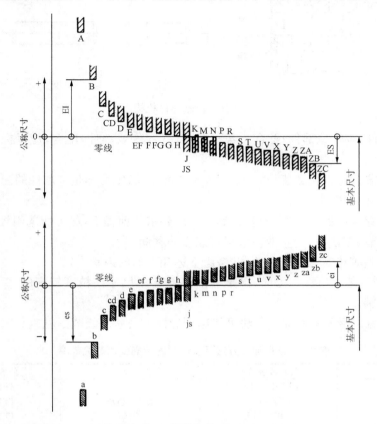

图 9-9　孔、轴基本偏差系列图（摘自 GB/T 1800.1—2009）

（2）孔、轴的基本偏差数值。轴、孔的基本偏差数值见图册。

（3）极限与配合在图样上的表示。在装配图上，配合用相同的公称尺寸后跟孔、轴公差带表示。孔、轴公差带写成分数形式，分子为孔公差带，分母为轴公差带。例如，45H8/f7 或 45$\frac{H8}{f7}$。在零件图上，用公称尺寸后跟所要求的公差带或（和）对应的偏差值表示。例如，32H7、80js6、$\phi 65^{+0.039}_{0}$、45±0.031、$\phi 30f7(^{-0.020}_{-0.041})$等。

（4）一般、常用和优先的公差带与配合见 GB/T1801—2009。

9.2.3　尺寸精度设计的基本原则和方法

1. 配合制的选用

应综合考虑、分析机械零部件的结构、工艺性和经济性等方面的因素来选择配合制。

（1）一般情况下应优先选用基孔制。

（2）下列情况应选用基轴制。农业、纺织业等，直接使用按基准轴的公差带制造的有一定公差等级（一般为 8～11 级）而不再进行机械加工的冷拔钢材做轴；仪表、电子行业等，尺寸小于 1 mm 时，采用经过光轧成形的细钢丝直接做轴；同一根轴在不同部位与几个孔相配合且配合性质不同，如图 9-10 所示。

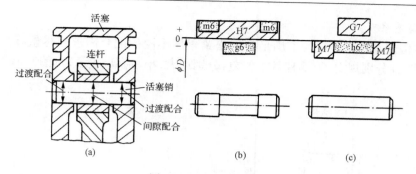

图 9-10　活塞连杆机构

（3）与标准件（零件或部件）配合。若与标准件（零件或部件）配合，应以标准件为基准件确定配合制。

（4）特殊要求。为了满足某些特殊要求，允许选用孔、轴均不是基准件的配合。

2. 确定标准公差等级

选用标准公差等级的基本原则是：在满足使用要求的前提下，尽可能选用较低的标准公差等级，以利于降低加工成本，为企业获取尽可能多的利润。

确定标准公差等级时常用类比法，并考虑下述几方面的因素：

（1）孔、轴的工艺等价性。为此，国家标准推荐常用尺寸段精度较高的，6、7、8 级的孔分别配 5、6、7 级的轴。

（2）加工能力。目前各种加工方法可能达到的标准公差等级范围见表 9-2。

表 9-2　常用加工方法可以达到的标准公差等级范围

加工方法	公差等级范围	加工方法	公差等级范围
研磨	IT01～IT5	刨、插	IT10～IT11
衍磨	IT4～IT7	滚压、挤压	IT10～IT11
金刚石车	IT5～IT7	粗车	IT10～IT12
金刚石镗	IT5～IT7	粗镗	IT10～IT12
圆磨	IT5～IT8	钻削	IT10～IT13
平磨	IT5～IT8	冲压	IT10～IT14
拉削	IT5～IT8	砂型铸造	IT14～IT15
精车精镗	IT7～IT9	金属型铸造	IT14～IT15
铰孔	IT6～IT10	锻造	IT15～IT16
铣	IT8～IT11	气割	IT15～IT18

（3）各种公差等级的应用范围。表 9-3 是 20 个公差等级的应用范围，供参考。

表 9-3　标准公差等级的应用

公差等级范围	应用	公差等级范围	应用
IT01～IT1	块规	IT5～IT12	配合尺寸
IT1～IT7	量规	IT8～IT14	原材料
IT2～IT5	特别精密零件	IT12～IT18	非配合尺寸

（4）相配合件的精度要匹配。

（5）过渡、过盈配合的公差等级不能过低。

（6）对非基准制配合，零件使用性能要求不高时，其标准公差可以降低 2～3 级。

（7）熟悉常用标准公差等级的应用情况。表 9-4 是尺寸至 500mm 基孔制常用和优先配合的特征及应用。

表 9-4　尺寸至 500mm 基孔制常用和优先配合的特征及应用

配合代号	配合类别	应用说明	配合特征
$\dfrac{H11}{a11}$ $\dfrac{H11}{b11}$ $\dfrac{H12}{b12}$	间隙配合	用于高温或工作时大间隙的配合	特大间隙
$\left(\dfrac{H11}{c11}\right)\dfrac{H11}{d11}$		用于工作条件差、受力变形或为了便于装配而需要大间隙的配合和高温工作的配合	很大间隙
$\dfrac{H9}{c9}$ $\dfrac{H10}{c10}$ $\dfrac{H8}{d8}\left(\dfrac{H9}{d9}\right)$　$\dfrac{H10}{d10}$ $\dfrac{H8}{e7}$ $\dfrac{H8}{e8}$ $\dfrac{H9}{e9}$		用于高速重载的滑动轴承或大直径的滑动轴承，也可用于大跨距或多支点支承的配合	较大间隙
$\dfrac{H6}{f5}$ $\dfrac{H6}{f6}\left(\dfrac{H8}{f7}\right)\dfrac{H8}{f8}$ $\dfrac{H9}{f9}$		用于一般转速的动配合。当温度影响不大时，广泛应用于普通润滑油润滑的支承处	一般间隙
$\left(\dfrac{H7}{g6}\right)\dfrac{H8}{g7}$		用于精密滑动零件或缓慢间歇回转的零件的配合部位	较小间隙
$\dfrac{H6}{g5}$ $\dfrac{H6}{h5}\left(\dfrac{H7}{h6}\right)\left(\dfrac{H8}{h7}\right)\dfrac{H8}{h8}$　$\left(\dfrac{H9}{h9}\right)\dfrac{H10}{h10}\left(\dfrac{H11}{h11}\right)\dfrac{H12}{h12}$		用于不同精度要求的一般定位件的配合和缓慢移动和摆动零件的配合	很小间隙和零间隙
$\dfrac{H6}{js5}$ $\dfrac{H7}{js6}$ $\dfrac{H8}{js7}$	过渡配合	用于易于装拆的定位配合或加紧固件后可传递一定静载荷的配合	大部分有微小间隙
$\dfrac{H6}{k5}\left(\dfrac{H7}{k6}\right)\dfrac{H8}{k7}$		用于稍有振动的定位配合。加紧固件可传递一定载荷。装拆方便，可用木槌敲入	大部分有微小间隙
$\dfrac{H6}{m5}$ $\dfrac{H7}{m6}$ $\dfrac{H8}{m7}$		用于定位精度较高且能抗振的定位配合。加键可传递较大载荷。可用铜锤敲入或用小压力压入	大部分有微小过盈
$\left(\dfrac{H7}{n6}\right)\dfrac{H8}{n7}$		用于精密定位或紧密组合件的配合。加键能传递大力矩或冲击性载荷。只在大修时拆卸	大部分有微小过盈
$\dfrac{H8}{p7}$		加键后能传递较大力矩，且承受振动和冲击的配合。装配后不再拆卸	绝大部分有较小过盈
$\dfrac{H6}{n5}$ $\dfrac{H6}{p5}\left(\dfrac{H6}{p6}\right)\dfrac{H6}{r5}$ $\dfrac{H7}{r6}$ $\dfrac{H8}{r7}$	过盈配合	用于精确的定位配合。一般不能靠过盈传递力矩。要传递力矩尚需加紧固件	轻型
$\dfrac{H6}{s5}\left(\dfrac{H7}{s6}\right)\dfrac{H8}{s7}$ $\dfrac{H6}{t5}$ $\dfrac{H7}{t6}$ $\dfrac{H8}{t7}$		不需加紧固件就可传递较小力矩和轴向力。加紧固件后可承受较大载荷或动载荷的配合	中型
$\left(\dfrac{H7}{u6}\right)\dfrac{H8}{u7}$ $\dfrac{H7}{v6}$		不需加紧固件就可传递和承受大的力矩和动载荷的配合。要求零件材料有高强度	重型
$\dfrac{H7}{x6}$ $\dfrac{H7}{y6}$ $\dfrac{H7}{z6}$		能传递和承受很大力矩和动载荷的配合，必须经试验后方可应用	特重型

3. 配合种类的选用

配合种类的选用就是在确定了配合制之后，根据使用要求所允许的配合性质来确定非基准件的基本偏差代号，或者确定基准件与非基准件的公差带。

孔、轴之间有相对运动时，选择间隙配合；无相对运动，应视具体的工作要求确定是采用过盈还是过渡或间隙配合。配合类别确定之后，应尽量依次选用国家标准推荐的优先配合、常用配合和一般配合。特殊需要时，可以选用其他配合。

9.2.4　一般公差（线性尺寸的未注公差）

一般公差（general tolerances）是指在车间通常加工条件下可保证的公差。在正常维护和操作情况下，它代表车间的一般加工精度。

GB/T 1804—2000 为线性尺寸（liner dimensions）的一般公差规定了 f、m、c 和 v 共四个公差等级，分别表示精密级、中等级、粗糙级和最粗级，相当于 IT12、IT14、IT16 和 IT17，见表 9-5。

表 9-5　线性尺寸的未注极限偏差的数值（摘自 GB/T 1804—2000）　　　　（单位：mm）

公差等级	公称尺寸分段							
	0.5～3	>3～6	>6～30	>30～120	>120～400	>400～1000	>1000～2000	>2000～4000
精密 f	±0.05	±0.05	±0.1	±0.15	±0.2	±0.3	±0.5	—
中等 m	±0.1	±0.1	±0.2	±0.3	±0.5	±0.8	±1.2	±2
精糙 c	±0.2	±0.3	±0.5	±0.8	±1.2	±2	±3	±4
最粗 v	—	±0.5	±1	±1.5	±2.5	±4	±6	±8

当采用一般公差时，在图样上只标注公称尺寸，在图样的技术要求或有关技术文件中，注明标准号和公差等级代号。例如，选用精密级时，则表示为

未注线性尺寸公差按 GB/T 1804—f

9.3　几何精度设计

9.3.1　几何公差

1. 基本概念

几何公差（geometrical tolerancing）研究的对象是机械零件的几何要素（简称要素）。几何要素是构成零件几何特征的点、线、面的统称，如图 9-11 所示零件的球面、圆锥面、端面、圆柱面、轴心线、球心和圆锥面的表面轮廓线等。

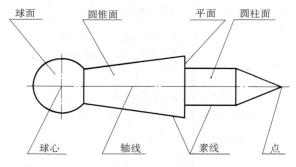

图 9-11　几何要素

可以按不同角度对几何要素分类：

1）按结构特征分（图 9-12）

（1）组成要素。

组成要素是指零件的表面或表面上的线。

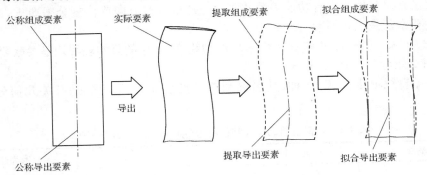

图 9-12　几何要素

组成要素按存在的状态又可分为：

① 公称组成要素——是指由技术制图或其他方法确定的理论正确组成要素。

② 实际（组成）要素——由无穷个连续的点所组成的要素，但只能由有限的点近似地描述，是非理想要素。

在评定几何误差时，通常以提取组成要素代替实际（组成）要素。

③ 提取组成要素——是指按规定的方法，由实际（组成）要素提取有限数目的点所形成的实际（组成）要素的近似替代。

④ 拟合组成要素——由理想要素与提取组成要素根据特定规则形成的要素，是理想要素。

（2）导出要素。

导出要素是指由一个或几个组成要素得到的中心点，中心线或中心面。

导出要素按存在的状态又可分为：

① 公称导出要素——是指由一个或几个公称组成要素导出的中心点，中心线或中心面。

② 提取导出要素——是指由一个或几个提取组成要素得到的中心点、中心线或中心面。

③ 拟合导出要素——由一个或多个拟合组成要素导出的中心点中心线或中心面，是理想要素。

2）按检测关系分为被测要素和基准要素

被测要素是指图样上给出了几何公差要求的要素。零件加工完以后，需要对被测要素进行检测，并确定其合格性。

基准要素是零件上用来建立基准并实际起基准作用的实际要素。理想的基准要素简称基准。

图 9-13 中，ϕd_1 圆柱面和 ϕd_1 的轴心线是被测要素，两 ϕd_2 的公共轴线是基准。

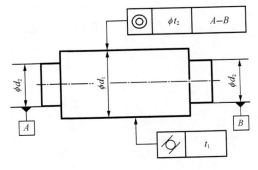

图 9-13

3) 按功能关系分为单一要素和关联要素

单一要素是指仅对要素本身给出形状公差要求的要素。

关联要素是对其他要素有功能关系的要素。凡是具有方向或位置公差要求,或作为基准要素使用的要素都是关联要素。

图 9-13 中,ϕd_1 圆柱面是单一要素,ϕd_1 的轴线、两 ϕd_2 的公共轴线均是关联要素。

2. 几何公差特征项目、符号

几何公差特征项目共有 19 种,其名称和符号见表 9-6。表 9-7 是有关几何公差的其他符号。

表 9-6　几何公差的几何特征符号(摘自 GB/T 1182—2008)

公差类型	几何特征	符号	有无基准
形状公差	直线度	—	无
	平面度	▱	无
	圆度	○	无
	圆柱度	⌀	无
	线轮廓度	⌒	无
	面轮廓度	⌓	无
方向公差	平行度	∥	有
	垂直度	⊥	有
	倾斜度	∠	有
	线轮廓度	⌒	有
	面轮廓度	⌓	有
位置公差	位置度	⊕	有或无
	同心度(用于中心点)	◎	有
	同轴度(用于轴线)	◎	有
	对称度	═	有
	线轮廓度	⌒	有
	面轮廓度	⌓	有
跳动公差	圆跳动	↗	有
	全跳动	↗↗	有

表 9-7　几何公差的附加符号

说明	符号	说明	符号
被测要素	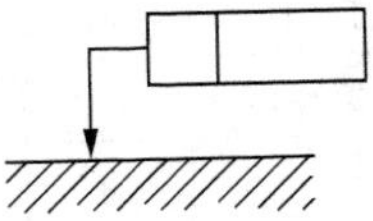	最小实体要求	Ⓛ
		自由状态条件(非刚性零件)	Ⓕ
		全周(轮廓)	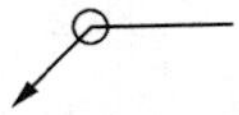
基准要素	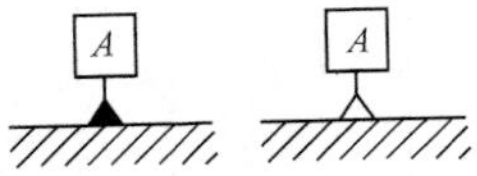 Ⓐ　　Ⓐ	包容要求	Ⓔ
		公共公差带	CZ
		小径	LD
基准目标	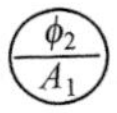 $\frac{\phi_2}{A_1}$	大径	MD
		中径、节径	PD
理论正确尺寸	50	线素	LE
延伸公差带	Ⓟ	不凸起	NC
最大实体要求	Ⓜ	任意横截面	ACS

几何公差分形状公差、方向公差、位置公差和跳动公差四种类型。其中形状公差是对单一要素提出的几何特征,因此,无基准要求;方向公差、位置公差和跳动公差是对关联要素提出的几何特征,因此,在大多数情况下都有基准要求。

3. 几何公差值

几何公差值分为未注公差和注出公差两种。机械产品对零件几何公差的要求分为三种情况:一种是对于零件的几何公差要求较高,加工后必须经过检验,这时,必须在图样上标注出具体的几何公差要求;另一种是由车间加工精度、线性尺寸公差或角度公差控制几何误差,称为未注公差,在图样上不作具体标注;第三种是功能要求允许零件的加工公差大于未注公差值,而这个较大的公差值会给工厂带来经济效益,这时,这个较大的公差值应单独标注在要素上。

表 9-8 是直线度和平面度的未注公差值;表 9-9～表 9-13 是几何公差的注出公差值。

表 9-8　直线度和平面度的未注公差值(摘自 GB/T 1184—1996)

公差等级	基本长度范围					
	≤10	>10~30	>30~100	>100~300	>300~1000	>1000~3000
H	0.02	0.05	0.1	0.2	0.3	0.4
K	0.05	0.1	0.2	0.4	0.6	0.8
L	0.1	0.2	0.4	0.8	1.2	1.6

表 9-9　直线度、平面度公差值(摘自 GB/T 1184—1996)

主参数 L/mm	公差等级											
	1	2	3	4	5	6	7	8	9	10	11	12
	公差值/μm											
≤10	0.2	0.4	0.8	1.2	2	3	5	8	12	20	30	60
>10~16	0.25	0.5	1	1.5	2.5	4	6	10	15	25	40	80
>16~25	0.3	0.6	1.2	2	3	5	8	12	20	30	50	100
>25~40	0.4	0.8	1.5	2.5	4	6	10	15	25	40	60	120
>40~63	0.5	1	2	3	5	8	12	20	30	50	80	150
>63~100	0.6	1.2	2.5	4	6	10	15	25	40	60	100	200
>100~160	0.8	1.5	3	5	8	12	20	30	50	80	120	250
>160~250	1	2	4	6	10	15	25	40	60	100	150	300
>250~400	1.2	2.5	5	8	12	20	30	50	80	120	200	400
>400~630	1.5	3	6	10	15	25	40	60	100	150	250	500

注：主参数 L 系指轴、直线、平面的长度。

表 9-10　圆度、圆柱度公差值(摘自 GB/T 1184—1996)

主参数 d(D) /mm	公差等级												
	0	1	2	3	4	5	6	7	8	9	10	11	12
	公差值/μm												
≤3	0.1	0.2	0.3	0.5	0.8	1.2	2	3	4	6	10	14	25
>3~6	0.1	0.2	0.4	0.6	1	1.5	2.5	4	5	8	12	18	30
>6~10	0.12	0.25	0.4	0.6	1	1.5	2.5	4	6	9	15	22	36
>10~18	0.15	0.25	0.5	0.8	1.2	2	3	5	8	11	18	27	43
>18~30	0.2	0.3	0.6	1	1.5	2.5	4	6	9	13	21	33	52
>30~50	0.25	0.4	0.6	1	1.5	2.5	4	7	11	16	25	39	62
>50~80	0.3	0.5	0.8	1.2	2	3	5	8	13	19	30	46	74
>80~120	0.4	0.6	1	1.5	2.5	4	6	10	15	22	35	54	87
>120~180	0.6	1	1.2	2	3.5	5	8	12	18	25	40	63	100
>180~250	0.8	1.2	2	3	4.5	7	10	14	20	29	46	72	115
>250~315	1.0	1.6	2.5	4	6	8	12	16	23	32	52	81	130
>315~400	1.2	2	3	5	7	9	13	18	25	36	57	89	140
>400~500	1.5	2.5	4	6	8	10	15	20	27	40	63	97	155

注：主参数 $d(D)$ 系轴(孔)的直径。

表 9-11　平行度、垂直度、倾斜度公差值(摘自 GB/T 1184—1996)

主参数 L, d(D) /mm	公差等级											
	1	2	3	4	5	6	7	8	9	10	11	12
	公差值/μm											
≤10	0.4	0.8	1.5	3	5	8	12	20	30	50	80	120
>10~16	0.5	1	2	4	6	10	15	25	40	60	100	150
>16~25	0.6	1.2	2.5	5	8	12	20	30	50	80	120	200
>25~40	0.8	1.5	3	6	10	15	25	40	60	100	150	250
>40~63	1	2	4	8	12	20	30	50	80	120	200	300
>63~100	1.2	2.5	5	10	15	25	40	60	100	150	250	400
>100~160	1.5	3	6	12	20	30	50	80	120	200	300	500
>160~250	2	4	8	15	25	40	60	100	150	250	400	600
>250~400	2.5	5	10	20	30	50	80	120	200	300	500	800
>400~630	3	6	12	25	40	60	100	150	250	400	600	1000

注：① 主参数 L 为给定平行度时轴线或平面的长度，或给定垂直度、倾斜度时被测要素的长度。
　　② 主参数 d(D) 为给定面对线垂直度时，被测要素的轴(孔)直径。

表 9-12　同轴度、对称度、圆跳动和全跳动公差值(摘自 GB/T 1184—1996)

主参数 d(D), B, L /mm	公差等级											
	1	2	3	4	5	6	7	8	9	10	11	12
	公差值/μm											
≤1	0.4	0.6	1.0	1.5	2.5	4	6	10	15	25	40	60
>1~3	0.4	0.6	1.0	1.5	2.5	4	6	10	20	40	60	120
>3~6	0.5	0.8	1.2	2	3	5	8	12	25	50	80	150
>6~10	0.6	1	1.5	2.5	4	6	10	15	30	60	100	200
>10~18	0.8	1.2	2	3	5	8	12	20	40	80	120	250
>18~30	1	1.5	2.5	4	6	10	15	25	50	100	150	300
>30~50	1.2	2	3	5	8	12	20	30	60	120	200	400
>50~120	1.5	2.5	4	6	10	15	25	40	80	150	250	500
>120~250	2	3	5	8	12	20	30	50	100	200	300	600
>250~500	2.5	4	6	10	15	25	40	60	120	250	400	800

注：① 主参数 d(D) 为给定同轴度时轴直径，或给定圆跳动、全跳动时轴(孔)直径。
　　② 圆锥体斜向圆跳动公差的主参数为平均直径。
　　③ 主参数 B 为给定对称度时槽的宽度。
　　④ 主参数 L 为给定两孔对称度时的孔心距。

表 9-13　位置度公差值数系表(摘自 BG/T 1184—1996)

1	1.2	1.5	2	2.5	3	4	5	6	8
1×10^n	1.2×10^n	1.5×10^n	2×10^n	2.5×10^n	3×10^n	4×10^n	5×10^n	6×10^n	8×10^n

注：n 为正整数。

9.3.2　几何公差的选用

1. 几何公差数值(或公差等级)的选用原则

选用几何公差值时，应根据零件的功能要求，并结合加工的经济性和零件的结构、刚性等情况综合考虑。此外还应考虑下列情况：

（1）在同一要素上给出的形状公差值应小于位置公差值。如要求平行的两个表面，其平面度公差值应小于平行度公差值。

（2）圆柱形零件的形状公差值（轴线的直线度除外）一般情况下应小于其尺寸公差值。

（3）平行度公差值应小于其相应的距离公差值。

2. 公差原则和公差要求的选择

处理尺寸（线性尺寸和角度尺寸）公差和几何公差之间关系的规定叫做公差原则（tolerancing principle），包括独立原则和相关要求。在进行几何精度设计时，需要根据不同使用要求协调几何公差与尺寸公差之间的关系。

1）独立原则

独立原则是尺寸公差和几何公差相互关系遵循的基本原则。遵循独立原则时，图样上给定的尺寸、形状和位置要求均是独立的，应分别满足要求。

以下三种情况采用独立原则：

（1）尺寸精度和几何精度均有较严格的要求且需要分别满足，或者二者要求相差较大。例如，为了保证与轴承内圈的配合性质，对减速器中的输出轴上与轴承相配合的轴颈分别提出尺寸精度和圆柱度要求；打印机、印刷机的滚筒，其圆柱度要求较高，而尺寸精度要求较低，应分别提出要求。

（2）有特殊功能要求的要素，往往对其单独提出几何公差要求。例如，对导轨的工作面提出直线度或平面度要求。

（3）尺寸公差与几何公差无联系的要素。

2）相关要求

图样上给定的尺寸公差与几何公差相互关联的公差原则叫做相关要求，系指包容要求、最大实体要求（包括可逆要求应用于最大实体要求）和最小实体要求（包括可逆要求应用于最小实体要求）。

包容要求是用尺寸公差同时控制尺寸误差和几何误差的一种公差要求，用于需要严格保证配合性质的场合。采用包容要求的单一要素应在其尺寸极限偏差或尺寸公差带代号之后加注符号Ⓔ，如 35H7 Ⓔ。

最大实体和最小实体要求及有关公差原则和公差要求的详细知识见机械精度设计基础类书目或 GB/T 16671—2009 和 GB/T 4249—2009。

3. 基准的选择

给出关联要素之间的方向和位置公差要求时，需要选择基准。选择基准时，主要应根据设计和使用要求，并兼顾基准统一原则以及零件的结构特征等，从以下几方面考虑：

（1）根据零件的功能要求及要素间的几何关系选择基准。例如，对旋转轴，通常都以与轴承配合的轴颈轴线作基准。

（2）从加工、测量角度考虑，选择在夹具、量具中定位的相应要素作基准，应尽量使工艺基准、测量基准与设计基准统一。例如，加工齿轮时，以齿轮坯的中心孔作为基准。

（3）根据装配关系，选择相互配合或相互接触的表面为各自的基准，以保证零件的正确装配。例如，箱体的装配底面，盘类零件的端平面等。

（4）采用多基准时，通常选择对被测要素使用要求影响最大的表面或定位最稳的表面作为第一基准。

9.3.3　几何公差标注

几何公差标注的内容包括公差特征项目、公差值、被测要素、基准要素(对于方向和位置公差)以及一些特殊要求。几何公差在图样上用框格的形式标注,框格内注明几何公差特征项目符号、几何公差数值、基准(对方向和位置公差而言)及表示某些特殊要求的有关符号。

1. 公差框格

形状公差框格由两格组成,方向和位置公差框格由三格或多格组成。框格只能水平或垂直摆放,框格中的内容从左到右(或从下到上)按如图 9-14 所示的次序填写,公差值用线性值,单位为 mm,如公差带是圆形或圆柱形的则在公差值前加注"ϕ",如是球形的则加注"$S\phi$",如需要,用一个或多个字母表示基准或基准体系。

当一个以上要素作为被测要素,如 6 个要素,应在框格上方标明被测要素的数量,如"6×",见图 9-15(a)。

如对同一要素有一个以上的公差特征项目要求时可将一个框格放在另一个框格的下面,见图 9-15(b)。

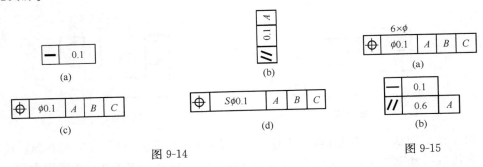

图 9-14　　　　　　　　　　　　　　　图 9-15

2. 被测要素的表示

用带箭头的指引线将框格与被测要素相连,按以下方式标注:

(1) 当被测要素为组成要素时,将箭头置于要素的轮廓线或轮廓线的延长线上(但必须与尺寸线明显地错开),见图 9-16 和图 9-17。

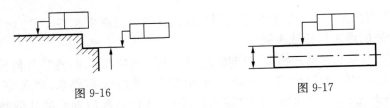

图 9-16　　　　　　　　　　　　　图 9-17

(2) 当指向实际表面时,箭头可置于带点的参考线上,该点指在实际表面上,见图 9-18。
(3) 当被测要素为导出要素时,带箭头的指引线应与尺寸线的延长线重合,见图 9-19。

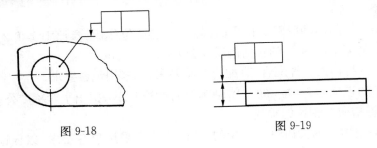

图 9-18　　　　　　　　　　　　　图 9-19

3. 基准(datums)的表示

相对于被测要素的基准由基准字母表示。

基准字母采用大写的拉丁字母。大写字母必须水平书写。为不致引起误解,不采用 E、I、J、M、O、P、L、R、F 作基准字母。

表示基准的字母既要注在公差框格内(图 9-14 和图 9-15),又要写在一个基准方框内,该方框由细实线与一个涂黑的(或空白)三角形相连(图 9-20~图 9-23)

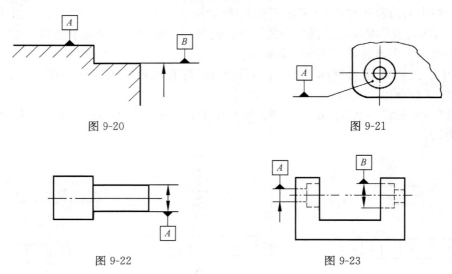

图 9-20   图 9-21

图 9-22   图 9-23

由两个要素组成的公共基准,用由横线隔开的两个大写字母表示,见图 9-24。由两个或三个要素组成的基准体系,如多基准组合,表示基准的大写字母应按基准的优先次序从左至右分别置于各格中,见图 9-25。

图 9-24   图 9-25

更详细的几何公差标注方法见关于机械精度设计基础类图书和 GB/T 1182—2008。

9.3.4 几何公差的选用和标注实例

图 9-26 所示为减速器的齿轮轴,根据减速器对该轴的功能要求,选用几何公差如下:

两个 $\phi 40^{+0.011}_{-0.005}$ 的轴颈与滚动轴承的内圈相配合,采用包容要求,以保证配合性质;按 GB/T 275—1993 规定,与滚动轴承配合的轴颈,为了保证装配后轴承的几何精度,在采用包容要求的前提下,又进一步提出了圆柱度公差 0.004 mm 的要求;两轴颈上安装滚动轴承后,将分别装配到相对应的箱体孔内,为了保证轴承外圈与箱体孔的配合性质,又规定了两轴颈的径向圆跳动公差 0.008 mm。

轴颈 $\phi 50$ mm 处的两轴肩都是止推面,起一定的定位作用,参照 BG/T 275—1993 规定,给出两轴肩相对基准轴线 A-B 的轴向圆跳动公差 0.012 mm。

轴颈 $\phi 30^{-0.028}_{-0.041}$ 与轴上零件配合,有配合性质要求,也采用包容要求。

为保证齿轮的正确啮合,对 $\phi 30^{-0.028}_{-0.041}$ 轴颈上的键槽 $8^{0}_{-0.036}$ 提出了对称度公差 0.015 mm 的要求,其基准为键槽所在轴颈的轴线。

图 9-27 是减速器中的大齿轮。齿轮的内孔 $\phi 56$H7 采用包容要求,以保证配合性质。齿

坯的定位端面在切齿时作为轴向定位面,其轴向圆跳动公差为 0.018 mm。

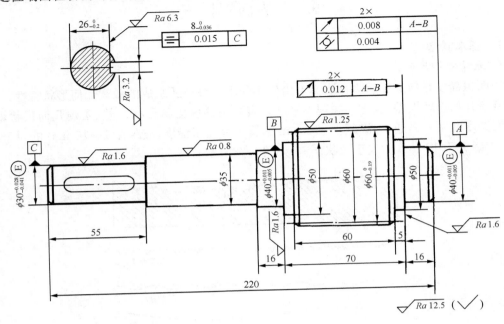

图 9-26

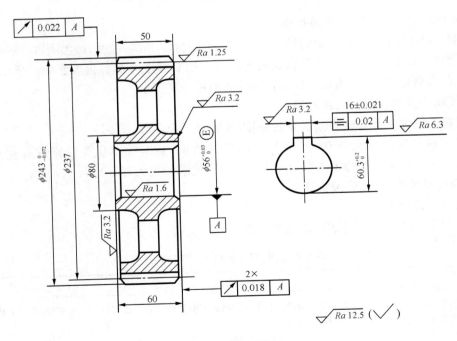

图 9-27

顶圆作为齿轮加工时的径向找正基准,提出径向圆跳动公差为 0.022 mm 的要求。为了保证齿轮的正确啮合,内孔上键槽 16±0.021 的对称度公差为 0.02 mm。

9.4　表面粗糙度

9.4.1　基本概念

1. 表面粗糙度的定义

表面粗糙度是指加工后零件表面上由较小间距和峰谷所组成的微观几何形状特性。它是一种微观几何形状误差,也称为微观不平度。表面粗糙度应与形状误差(宏观几何形状误差)和表面波度区别开。通常,波距小于 1 mm 的属于表面粗糙度,波距在 1～10 mm 的属于表面波度,波距大于 10 mm 的属于形状误差,如图 9-28 所示。

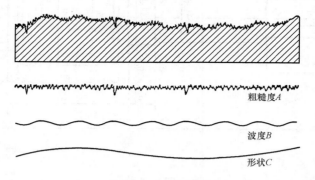

图 9-28　表面粗糙度、波度和形状误差的综合影响

2. 表面粗糙度对机械零件使用性能的影响

表面粗糙度的大小对零件的耐磨性、配合性质、疲劳强度、抗腐蚀性、接触刚度、密封性、产品外观、表面光学性能、导电导热性能以及表面结合的胶合强度等都有很大影响。所以,在设计零件的几何参数精度时,必须对其提出合理的表面粗糙度要求。

9.4.2　表面粗糙度的评定参数及选用

表面粗糙度的评定参数分为幅度参数、间距参数和混合参数。

幅度方向粗糙度数值在 $0.025～6.3\mu m$ 的零件表面,标准推荐优先选用 Ra;在 $6.3～100\mu m$ 和 $0.008～0.020\mu m$ 的零件表面建议选用 Rz(轮廓的最大高度)。

9.4.3　表面粗糙度符号、代号及标注

1. 表面粗糙度的符号

表 9-14 是图样上表示零件表面粗糙度的符号及其说明。

表 9-14　表面粗糙度符号(摘自 GB/T131—2006)

符号	含义
√	基本图形符号,未指定工艺方法的表面。当不加注粗糙度参数值或有关说明(例如,表面处理、局部热处理状况等)时,仅适用于简化代号标注
∨	扩展图形符号,用去除材料方法获得的表面。例如,车、铣、钻、磨、剪切、抛光、腐蚀、电火花加工、气割等
⋁	扩展图形符号,不去除材料的表面。例如,铸、锻、冲压变形、热轧、冷轧、粉末冶金等。或者是用于保持原供应状况的表面(包括保持上道工序的状况)

2. 表面粗糙度代号及其注法

(1) 表面粗糙度幅度参数的标注。图样上所标注的表面粗糙度符号、代号是该表面完工后的要求。若仅需要加工(采用去除材料的方法或不去除材料的方法)但对表面粗糙度的其他规定没有要求时,允许只注表面粗糙度符号。

表 9-15 是表面粗糙度幅度参数的各种代号及其含义。

表 9-15　表面粗糙度幅度参数的各种代号及其含义(摘自 GB/T 131—2006)

符号	含义/解释
$Rz\ 0.4$	表示不允许去除材料,单向上限值,默认传输带,粗糙度的最大高度 $0.4\mu m$,评定长度为 5 个取样长度(默认),"16%规则"(默认)
$Rz\ \max\ 0.2$	表示去除材料,单向上限值,默认传输带,粗糙度最大高度的最大值 $0.2\mu m$,评定长度为 5 个取样长度(默认),"最大规则"
$0.008-0.8/Ra\ 3.2$	表示去除材料,单向上限值,传输带 $0.008\sim0.8mm$,算术平均偏差 $3.2\mu m$,评定长度为 5 个取样长度(默认),"16%规则"(默认)
$-0.8/Ra3\ 3.2$	表示去除材料,单向上限值、传输带:根据 GB/T 6062,取样长度 $0.8\mu m$(λ_s 默认 $0.0025mm$),算术平均偏差 $3.2\mu m$,评定长度包含 3 个取样长度,"16%规则"(默认)
$U\ Ra\ \max\ 3.2$ $L\ Ra\ 0.8$	表示不允许去除材料,双向极限值,两极限值均使用默认传输带,上限值:算术平均偏差 $3.2\mu m$,评定长度为 5 个取样长度(默认),"最大规则";下限值:算术平均偏差 $0.8\mu m$,评定长度为 5 个取样长度(默认),"16%规则"(默认)

(2) 表面粗糙度在图样上的标注方法。表面粗糙度符号、代号一般注在可见轮廓线、尺寸界线、引出线或它们的延长线上。符号的尖端必须从材料外指向表面,如图 9-29、图 9-30。

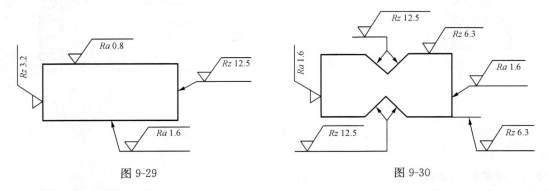

图 9-29　　　　　　　　　　　　　　　　图 9-30

表面粗糙度代号中的数字及符号的注写和读取方向与尺寸的注写和读取方向一致,如图 9-29、图 9-30。

如果在零件多数(包括全部)表面有相同的表面粗糙度要求时,可按图 9-31 或图 9-32 的简化注法标注。

齿轮、渐开线花键、螺纹等工作面没有画出齿(牙)形时,其表面粗糙度代号可按图 9-33 的方式标注。

更详细的标注规定见 GB/T 131—2006。

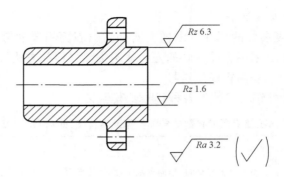

图 9-31　大多数表面有相同粗糙度要求的简化注法(一)

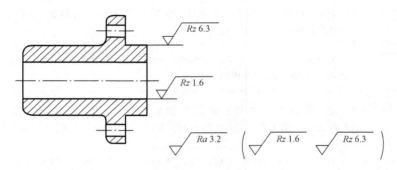

图 9-32　大多数表面有相同粗糙度要求的简化注法(二)

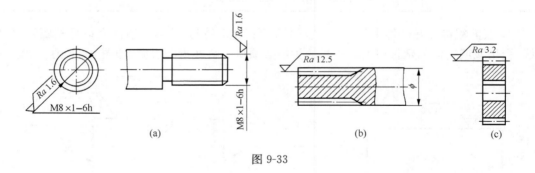

(a)　　　　　　　　　　(b)　　　　　　(c)

图 9-33

9.5　典型零件精度设计简介

9.5.1　滚动轴承结合的精度设计与标注示例

滚动轴承是一种标准部件,广泛应用于机器及仪器中。轴承内圈内径 d 与轴颈的配合采用基孔制,轴承外圈外径 D 与外壳孔的配合采用基轴制。

图 9-34 为向心球轴承与轴颈及外壳孔相结合时应进行的尺寸精度、几何精度和表面粗糙度设计的内容及标注示例。在装配图中,只标注轴颈和外壳孔的尺寸公差带。

有关轴承结合精度设计的详细内容见机械精度设计基础类书目和 GB/T 275—1993。

9.5.2　键结合的精度设计

键宽 b 是配合尺寸,键与键槽(轴槽,轮毂槽)的配合采用基轴制。平键联结的公差带和用途见表 9-16。平键联结精度设计的内容及标注示例见图9-35。

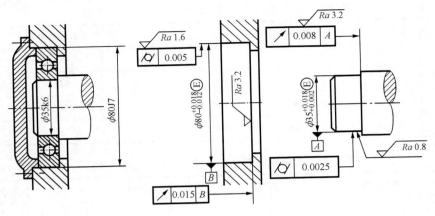

图 9-34　轴承与轴颈、外壳孔结合的公差标注

表 9-16　平键联结的公差带和用途

键的类型	配合种类	尺寸 b 的公差带			应用范围
		键	轴槽	轮毂槽	
平键	松联结	h8	H9	D10	主要用于导向平键,轮毂可在轴上做轴向移动
	正常联结		N9	JS9	键在轴上及轮毂上均衡定,传递不大的扭矩
	紧密联结		P9	P9	传递重载和冲击负荷或双向传递扭矩

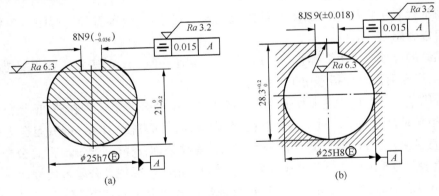

图 9-35

有关键联结精度设计的详细内容见 GB/T 1095—2003 和 GB/T 1144—2001。

9.5.3　普通螺纹结合的精度设计及标记示例

表 9-17、表 9-18 和表 9-19 分别是 GB/T 197—2003 推荐的普通螺纹的公差等级、内螺纹和外螺纹公差带。其中,精密级用于高精度的连接,中等级用于一般用途的连接,粗糙级用于低精度或难于加工的连接。S 为短旋合长度,N 为中等旋合长度,L 为长旋合长度。更详细的内容见 GB/T 197—2003。

表 9-17　螺纹公差等级

螺纹直径	内螺纹		外螺纹	
	中径 D_2	小径(顶径)D_1	中径 d_2	大径(顶径)d
公差等级	4,5,6,7,8	4,5,6,7,8	3,4,5,6,7,8,9	4,6,8

表 9-18　内螺纹选用公差带(摘自 GB/T 197—2003)

精度	公差带位置 G			公差带位置 H		
	S	N	L	S	N	L
精密	—	—	—	4H	5H	6H
中等	(5G)	**6G**	(7G)	**5H**	6H	**7H**
粗糙		(7G)	**(8G)**	—	7H	8H

表 9-19　外螺纹选用公差带(摘自 GB/T 197—2003)

精度	公差带位置 e			公差带位置 f			公差带位置 g			公差带位置 h		
	S	N	L	S	N	L	S	N	L	S	N	L
精密	—	—	—	—	—	—	(4g)	(5g 4g)	(3h 4h)	**4h**	(5h 4h)
中等	—	**6e**	(7e 6e)		**6f**	—	(5g 6g)	6g	(7g 6g)	(5h 6h)	6h	(7h 6h)
粗糙		(8e)	(9e 8e)				8g	(9g 8g)	—	(8h)	—

注：① 带方框的粗字体公差带用于大量生产的紧固件螺纹。

　　② 公差带优先选用顺序为：粗字体公差带、一般字体公差带、括号内公差带。

完整的螺纹标记由螺纹特征代号、尺寸代号、公差带代号及其他有必要进一步说明的个别信息组成。各组代号之间用短横符号"—"隔开。

螺纹特征代号用字母"M"表示；单线螺纹的尺寸代号用"公称直径×螺距"（单位 mm、粗牙时螺距可以省略）表示。

多线螺纹的尺寸代号用公称直径×Ph 导程 P 螺距（单位 mm）表示。如果要进一步表明螺纹的线数，可在后面增加括号用英语说明。

公差带代号包含中径公差带和顶径公差带代号。中径公差带代号在前，顶径公差带代号在后，二者相同时合二为一。对中等公差精度，内螺纹公称直径≤1.4 mm 并且公差带代号为5H 及公称直径≥1.6 mm 且公差带代号为 6H、外螺纹公称直径≤1.4 mm 并且公差带代号为6h 及公称直径≥1.6 mm 且公差带代号为 6g 这四种情况不标注其公差带代号。

短旋合长度和长旋和长度的螺纹，宜在公差带代号后分别标注"S"和"L"代号，中等旋合长度时省略。

左旋螺纹应在旋合长度代号之后标注"LH"代号。右旋螺纹不标注旋向代号。

示例：M8—LH

　　　　M8×1—LH

　　　　M16×Ph3P1.5(two starts)—5h6h—S—LH

　　　　M14Ph6P2—7H—L—LH

　　　　M6

习　　题

9-1　有一批孔、轴配合，孔为 $\phi45^{+0.039}_{0}$ mm，轴为 $\phi45^{-0.025}_{-0.050}$ mm。试计算孔、轴的极限偏差、极限尺寸、尺寸公差；孔、轴配合的极限间隙，并画出尺寸公差带图。

9-2 查表确定孔 $\phi22E7$、$30JS8$、$\phi45R7$、$\phi75P8$、$40M7$ 和轴 $28js6$、$\phi35f7$、$40r7$、$\phi90s7$、$60k6$ 的极限偏差数值,写出在零件图上孔、轴极限偏差的表示形式。

9-3 有一孔、轴配合,公称尺寸为 $\phi80$ mm,要求配合的最大间隙为 $+0.029$ mm,最大过盈为 -0.022 mm,试用计算法选取适当的配合。

9-4 将下列要求标注在图 9-36 上:

(1) 圆锥面的圆度公差为 0.01 mm,圆锥素线直线度公差为 0.02 mm;

(2) $\phi35H7$ 中心线对 $\phi10H7$ 中心线的同轴度公差为 0.05 mm;

(3) $\phi35H7$ 内孔表面圆柱度公差为 0.005 mm;

(4) $\phi20h6$ 圆柱面的圆度公差为 0.006 mm;

(5) $\phi35H7$ 内孔端面对 $\phi10H7$ 中心线的轴向圆跳动公差为 0.05 mm。

9-5 将下列要求标注在零件图 9-37 上:

(1) 两 ϕd_1 表面圆柱度公差 0.008 mm;

(2) ϕd_2 轴心线对两 ϕd_1 的公共轴心线的同轴度公差 0.04 mm;

(3) ϕd_2 的左端面对两 ϕd_1 的公共轴心线的垂直度公差 0.02 mm;

(4) 两 ϕd_1 采用包容要求;

(5) 键槽的对称中心平面对所在轴轴心线的对称度公差为 0.03 mm;

(6) ϕd_1 的圆柱面表面粗糙度 Ra 的上限值为 3.2 μm,采用去除材料法获得。

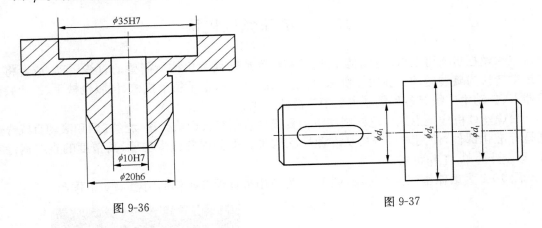

图 9-36　　　　　　　　　　　　　图 9-37

第 10 章　直线运动机构

各种机构最基本的运动方式为回转运动和直线运动两种。直线运动系统是自动机械中的基本结构单元,也是最重要的结构单元。

图 10-1 是典型的自动上下料机构。汽缸 1 做直线运动,伸出时,通过推板将料仓最下方的一个工件沿直线方向推送到装配位置,装配完成后,汽缸 2 伸出,将工件推到下一道工序。

大量的机器结构都是由这些直线运动模块组成,熟悉直线运动系统的设计与应用,是进行精密机械设计的重要基础。

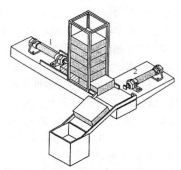

图 10-1　典型的自动上下料机构

10.1　滚珠丝杠机构

滚珠丝杠机构可以将电机的旋转运动高精度地转换为机构所需要的直线运动,或者将直线运动转换为旋转运动。在数控机床、自动化加工中心、电子精密机械、伺服机械手、工业装配机器人、自动生产线等各种领域得到了广泛的应用。

滚珠丝杠机构是由滚珠丝杠副和滚动直线导轨副组合而成。滚动丝杠副和滚动直线导轨副是标准化部件,使用时可直接从专业厂家购买。可实现各种多功能、高精度的直线运动系统,且设计简单、工作可靠。

图 10-2 为滚珠丝杠副外形图,图 10-3 为应用滚珠丝杠机构的精密 x-y 工作台。

图 10-2　滚珠丝杠机构

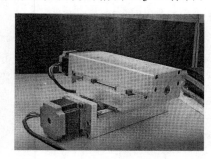

图 10-3　应用滚珠丝杠机构的精密 x-y 工作台

滚珠丝杠机构的特点如下:

1) 驱动转矩仅为螺纹丝杠机构的 1/3 以下。传动效率高达 98%。

2) 运动可逆

滚珠丝杠机构不仅可以将丝杠的旋转运动转换为螺母的直线运动,反过来也可以。因此在垂直状态工作的丝杠,需增加制动装置。

3) 能微量进给

由于滚珠丝杠机构启动转矩极小,不会出现滑动运动中易出现的低速蠕动或爬行现象,能实现微量进给，最小进给量可达 $0.1\mu m$。

　　4）精度高、寿命长

　　5）价格较贵，由专业工厂生产

10.1.1　滚珠丝杠副的结构形式与选型计算

　　滚珠丝杠副的丝杠与旋合螺母的螺纹滚道间放置有适量滚珠，使螺纹间形成滚动摩擦。在滚动螺旋的螺母上有滚珠返回通道，与螺纹滚道形成闭合回路。当丝杠（或螺母）转动时，使滚珠在螺纹滚道内循环，如图 10-4 所示。

　　工作时，丝杠一般与驱动部件连接在一起，螺母与工作台连在一起，再配以直线运动导轨，就可以实现高精度的直线运动（见图 10-3）。

　　1. 滚珠丝杠副的结构形式

　　滚珠丝杠副的结构形式主要有两种：一种是外循环式；另一种是内循环式。

　　1）外循环式滚珠丝杠副

　　滚珠在返回时与丝杠脱离接触的循环称为外循环。图 10-4 就是外循环式的一种结构，在这种结构中，螺母上钻有一个纵向通孔作为滚珠返回通道，螺母两端装有铣出短槽的端盖，短槽端部与螺纹滚道相切，便于滚珠进入，形成回路。外循环式结构还有螺旋槽式和插管式等。

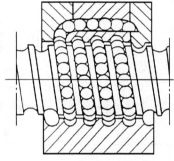

图 10-4　外循环式滚珠丝杠副

　　2）内循环式滚珠丝杠机构

　　内循环方式如图 10-5 所示，在螺母上开有侧孔，孔内镶有返向器，将相邻两螺纹滚道连接起来，钢球从螺纹滚道进入返向器，越过螺杆牙顶进入相邻螺纹滚道，形成循环回路。内循环式滚珠丝杠机构，径向尺寸小，结构紧凑，滚珠滚畅性好，故传动效率高。但是，反向器的制造工艺复杂，它的滚道是一个空间高次曲线，难以精确加工。

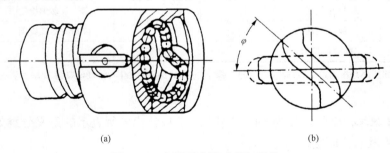

(a)　　　　　　　　　　　　　　　(b)

图 10-5　内循环式滚珠丝杠机构

　　2. 主要参数及标注方法

　　1）主要参数

　　滚珠丝杠的主要参数包括公称直径 d_0（即钢球中心所在圆柱直径）、导程 P_h、螺纹旋向、钢球直径 D_w、接触角 α（滚动体合力作用线和螺旋轴线垂直平面间的夹角）、负载钢球的圈数和精度等级等。

　　GB/T17587.3—1998 规定了公称直径为 6～200mm、适用于机床的滚珠丝杠副和性能要求等，精度分为七个等级，即 1、2、3、4、5、7 和 10 级，其中 1 级精度最高，10 级精度最低，其他机械可参照选用。

2）标注方法

滚珠丝杠副的型号,根据其结构、规格、精度等级、螺纹旋向等特征,用代号和数字组成,形式如下:

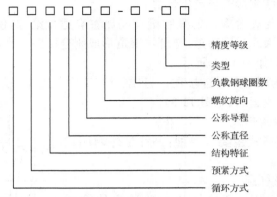

滚珠丝杠副的特征代号的表示方法见表 10-1。

表 10-1　滚珠丝杠副标注的特征代号

特征			代号	特征		代号
钢球循环方式	内循环	返向器浮动式	F	结构特征	导球管埋入式	M
		返向器固定式	G		导球管凸出式	T
	外循环	插管式	C	螺纹旋向	右旋	不标
预紧方式	单螺母	无预紧	W		左旋	LH
		变导程自预紧	B	负荷钢球圈数		圈数
		增大钢球直径预紧	Z			
	双螺母	垫片预紧	D	类型	定位滚动螺旋副	P
		齿差预紧	C		传动滚动螺旋副	T
		圆螺母预紧	L	精度等级		级别

注:定位滚动螺旋副是指通过旋转角度和导程控制轴向位移的滚动螺旋副;传动滚动螺旋副主要是用于传递动力,而与旋转角度无关。

例如,某滚珠丝杠副的代号为 GD2004LH-2-P4,各代号所表示的意义分别如下:

G—内循环返向器固定式;

D—双螺母垫片预紧;

20—公称直径;

04—导程为 4mm;

LH—左旋;

2—负载钢球 2 圈;

P—定位滚动螺旋副;

4—精度等级 4 级。

3．滚珠丝杠副的选型计算

滚珠丝杠副由专门生产厂家制造,在选用时,根据使用条件确定精度等级、类型、导程、丝杠外径等并进行寿命校核及其他项目计算。确定尺寸后进行组合结构设计。表 10-2 给出了

GD 型内循环垫片预紧双螺母式滚珠丝杠副的参数,供设计时参考选用。

表 10-2 GD 型内循环垫片预紧双螺母式滚珠丝杠副的参数

规格 代号	公称 直径 d_0	公称 导程 P_{h0}	丝杠 外径 d_1	钢球 直径 D_w	丝杠 底径 d_2	循环 圈数	基本额定负荷		
							动载荷 C_a/kN	静载荷 C_{0a}/kN	刚度 /(kN/μm)
GD1204-3	12	4	11.3	2.381	9.5	3	4	6.7	417
GD4008-3	40	8	38.6	4.763	34.9	3	19.8	51	1 004
GD4008-5	40	8	38.6	4.763	34.9	5	30.7	84.9	1 580
GD6320-4	63	20	60	9.525	52.8	4	76.2	200.6	2 122
GD6320-5	63	20	60	9.525	52.8	5	92.3	250.8	2 612

1) 滚珠丝杠副寿命计算

若丝杠轴向载荷为 F_a(单位 N),转速为 n(单位 r/min),基本额定动载荷 C_a(单位 N),则可按下式求出滚珠丝杠副寿命 L_h(h):

$$L_h = \frac{10^6}{60n}\left(\frac{C_a}{K_F K_H F_a}\right)^3 \tag{10-1}$$

式中,K_F 为载荷系数,见表 10-3;K_H 为动载时的硬度影响系数,见表 10-4。

表 10-3 载荷系数 K_F

载荷性质	K_F
平衡和轻微冲击	1.0~1.2
中等冲击	1.2~1.5
较大冲击和振动	1.5~2.5

表 10-4 硬度影响系数 K_H、K_H'

硬度/HRC	⩾58	55	52.5	50	47.5	45	40
K_H	1.0	1.11	1.35	1.56	1.92	2.40	3.85
K_H'	1.0	1.11	1.40	1.67	2.10	2.65	4.50

2) 滚珠丝杠副静载荷计算

滚珠丝杠副在静态或转速 $n < 10$ r/min 条件下工作时,静载荷计算公式为

$$C_{0a} \geqslant K_F K_H' F_a \tag{10-2}$$

式中,C_{0a} 为基本额定静载荷(单位 N),查阅机械设计手册;K_H' 为静载时的硬度影响系数,见表 10-4;F_a 为轴向载荷。

其余计算项目则根据工作机类别和工作需要进行选择性计算,如传力丝杠副应进行丝杠强度计算;长径比大的受压丝杠应进行稳定性计算;转速较高、支承距离较大的丝杠应校核其临界转速等。计算方法可参照机械设计手册。

10.1.2 消除轴向间隙的调整方法

与螺纹丝杠传动一样,滚珠丝杠传动也需要调整其间隙,以便消除回差,保证传动精度。常用的调整方法有垫片调隙式,如图 10-6 所示。这种结构是利用调整垫片 2 的厚度 Δ(增加或减少垫片数量)的办法,使左边的螺母 1 产生轴向移动,使得左、右两个螺母中的滚珠在承受载荷之前就以一定的压力分别压向螺杆螺纹滚道相反的侧面(图 10-7),从而消除了轴向间隙。

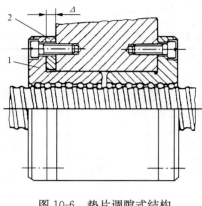

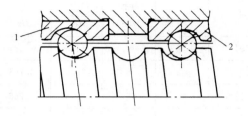

图 10-6　垫片调隙式结构　　　　　　　　　图 10-7　间隙的消除

　　在实际调整时,往往在间隙为零以后仍继续调整下去,使螺母、螺杆及滚珠都产生微小的弹性变形,即在螺旋传动工作之前就施加了一个预紧力。这样做的目的是保证螺旋传动在任何位置工作都不会出现间隙(由于螺旋传动中各零件有制造误差,所以当没有加预紧力时,在一个位置上消除了间隙,而工作到另一位置时就有可能出现间隙)。但应指出,在对滚动螺旋机构进行调整时,预紧力的大小必须合适,预紧力过小不能保证无间隙传动,预紧力过大则会使驱动力矩增大,效率降低,磨损加大而寿命缩短。实践证明,预紧力为螺纹传动最大轴向载荷的 1/3 较为适当。

10.2　螺纹丝杠机构

　　螺纹丝杠机构同滚珠丝杠机构的功能相同,可以把回转运动变换为直线运动,但不同点是直线运动一般不能转换成回转运动。螺纹丝杠机构是精密机械和各种设备中常用的一种传动形式。螺纹丝杠机构的主要特点是结构简单、制造方便、成本较低,当螺旋线升角小于摩擦角时,螺纹丝杠机构具有自锁作用。由于螺距一般很小,所以在转角很大的情况下,能获得很小的直线位移量,结构紧凑、空间尺寸小、传动精度高。其缺点是效率低(一般为 30%～40%)、磨损快,不适于高速和大功率传动。图 10-8 所示的机床手摇进给机构是应用螺纹丝杠机构的一个实例,当摇动手轮使丝杠 1 旋转时,螺母 2 就带动滑板 4 沿导轨面移动。

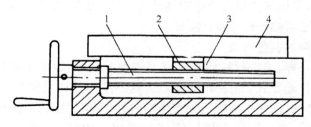

图 10-8　机床手摇进给机构
1—螺杆;2—螺母;3—机架;4—滑板

10.2.1　螺纹丝杠机构的类型与结构

1. 螺母固定,丝杠转动并移动

这种传动形式的原理图见图 10-9,结构实例见图 10-10。图 10-9 中,螺母是在丝杠的支承件上加工出来的(即螺纹孔),因而螺母就起支承作用。工作时,丝杠在螺母左右两个极端位置所占据的长度大于丝杠行程的两倍。这种形式结构简单,消除了采用螺杆支承可能产生的轴向跳动,对提高传动精度是有利的。螺旋千分尺、螺旋起重器就是采用了这种形式的螺纹丝杠传动,其缺点是占用轴向空间较大,刚性较差,因此仅适用于行程较短的场合。

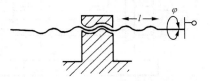

图 10-9　螺母固定,丝杠转动
并移动类型的原理图

2. 丝杠原位转动,螺母做直线移动

这种形式的特点是结构紧凑,刚度较大,适用于工作行程较长的情况,是一种应用比较广泛的形式。例如图 10-8 的机床手摇进给机构、摇臂钻床中摇臂的升降机构、牛头刨床工作台的升降机构等。图 10-11 为该类型的原理图。图 10-12 为工作台的丝杠传动进给机构。

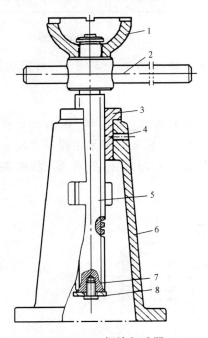

图 10-10　螺旋起重器

1—托杯;2—手柄;3—螺母;4—紧定螺钉;
5—螺杆;6—底座;7—螺栓;8—挡圈

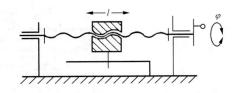

图 10-11　丝杠转动、螺母移动类型的原理图

3. 差动螺旋

其原理如图 10-13 所示,若丝杠(螺杆)3 的左、右两部分螺纹的旋向相同,且螺距分别为 p_1 和 p_2,当丝杠转动 n 转时,可动螺母 2(只能移动而不让其转动)的移动距离为

$$l = n(p_1 - p_2) \tag{10-3}$$

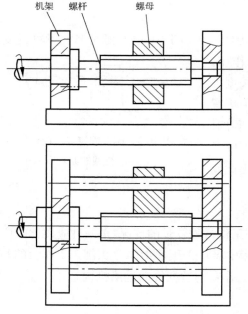

图 10-12　工作台的丝杠传动进给机构

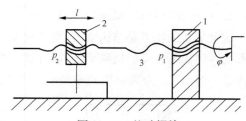

图 10-13　差动螺旋

如果 p_1 与 p_2 相差很小,则位移量 l 也必然很小。因此,差动螺旋多用于各种微动装置中。若左、右两部分旋向相反,则

$$l = n(p_1 + p_2) \tag{10-4}$$

于是形成快速移动的差动螺旋,可用于快速移动、夹紧等装置中。图 10-13 为差动螺旋的原理图,图 10-14 所示为差动螺旋式粗动和微动调节装置。粗动调节是由粗动手轮 5 带动螺杆 4 来实现的。微动时,由螺母上的螺距 p_1 和螺母 2 上的螺距 p_2 来实现,微调量 $l = n(p_2 - p_1)$,n 为手轮转数。

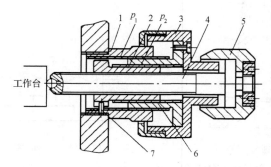

图 10-14　差动螺旋式粗动和微动调节装置

1、2、6—螺母;3—微动手轮;4—螺杆;5—粗动手轮;7—防转销

10.2.2　螺纹丝杠机构的设计计算

1. 设计精密仪器、仪表用螺纹丝杠机构时相关参数的确定

1) 螺距 p 的确定

螺距的数值已经标准化了,因而只能从标准中选取。选取时,应考虑丝杠与螺母转过一周所需位移的大小、是否要求自锁、传动精度等因素。要求位移大时,可选取较大的螺距或多

头螺纹;要求位移小或自锁时,可选较小螺距或细牙螺纹;要求高的传动精度,则应采用单头螺纹,因为多头螺纹的加工精度较低。

2) 丝杠公称直径 d 的确定

受力较小的传动螺旋和示数螺旋一般都不用进行强度计算,可根据需要和结构情况按标准选定。

3) 丝杠长度的确定

丝杠长度应根据所要求的工作行程来确定。若 L_1 为丝杠螺纹部分长度,L_2 为丝杠工作行程,L_3 为螺母的高度,则 $L_1 \geqslant L_2 + L_3$。丝杠总长度 L_0 与公称直径 d 之间的比值 L_0/d 称为长径比,一般限定 $L_0/d \leqslant 25$,长径比过大会使丝杠的刚度减小,在加工或使用过程中会出现因变形产生的误差。

螺母厚度 L_3 一般取 $(1.5 \sim 2)d$。

2. 设计机械设备常用的螺纹丝杠机构

此时,依据丝杠传动在设备中的具体使用要求,分析可能产生的失效形式,进行相应的设计计算和校验。例如,滑动丝杠传动(用梯形螺纹或锯齿形螺纹)的失效形式主要是螺纹磨损,因此丝杠直径和螺母高度通常由耐磨性条件确定。对传递较大动力的丝杠传动,应校核丝杠的强度及螺纹的强度。要求自锁时,应验算丝杠副的自锁条件。对长径比较大的受压丝杠,还需进行稳定性验算等。

相关计算公式见机械设计手册。

10.2.3　螺纹丝杠传动的回差及其消除措施

由于螺纹丝杠机构中丝杠与螺母的配合存在着间隙(为了保证传动灵活以及使制造中产生的误差不影响丝杠传动的正常工作,丝杠中径采用负偏差,螺母中径采用正偏差,使配合有间隙),因而在丝杠转动方向改变时,螺母不能立即产生反向运动,只有在丝杠转动某一角度后才能使螺母开始反向运动,这是丝杠传动的回差。对于有正反双向运动的示数机构和精密仪器中的丝杠传动,回差直接影响其精度,故设计时必须考虑消除或减少螺纹丝杠传动的回差。

1. 径向调节法

径向调节法是使螺母能够产生一定量的径向收缩,以减小螺纹配合处的间隙,从而减少回差。图 10-15 是常用的径向调整间隙的机构。图 10-15(a) 是开槽螺母,拧紧锁紧螺钉即可使螺母产生径向收缩,使螺母和丝杠的配合间隙减小。图 10-15(b) 所示为卡簧式螺母结构,其中主螺母 1 开有三个纵向槽,拧紧副螺母 2 使具有锥形头的开槽螺母 1 产生径向收缩,以减小螺纹间隙。图 10-15(c) 所示为对开螺母结构,由两个螺钉来调整螺母的径向收缩,调整螺钉下面有螺旋弹簧,其作用是使压紧力均匀,并有一定的自动调节作用。

2. 轴向调整法

图 10-16 是轴向调整间隙的结构。可以看出,一般都是将螺母分成主螺母 1 和副螺母 2 两部分,主、副螺母与丝杠配合的螺距是相等的。图 10-16(a)、(b) 所示的结构,主、副螺母之间又是螺纹连接,不过,这个螺纹连接的螺距与主、副螺母和丝杠配合的螺距不相等。调整时,转动副螺母 2,使主、副螺母产生相对位移,从而使主、副螺母的螺纹分别压紧在丝杠螺纹相反的侧面上(见图 10-16(a) 中 A、B),消除螺杆轴向窜动的间隙。调整好后,用小螺钉将其固定(图 10-16(a)),或用锁紧螺母锁紧(图 10-16(b))。图 10-16(c) 用一弹簧向左、右分开主、副螺母,使轴向间隙消除。副螺母上的小螺钉防止主、副螺母之间的相对转动。

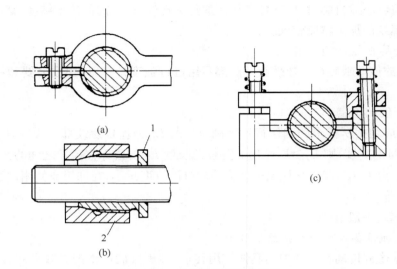

图 10-15　径向调整间隙的结构

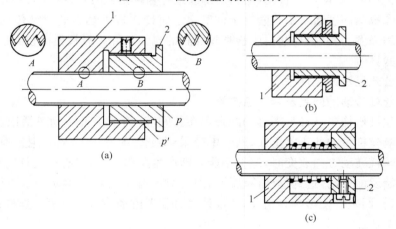

图 10-16　轴向调整间隙结构

3. 单面接触法

单面接触法利用弹簧产生单向作用力,使螺纹的工作表面保持单面接触,从而消除间隙引起的回差(图 10-17)。

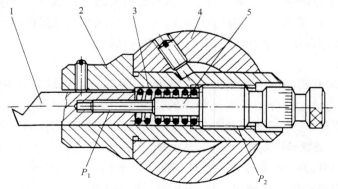

图 10-17　差动螺旋式可调镗刀头

1—镗刀头;2—刀套;3—压弹簧;4—刀架;5—调整螺杆;P_1、P_2—螺距

10.3　滚动直线导轨副

滚动直线导轨副是一种标准化的导向部件。可以提供高精度的直线运动导向功能,已商业化并大批量生产,设计仪器或设备需要时,很容易采购。直线导轨的外形见图 10-18。

图 10-18　直线导轨的外形图

10.3.1　结构与工作原理

滚动直线导轨副由直线导轨、滑块和滚动体组成(图 10-19),滑块数根据需要而定。导轨可以两根平行安装。我国生产有轻载荷型(图 10-19(a))、径向载荷型和四方向等载荷型(图 10-19(b))三种类型的直线导轨。轻载荷型只有两组钢球(见图 10-19(a)),四方向等载荷型上下左右承载能力相同,刚度高。从外形上看,它实际上就是由能相对运动的导轨与滑块两大部分组成。

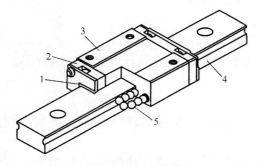
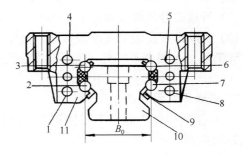

(a) 轻载荷型内部结构图　　　　　　　　　　(b) 四方向等载荷型结构图
1—侧端防尘盖;2—端盖;3—滑块;4—导轨;5—滚珠　　　1~8—球;9—保持架;10—导轨;11—滑块

图 10-19　直线导轨的结构

当导轨与滑块做相对运动时,钢球沿着导轨上的滚道滚动,形成滚动摩擦。端盖的作用为固定滚珠,使滚珠能形成一个循环回路。直线导轨属于精密部件,出厂时已经过检测与精密调整,用户可直接使用。

直线导轨副的特点是运动阻力小、运动精度高、定位精度高、容许大负荷、能长期保持高精度,因此,能为各种执行机构提供高精度的导向功能。制造商根据用户的不同需要设计了各种不同的刚度规格和速度范围,供用户选择。

国外滚动直线导轨的结构类型较多,根据需要,国内已开发生产出多种结构类型的直线导轨副,主要类型见表10-5。

表 10-5　直线导轨副

型号	名称	特性	应用举例
GGB $\frac{AA}{AAL}$ GGB $\frac{AB}{ABL}$	四方向等载荷直线导轨副	(1) 一体型 (2) 上下左右四方向额定载荷相等,用途较广 (3) 额定载荷大、刚度高,适于重载	(1) 机械加工中心 (2) NC车床 CNC车床 (3) 重型切削机床 (4) 磨床 (5) 机床等特殊要求装配精度时 (6) 要求高精度、大力矩时等
GGB $\frac{BA}{BAL}$	窄型四方向等载荷直线导轨副		
GGC	微型直线导轨副	(1) 一体极薄型、尺寸小 (2) 钢球直径大、寿命长 (3) 可以取代滚柱交叉导轨	(1) 1C、LS1 制造机械 (2) 办公自动化机器 (3) 检查装置 (4) 医疗器械 (5) 线切割机床等
GGF	分离型直线导轨副	(1) 高刚性极薄型,最适合于场所狭窄处,安装方便 (2) 可取代滚柱交叉导轨 (3) 可调整预加载荷 (4) 上下左右等载荷	(1) 电火花加工机床等特种加工机床 (2) 精密平台 (3) NC车床 (4) 组合机械手 (5) 运送机械 (6) 印刷线路板组装机械 (7) 各种自动装配机械等

注：① 一体型是导轨与其上滑块在出厂时已配套安装为一体。
　　② 表中导轨副型号为南京工艺装备厂的产品型号,国内外其他厂商类似产品的型号不同。

10.3.2　直线导轨副的选型与设计

1. 直线导轨副的选型原则

选择直线导轨副的型号时,主要需满足以下两个条件：

(1) 所选型号的额定寿命必须大于设计寿命；

(2) 实际计算出的静安全系数必须大于制造商推荐的最小值。

除满足上述两个条件外,所选直线导轨还需要满足工作行程、运动精度、刚度等方面的要求。

2. 直线导轨副的选型步骤

1) 根据使用条件确定平行使用的导轨根数、导轨之间的距离、每根导轨上滑块的数量及直线导轨系列。

2) 初定直线导轨的公称尺寸及导轨长度根据使用条件初选一种公称尺寸,然后进行额定寿命计算,检验决定。导轨长度根据工作行程,按标准计算方法确定。

3) 额定寿命校核

因为直线导轨副中滑块的使用寿命远低于导轨的使用寿命,因此直线导轨副的额定寿命指的就是滑块的额定寿命。

滑块的额定寿命计算公式为

$$L_A = 50\left(\frac{f_h f_t f_c f_a}{f_w}\frac{C}{P}\right)^3 \tag{10-5}$$

式中，L_A 为滑块预期额定寿命（km）；C 为额定动载荷（kN）。P 为受力最大的滑块所受的载荷（kN），$P = K_F \times F$，K_F 由制造厂规定，支承间隙在标准范围内时，$K_F = 1$；F 为支承所受的载荷。f_h 为硬度系数：

$$f_h = \left(\frac{\text{滚道实际硬度（HRC）}}{58} \right)^{3.6}$$

由于产品技术要求规定滚道硬度不得低于 58HRC，故通常可取 $f_h = 1$；f_t 为温度系数，查表 10-6；f_c 为接触系数，查表 10-7；f_a 为精度系数，查表 10-8；f_w 为载荷系数，查表 10-9。

表 10-6　温度系数

工作温度/℃	≤100	>100~150	>150~200	>200~250
f_t	1	0.90	0.73	0.60

表 10-7　接触系数

每根导轨上滑块数	1	2	3	4	5
f_c	1.00	0.81	0.72	0.66	0.61

表 10-8　精度系数

精度等级	2	3	4	5
f_a	1.0	1.0	0.9	0.9

表 10-9　载荷系数

工作条件	f_w
无外部冲击或振动的低速运动的场合，速度小于 15m/min	1~1.5
无明显冲击或振动的中速运动场合，速度为 15~60m/min	1.5~2
有外部冲击或振动的高速运动场合，速度大于 60m/min	2~3.5

当行程长度与每分钟运动往复次数一定，以小时（h）为单位的滑块预期额定寿命为

$$L_h = \frac{L_A \times 10^3}{2 s n_1 \times 60} \tag{10-6}$$

式中，L_h 为用工作时间表示的滑块预期额定寿命（h）；L_A 为滑块预期额定寿命（见式 10-5），s 为工作行程长度（m）；n_1 为直线导轨每分钟往复运动次数（次/min）。

若 $L_h >$ 设计寿命，则校核合格。

4）静安全系数校核

$$f_s = \frac{C_0}{P} \tag{10-7}$$

式中，f_s 为静安全系数；C_0 为额定静载荷（kN）；P 为受力最大的滑块所受的载荷（kN）。

若 $f_s >$ 制造商推荐的最小值，则校核合格。

（普通负荷：$f_{smin} = 1~3$，有振动冲击负荷时，$f_{smin} = 3~5$）。

3. 尺寸系列

以 GGB 型为例，图 10-20 为编号规则含义示例，表 10-10 为尺寸参数。根据不同使用场合，推荐预加载荷，见表 10-11。

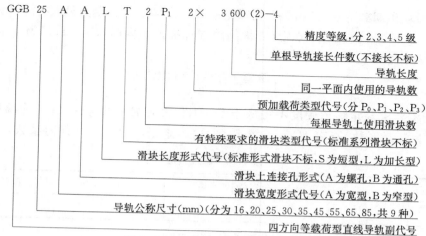

图 10-20　直线导轨编号规则示例

表 10-10　GGB $\dfrac{AA}{AAL}$ 四方向等载荷直线导轨副

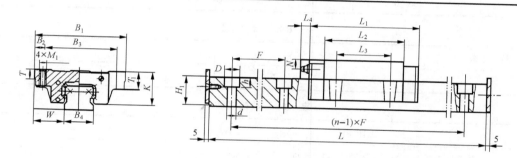

（单位：mm）

型号	导轨副尺寸		滑块尺寸											油杯尺寸		
	H	W	B_1	B_2	B_3	K	T	T_1	M_1	L_1	L_2	L_3	L_4	G	N
GGB16AA	24	15.5	47	4.5	38	19.4	7	11	M5	58	40.5	30	2.5	$\phi 4$	4
GGB20AAL GGB20AA	30	21.5	63	5	53	24	10	10	M6	70 86	50 66	40	11	M6	6
GGB25AA GGB25AAL	37 (36)	23.5	70	6.5	57	30.5	12	16	M8	79.5 98.5	59 78	45	11	M6	7.2
GGB30AA GGB30AAL	42	31	90	9	72	35	10	18	M10	95.2 117.2	70 92	52	11	M6	7
GGB35AA GGB35AAL	48	33	100	9	82	38	13	21	M10	107.8 131.8	81 105	62	11	M6	8
GGB45AA GGB45AAL	62 (60)	37.5	120	10	100	51	15	25	M12	135 163	102 130	80	11	M6	12
GGB55AA GGB55AAL	70	43.5	140	12	116	57	20	29	M14	161 199	118 156	95	14	M8×1	12
GGB65AA GGB65AAL	90	53.5	170	14	142	76	23	37	M16	195 255	147 207	110	14	M8×1	12
GGB85AA GGB85AAL	110	65	215	15	185	94	30	55	M20	243.4 300.4	179 236	140	14	M8×1	14

续表

型号	导轨尺寸/mm					额定动载	额定静载	额定力矩		
	B_4	H_1	$d \times D \times h$	F	单根最大长度 L_{max}	C/kN	C_0/kN	M_A/N·m	M_B/N·m	M_C/N·m
GGB16AA	16	15	$4.5 \times 7.5 \times 5.3$	60	500	6.07	6.8	55.5	55.5	88.8
GGB20AAL GGB20AA	20	18	$6 \times 9.5 \times 8.5$	60	1400	11.6 13.6	14.5 20.3	92.4 121.8	92.4 121.8	154 203
GGB25AA GGB25AAL	23	22	$7 \times 11 \times 9$	60	3000	17.7 20.7	22.6 34.97	149.8 244.8	149.8 244.8	246 402
GGB30AA GGB30AAL	28	26	$9 \times 14 \times 12$	80	3000	27.6 33.4	34.4 45.8	311.3 560	311.3 560	546 745.2
GGB35AA GGB35AAL	34	29	$9 \times 14 \times 12$	80	3000	35.1 39.96	47.2 64.85	488 681	488 681	790 1102.45
GGB45AA GGB45AAL	45	38	$14 \times 20 \times 16$	100 (105)	3000	42.5 64.4	71 102.1	848 1345.4	848 1345.4	1448 2247.25
GGB55AA GGB55AAL	53	44	$16 \times 23 \times 20$	120	3000	79.4 92.2	101 142.5	1547 2264.3	1547 2264.3	2580 3776.25
GGB65AA GGB65AAL	63	53	$18 \times 26 \times 22$	150	3000	115 148	163 224.5	3237 4627.5	3237 4627.5	4860 6945.75
GGB85AA GGB85AAL	85	65	$24 \times 35 \times 28$	180	3000	172.2 202.3	257.4 327.6	6076.4 9946.3	6076.4 9946.3	12842 15410

注：① 表中 M_A、M_B、M_C 如图 10-21 所指，是一个滑块的额定力矩值。

② 表中 L_{max} 若接长，另与制造单位协商。

③ 如选用表中括号内规格，订购时请特别注明。

④ 制造单位南京工艺装备制造厂。

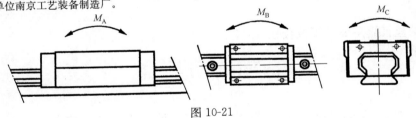

图 10-21

表 10-11　推荐预加载荷

预载种类	应用场合
P_0	大刚度并有冲击和振动的场合,常用于重型机床的主导轨等
P_1	要求较高重复定位精度,承受侧悬载荷,扭转载荷和单根使用时。常用于精密定位运动机构和测量机构上
P_2	有较小的振动和冲击,两根导轨并用时,且要求运动轻便处
P_3	用于输送机构中

10.4　实 例 分 析

10.4.1　滚珠丝杠副设计

图 10-22 是交流伺服高速输送装置。伺服电机通过联轴器直接驱动滚珠丝杠,滚珠螺母

带动工作台做直线方向的高速输送运动,工作台的运动靠直线导轨机构导向,工作台最高运动速度 $v_{max} = 1\text{m/s}$,期望寿命 30000h,伺服电机额定转速 $n = 3000\text{r/min}$,丝杠硬度 60HRC,丝杠轴向承受载荷 1300N,工作中有轻微冲击。设计选择滚珠丝杠副。

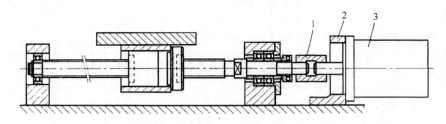

图 10-22 伺服电机驱动的高速输送装置
1—联轴器;2—支架;3—电机

（1）计算导程

根据导程的定义,电机所需要的转速 n 与最大进给速度 v_{max}、丝杠导程 s、减速比 i 之间的关系为

$$n \geqslant \frac{v_{max} \times 10^3 \times 60}{si} \tag{10-8}$$

由此可计算出导程 s

$$s \geqslant \frac{v_{max} \times 10^3 \times 60}{ni} = \frac{1 \times 10^3 \times 60}{3\,000 \times 1} = 20(\text{mm})$$

（2）确定丝杠外径

根据导程 $s = 20\text{mm}$,查表 10-2 初定型号与丝杠外径,经查表得:型号为 GD6320-4,丝杠外径 $d_1 = 60\text{mm}$。

（3）滚珠丝杠副寿命计算及校核

计算公式

$$L_h = \frac{10^6}{60n}\left(\frac{C_a}{K_F K_H F_a}\right)^3$$

查表 10-2～表 10-4,可得 $C_a = 76.2\text{kN}$,$K_F = 1.2$,$K_H = 1$,代入上式得

$$L_h = \frac{10^6}{60 \times 3\,000}\left(\frac{76.2 \times 10^3}{1.2 \times 1 \times 1300}\right)^3 = 647403(\text{h})$$

因为 $L_h = 647403\text{h} > 30000\text{h}$,故选型正确。

10.4.2 探照灯结构设计

已知探照灯的光学系统及尺寸如图 10-23 所示。件 1、件 2 与壳体直连,件 3、件 4 同时固定在调焦杆上,调焦杆相对于光源调焦可动距离 ±5mm,以实现调焦要求。

要求设计调焦部分的结构,调焦杆在调焦时只准移动不准转动,调焦部分与壳体间的连接要便于装配,且调焦后要求锁紧。

设计思路:

考虑到光学调焦的精密要求,调焦部分的结构采用差动螺旋,见图 10-24。旋转差动螺母 8,调焦杆带动凸透镜 2 和凹透镜 4 在防转销钉 6 的作用下,沿轴线移动,以实现调焦要求,完成后,拧紧紧定螺钉 9 进行锁紧。调焦部分的结构图见图 10-24。

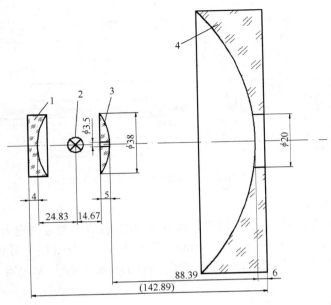

图 10-23　探照灯的光学系统

1—反射镜；2—光源；3—凸透镜；4—凹透镜

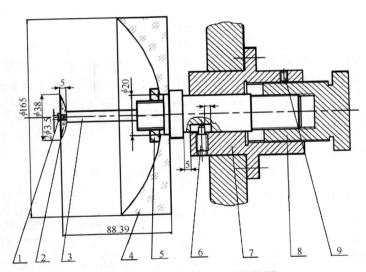

图 10-24　探照灯调焦部分结构图

1—凸透镜固定螺钉；2—凸透镜；3—调焦杆；4—凹透镜；5—凹透镜固定螺钉；
6—防转销钉；7—支撑件；8—差动螺母；9—紧定螺钉

10.4.3　直线导轨选型实例

某直线运动工作台受载情况如图 10-25 所示。

已知条件：工作行程 $s=580\text{mm}$；工作台往复运动次数 $n_1=16$ 次/min；受力最大的滑块所受载荷 $p=2\text{kN}$；设计寿命 13000h；使用环境是常温；两导轨距离 $C=500\text{mm}$；滑块距离 $f=780\text{mm}$；5 级精度；工作中无外部的振动与冲击（图中 α、F、W_1、W 为已知条件中所用的过程参数，故未给出）。

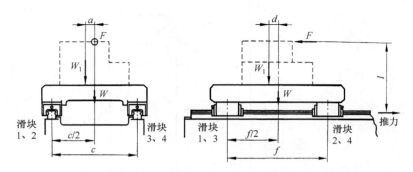

图 10-25　采用双导轨双滑块的直线运动工作台系统

1. 初选型号与长度

根据负载的特征及经验,决定采用双导轨双滑块结构,导轨型号初定为南京工艺装备制造厂生产的 GGB30AAL 型号,公称尺寸 30mm(见表 10-10),查得该型号的额定动载荷 $C=$ 33.4kN,额定静载荷 $C_0=45.8$kN,在满足工作行程的前提下,按厂家规定的标准长度取导轨长度为 1600mm。

2. 额定寿命校核

$$L_A = 50\left(\frac{f_h f_t f_c f_a}{f_w} \cdot \frac{C}{P}\right)^3$$

$$L_h = \frac{L_A \times 10^3}{2sn_1 \times 60}$$

由于标准型号的硬度均符合要求,故 f_h 取为 1;查表 10-6 取 $f_t=1$;查表 10-7 取 $f_c=$ 0.81;查表 10-8 取 $f_a=0.9$;查表 10-9 取 $f_w=1.5$。将这些参数代入上面公式中,则

$$L_A = 50\left(\frac{1\times1\times0.81\times0.9}{1.5} \cdot \frac{33.4}{2}\right)^3$$

$$=26731.8\text{km}$$

$$L_h = \frac{26\ 731.8\times10^3}{2\times0.58\times16\times60} = 24004.8\text{(h)}$$

额定寿命大于设计寿命,符合要求。

实际上,也可以采用另一种方法直接计算出为了满足设计寿命所需要的最小公称尺寸。直接以各滑块中的最大工作载荷及设计寿命为条件,根据式(10-5)计算出所需要的最小额定动载荷 C,再从制造商的样本资料中选取不低于额定动载荷计算值所对应的最小公称尺寸规格即可。

3. 静安全系数校核

$$f_s = \frac{C_0}{p} = \frac{45.8}{2} = 22.9$$

由于 $f_s=22.9$ 大于制造商推荐的最小值 3,故合格。

4. 确定直线导轨的型号代号

根据前面的计算和校核,所选直线导轨的型号代号为 GGB30AAL2P32×1600-5。

习　　题

10-1　螺旋千分尺如图 10-26 所示。圆锥标尺刻有 100 条刻线,如果每条刻线对应的螺杆轴向位移为 0.005mm。螺杆采用单头螺纹,试求其螺距 p。

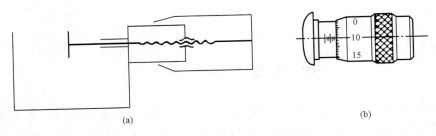

图 10-26　螺旋千分尺示意图

10-2　要求设计一微动装置中的差动螺杆。可动螺母的行程为 2mm,手柄转动为 8 周,螺杆的公称直径 $d=14$mm。现从 GB/T 1996—2003 中查出公称直径 $d=14$mm 时,螺杆的可选螺距为:粗牙 $p=2$;细牙 $p=1.5,p=1.25,p=1$。其单位都为 mm。试选择所需螺距 p_1 和 p_2。

10-3　如图 10-27 所示,滑板由差动螺旋带动在导轨上移动,螺纹 1 为 M12×1.25,螺纹 2 为 M10×0.75。

(1) 1 和 2 螺纹均为右旋,手柄按所示方向回转一周时,滑板移动距离为多少? 方向如何?

(2) 1 为左旋,2 为右旋,滑板移动距离为多少? 方向如何?

10-4　图 10-28 所示为一围绕 1 转动的杠杆 2,转动手轮 4 时,丝杆 3 前后运动(螺母 5 固定不动),使杠杆 2 转动,杠杆转角范围为 ±3°,手轮每转一圈杠杆转动 0.6°左右,要求转动时灵敏而阻力均匀,手轮后退时杠杆没有空回,试设计此结构,包括确定主要尺寸、参数,并画出装配图。

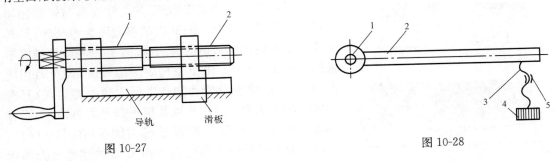

图 10-27　　　　　　　　　　　　　　　　　　图 10-28

10-5　哪些场合需要使用滚珠丝杠机构?

10-6　简述滚珠丝杠机构的结构和工作原理。

10-7　工程上的滚珠丝杠机构有哪些类型?

10-8　如何消除丝杠与滚珠螺母之间的轴向间隙?

第 11 章 带 传 动

带传动是利用张紧在带轮上的传动带,借助带和带轮间的摩擦(或啮合)来传递运动和动力的。根据传动原理不同,带传动可分为摩擦传动型和啮合传动型两大类。摩擦传动型依靠传动带和带轮之间的摩擦力传递运动和动力,它结构简单、传动平稳、不需润滑、过载可打滑,但传动比不准确(滑动率在 2% 以下);啮合传动型指同步带传动,它靠同步带表面的齿和同步带轮的齿槽的啮合作用来传递运动,可保证传动同步。这两种类型的带传动都适于两轴中心距较大的场合,能缓冲吸振,在机械中广泛应用。本章重点介绍同步带传动,摩擦带只作简单介绍。

11.1 摩擦型传动带的类型和应用

摩擦型传动带,按横截面形状可分为平带、V 带和特殊截面带(如多楔带、圆带等)三大类。

(a)   (b)

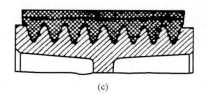

(c)

图 11-1 带的横截面形状

平带的横截面为扁平矩形,其工作面是与轮面相接触的内表面(图 11-1(a));V 带的横截面为等腰梯形,其工作面是与轮槽相接触的两侧面,但 V 带与轮槽槽底不接触(图 11-1(b))。由于轮槽的楔形效应,预拉力相同时,V 带传动较平带传动能产生更大的摩擦力,故具有较大的牵引能力。多楔带以其扁平部分为基体,下面有几条等距纵向槽,其工作面是楔的侧面(图 11-1(c))。这种带兼有平带的弯曲应力小和 V 带的摩擦力大等优点,常用于传递动力大而又要求结构紧凑的场合。圆带的牵引能力小,常用于仪器和家用器械中。

11.2 摩擦型带传动的基本知识

11.2.1 带传动的工作原理

带传动通常是由主动轮 1 和从动轮 2 和张紧在两轮上的环形带 3 所组成。

当皮带以一定的预张紧力 F_0(又称初拉力,见图 11-2(a))套到两带轮之后,就能在带轮与带的接触面上产生足够的摩擦力。即主动轮 1 给皮带一摩擦力 F_f(图 11-2(b)),摩擦力方向和主动轮运动方向相同,主动轮靠摩擦力带动皮带,皮带又靠在从动轮 2 上的摩擦力带动从动轮运动,这里皮带所受的摩擦力 F_f 是和它的运动方向相反的。

11.2.2 皮带传动的有效拉力及打滑现象

皮带传动在运转前,皮带两边的拉力相等,设都等于初拉力 F_0。运转时,由于摩擦力的作用(图 11-2(b)),皮带一边变紧,拉力由 F_0 增至 F_1,另一边变松,拉力由 F_0 降到 F_2,形成紧边和松边,两边拉力之差为

$$F_1 - F_2 = F_t \tag{11-1}$$

F_t 即为皮带所传递的圆周力,称为有效拉力。其值等于皮带轮接触弧上摩擦力的总和 F_f。因为摩擦力有极限值,所以当传递的载荷(即圆周力)超过这一极限值时,皮带就会打滑。打滑使传动失效,且加速皮带磨损,所以应当避免。

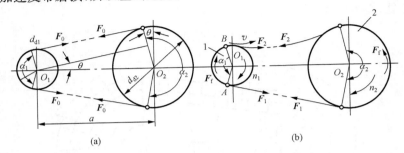

图 11-2 皮带受力分析

11.2.3 带传动的中心距与包角 α

当带处于规定的张紧力时,两带轮轴线间的距离称为中心距 a。带与带轮接触面的弧长所对应的中心角 α 称为包角。包角越大,带的摩擦力越大,传动能力也越大。由图 11-2(a) 可知

$$\theta \approx \sin\theta = \frac{d_{d2} - d_{d1}}{2a} \cdot \frac{180°}{\pi} \tag{11-2}$$

所以,小轮包角为

$$\alpha_1 = 180° - 2\theta = 180° - \frac{d_{d2} - d_{d1}}{a} \times 57.3° \tag{11-3}$$

设计时,为保证传动时有较大的工作能力,要求带传动的 $\alpha_1 \geqslant 120°$。

11.2.4 带传动的应力分析

传动时,带中的应力由以下三部分组成:

1. 紧边和松边拉力产生的拉应力

紧边拉应力 $\qquad\qquad\qquad \sigma_1 = \dfrac{F_1}{A} \quad$ MPa $\qquad\qquad\qquad$ (11-4)

松边拉应力 $\qquad\qquad\qquad \sigma_2 = \dfrac{F_2}{A} \quad$ MPa $\qquad\qquad\qquad$ (11-5)

式中,A 为带的横截面面积,单位 mm^2。

2. 离心力产生的拉应力

当带绕过带轮时,在带上产生离心力。离心力只发生在带做圆周运动的部分,但因平衡它引起的拉力却作用于带的全长。如 F_c 表示离心力(N);q 为带每米长的质量(kg/m);v 为带速(m/s),则 $F_c = qv^2$(N),离心拉应力

$$\sigma_c = \frac{F_c}{A} \quad \text{MPa} \tag{11-6}$$

3. 弯曲应力

带绕过带轮时,引起弯曲变形并产生弯曲应力。由材料力学公式得带的弯曲应力

$$\sigma_b = E\varepsilon = E\frac{y}{\rho} = E\frac{2y}{d_d} \quad \text{MPa} \tag{11-7}$$

式中,E 为带的弹性模量(MPa);ε 为带发生弹性变形产生的应变;y 为带的中性层到外层的距离(mm);ρ 为带的曲率半径(mm);d_d 为 V 带带轮的基准直径(mm)。

两个带轮直径不同时,带在小带轮上的弯曲应力比大带轮上的大。

图 11-3 表示带在工作时的应力分布情况。可以看出带处于变应力状态下工作,当应力循环次数达到一定数值后,带将发生疲劳破坏。图 11-3 中小带轮为主动轮,最大应力发生在紧边进入小带轮处,最大值为

$$\sigma_{\max} = \sigma_1 + \sigma_{b1} + \sigma_c \tag{11-8}$$

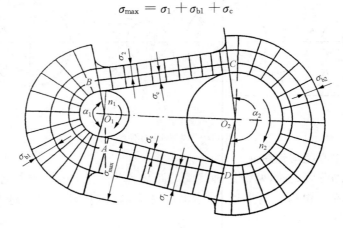

图 11-3　带的应力分布

4. 带传动的失效形式和设计准则

根据前面的分析可知,带传动的主要失效形式是打滑和带的疲劳破坏,因此带传动的设计准则应为:在保证带传动不打滑的前提下,带具有一定的疲劳强度和使用寿命。

11.2.5　皮带传动的传动比和弹性滑动现象

轮带受拉力后要产生弹性变形,在传动过程中,皮带两边的拉力不同,其两边的弹性变形也不同。当皮带紧边在 A 点进入主动轮时(图 11-2(b)),其拉力为 F_1,此时皮带线速度和轮的圆周速度 v_1 相等。当皮带由 A 点转到 B 点离开主动轮时,拉力逐渐降低到 F_2。由于拉力的降低,皮带的弹性变形也相应逐渐减少,使皮带的速度落后于带轮的速度,即带与轮间发生了相对滑动。在从动轮上则恰恰相反,结果使皮带的运动超前于带轮。这种由皮带弹性变形引起的滑动称为弹性滑动,弹性滑动是皮带传动中固有的物理现象。

弹性滑动和打滑是两个截然不同的概念。打滑是指由过载引起的全面滑动,应当避免。弹性滑动是由拉力差引起的,只要传递圆周力,必然会发生弹性滑动。

设 d_{d1}、d_{d2} 为主、从动轮的直径,单位 mm;n_1、n_2 为主、从动轮的转速,单位 r/min,则两轮的圆周速度分别为

$$v_1 = \frac{\pi d_{d1} n_1}{60 \times 1000}, \quad v_2 = \frac{\pi d_{d2} n_2}{60 \times 1000}$$

由于弹性滑动是不可避免的,所以 v_2 总是低于 v_1。传动中由于带的滑动引起的从动速度的降低率称为滑动率 ε,即

$$\varepsilon = \frac{v_1 - v_2}{v_1} = \frac{d_{d1} n_1 - d_{d2} n_2}{d_{d1} n_1}$$

由此得带传动的传动比

$$i = \frac{n_1}{n_2} = \frac{d_{d2}}{d_{d1}(1 - \varepsilon)} \tag{11-9}$$

11.2.6　带传动常用的张紧方法

带传动常用的张紧方法是调节中心距。如用调节螺钉 1 使装有带轮的电动机沿滑轨 2 移

动(图 11-4(a)),或用螺杆及调节螺母 1 使电动机绕小轴 2 摆动(图 11-4(b))。前者适用于水平或接近水平的布置,后者适用于垂直或接近垂直的布置。若中心距不能调节,则可采用具有张紧轮的传动(图 11-4(c)),它靠悬重 1 将张紧轮 2 压在带上,以保持带的张紧。

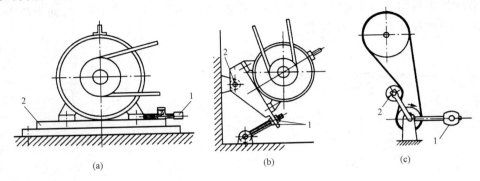

(a)　　　　　　　(b)　　　　　　　(c)

图 11-4　带传动的张紧装置

11.3　同步带传动

11.3.1　同步带传动的特点

同步带是以钢丝绳为强力层,外面包覆氯丁橡胶或聚氨酯而成,带的工作面压制成齿形,与齿形带轮做啮合传动(图 11-5)。由于带与带轮无相对滑动,能保持两轮的圆周速度同步,故称为同步带传动,它是综合了摩擦型带传动和齿轮传动优点的一种新型带传动。具有如下优点:① 传动比恒定;② 结构紧凑;③ 由于带薄而轻、抗拉体强度高,故带速可达 40m/s,传动比可达 10,传递功率可达 200kW;④ 效率高,约为 0.98,因而应用日益广泛。它的缺点是带及带轮价格较高,对制造、安装要求高。

强力层的材料应具有很高的抗拉强度和抗弯曲疲劳强度,弹性模量大。目前多采用钢丝绳或玻璃纤维沿同步带的宽度方向绕成螺旋形,布置在带的节线位置上(图 11-6)。基体包括带齿 2 和带背 3,带齿应与带轮轮齿正确啮合,齿背用来黏结包覆强力层。基体的材料应具有良好的耐磨性、强度、抗老化性以及与强力层的黏结性,常用材料有氯丁橡胶和聚氨酯。在同步带带齿的内表面有尖角凹槽,除工艺要求外,可增加带的柔性,改善弯曲疲劳性能。

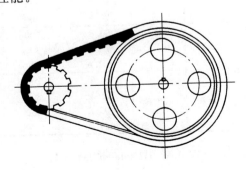

图 11-5　同步带传动

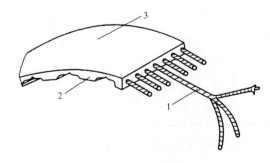

图 11-6　同步带的结构
1—强力层;2—带齿;3—带背

同步带的类型按齿形结构可分为梯形齿和圆弧齿同步带,基本尺寸参数如图 11-7 所示,本节主要介绍梯形齿同步带。目前国产同步带采用周节制(GB 11616—1989)。同步带的主要参数是节距 p_b,它是在规定的张紧力下同步带的纵向截面上相邻两齿对称中心线的直线距离。而节线是指当同步带垂直其底边弯曲时,在带中保持原长度不变的周线,通常位于承载层的中线上。节线长度 L_p 为公称长度。

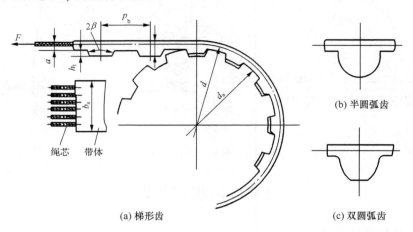

图 11-7　同步带的尺寸参数

梯形齿同步带分为单面同步带(简称单面带)和双面同步带(简称双面带)两种形式,仪器中常用前一种。同步带按节距不同分为最轻型 MXL、超轻型 XXL、特轻型 XL、轻型 L、重型 H、特重型 XH、超重型 XXH 七种,其节距 p_b、基准宽度 b_{s0} 及带宽系列见表 11-1。节线长度系列见表 11-2。

表 11-1　同步带节距 p_b、基准宽度 b_{s0} 及带宽 b_s 系列(摘自 GB11616—1989)

型号	节距 p_b/mm	基准宽度 b_{s0}/mm	带宽系列		型号	节距 p_b/mm	基准宽度 b_{s0}/mm	带宽系列	
			带宽 b_s/mm	代号				带宽 b_s/mm	代号
MXL	2.032	6.4	3.2	012	H	12.700	76.2	19.1	075
			4.8	019				25.4	100
			6.4	025				38.1	150
XXL	3.175	6.4	3.2	012				50.8	200
			4.8	019				76.2	300
			6.4	025					
XL	5.080	9.5	6.4	025	XH	22.225	101.6	50.8	200
			7.9	031				76.2	300
			9.5	037				101.6	400
L	9.525	25.4	12.7	050	XXH	31.750	127.0	50.8	200
			19.1	075				76.2	300
			25.4	100				101.6	400
								127.0	500

同步带的标记内容和顺序为带长代号、带型、宽度代号,如 XXL 型单面带的标记:

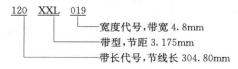

表 11-2 梯形齿同步带节线长度 L_p 系列(摘自 GB 11616—1989)

带长代号	节线长度 L_p/mm	带长上的齿数 z						
		MXL	XXL	XL	L	H	XH	XXH
60	152.40	75	48	30				
70	177.80	—	56	35				
80	203.20	100	64	40				
90	228.60	—	72	45				
100	254.00	125	80	50				
120	304.80	—	96	60				
130	330.20	—	104	65				
140	355.60	175	112	70				
150	381.00	—	120	75	40			
160	406.40	200	128	80	—			
170	431.80	—	—	85	—			
180	457.20	225	144	90	—			
190	482.60	—	—	95	—			
200	508.00	250	160	100	—			
220	558.80	—	170	110	—			
230	584.20			115	—			
240	609.60			120	64	48		
260	660.40			130	—	—		
270	685.80				72	54		
300	762.00				80	60		
390	990.60				104	78		
420	1066.80				112	84		
450	1143.00				120	90		
480	1219.20				128	96		
540	1317.60				144	108		
600	1524.00				160	120		
700	1778.00					140	80	56
800	2032.00					160	—	64
900	2286.00					180	—	72
1000	2540.00					200	—	80
1100	2794.00					220	—	—
1200	3048.00							96

11.3.2 梯形齿同步带轮的设计

同步带轮除轮缘表面需制出轮齿外,其他结构与一般带轮相似,需要自行设计。带轮材料一般可采用钢或铸铁,轻载场合可用轻合金或塑料等,对于成批生产的带轮可采用粉末冶金材料。图 11-8 是同步带轮的常用结构,分为有边和无边或单侧有边几种情况。带轮直径较小(节圆直径 $(d \leqslant (2.5 \sim 3) d_0$,$d_0$ 为轴的直径)时可采用实心形式;中等直径的带轮($d \leqslant 300$mm)可采用辐板形式。

带轮的齿廓形状有渐开线齿廓和直边齿廓两种,一般推荐采用渐开线齿廓。由于渐开线齿廓带轮刀具用展开法加工而成,因此齿形尺寸取决于其加工刀具的尺寸,齿条刀具的基本尺寸及极限偏差见表 11-3。

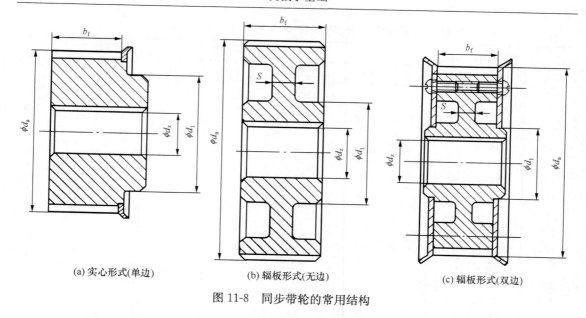

(a) 实心形式(单边)　　　(b) 辐板形式(无边)　　　(c) 辐板形式(双边)

图 11-8　同步带轮的常用结构

表 11-3　渐开线齿形带轮加工刀具—齿条的尺寸和公差(摘自 GB11361—2008)

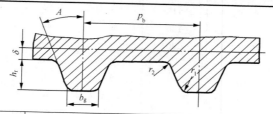

（单位：mm）

项目	槽型						
	MXL	XXL	XL	L	H	XH	XXH
带轮齿数	≥10　≥24	≥10	≥10	≥10	14~19　≥20	≥18	≥18
节距 $p_b\pm0.003$	2.032	3.175	5.080	9.525	12.700	22.225	31.750
齿形角 $A\pm0.12°$	28　20	25	25	20	20	20	20
齿高 $h_r{}_0^{+0.05}$	0.64	0.84	1.40	2.13	2.59	6.88	10.29
齿顶厚 $b_{g0}^{+0.05}$	0.61　0.67	0.96	1.27	3.10	4.24	7.59	11.61
齿顶圆角半径 $r_1\pm0.03$	0.30	0.30	0.61	0.86	1.47	2.01	2.69
齿根圆角半径 $r_2\pm0.03$	0.23	0.28	0.61	0.53	1.04　1.42	1.93	2.82
节根距 2δ	0.508	0.508	0.508	0.762	1.372	2.794	3.048

标准同步带轮的直径可利用下式求得：

$$节径\qquad d = zp_b/\pi$$
$$外径\qquad d_a = d - 2\delta$$

带轮的挡圈尺寸见表 11-4。带轮的宽度取决于所用同步带的型号及带轮两侧是否有挡圈，见表 11-5。

带轮的结构设计，主要是根据带轮的节圆直径选择结构形式；根据带轮直径、轴间距及安装形式确定带轮宽度及挡圈结构尺寸。确定了带轮的各部分尺寸后，即可绘制出零件图，并按工艺要求标注出相应的技术条件。

表 11-4 带轮的挡圈尺寸(摘自 GB11361—2008)

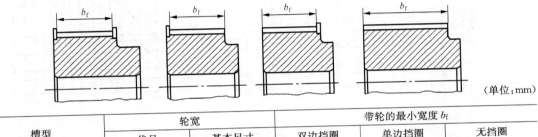

带型	MXL	XXL	XL	L	H	XH	XXH
K_{min}	0.5	0.8	1.0	1.5	2.0	4.8	6.1
d_1	$d_1=d_a+0.38\pm0.25$(d_a—带轮外径)						
d_s	$d_s=s_1+2K$						

注:① 一般小带轮均装双边挡圈,或大、小轮的不同侧各装单边挡圈。

② 轴间距 $a>8d_1$(d_1 为小带轮节径),两轮均装双边挡圈。

③ 轮轴垂直水平面时,两轮均应装双边挡圈;或至少主动轮装双边挡圈,从动轮下侧装单边挡圈。

表 11-5 带轮的宽度(摘自 GB11361—2008)

(单位:mm)

槽型	轮宽		带轮的最小宽度 b_f		
	代号	基本尺寸	双边挡圈	单边挡圈	无挡圈
MXL	012	3.2	3.8	4.7	5.6
XXL	019	4.8	5.3	6.2	7.1
	025	6.4	7.1	8.0	8.9
XL	025	6.4	7.1	8.0	8.9
	031	7.9	8.6	9.5	10.4
	037	9.5	10.4	11.1	12.2
L	050	12.7	14.0	15.5	17.0
	075	19.1	20.3	21.8	23.3
	100	25.4	26.7	28.2	29.7
H	075	19.1	20.3	22.6	24.8
	100	25.4	26.7	29.0	31.2
	150	38.1	39.4	41.7	43.9
	200	50.8	52.8	55.1	57.3
	300	76.2	79.0	81.3	83.5
XH	200	50.8	56.6	59.6	62.6
	300	76.2	83.8	86.9	89.8
	400	101.6	110.7	113.7	116.7
XXH	200	50.8	56.6	60.4	64.1
	300	76.2	83.8	87.3	91.3
	400	101.6	110.7	114.5	118.2
	500	127.0	137.7	141.5	145.2

11.3.3　梯形齿同步带传动的设计计算

设计同步带传动所需要的已知条件为：传动的用途、传递的功率、大小带轮的转速或传动比、传动系统的空间尺寸范围等。

设计内容包括：同步带的型号、带的长度及齿数、中心距、带轮节圆直径及齿数、带宽及带轮的结构和尺寸。

1）选择同步带的型号

根据计算功率 P_d 和小带轮转速 n_1，利用图 11-9 选取同步带的型号。根据所选型号由表 11-1 查得对应的节距 p_b。

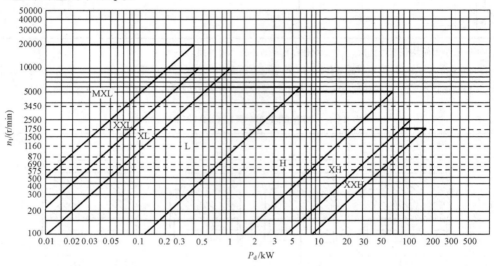

图 11-9　梯形齿同步带选型图

计算功率 P_d 可根据传递的名义功率的大小，并考虑到原动机和工作机的性质、连续工作时间的长短等条件，利用下式求得：

$$P_d = PK_A \tag{11-10}$$

式中，P 为传递的名义功率；P_d 为计算功率；K_A 为工作情况系数，按表 11-6 选取。

表 11-6　同步带传动的工作情况系数 K_A

工作机	原动机					
	交流电动机（普通转矩笼型、同步电动机）直流电动机（并励）			交流电动机（大转矩、大滑差率、单相、滑环）直流电动机（复励、串励）		
	运转时间			运转时间		
	断续使用 每日 3~5h	普通使用 每日 8~10h	连续使用 每日 16~24h	断续使用 每日 3~5h	普通使用 每日 8~10h	连续使用 每日 16~24h
	K_A					
复印机、计算机、医疗机械	1.0	1.2	1.4	1.2	1.4	1.6
办公机械	1.2	1.4	1.6	1.4	1.6	1.8
轻负载传送带、包装机械	1.3	1.5	1.7	1.5	1.7	1.9

2）确定带轮齿数和节圆直径

根据带型和小带轮转速，由表 11-7 确定小带轮的齿数 z_1，需使 $z_1 \geqslant z_{min}$。

表 11-7 小带轮许用最少齿数 z_{min}

小带轮转速 $n_1/(r/min)$	型 号						
	MXL	XXL	XL	L	H	XH	XXH
<900	10	10	10	12	14	22	22
≥900~1200	12	12	10	12	16	24	24
≥1200~1800	14	14	12	14	18	26	26
≥1800~3600	16	16	12	16	20	30	—
≥3600~4800	18	18	15	18	22	—	—

带速和安装尺寸允许时，z_1 尽可能选用较大值，大带轮齿数 $z_2 = iz_1$。节圆直径 d_1、d_2 可用下式求得：

$$d_1 = \frac{z_1 p_b}{\pi}, \quad d_2 = \frac{z_2 p_b}{\pi} = id_1 \tag{11-11}$$

3）确定同步带的长度和齿数

带的长度可由下式求得：

$$L_0 = 2a_0 + \frac{\pi}{2}(d_1 + d_2) + \frac{(d_2 - d_1)^2}{4a_0} \tag{11-12}$$

式中，a_0 为初定中心距，可按结构要求确定，或在 $0.7(d_1 + d_2) \leqslant a_0 \leqslant 2(d_1 + d_2)$ 范围内选取。

根据计算所得的带长 L_0，由表 11-2 查得与其接近的节线长度 L_p 的值，并依据所选带的型号，查得相应的齿数 z。

4）确定实际中心距

采用中心距 a 可调整结构时，实际中心距按式 $a = a_0 + (L_p - L_0)/2$ 求得，其调整范围见表 11-8。

对于中心距 a 不可调整的结构，实际中心距可通过两种方法计算求得。一种是

$$a = \frac{d_2 - d_1}{2\cos\frac{\alpha_1}{2}} \tag{11-13}$$

$$\mathrm{inv}\frac{\alpha_1}{2} = \frac{L_p - \pi d_2}{d_2 - d_1} = \tan\frac{\alpha_1}{2} - \frac{\alpha_1}{2} \tag{11-14}$$

式中，α_1 为小带轮的包角；$\mathrm{inv}\frac{\alpha_1}{2}$ 为 $\frac{\alpha_1}{2}$ 的渐开线函数。

根据算出的 $\mathrm{inv}\alpha_1/2$ 值，由渐开线函数表查出 $\alpha_1/2$ 值，即可得精确的 a 值。

另一种是利用下式直接求得：

$$a = \frac{2L_p - \pi(d_2 + d_1) + \sqrt{[2L_p - \pi(d_2 + d_1)]^2 - 8(d_2 - d_1)^2}}{8} \tag{11-15}$$

中心距 a 不可调整时，a 的极限差见表 11-9。

需要说明的是，在结构允许的情况下，最好采用中心距可调整结构。

表 11-8　中心距调整范围

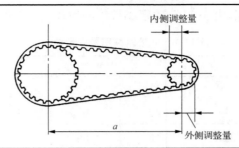

型号	MXL	XXL	XL	L	H	XH	XXH
节距 p_b	2.032	3.175	5.080	9.525	12.700	22.225	31.750
内侧调整量 两带轮或大带轮有挡圈	$2.5p_b$		$1.8p_b$	$1.5p_b$		$2.0p_b$	
内侧调整量 小带轮有挡圈	$1.3p_b$						
内侧调整量 无挡圈	$0.9p_b$						
外侧调整量	$0.005L_p$						

表 11-9　中心距不可调整时的极限差 $\triangle a$

L_p/mm	<250	>250~500	>500~750	>750~1000	>1000~1500
$\triangle a/mm$	±0.20	±0.25	±0.30	±0.35	±0.40
L_p/mm	>1500~2000	>2000~2500	>2500~3000	>3000~4000	>4000
$\triangle a/mm$	±0.45	±0.50	±0.55	±0.60	±0.70

5）计算小带轮啮合齿数

小带轮与同步带的啮合齿数 z_m 按下式确定：

$$z_m = \text{int}\left\{\frac{z_1}{2} - \frac{p_d z_1}{20a}(z_2 - z_1)\right\} \tag{11-16}$$

式中，int 表示取整。一般要求 $z_m \geqslant 6$。

6）选择带宽

所选带宽按下式计算求得，然后根据表 11-1 选取与之接近稍大的标准值

$$b_s = b_{s0}\left(\frac{P_d}{K_z P_0}\right)^{\frac{1}{1.14}} \tag{11-17}$$

式中，b_{s0} 为基准宽度，见表 11-1；P_d 为计算功率；K_z 为啮合齿数系数，当 $z_m \geqslant 6$ 时，$K_z = 1$；当 $z_m < 6$ 时，$K_z = 1 - 0.2(6 - z_m)$；P_0 为同步带基准宽度 b_{s0} 所能传递的功率，可利用下式求得

$$P_0 = \frac{(F_a - qv^2)v}{1000} \tag{11-18}$$

式中，F_a 为基准宽度 b_{s0} 同步带的许用工作拉力，见表 11-10；q 为基准宽度 b_{s0} 同步带每米长的重量，见表 11-10；v 为带速，$v = \pi d_1 n_1 / (60 \times 1000)$。

表 11-10　同步带许用工作拉力 F_a 和重量 q

项目	型号						
	MXL	XXL	XL	L	H	XH	XXH
许用工作拉力 F_a/N	27	31	50	245	2100	4050	6400
每米长的重量 $q/(kg/m)$	0.007	0.01	0.022	0.096	0.448	1.487	2.473

7) 计算作用在轴上的载荷

利用下式计算：

$$F_z = \frac{1000P_d}{v} \tag{11-19}$$

8) 确定带轮的结构尺寸(略)

例 11-1 设计办公设备用的梯形齿同步带传动。电动机为 Y112M-4,其额定功率 $P=$ 4kW,额定转速 $n_1 = 1440$r/min,传动比 $i = 2.4$(减速),两带轮的中心距约为 450mm,拟采用中心距可调整结构。希望大带轮节圆直径不超过 200mm,每天两班制工作(按 16h 计)。

解 (1) 选择同步带型号。由已知条件按表 11-6 选取工作情况系数 $K_A = 1.6$,则计算功率

$$P_d = PK_A = 1.6 \times 4 = 6.4 (\text{kW})$$

根据 P_d 和 $n_1 = 1\,440$r/min,利用图 11-9 选取同步带的型号为 H 型。由表 11-1 查得其节距 $p_b = 12.7$mm。

(2) 确定带轮齿数和节圆直径。根据 $n_1 = 1440$r/min,由表 11-7 查得小带轮的最小齿数 z_{min} 为 18,此处取 $z_1 = 20$。

大齿轮的齿数 $\qquad z_2 = iz_1 = 2.4 \times 20 = 48$

节圆直径 d_1、d_2 分别为

$$d_1 = \frac{z_1 P_b}{\pi} = \frac{20 \times 12.7}{\pi} = 80.85 (\text{mm})$$

$$d_2 = \frac{z_2 P_b}{\pi} = \frac{48 \times 12.7}{\pi} = 194.04 (\text{mm})$$

由表 11-3 查得大小带轮的外径分别为

$$d_{a1} = d_1 - 2\delta = 80.85 - 1.37 = 79.48 (\text{mm})$$

$$d_{a2} = d_2 - 2\delta = 194.04 - 1.37 = 192.67 (\text{mm})$$

(3) 确定同步带的长度和齿数。初定中心距 $a_0 = 450$mm。

由式(11-12)初定带的长度

$$L_0 = 2a_0 + \frac{\pi}{2}(d_1 + d_2) + \frac{(d_2 - d_1)^2}{4a_0} = 1338.91\text{mm}$$

由表 11-2 查得与之相近的节线长度 $L_p = 1317.60$mm,齿数 $z = 108$,带长代号为 540 的 H 型同步带。

(4) 确定实际中心距。此结构的中心距可调整,实际中心距为

$$a = a_0 + (L_p - L_0)/2 = 450 + \frac{1317.60 - 1338.91}{2} = 439.35 (\text{mm})$$

(5) 计算小带轮啮合齿数。根据式(11-16)可得

$$z_m = \text{int}\left\{ \frac{z_1}{2} - \frac{p_b z_1}{20a}(z_2 - z_1) \right\} = \text{int}\left\{ \frac{20}{2} - \frac{12.7 \times 20}{20 \times 439.35}(48 - 20) \right\} = 9$$

满足要求。

(6) 选择带宽。由表 11-1 查得 H 型带 $b_{s0} = 76.2$mm,而 $v = \pi d_1 n_1/(60 \times 1000) = 6.1$m/s。利用式(11-18)和表 11-10 可计算

$$P_0 = \frac{(F_a - qv^2)v}{1\,000} = \frac{(2100 - 0.448 \times 6.1^2) \times 6.1}{1000} = 12.71 (\text{kW})$$

由式(11-17)得

$$b_s = b_{s0}\left(\frac{P_d}{K_z P_0}\right)^{\frac{1}{1.14}} = 76.2 \times \left(\frac{6.4}{1 \times 12.71}\right)^{\frac{1}{1.14}} = 41.74\,(\text{mm})$$

由表 11-1 取带宽代号为 200 的 H 型带,其 $b_s = 50.8\text{mm}$。

(7) 计算作用在轴上的载荷。根据式(11-19)可得

$$F_z = \frac{1000P_d}{v} = \frac{1000 \times 6.4}{6.1} = 1049.18\,(\text{N})$$

(8) 确定带轮的结构和尺寸。传动选用的同步带为 540H200。

小带轮:　　　　　　$z_1 = 20$,　$d_1 = 80.85\text{mm}$,　$d_{a1} = 79.48\text{mm}$

大带轮:　　　　　　$z_2 = 48$,　$d_2 = 194.04\text{mm}$,　$d_{a2} = 192.67\text{mm}$

可根据上列参数决定带轮的结构和全部尺寸(本题略)。

11.4　绳　传　动

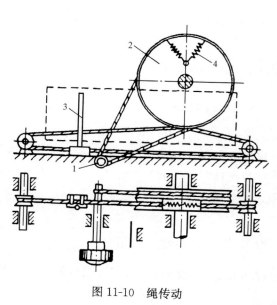

图 11-10　绳传动

绳传动一般用于传递载荷较小的远距离平行轴或相交轴的旋转运动和直线运动。在无线电、录音机、录像机等仪器仪表中应用较多。

绳传动的主要优点是:可实现距离较远的低速运动传递;结构简单,容易加工,成本低;传动平稳、无噪声和冲击。绳传动的主要缺点是:只能传递较小的转矩,传动精度低。

绳的材料有金属丝、尼龙丝等。绳轮的材料常采用硬铝。

图 11-10 所示为无线电仪器调谐装置中采用的绳传动。主动轮 1 与从动轮 2 之间有很大的减速比,可用于微调。当转动旋钮 1 时,与绳固定的指针 3 与轮 2 联动,指示出轮 2 的位置。绳被弹簧 4 拉紧以保持一定的张力。

习　　题

11-1　在带传动中,摩擦型传动带与带轮间产生的滑动有哪几种? 它们各与什么因素有关? 是否可以避免这两种滑动?

11-2　有一摩擦型带传动,实测出主动轮、从动轮转速分别为 $n_1 = 940\text{r/min}$,$n_2 = 233\text{r/min}$,两轮的直径 $d_{d1} = 180\text{mm}$,$d_{d2} = 710\text{mm}$,计算滑动率 ε。

11-3　与一般带传动相比,同步带传动有哪些特点? 主要适用于何种工作场合?

11-4　已知额定功率 $P = 0.6\text{kW}$,转速 $n_1 = 1\,500\text{r/min}$ 的同步电动机,驱动某医用设备工作,每天工作 8h,根据给定的初步中心距和带轮直径计算带的周长为 1210mm,所需带宽为 23mm,现要求选择该传动的同步带型号规格。

第 12 章　齿轮传动设计

在第 3 章齿轮传动中已介绍了齿轮的啮合原理、几何尺寸计算和切齿方法。大多数齿轮传动不仅用来传递运动,而且还要传递力,也就是说,齿轮传动除要求运转平稳外,还必须具有足够的承载能力。本章着重讨论直齿圆柱齿轮传动的强度计算和齿轮传动链的设计方法。

齿轮的强度一般指轮齿强度。齿轮其他部分如轮毂、轮辐和轮缘等只需按经验公式作结构设计即可,其强度均较富裕。

齿轮轮齿的强度计算以轮齿的破坏形式为依据,而轮齿的破坏形式与传动的受载情况及工作条件有关。按照工作条件,齿轮传动可分为闭式传动、开式传动和半开式传动三种。闭式传动的齿轮封闭在刚性的箱体内,能保证良好的润滑。开式传动的齿轮完全露在外面,不仅容易落入灰尘等杂物,而且润滑不良,齿面易磨损。半开式传动介于二者之间,大多浸入油池内,上面装护罩。

12.1　轮齿的破坏形式、设计准则和材料

12.1.1　轮齿的破坏形式

1. 轮齿折断

轮齿折断一般发生在齿根部分,因为轮齿受力时齿根弯曲应力最大,而且有应力集中(图 12-1)。

轮齿传递载荷时,齿根产生的弯曲应力是变应力。当应力和它多次重复的次数超过弯曲疲劳极限时,齿根部分就会产生疲劳裂纹。疲劳裂纹逐渐扩展便造成轮齿折断(图 12-2),这种折断称为疲劳折断。轮齿单侧工作时,齿根弯曲应力按脉动循环变化。若轮齿双侧工作,则齿根弯曲应力受拉伸一侧和受压缩一侧可视为交替变化,为对称循环应力,在这种工作情况下,轮齿更容易产生疲劳折断。

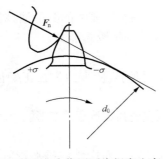

图 12-1　在法向力作用下齿根产生弯曲应力

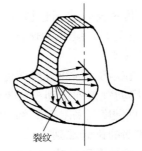

图 12-2　轮齿折断

轮齿在短时间严重过载或受到过大的冲击载荷而引起的突然折断,称为过载折断。用淬火钢制成的齿轮及铸铁齿轮,在受上述载荷作用时容易发生这种折断。

增大齿根过渡处圆角的曲率半径,降低表面粗糙度值以减小应力集中,在齿根处进行喷丸或辗压等强化措施,以及采用变位齿轮等,都能提高轮齿的抗折断能力。

2. 齿面点蚀

齿轮工作时,齿廓啮合点在法向力 F_n 的作用下产生接触应力(图 12-3),齿面接触应力是按脉动循环变化的。当齿面接触应力超出材料的接触疲劳极限时,在载荷的多次重复作用下,齿面表层就会产生细微的疲劳裂纹,裂纹的扩展使表层金属微粒剥落下来形成麻点或小坑(图 12-4),这种现象称疲劳点蚀。点蚀破坏了渐开线齿廓,使传动不平稳、噪声增大。点蚀达到一定程度,齿轮就要报废。实践证明,疲劳点蚀首先出现在齿根表面靠近节线处(图 12-4)。

在闭式传动中,软齿面(HBS≤350)的齿轮常因齿面疲劳点蚀而破坏。开式传动由于齿面磨损较快,点蚀还来不及出现或扩展即被磨掉,故一般看不到点蚀。

齿面点蚀主要与齿面硬度有关。提高齿面硬度是防止点蚀破坏的有效措施。

3. 齿面磨损

在齿轮传动中,当齿面间落入尘土、铁屑、砂粒等物质,齿面便被逐渐磨损,这种磨损称为磨料性磨损。由于轮齿啮合时齿顶和齿根处相对滑动较大,所以磨损比较严重(图 12-5)。磨料磨损使齿廓失去渐开线形状,造成传动不平稳,产生冲击和噪声。磨损达到一定程度,齿轮就要报废。磨损使齿厚减薄,降低轮齿的弯曲强度,还可能导致轮齿的折断。开式齿轮传动最容易产生磨料性磨损破坏。

采用闭式传动,保证齿轮有良好的润滑条件,是防止轮齿磨损破坏的有效办法。

4. 齿面胶合

在高速重载齿轮传动中,由于齿面法向压力 F_n 很大,圆周速度很高,因而啮合处产生的热量大,易使润滑油变稀被挤出。此时两个相互接触的轮齿表面常常发生粘连,当齿轮继续转动时,较软轮齿表面的金属沿滑动方向被撕下形成沟纹(图 12-6),这种现象称为胶合。

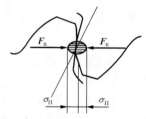 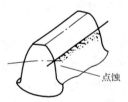 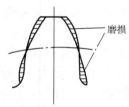 

图 12-3 在法向力作用下　　图 12-4 齿面点蚀　　图 12-5 齿面磨损　　图 12-6 齿面胶合
　　齿面产生接触应力

提高齿面硬度和降低表面粗糙度值,对低速传动采用黏度较大的润滑油,对高速传动采用含有添加剂、抗胶合能力强的润滑油,都能提高齿轮传动的抗胶合能力。

5. 齿面塑性变形

软齿面齿轮在承受重载时,齿面可能产生局部塑性变形,使齿面失去正确齿形,这种损坏在低速和过载、启动频繁的传动中可见到。

适当提高齿面硬度及采用高黏度润滑油都有助于提高轮齿的抗塑性变形能力。

12.1.2 齿轮传动的设计准则

齿轮传动的设计准则取决于齿轮可能出现的破坏形式,而齿轮的破坏形式主要决定于齿轮的受载情况、工作条件和材料。在齿轮设计中,齿面硬度≤350HBS 的齿轮称为软齿面齿轮,齿面硬度>350HBS 的齿轮称为硬齿面齿轮。

一般闭式齿轮传动的主要失效形式是齿面点蚀和齿根弯曲疲劳折断。对于软齿面,通常先按齿面接触疲劳强度进行设计,然后校核齿根弯曲疲劳强度;对于硬齿面,通常先按齿根弯曲疲劳强度进行设计,然后校核齿面接触疲劳强度。

开式齿轮传动的主要失效形式是磨损和轮齿折断,设计时应选择耐磨材料,并进行齿根的弯曲疲劳强度计算,用降低弯曲许用应力来考虑轮齿磨薄的影响。

12.1.3　齿轮材料

齿轮材料应具有足够的强度和耐磨性且外硬内韧。

常用的齿轮材料包括各种牌号的优质碳素钢、合金结构钢、铸钢和铸铁等,一般多采用锻件或轧制钢材。仪表齿轮常用的材料是塑料及铜合金;当齿轮较大(如直径大于 400～600mm),而轮坯不易锻造时,可采用铸钢;开式低速传动齿轮可采用灰铸铁。

常用齿轮材料及主要性能可查阅相关机械设计手册。

常用齿轮材料配对示例见表 12-1。

表 12-1　齿轮材料配对示例

工作情况		小齿轮	大齿轮
闭式齿轮	软齿面	45 调质 220～250HBS	45 正火 170～210HBS
		45 调质 250～280HBS	45 调质 210～240HBS
	中硬齿面	38SiMnMo 调质 332～360HBS	38SiMnMo 调质 298～332HBS
	硬齿面	40Cr 表面淬火 50～55HRC	45 表面淬火 45～50HRC
		20CrMnTi 渗碳淬火 56～62HBC	20CrMnTi 渗碳淬火 56～62HRC
	软硬齿面	45 表面淬火 45～50HRC	45 调质 220～250HBS
开式齿轮		45 调质 220～250HBS	HT250 170～240HBS

12.2　直齿圆柱齿轮传动的作用力及其计算载荷

12.2.1　轮齿上的作用力

为了计算齿轮的强度,设计轴和轴承,首先应分析轮齿上的作用力大小和方向。图 12-7(a)、(b)所示为一对标准直齿轮轮齿啮合时的受力情况,其齿廓在节点接触,略去齿面间的摩擦力。轮齿间的相互作用力为 F_n,分别作用在主、被动齿轮上,其大小相等,方向相反。该力垂直指向齿廓,方向沿着啮合线 N_1N_2,这个力称为法向力 F_n。

$$F_n = \frac{2T_1}{d_1\cos\alpha} \tag{12-1}$$

式中,T_1 为小齿轮的理论转矩,单位 N·mm;d_1 为小齿轮的分度圆直径,单位 mm;α 为分度圆的压力角,$\alpha=20°$。

通常已知小齿轮传递的功率 P_1(单位 kW)及其转速 n_1(单位 r/min),所以小齿轮上的理论转矩为

$$T_1 = 9.55 \times 10^6 \frac{P_1}{n_1} \tag{12-2}$$

为了计算轴和轴承的方便,将法向力分解为相互垂直的两个分力:

圆周力　$F_t = \dfrac{2T_1}{d_1}$ $\tag{12-3}$

径向力　$F_r = F_t\tan\alpha$ $\tag{12-4}$

圆周力 F_t 的方向在主动轮上与运动方向相反,在从动轮上与运动方向相同。径向力 F_r

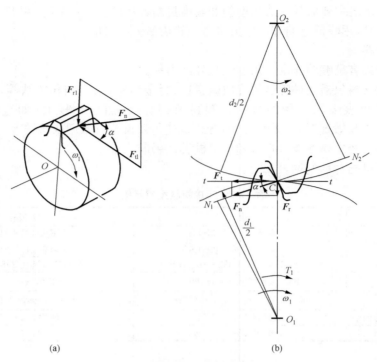

(a)   (b)

图 12-7　直齿圆柱齿轮传动的作用力

的方向对两轮都是由作用点指向各自轮心。

一对相啮合的齿轮受力分析，不仅是轮齿强度计算的基础，也是与之相联系的轴与轴承强度计算的基础，十分重要。在分析时，常将主动轮 1 与从动轮 2 稍加分离，以便清楚地表示出两轮受力情况。图 12-8 为一对圆柱齿轮的受力分析图，清楚地表示出两轮在 C 点相互作用的力。

12.2.2　计算载荷

上述的法向力 F_n 是在理想的平稳工作条件下求出的理论载荷，并未考虑影响齿轮实际载荷的各个因素，而在计算齿轮强度时必须用考虑这些因素的计算载荷 KF_n，其中 K 为载荷系数，可由表 12-2 查取。

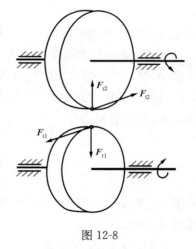

图 12-8

表 12-2　载荷系数 K

原动机	工作机械的载荷特性		
	均匀	中等冲击	大的冲击
电动机	1~1.2	1.2~1.6	1.6~1.8
多缸内燃机	1.2~1.6	1.6~1.8	1.9~2.1
单缸内燃机	1.6~1.8	1.8~2.0	2.2~2.4

注：斜齿、圆周速度低、精度高、齿宽系数小时取小值；直齿、圆周速度高、精度低、齿宽系数大时取大值。齿轮在两轴承之间对称布置时取小值，齿轮在两轴承之间不对称布置及悬臂布置时取大值。

12.3　直齿圆柱齿轮传动的强度计算

12.3.1　齿面接触疲劳强度计算

如前所述,齿面发生疲劳点蚀,主要与齿面的接触应力大小有关。一对轮齿相啮合时,可看做一对圆柱体相接触(图 12-9),其最大接触应力为

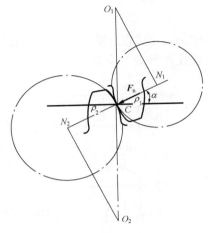

$$\sigma_H = 0.418\sqrt{\frac{F_n E}{b\rho}}\quad \text{N/mm}^2 \qquad (12\text{-}5)$$

式中,b 为齿轮宽度,单位 mm。F_n 为轮齿间的法向压力,单位 N。E 为综合弹性模量,单位 N/mm²,$E = \dfrac{2E_1 E_2}{E_1 + E_2}$,$E_1$、$E_2$ 分别为配对齿轮的弹性模量。钢材 $E = 2.06 \times 10^5\,\text{N/mm}^2$;球墨铸铁 $E = 1.73 \times 10^5\,\text{N/mm}^2$;灰铸铁 $E = 1.18 \times 10^5\,\text{N/mm}^2$;$\rho$ 为综合曲率半径,单位 mm,$\rho = \dfrac{\rho_1 \rho_2}{\rho_2 \pm \rho_1}$,其中正号用于外啮合,负号用于内啮合。

图 12-9

考虑到疲劳点蚀一般发生在节线附近,故取节点处的接触应力为计算依据。由图 12-9 可见,节点处的齿廓曲率半径 $\rho_1 = CN_1 = \dfrac{d_1}{2}\sin\alpha$,$\rho_2 = CN_2 = \dfrac{d_2}{2}\sin\alpha$,因传动比 $i = \dfrac{n_1}{n_2} = \dfrac{d_2}{d_1}$,而中心距 $a = \dfrac{1}{2}(d_2 \pm d_1) = \dfrac{d_1}{2}(i \pm 1)$,故 $d_1 = \dfrac{2a}{i \pm 1}$,则

$$\rho = \frac{\rho_1 \rho_2}{\rho_2 \pm \rho_1} = \frac{d_2 d_1 \sin\alpha}{2(d_2 \pm d_1)} = \frac{ia\sin\alpha}{(i \pm 1)^2} \qquad (12\text{-}6)$$

将式(12-1)和式(12-6)代入式(12-5),并引入载荷系数 K,整理后得

$$\sigma_H = 0.59\sqrt{\frac{(i \pm 1)^3 T_1 KE}{iba^2 \sin 2\alpha}} \qquad (12\text{-}7)$$

对于一对钢制的标准齿轮,$E_1 = E_2 = 2.06 \times 10^5\,\text{N/mm}^2$,$\alpha = 20°$,$\sin 2\alpha = 0.64$,代入式(12-7)后可得齿面的接触强度校核公式

$$\sigma_H = 336\sqrt{\frac{(i \pm 1)^3 KT_1}{iba^2}} \leqslant [\sigma_H] \qquad (12\text{-}8)$$

式中,$[\sigma_H]$ 为许用接触应力。

如取齿宽系数 $\psi_a = \dfrac{b}{a}$,则式(12-8)可改写成设计公式

$$a \geqslant (i \pm 1)\sqrt[3]{\left(\frac{336}{[\sigma_H]}\right)^2 \frac{KT_1}{\psi_a \cdot i}} \qquad (12\text{-}9)$$

式(12-8)和式(12-9)中,T_1 的单位为 N·mm,a 的单位为 mm,σ_H 和 $[\sigma_H]$ 的单位为 N/mm²。

参数选择和公式说明:

(1) 传动比 i。对一般单级的减速传动,常取 $i \leqslant 8$。当 $i > 8$ 时,宜采用多级传动,以免使传动的外廓尺寸过大。

(2) 齿宽系数 ψ_a。从式(12-9)可知,增加齿宽系数,由计算获得的中心距减小,使传动结构紧凑,但随着齿宽系数的增加,即齿轮的宽度增加,载荷沿齿宽分布的不均匀性就越严重。实践中推荐:轻型减速器可取 $\psi_a=0.2\sim0.4$;一般减速器可取 $\psi_a=0.4$;重型减速器可取 $\psi_a=0.4\sim1.2$;对于变速箱中的滑移齿轮一般取 $\psi_a=0.12\sim0.2$。

(3) 许用接触应力 $[\sigma_H]$。

$$[\sigma_H]=\frac{\sigma_{Hlim}}{S_H} \tag{12-10}$$

式中,σ_{Hlim} 为试验齿轮的接触疲劳极限应力,可根据齿轮材料和硬度由图 12-10 查取;S_H 为接触疲劳强度计算的安全系数,一般取 $S_H=1$;当齿轮损坏会造成严重后果时,取 $S_H=1.25$。

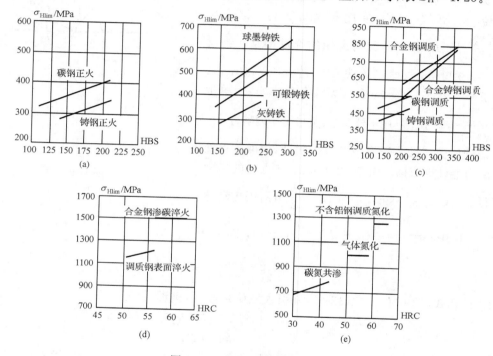

图 12-10 接触疲劳极限应力

一对齿轮相啮合时,齿面间的接触应力相等,即 $\sigma_H=\sigma_{H1}=\sigma_{H2}$。

由于大、小齿轮的材料有可能不同,因此接触许用应力 $[\sigma_H]_1$ 和 $[\sigma_H]_2$ 不一定相等,故在计算时,应取二者中较小的一个值。

若一对齿轮的材料组合不是钢对钢时,则应将式(12-8)式和式(12-9)中的系数改为 $336\times\sqrt{\dfrac{E}{2.06\times10^5}}$,式中 E 是所计算的齿轮传动所具有的综合弹性模量。

由式(12-8)可见,若一对齿轮的材料、传动比及齿宽系数确定后,由齿面接触强度所决定的承载能力仅与中心距或分度圆直径有关,即与模数、齿数的乘积有关,而不是与模数的单项值有关。

12.3.2 齿根弯曲疲劳强度计算

轮齿的疲劳折断主要与齿根的弯曲应力大小有关。在分析齿根弯曲应力时,按轮齿在齿顶啮合进行,因此弯曲时力臂最大。从安全考虑,假设法向力 F_n 全部作用在一个轮齿的齿顶上(图 12-11),并近似地将轮齿看做宽度为 b 的悬臂梁,将法向力 $\boldsymbol{F}_n$ 沿作用线移至轮齿对称线上,然后分解成互相垂直的两个分力 $\boldsymbol{F}_1$、$\boldsymbol{F}_2$($\boldsymbol{F}_n$ 与 $\boldsymbol{F}_1$ 成 α_F 夹角):

$$F_1 = F_n\cos\alpha_F$$

$\boldsymbol{F}_1$ 在齿根危险截面上引起弯曲应力和剪应力,$\boldsymbol{F}_2$ 引起压应力。由于剪应力与压应力仅为弯曲应力的百分之几,故可略去不计。危险截面的位置可用 $30°$ 切线法确定;作与轮齿对称线成 $30°$ 角并与齿根圆弧相切的两根直线,圆弧上所得两切点的连线所确定的截面即齿根危险截面(图 12-11)。该处的齿厚为 S_F,其弯曲力矩为

$$M = KF_n h_F \cos\alpha_F$$

式中,K 为载荷系数,h_F 为弯曲力臂。危险截面的抗弯截面模量

$$W = \frac{bS_F^2}{6}$$

图 12-11　齿根危险截面的确定

所以危险截面的弯曲应力为

$$\sigma_F = \frac{M}{W} = \frac{6KF_n h_F \cos\alpha_F}{bS_F^2} = \frac{6KF_t h_F \cos\alpha_F}{bS_F^2 \cos\alpha} = \frac{KF_t}{bm} \cdot \frac{6\left(\dfrac{h_F}{m}\right)\cos\alpha_F}{\left(\dfrac{S_F}{m}\right)^2 \cos\alpha}$$

令

$$Y_F = \frac{6\left(\dfrac{h_F}{m}\right)\cos\alpha_F}{\left(\dfrac{S_F}{m}\right)^2 \cos\alpha} \tag{12-11}$$

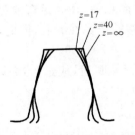

图 12-12　齿数对齿形的影响

Y_F 称为齿形系数。虽然 h_F 和 S_F 是与模数成正比的尺寸,但在式(12-11)中已将此值除以模数,故齿形系数是与轮齿的形状有关而与模数无关的一个无量纲参数。对于标准外齿轮,齿形系数只决定于齿数 z。从图 12-12 中可明显看出,在模数相同即分度圆上齿厚相同的情况下进行比较时,齿数越多,渐开线越平直,齿根增厚,即 S_F 尺寸增大,而 h_F 的变化不甚显著。从式(12-11)中可见,Y_F 值随齿数增大而下降。因此,Y_F 反映了轮齿的形状对抗弯能力的影响。标准齿形的 Y_F 值见图 12-13。

由此可得齿根弯曲强度的校核公式

$$\sigma_F = \frac{KF_t Y_F}{bm} = \frac{2KT_1 Y_F}{bd_1 m} = \frac{2KT_1 Y_F}{bm^2 z_1} \leqslant [\sigma_F] \tag{12-12}$$

引入齿宽系数 $\psi_a = \dfrac{b}{a}$,$b = \psi_a \cdot a$,代入式(12-12)中,得齿根弯曲强度的设计公式

$$m \geqslant \sqrt[3]{\frac{4KT_1 Y_F}{\psi_a(i \pm 1)z_1^2[\sigma_F]}} \tag{12-13}$$

式(12-12)和式(12-13)中,T_1 的单位为 N·mm;b 和 m 的单位为 mm;σ_F 和弯曲许用应力 $[\sigma_F]$ 的单位为 $\mathrm{N/mm^2}$。

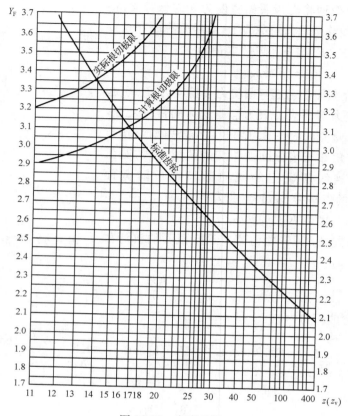

图 12-13　齿形系数

参数选择和公式说明：

（1）齿数 z_1。对于软齿面（HBS≤350）的闭式传动，容易产生齿面点蚀，在满足弯曲强度条件下，中心距不变，适当增加齿数，减小模数，能加大重合度，对传动的平稳性有利，同时，减小了轮坯直径和齿高，减少了加工工时，提高了加工精度。一般推荐 $z_1=25\sim40$。

对于开式传动及硬齿面（HBS＞350）或铸铁齿轮的闭式传动，容易断齿，应适量减少齿数，以增大模数。为了避免发生根切，对于标准齿轮一般不少于 17 齿。

（2）许用弯曲应力 $[\sigma_F]$。

$$[\sigma_F]=\frac{\sigma_{Flim}}{S_F}\tag{12-14}$$

式中，σ_{Flim} 为试验齿轮的弯曲疲劳极限应力。可根据齿轮的材料和硬度由图 12-14 查取，对于双侧工作的齿轮传动，因齿根弯曲应力为对称循环变应力，故将图中的 σ_{Flim} 乘以 0.7。S_F 为弯曲疲劳强度计算的安全系数。一般取 $S_F=1.25$；当齿轮损坏会造成严重后果时，取 $S_F=1.6$。

以式（12-13）进行设计计算时，为了保证配对大、小齿轮的安全性，需将 $\dfrac{Y_{F1}}{[\sigma_F]_1}$ 和 $\dfrac{Y_{F2}}{[\sigma_F]_2}$ 先进行比较，然后以较大的值代入并算出模数，获得的模数应按表 3-1 圆整为标准模数。动力齿轮的模数不宜小于 1.5～2mm。

两轮齿由于齿形系数 Y_{F1} 与 Y_{F2} 不等(齿数 z_1 与 z_2 不等),所以弯曲应力不等;又由于两轮的材料不同,所以许用弯曲应力也不等,因此要分别验算两轮齿的弯曲强度:

$$\left.\begin{aligned} \sigma_{F1} &= \frac{2KT_1 Y_{F1}}{bm^2 z_1} \leqslant [\sigma_F]_1 \\ \sigma_{F2} &= \frac{2KT_1 Y_{F2}}{bm^2 z_1} = \sigma_{F1} \cdot \frac{Y_{F2}}{Y_{F1}} \leqslant [\sigma_F]_2 \end{aligned}\right\} \quad (12\text{-}15)$$

从式(12-15)可见,大、小齿轮的弯曲应力与齿形系数成正比,因此一般可使小齿轮材料优于大齿轮。

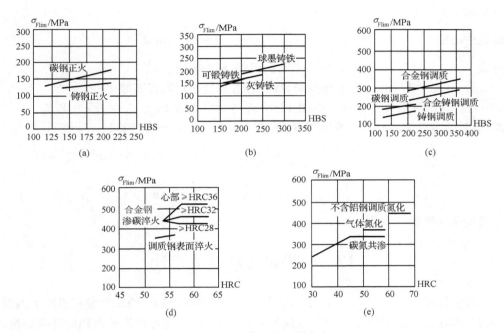

图 12-14　弯曲疲劳极限应力

例 12-1　某两级直齿圆柱齿轮减速机用电动机驱动,单向运转,载荷有中等冲击。高速级传动比 $i = 3.7$,高速轴转速 $n_1 = 745\text{r/min}$,传动功率 $P = 17\text{kW}$,试设计此高速级传动(采用软齿面)

解　(1) 选择材料和热处理方式,确定许用应力。

由表 12-1,小齿轮选用 45 钢,调质处理,齿面平均硬度 235HBS;大齿轮选用 45 钢,正火处理,齿面平均硬度 190HBS。由图 12-10(c)和(a)查得,$\sigma_{Hlim1} = 570\text{MPa}$,$\sigma_{Hlim2} = 390\text{MPa}$;由图 12-14(c)和(a)查得,$\sigma_{Flim1} = 220\text{MPa}$,$\sigma_{Flim2} = 170\text{MPa}$。取 $S_H = 1$,$S_F = 1.25$,则 $[\sigma_H]_1 = \dfrac{\sigma_{Hlim1}}{S_H} = 570\text{MPa}$,$[\sigma_H]_2 = \dfrac{\sigma_{Hlim2}}{S_H} = 390\text{MPa}$,$[\sigma_F]_1 = \dfrac{\sigma_{Flim1}}{S_F} = 176\text{MPa}$,$[\sigma_F]_2 = \dfrac{\sigma_{Flim2}}{S_F} = 136\text{MPa}$。

(2) 按齿面接触疲劳强度设计。取载荷系数 $K = 1.5$(表 12-2),齿宽系数 $\psi_a = 0.4$。

小齿轮上的转矩

$$T_1 = 9.55 \times 10^6 \times \frac{P}{n_1} = 9.55 \times 10^6 \times \frac{17}{745} = 2.18 \times 10^5 (\text{N} \cdot \text{mm})$$

按式(12-9)计算中心距

$$a \geqslant (i+1)\sqrt[3]{\left(\frac{336}{[\sigma_H]}\right)^2 \frac{KT_1}{\psi_a i}}$$

$$= (3.7+1)\sqrt[3]{\left(\frac{336}{390}\right)^2 \frac{1.5 \times 2.18 \times 10^5}{0.4 \times 3.7}} = 257.3(\text{mm})$$

齿数　取 $z_1=28$，得 $z_2=iz_1=3.7 \times 28=103.6$，整取 $z_2=104$。

模数

$$m=\frac{2a}{z_1+z_2}=\frac{2 \times 257.3}{28+104}=3.89(\text{mm})$$

按表 3-1，取 $m=4\text{mm}$。

确定中心距　　　$a=\frac{m}{2}(z_1+z_2)=\frac{4}{2}(28+104)=264(\text{mm})$

齿宽　　　　　　$b=\psi_a \cdot a=0.4 \times 264=105.6(\text{mm})$

取 $b_2=106\text{mm}$，$b_1=110\text{mm}$（为了补偿安装误差，通常使小齿轮齿宽略大些）。

（3）校核齿根弯曲疲劳强度。由图 12-13 查得齿形系数 $Y_{F_1}=2.64$，$Y_{F_2}=2.2$。

按式(12-12)校核齿根弯曲疲劳强度（按最小齿宽 $b=106\text{mm}$ 计算）

$$\sigma_{F_1}=\frac{2KT_1Y_{F1}}{bm^2 \cdot z_1}=\frac{2 \times 1.5 \times 2.18 \times 10^5 \times 2.64}{106 \times 4^2 \times 28}=36.4(\text{N/mm}^2) \leqslant [\sigma_F]_1$$

$$\sigma_{F_2}=\sigma_{F_1} \cdot \frac{Y_{F_2}}{Y_{F_1}}=36.4 \times \frac{2.2}{2.64}=30.3(\text{N/mm}^2) \leqslant [\sigma_F]_2$$

齿根弯曲疲劳强度满足要求。

12.4　齿轮传动链的设计

由于齿轮传动经常是由轮系实现的，而各个齿轮都装在轴上，轴又与装在机座上的轴承相配合，因此，齿轮传动的设计绝不能孤立地研究齿轮本身，还需考虑齿轮与轴的连接结构、齿轮的支承方法及齿轮传动的精度等问题。

齿轮传动设计一般可按以下程序进行：

① 根据传动要求，正确选择传动形式。

② 根据总传动比确定传动级数，分配各级传动比。

③ 确定齿轮的模数和齿数，计算齿轮各部分尺寸。

④ 齿轮传动的结构设计：包括确定齿轮的结构形状，齿轮和轴的连接方法，齿轮的支承结构及消除回差的结构等。

⑤ 齿轮传动的误差分析和精度计算。

在实际设计中不一定完全按照上述程序，常是穿插进行。此外，如果有的齿轮传动对回差要求不严，就不必设计专门的消除回差的结构，齿轮传动的精度计算只有在要求很高时才进行，下面逐项加以论述。

12.4.1　齿轮传动啮合形式的选择

齿轮传动的形式很多，如果仅从传递运动的观点出发，那么在大多数情况下，各种形式的传动都可应用。但在设计时，如何具体地根据齿轮传动的使用场合、工作特点来正确选择最合理的传动形式，就成了设计中首先要解决的问题。一般根据以下几方面来选择：

① 结构条件对齿轮传动的要求。例如，空间位置对传动布置的限制，各传动轴相互位置

关系等。

② 对齿轮传动的精度要求。

③ 齿轮的工作速度、传动平稳性和无噪声等要求。

④ 齿轮传动的工艺性因素,这一点必须同具体的生产批量结合起来考虑。

⑤ 考虑传动效率、润滑等条件。

实现平行轴间的传动以直齿圆柱齿轮的应用最为广泛,这是由于它的设计和制造都很简单,而且传动精确,效率高。因此在设计时应尽量优先考虑采用直齿圆柱齿轮。但当传动速度大于 5m/s 时,其噪声增大,所以直齿圆柱齿轮常用于低速和中速传动中。

平行轴间的高速传动应当考虑采用斜齿轮(传动速度可达 50m/s)。它的优点是承载能力大,传动均匀,冲击和噪声小;缺点是有轴向力,在制造方面也不及直齿圆柱齿轮简便。

若传动比较大,则应考虑采用蜗杆传动。它的主要优点是单级传动比大,传动平稳无声,另外由于齿面为线接触,故可用于高速重载的传动;缺点是效率低,易磨损。

圆锥齿轮主要用于相交轴间的传动。由于需用专用的设备加工,而且能达到的经济加工精度比圆柱齿轮低,因此在设计时,应避免用它作高精度的传动。

12.4.2　齿轮传动各级传动比的分析

在设计齿轮传动时,总的传动比是由仪器设计要求提出的,当传动类型确定后,就需确定传动级数和各级传动比的分配。其考虑原则如下。

1. 为减少误差来源,应适当减少齿轮传动的级数

各种传动类型所采用的单级传动比范围有一些经验数据可供设计时参考,见表 12-3。

表 12-3　齿轮传动比范围

传动类型	单级传动的传动比范围		
	动力传动	一般传动	扭矩很小的传动
圆柱齿轮	1~5	1~10	1~15
圆锥齿轮	1~5	1~7.5	1~10
蜗杆传动	3~100	10	100

2. 有利于提高传动精度的原则

对减速传动,按"先小后大"的原则分配传动比,能减少齿轮误差对传动的影响,即靠近主动轴的那级齿轮传动比取小些,靠近从动轴的那级齿轮传动比取大些,这对提高传动精度有利。

图 12-15 为总传动比相同的两种分配方案,都具有相同的两对齿轮 A、B 和 C、D,其中 $i_{AB}=2$,$i_{CD}=3$。在方案(a)中,齿轮 A、B 布置在第一级,而在方案(b)中齿轮 C、D 布置在第一级。如果各对齿轮转角误差相等,即 $\Delta\varphi_{AB}=\Delta\varphi_{CD}$,则方案(a)中从动轴 II 的转角误差为

$$\Delta\varphi_a = \Delta\varphi_{CD} + \Delta\varphi_{AB}\frac{1}{i_{CD}} = \Delta\varphi_{CD} + \frac{1}{3}\Delta\varphi_{AB}$$

而方案(b)中从动轴 II 的转角误差为

$$\Delta\varphi_b = \Delta\varphi_{AB} + \Delta\varphi_{CD}\frac{1}{i_{AB}} = \Delta\varphi_{AB} + \frac{1}{2}\Delta\varphi_{CD}$$

可见,$\Delta\varphi_b > \Delta\varphi_a$,即方案(a)比方案(b)的传动精度高。用作示数传动的齿轮传动多采用这种分配方法。

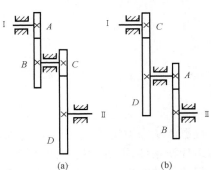

图 12-15　轮系速比分配对传动精度的影响

3. 最小体积原则

仪器仪表中的齿轮机构,一般要求体积小,重量轻。为获得齿轮传动的体积最小,可按最小体积原则来分配传动比。为简化计算,假设:各齿轮宽度均相同;各对齿轮主动轮的分度圆直径均相等;齿轮的材料相同;不考虑轴与轴承体积。

经理论分析得出结论:各级速比相等可使齿轮机构的体积最小。除此之外,合理地布置齿轮传动链,也可以使结构紧凑而缩小体积。图 12-16 所示为无人驾驶高空侦察机中控制方向舵的一种减速器。这种减速器共有九级齿轮传动,各级齿轮的齿数为 $z_1 = 9$,$z_2 = 63$;$z_2' = 14$,$z_3 = 48$;$z_3' = z_4' = z_5' = z_6' = z_7' = z_8' = z_9' = 16$;$z_4 = z_5 = z_6 = z_7 = z_8 = z_9 = z_{10} = 46$。此轮系的传动比 $i = 39\,000$,由于采用了迁回式齿轮传动链,可使减速器的体积很小。

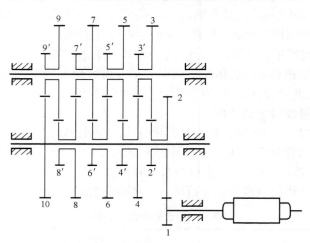

图 12-16　迁回式齿轮传动链

4. 最小转动惯量原则

在经常需要正反转的齿轮传动中,要求转动灵活,启动机制动及时,这时就应使齿轮传动链的转动惯量最小。

以图 12-17 为例说明按最小转动惯量原则分配传动比的方法。

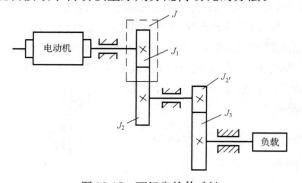

图 12-17　两级齿轮传动链

根据能量守恒定律,整个齿轮传动链的转动惯量可用一等效构件的转动惯量来代替,但必须满足代换条件,即等效构件的动能等于齿轮传动中各轴上齿轮的动能之和。设 J 为电机轴上假想的等效构件的转动惯量,用它来代替整个传动链的转动惯量。此时,电轴机上的动能应等于齿轮传动中各轴上齿轮的动能之和,若忽略各轴的转动惯量,即得

$$J\frac{\omega_1^2}{2}=J_1\frac{\omega_1^2}{2}+J_2\frac{\omega_2^2}{2}+J_{2'}\frac{\omega_2^2}{2}+J_3\frac{\omega_3^2}{2}+J_F\frac{\omega_3^2}{2}$$

式中，J_1、J_2、$J_{2'}$、J_3、J_F 分别为各级齿轮和负载的转动惯量；ω_1、ω_2、ω_3 为各轴的角速度。将上式化简可得

$$
\begin{aligned}
J &= J_1+(J_2+J_{2'})\left(\frac{\omega_2}{\omega_1}\right)^2+(J_3+J_F)\left(\frac{\omega_3}{\omega_1}\right)^2 \\
&= J_1+(J_2+J_{2'})\frac{1}{i_{12}^2}+(J_3+J_F)\frac{1}{i_{12}^2\cdot i_{2'3}^2}
\end{aligned}\tag{12-16}
$$

为计算简便，将齿轮看做直径等于分度圆的圆柱体，各齿轮宽度均为 b，材料密度均为 γ，各级小齿轮直径相等，即 $d_1=d_{2'}$，则各齿轮的转动惯量为

$$J_1=\frac{\pi}{32}\gamma bd_1^4,\quad J_2=\frac{\pi}{32}\gamma bd_2^4=\frac{\pi}{32}\gamma b(i_{12}d_1)^4=J_1i_{12}^4$$

$$J_{2'}=J_1,\quad J_3=\frac{\pi}{32}\gamma bd_3^4=\frac{\pi}{32}\gamma b(i_{2'3}d_{2'})^4=J_1i_{2'3}^4$$

将以上各式代入式(12-16)，并忽略负载转动惯量 J_F（在小功率精密齿轮传动中，一般负载都是比较小的，尤其是总传动比较大时，将其转化到电机轴上就更小了），可得

$$J=J_1\left(1+i_{12}^2+\frac{1}{i_{12}^2}+\frac{i_{2'3}^2}{i_{12}^2}\right)=J_1\left(1+i_{12}^2+\frac{1}{i_{12}^2}+\frac{i^2}{i_{12}^4}\right)\tag{12-17}$$

将式(12-17)对 i_{12} 微分，并令 $\dfrac{\mathrm{d}J}{\mathrm{d}i_{12}}=0$，可得

$$i_{12}^6-i_{12}^2-2i^2=0$$
$$i_{12}^4-1-2i_{2'3}^2=0$$

所以

$$i_{2'3}=\sqrt{\frac{i_{12}^4-1}{2}}\tag{12-18}$$

将式(12-18)和总传动比的关系式联立，即可求出各级传动比，即

$$\left.\begin{aligned}i_{2'3}&=\sqrt{\frac{i_{12}^4-1}{2}}\\ i&=i_{12}\cdot i_{2'3}\end{aligned}\right\}\tag{12-19}$$

对多级齿轮传动链也可列出相应的联立方程式来求各级传动比。

工程中按转动惯量最小原则分配传动比，常用公式

$$i_K=\sqrt{2}\cdot\left(\frac{i}{2^{\frac{n}{2}}}\right)^{\frac{2^{K-1}}{2^n-1}}\tag{12-20}$$

式中，i 为总传动比；n 为传动级数；i_K 为任一级的传动比；K 为第 K 级齿轮传动。

只要知道轮系总传动比和齿轮的级数，就可按式(12-20)计算各级传动比，从而保证轮系的转动惯量最小。

例 12-2　某仪器的齿轮减速器中，已知电机转速为 3500r/min，输出轴转速为 10r/min，试按三种原则确定此减速器的级数和各级齿轮的传动比。

解　(1) 要求提高传动精度。已知总传动比 $i=3500/10=350$，减速器中都采用圆柱齿轮传动。一般圆柱齿轮单级传动比不大于 10，因此所采用的齿轮减速器的传动级数应为四级；而从提高传动精度看，应按"先小后大"原则分配各级传动比。则各级传动比可定为

$$i=i_1\cdot i_2\cdot i_3\cdot i_4=2.5\times4\times5\times7$$

当然，这不是唯一答案，具体设计时还需要考虑空间体积的要求等。

(2) 要求减速器体积最小。按齿轮传动的最小体积原则，可使各级传动比相等，如果传动

级数也采用四级,则

$$i = i_1 = i_2 = i_3 = i_4 = \sqrt[4]{i} = \sqrt[4]{350} \approx 4.324$$

即四级传动比每级都为 4.324,在具体确定齿数时,传动比可略有变动。

(3) 要求转动惯量最小。若采用四级传动,根据 $i=350$,再根据式(12-20)可算出各级传动比为

$$i_1 = \sqrt{2}\left(\frac{350}{2^{\frac{4}{2}}}\right)^{\frac{2^{1-1}}{2^4-1}} = 1.9, \quad i_2 = \sqrt{2}\left(\frac{350}{2^{\frac{4}{2}}}\right)^{\frac{2^{2-1}}{2^4-1}} = 2.56$$

$$i_3 = \sqrt{2}\left(\frac{350}{2^{\frac{4}{2}}}\right)^{\frac{2^{3-1}}{2^4-1}} = 4.65, \quad i_4 = \sqrt{2}\left(\frac{350}{2^{\frac{4}{2}}}\right)^{\frac{2^{4-1}}{2^4-1}} = 15.3$$

最后在具体确定齿数时,根据实际情况对各级传动比还需作适当的调整,但是总传动比的数值要求不变。

12.4.3　模数 m 及齿数 z 的确定

1. 模数的确定

(1) 类比法:与工作条件、传递功率、工作转速相近的同类型的齿轮传动进行比较,从而确定新设计中的齿轮模数。

(2) 按结构工艺等条件确定:在仪器中,由于齿轮传递的力矩较小,故其模数一般不必按强度计算,可根据所设计的仪器或传动装置的外廓尺寸先大致确定齿轮的中心距 a,如果此时传动比 i 和小齿轮的齿数 z_1 也已选定,则齿轮的模数可由以下公式求出,即

$$m = \frac{2a}{z_1(i+1)}$$

求出的模数应圆整为标准模数,然后再按上式修正中心距的数值。

(3) 按强度条件确定:在普通机械中,由于齿轮传递的力矩较大,故其模数一般按强度条件确定。

2. 齿数 z 的确定

对于压力角为 20° 的标准渐开线齿轮,理论上的最小齿数为 17。若要求不高,实际最小齿数可为 14。当两轮中心距不受限制及高精度传动时,小齿轮的齿数应在 25 以上。模数和齿数的关系参见表 12-4。

表 12-4　模数和齿数关系

模数 m	0.4,0.5,0.6	0.8	1	1.5
齿数 z	26~180	22~120	18~105	16~70

12.4.4　齿轮传动结构设计

1. 齿轮的结构设计

齿轮的分度圆直径、顶圆和根圆直径、齿宽等可以根据齿轮传动的强度和几何计算确定,而轮缘、轮辐和轮毂的结构形状通常根据齿轮尺寸大小、毛坯种类、齿轮材料和加工方法选择,再根据经验公式确定其尺寸。

直径小的齿轮可与轴做成一体,称为齿轮轴,如图 12-18(a)所示;当齿顶圆直径 $d_a \leqslant$ 200mm 时,齿轮可做成实心式结构,如图 12-18(b)所示;当齿顶圆直径 $160 < d_a \leqslant 500$mm 时,通常采用腹板式结构,如图 12-18(c)所示;当 $d_a = 400 \sim 1000$mm 时,多采用轮辐式铸造结构,如图 12-18(d)所示;当齿轮大而薄时,可采用组合式齿轮,如图 12-18(e)所示,这种齿轮适宜于需用有色金属制造轮缘的情况,此时套筒用钢制造,而轮缘用有色金属板制造,这种结构可以节省贵重的有色金属。用非金属材料制造齿轮时,为使齿轮和轴的连接牢固可靠,一般采用金属组合式轴套,如图 12-18(f)所示。

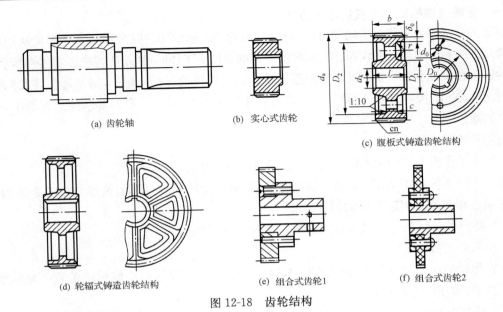

(a) 齿轮轴　　　　(b) 实心式齿轮

(c) 腹板式铸造齿轮结构

(d) 轮辐式铸造齿轮结构　　　(e) 组合式齿轮1　　　(f) 组合式齿轮2

图 12-18　齿轮结构

2. 齿轮与轴的连接

常用的齿轮与轴的连接包括:销钉连接,如图 12-19 所示;螺钉连接,如图 12-20所示;键连接,如图 12-21 所示。

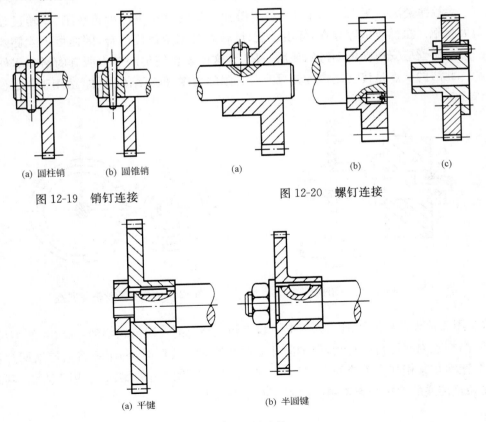

(a) 圆柱销　　　(b) 圆锥销

图 12-19　销钉连接

(a)　　　(b)　　　(c)

图 12-20　螺钉连接

(a) 平键　　　(b) 半圆键

图 12-21　键连接

12.4.5 齿轮传动的回差及其消除的方法

齿轮传动的回差是指当主动轮反向转动时,齿轮、轴、轴承间的间隙和弹性变形使从动轮滞后的角度。当有反向运动或仪器在变负荷或振动的条件下工作时,回差能直接影响传动精度,它引起的误差在数值上往往要超过齿轮制造不精确引起的传动误差。此外,回差还会导致机构的不规则运动、冲击、噪声等。仪器设计时,对回差往往提出严格要求,有时要求控制到最小,有时则要求消除。

回差产生的原因:

(1) 非工作齿面间的齿侧间隙是产生回差的直接原因。

(2) 传动系统各组成部分的加工和装配误差所产生的间隙,例如,齿厚与中心距的偏差,轴承的偏心和间隙会引起系统的回差。

(3) 特殊的环境条件,例如,振动、冲击、温度变化等原因。

减小回差的方法:

齿轮传动的回差主要是由侧隙产生的,因此减小回差就应从减小侧隙或消除侧隙的影响两方面着手,常用的方法有:

(1) 调整中心距法。在装配时根据啮合情况调整中心距,以达到减小侧隙的目的。调整时只需使一对齿轮中有一个齿轮的中心位置可调即可。图 12-22 所示为调整结构的实例,它利用转动偏心轴套来调整中心距,改变侧隙,减小回差。

(2) 接触弹簧法。图 12-23 所示是利用游丝产生的反扭矩使齿轮在正、反转过程中始终保持单面接触。虽然有侧隙存在,但由于正、反转总是固定齿侧啮合,因而可消除侧隙产生的回差。接触游丝应安放在传动链的最后一环上,这样才能使传动链中所有的活动零件保持单面接触。此法的缺点是传动链中齿轮只能转有限的角度,但其结构简单,适用于测量仪表中的齿轮传动链。

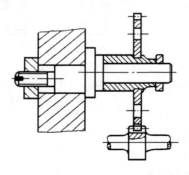

图 12-22　调整中心距消除回差

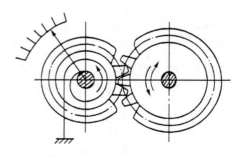

图 12-23　接触游丝消除回差

(3) 用双片齿轮控制侧隙。见图 12-24,将相互啮合的一对齿轮中的一个(一般为从动轮)做成两片,相互之间可自由转动,但轴向移动受到约束。装配时,利用弹簧迫使这两片齿轮错开,直至充满与其相啮合齿轮的全部齿间。此法能完全消除齿的侧隙,适用于直齿;其缺点是结构复杂且传递的力矩受弹簧刚度的限制而不能太大。

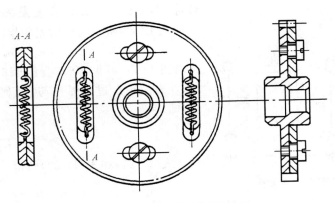

图 12-24　双片齿轮控制侧隙

12.5　机械传动总论

机械中传动系统的作用是将原动机或原动构件的运动和动力传给工作构件（执行构件）。机械中除采用机械传动外，还采用液压传动、气压传动和电力传动等。机械传动系统是由各种机构按需要组合而成。为便于设计应用，本章仅就机械传动进行综合性讨论。

12.5.1　机械传动的功能

（1）实现运动形式的变换。原动机或原动构件输出的运动多为匀速回转，而工作构件要求的运动形式是多种多样的。采用传动机构可以把连续回转变为移动、摆动、间歇或平面复杂运动。

（2）实现减速、增速或变速运动。因机械中的工作构件要求的转速与原动机的转速不一致，故需要减速或增速。又有许多工作构件要求能根据生产过程需要进行机械变速。汽车、机床、起重设备等都需变速传动。

（3）实现远距离的运动和动力的传递。采用连杆机构、带传动、链传动和齿轮轮系等可传递相距较远的两轴间的运动和动力。

（4）实现运动的合成和分解。最简单的用做合成运动的轮系如图 12-25 所示，其中 $z_1 = z_3$。计算公式如下：

$$\frac{n_1 - n_H}{n_3 - n_H} = -\frac{z_3}{z_1} = -1$$

解得
$$2n_H = n_1 + n_3$$

图 12-25　加法机构

这种轮系可用做加（减）法机构。当由齿轮 1 及齿轮 3 的轴分别输入被加数和加数的相应转角时，转臂 H 的转角的两倍就是它们的和。这种合成作用在机床、计算机构和补偿装置中得到广泛的应用。

图 12-26 所示汽车后桥差速器可作为差动轮系分解运动的实例。当汽车拐弯时，它能将发动机传到齿轮 5 的运动以不同转速分别传递给左右两车轮。

当汽车在平坦道路上直线行驶时，左右两车轮所滚过的距离相等，所以转速也相同。这时齿轮 1、2、3 和 4 如同一个固连的整体，一起转动。当汽车向左拐弯时，为使车轮和地面间不发生滑动以减少轮胎的磨损，就要求右轮比左轮转得快些。这时齿轮 1 和齿轮 3 之间便发生相对转动，齿轮 2 除随齿轮 4 绕后车轮轴线公转外，还绕自己的轴线自转，由齿轮 1、2、3 和 4（即

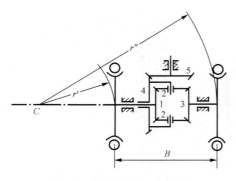

图 12-26　汽车后桥差速器

转臂 H)组成的差动轮系便发挥作用。这个差动轮系和图 12-25 所示的机构完全相同,故有

$$2n_4 = n_1 + n_3 \qquad (12-21)$$

又由图 12-26 可见,当车身绕瞬时回转中心 C 转动时,左右两轮走过的弧长与它们至 C 点的距离成正比,即

$$\frac{n_1}{n_3} = \frac{r''}{r'} = \frac{r'}{r'+B} \qquad (12-22)$$

联立式(12-21)和式(12-22)解得

$$n_1 = \frac{2r'}{2r'+B}n_4, \quad n_3 = \frac{2(r'+B)}{2r'+B}n_4$$

由上式可知,当给定转速 n_4 和轮距 B 时,左右两后轮的转速随转弯半径 r' 的大小不同而自动改变,以保证汽车转弯时,两后轮与地面做纯滚动。

采用传动机构可将原动机或原动构件的运动和动力按需要分几路输出,即所谓运动的分解或称分流。常用于只有一个原动机而要求多个输出(即机械有多个执行构件或多个运动)的情况下。例如,图 12-27 所示车床切制螺纹时,主轴卡盘带动工件 1 做匀速回转,转向如图中所示。丝杠 2 带动螺母 3 和车刀 4 做向左的匀速移动。A 表示从电动机至机床主轴间的变速传动系统,用以调节主轴的转速。为了能在工件上正确地切出螺纹,主轴转一转时,丝杠 2 带动车刀 4 移动的距离应等于被加工螺纹的导程 s_1。为此,主轴的转速 n_1 和丝杠的转速 n_2 之间应保持恒定的速比关系。设丝杠 2 的导程为 s_2,则主轴与丝杠的传动比应为

$$i_{12} = \frac{n_1}{n_2} = \frac{s_2}{s_1}$$

切制的螺纹为右旋,设丝杠也为右旋,则丝杠的转向应与主轴转向相同,如图 12-27 所示。B 即表示根据要求的传动比数值和符号配置的齿轮传动系统。

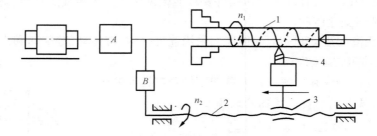

图 12-27　车床切制螺纹的传动系统示意图

(5) 获得大的机械效益。从传力的角度看,采用减速传动可以用较小的驱动转矩产生较大的输出转矩,以满足克服机械生产阻力的要求。反之,要求的输出转矩一定时,采用减速传动可减小驱动转矩。例如,图 12-28 所示起重机构,卷筒半径为 R,重物重量为 Q,起重时重物产生的阻力矩 $T_Q = Q \times R$。若直接驱动卷筒轴起重,则需要的驱动转矩在数值上至少应等于 T_Q。当 T_Q 较大时,若用人力直接驱动,则感到吃力或不能实现。此时可采用减速传动,如图 12-28 中采用蜗杆传动驱动蜗杆轴工作,设其驱动转矩为 T_1,角速度为 ω_1;蜗轮与卷筒固连在同一轴上,设其转矩为 T_2,角速度为 ω_2。在一个传动系统中,一般来说,输入功率是一定的,设该传动的总效率为 η,P_1 为输入功率,则 $P_2 = \eta P_1$ 为有效的输出功率,有:

$$P_1 = T_1 \omega_1$$
$$P_2 = T_2 \omega_2 = \eta P_1 = \eta T_1 \omega_1$$

由此得
$$T_2 = \eta \frac{\omega_1}{\omega_2} T_1 = \eta i_{12} T_1$$

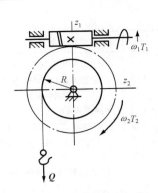

式中，i_{12} 为蜗杆传动的传动比，对于减速传动，$i_{12} > 1$。若不考虑传动效率，输出转矩 T_2（应大于等于 T_Q）为输入转矩 T_1 的 i_{12} 倍。若蜗杆头数 $z_1 = 1$，蜗轮齿数 $z_2 = 50$，则 $T_2 \approx 50 T_1$，因而达到减速增矩的目的。

一般来说，减速比越大，驱动时越省力，但减速比过大时，传动效率会降低。

12.5.2　机械传动的效率、功率和转矩的计算

本节内容为机械零部件承载能力的计算提供动力数据。

以图 12-29 齿轮传动系统为例。设 $P_入$ 为该传动系统的输入功率，$P_出$ 为输出功率，$\eta_总$ 为总效率，$\eta_齿$ 为一对齿轮的啮合效率，$\eta_承$ 为一对轴承的效率。

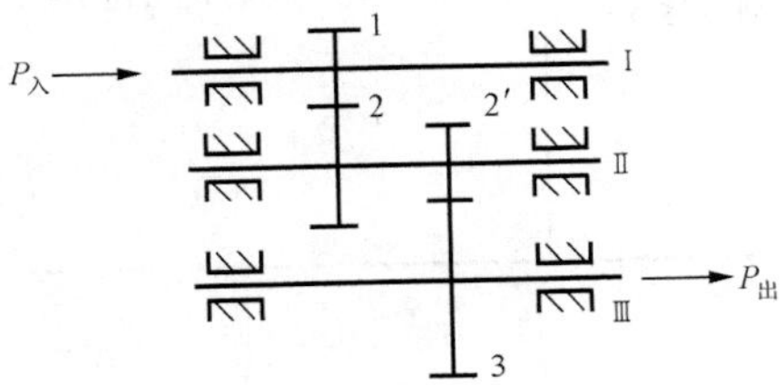

图 12-28　蜗杆传动起重机构

1.机械效率 η

机械传动的总效率等于各部分效率的乘积，图 12-29 所示的齿轮传动系统共有两对齿轮两次啮合和三对轴承，所以

$$\eta_总 = \frac{P_出}{P_入} = \eta_齿^2 \, \eta_承^3$$

式中，一对轴承的效率 $\eta_承$ 的数值见表 12-5，齿轮啮合效率 $\eta_齿$ 的数值见表 12-6。两表中的效率值都是概略值，准确值只能由实验测得。

图 12-29　齿轮传动系统

表 12-5　轴承与联轴器效率的概略值

种类		效率	种类	效率
滚动轴承	球轴承	0.99（一对）	滑块联轴器	0.97～0.99
	滚子轴承	0.98（一对）	齿式联轴器	0.99
	润滑不良	0.94（一对）	弹性联轴器	0.99～0.995
滑动轴承	润滑良好	0.97（一对）	万向联轴器（$a \leqslant 3°$）	0.97～0.98
	润滑很好（压力润滑）	0.98（一对）	万向联轴器（$a > 3°$）	0.95～0.97
	液体摩擦润滑	0.99（一对）		

表 12-6　常用机构的主要性能

机构		传动效率 η	功率 P/kW	速度 $v/(\mathrm{m/s})$	单级传动比 i（减速）
摩擦传动机构	摩擦轮传动	0.85～0.92	受对轴作用力和外廓尺寸限制：$P_{max} = 200$ 通常 $\leqslant 20$	受发热限制：$\leqslant 20$	受外廓尺寸限制：通常 $\leqslant 7 \sim 10$
	带传动	平带传动 0.97～0.98 平带交叉传动 0.90 V 带传动 0.96 同步齿形带传动 0.96～0.98	受带的截面尺寸和根数限制：V 带 $P_{max} = 500$ 通常 $\leqslant 40$	受离心力限制：V 带 $\leqslant 25 \sim 30$	受小轮包角和外廓尺寸限制：平带 $\leqslant 4 \sim 5$ V 带 $\leqslant 7 \sim 10$ 同步齿形带 $\leqslant 10$

续表

机构		传动效率 η	功率 P/kW	速度 v/(m/s)	单级传动比 i（减速）
啮合传动机构	齿轮传动	经过磨合的 6 级和 7 级精度的齿轮传动（油润滑）0.98～0.99 8 级精度的一般齿轮传动（油润滑）0.94～0.97 9 级精度的齿轮传动（油润滑）0.96 开式齿轮传动（脂润滑）0.94～0.96	功率范围广， 直齿≤750 斜齿、人字齿≤50000	受振动和噪声限制： 圆柱齿轮： 7 级精度≤25 5 级精度≤130 锥齿轮： 直、斜齿<5 曲齿 5～40	受结构尺寸限制： 圆柱齿轮≤10 常用≤5 锥齿轮≤8 常用≤3
啮合传动机构	蜗杆传动	自锁蜗杆（油润滑）0.40～0.45 单头蜗杆（油润滑）0.70～0.75 双头蜗杆（油润滑）0.75～0.82 三、四头蜗杆（油润滑）0.80～0.92	受发热限制： $P_{max}=750$ 通常≤50	发热限制滑动速度 v_s≤15，个别可达 35	$8\leqslant i\leqslant100$，分度机构可达 1000

2. 功率 P

若已知输入功率（$P_入$）或输出功率（$P_出$）以及效率，则可求出传动系统中各轴和各级齿轮传动的功率。而各轴和各级传动一般都取其各自的输入功率作为它们的承载能力计算的名义功率。

如图 12-29 所示的传动系统，令各轴的输入功率分别为 $P_Ⅰ$、$P_Ⅱ$ 和 $P_Ⅲ$，各级齿轮传动的输入功率为 P_1、$P_{2'}$，则得

$$P_I = P_入$$
$$P_Ⅱ = P_入\,\eta_承\,\eta_齿$$
$$P_Ⅲ = P_Ⅱ\,\eta_承\,\eta_齿 = P_入\,\eta_承^2\,\eta_齿$$
$$P_出 = P_Ⅲ\,\eta_承 = P_入\,\eta_齿^2\,\eta_承^3 = P_入\,\eta_总$$
$$P_1 = P_入\,\eta_承$$
$$P_{2'} = P_Ⅱ\,\eta_承 = P_入\,\eta_齿\,\eta_承^2$$

3. 转矩 T

（1）已知轴或传动件的输入功率 P 及转速 n，可求出作用于该轴或传动件上的转矩 T。

按关系 $P=T\cdot\omega$，取功率 P 的单位为 kW（1kW=1000N·m/s）；角速度 $\omega=\dfrac{2\pi n}{60}$，单位为 1/s；转速 n 的单位为 r/min；取转矩 T 的单位为 N·mm，1N·mm=$\dfrac{1}{1000}$N·m，则得

$$T = 9.55 \times 10^6 \frac{P}{n} \tag{12-23}$$

式中，P 为轴或传动件的输入功率，单位 kW；n 为轴或传动件的转速，单位 r/min；T 为作用于轴或传动件上的转矩，单位 N·mm。按上式可求作用于传动系统中各轴和各传动件的转矩。

（2）传动系统中各轴转矩之间的关系。

如图 12-29 所示传动系统，令 T_I、T_{II} 和 T_{III} 分别为三根轴传递的转矩，则根据式（12-23）可得

$$\frac{T_{II}}{T_I} = \frac{P_{II}}{n_2} \Big/ \frac{P_I}{n_1} = \frac{P_{II}}{P_I} \cdot \frac{n_1}{n_2} = \eta_{I\,II}\, i_{12}$$

$$\frac{T_{III}}{T_I} = \frac{P_{III}}{n_3} \Big/ \frac{P_I}{n_1} = \frac{P_{III}}{P_I} \cdot \frac{n_1}{n_3} = \eta_{I\,III}\, i_{13}$$

同理

$$\frac{T_{III}}{T_{II}} = \eta_{II\,III}\, i_{23}$$

由此可得一个传动系统中任意两轴转矩之间的普遍关系式

$$T_N = T_1 i_{1N} \eta_{1N} \tag{12-24}$$

式中，T_1 为传动系统中任一作为主动轴的转矩；T_N 为传动系统中任一作为从动轴的转矩；i_{1N} 为该两轴间的传动比；η_{1N} 为该两轴间的传动效率。

知道一轴的转矩，由式（12-24）可求出另一轴的转矩。而且减速传动时，$i_{1N} > 1$，如前所述，转矩放大；增速传动时，$i_{1N} < 1$，转矩减小。

例 12-3　图 12-30 示出一台带式运输机的机械传动装置。运输带的卷筒直径 $D = 500\text{mm}$，卷筒的效率 $\eta_{卷} = 0.96$。电动机功率 $P_0 = 3\text{kW}$，转速 $n_0 = 1420\text{r/min}$。V 带传动的带轮直径 $D_1 = 100\text{mm}$，$D_2 = 250\text{mm}$。减速器齿轮的齿数 $z_1 = 20$，$z_2 = 89$，$z_2' = 20$，$z_3 = 68$，各轴的轴承均采用滚子轴承。试确定：（1）各轴（Ⅰ、Ⅱ 和 Ⅲ）的转速和运输带的速度；（2）各轴及各级传动的输入功率和转矩；（3）输出功率和运输带的工作拉力 F。

解　（1）各轴的转速和运输带的速度各级传动比为

$$i_{0\,I} = \frac{n_0}{n_I} = \frac{D_2}{D_1} = \frac{250}{100} = 2.5$$

$$i_{I\,II} = \frac{n_I}{n_{II}} = \frac{z_2}{z_1} = \frac{89}{20} = 4.45$$

$$i_{II\,III} = \frac{n_{II}}{n_{III}} = \frac{z_3}{z_2'} = \frac{68}{20} = 3.4$$

由于以下计算只需要传动比的数值，所以在以上诸式中略去了传动比的符号。

各轴的转速为

$$n_I = \frac{n_0}{i_{0\,I}} = \frac{1420}{2.5} = 568(\text{r/min})$$

$$n_{II} = \frac{n_I}{i_{I\,II}} = \frac{568}{4.45} = 127.64(\text{r/min})$$

$$n_{III} = \frac{n_{II}}{i_{II\,III}} = \frac{127.64}{3.4} \approx 37.54(\text{r/min})$$

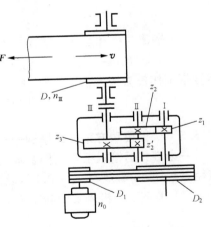

图 12-30　带式运输机传动装置

运输带速度

$$v = \frac{\pi D n_{III}}{60 \times 1000} = \frac{\pi \times 500 \times 37.54}{60 \times 1000} \approx 0.98(\text{m/s})$$

（2）各轴及各级传动的输入功率和转矩。由表 14-6 和表 14-5 查得效率：$\eta_{带} = 0.96$，$\eta_{齿} = 0.97$（8 级精度），$\eta_{承} = 0.98$，联轴器 $\eta_{联} = 0.99$。

各轴输入功率和转矩为

$$P_{\text{I}} = P_0 \eta_{\text{带}} = 3 \times 0.96 = 2.88(\text{kW})$$

由式(12-23)得

$$T_{\text{I}} = 9.55 \times 10^6 \frac{P_{\text{I}}}{n_{\text{I}}} = 9.55 \times 10^6 \times \frac{2.88}{568} = 48.4 \times 10^3 (\text{N} \cdot \text{mm})$$

$$P_{\text{II}} = P_{\text{I}} \eta_{\text{承I}} \eta_{\text{齿}} = 2.88 \times 0.98 \times 0.97 \approx 2.74(\text{kW})$$

$$T_{\text{II}} = 9.55 \times 10^6 \frac{P_{\text{II}}}{n_{\text{II}}} = 9.55 \times 10^6 \times \frac{2.74}{127.64} = 205 \times 10^3 (\text{N} \cdot \text{mm})$$

$$P_{\text{III}} = P_{\text{II}} \eta_{\text{承II}} \eta_{\text{齿}} = 2.74 \times 0.98 \times 0.97 \approx 2.60(\text{kW})$$

$$T_{\text{III}} = 9.55 \times 10^6 \frac{P_{\text{III}}}{n_{\text{III}}} = 9.55 \times 10^6 \times \frac{2.60}{37.54} \approx 661 \times 10^3 (\text{N} \cdot \text{mm})$$

各轴输入转矩也可用式(12-24)算出。

各级传动输入功率和转矩：

带传动　　　　　　　　　　$P_0 = 3\text{kW}$

$$T_0 = 9.55 \times 10^6 \frac{P_0}{n_0} = 9.55 \times 10^6 \times \frac{3}{1420} = 20.2 \times 10^3 (\text{N} \cdot \text{mm})$$

齿轮传动　　$P_1 = P_0 \eta_{\text{带}} \eta_{\text{承}} = 3 \times 0.96 \times 0.98 \approx 2.82(\text{kW})$

$$T_1 = 9.55 \times 10^6 \frac{P_1}{n_I} = 9.55 \times 10^6 \times \frac{2.82}{568} = 47.4 \times 10^3 (\text{N} \cdot \text{mm})$$

$$P_2' = P_1 \eta_{\text{齿}} \eta_{\text{承}} = 2.82 \times 0.97 \times 0.98 \approx 2.68(\text{kW})$$

$$T_2' = 9.55 \times 10^6 \frac{P_2'}{n_{\text{II}}} = 9.55 \times 10^6 \times \frac{2.68}{127.64} \approx 201 \times 10^3 (\text{N} \cdot \text{mm})$$

(3) 输出功率和运输带工作拉力。输出功率

$$P_{\text{出}} = P_{\text{III}} \eta_{\text{承}}^2 \eta_{\text{联}} \eta_{\text{卷}} = 2.60 \times 0.98^2 \times 0.99 \times 0.96 = 2.37(\text{kW})$$

运输带工作拉力按关系 $P = Fv$，得

$$F = \frac{1000 P_{\text{出}}}{v} = \frac{1000 \times 2.37}{0.98} = 2347(\text{N})$$

12.5.3　机械传动方案设计举例——带式运输机的机械传动方案

一台带式运输机根据工作要求，运输带的工作拉力 $F = 3200\text{N}$，运输带速度 $v = 1\text{m/s}$，卷筒直径 $D = 350\text{mm}$，效率 $\eta_{\text{卷}} = 0.96$，设计机械传动方案。

(1) 确定工作机需要的功率 $P_{\text{出}}$ 和卷筒的转速 n_{N} 为

$$P_{\text{出}} = \frac{Fv}{1000} = \frac{3200 \times 1}{1000} = 3.2(\text{kW})$$

$$n_{\text{N}} = \frac{60 \times 1000 v}{\pi D} = \frac{60 \times 1000 \times 1}{\pi \times 350} = 54.57(\text{r/min})$$

(2) 确定电动机类型和转速。工业中大多采用三相异步电动机作为原动机。这里采用 Y 系列三相异步电动机。电动机在同一功率下有不同的转速可供选用。低转速电动机外廓尺寸和重量较大，价格较高，但可使传动装置的总传动比及尺寸较小，从而降低传动装置的成本；高转速电动机则相反。因此，确定电动机转速时应结合传动装置综合考虑，作经济性比较。

电动机同步转速有 3000r/min、1500r/min、1000r/min 和 750r/min 四种。由于卷筒转速 $n_{\text{N}} = 54.57\text{r/min}$，按电动机四种转速估计，需要传动装置的总传动比分别约为 54.98、27.49、

18.33 和 13.74。可见电动机转速越高,需要的传动比越大,虽然电动机价格低或重量较轻,但提高了传动装置的成本。例如,转速为3000r/min,可能需要三级减速传动,结果总成本提高。电动机转速过低,例如,转速为 750r/min,则需采用蜗杆传动或双级减速齿轮传动,虽然传动装置尺寸较小,但电动机价格较高,也不经济。

根据成本估算,设计中常选用同步转速为 1500r/min 和 1000r/min 的电动机。本例采用的电动机的同步转速为 1000r/min。

(3) 拟定机械传动方案。电动机转速选定后,根据所需传动比的初估值($i \approx 18.33$),并考虑到各类传动机构单级传动比的合理范围,可拟定出几种传动方案进行比较。图 12-31 示出三种传动方案。图 12-31(a)采用闭式双级齿轮传动,使用维护方便,适于在繁重和恶劣条件下长期工作,但制造和装配要求较高,成本较高。图 12-13(b)采用了 V 带传动与闭式单级齿轮传动。考虑到带传动属摩擦传动,在传动系统中,一般宜把带传动布置在高速级,以便因所受转矩较小而能减小其尺寸,又能发挥其传动平稳、噪声小、缓冲吸振和过载保护等优点。该方案结构最简单,成本最低,但外廓尺寸一般较大,且不适于在严重和恶劣条件下工作。图 12-31(c)的蜗杆传动与其他两种方案比较,最大优点是结构紧凑,噪声也较低,但制造和装配要求也较高,且效率较低,功率损失较大,用于长期连续运转很不经济。设计时结合具体工作条件和主要要求可选择其中一种方案。

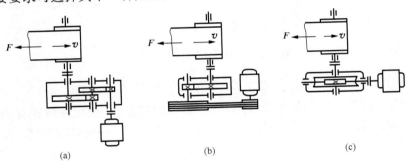

(a)　　　　　　　　　　(b)　　　　　　　　　　(c)

图 12-31　带式运输机的传动方案

(4) 确定电动机所需工作功率和额定功率。传动方案确定后.可估算出传动的总效率,然后确定电动机需要的功率。

按表 12-5 和表 12-6 取滚动轴承效率 $\eta_{承}=0.98$(滚子轴承),一对齿轮啮合效率 $\eta_{齿}=0.97$(8 级精度),V 带传动效率 $\eta_{带}=0.96$,联轴器效率 $\eta_{联}=0.99$,蜗杆传动效率 $\eta_{杆}=0.80$(双头蜗杆)。

总效率:

图 12-31(a)　$\eta_{总}=\eta_{齿}^2 \eta_{承}^4 \eta_{联}^2 \eta_{卷}=0.97^2 \times 0.98^4 \times 0.99^2 \times 0.96 \approx 0.82$

图 12-31(b)　$\eta_{总}=\eta_{带} \eta_{齿} \eta_{承}^3 \eta_{联} \eta_{卷}=0.96 \times 0.97 \times 0.98^3 \times 0.99 \times 0.96 \approx 0.83$

图 12-31(c)　$\eta_{总}=\eta_{杆} \eta_{承}^3 \eta_{联}^2 \eta_{卷}=0.80 \times 0.98^3 \times 0.99^2 \times 0.96 \approx 0.71$

电动机需要的工作功率 $P_{入}$:

图 12-31(a)　$P_{入}=\dfrac{P_{出}}{\eta_{总}}=\dfrac{3.2}{0.82}=3.90(\text{kW})$

图 12-31(b)　$P_{入}=\dfrac{P_{出}}{\eta_{总}}=\dfrac{3.2}{0.83}=3.86(\text{kW})$

图 12-31(c)　$P_{入}=\dfrac{P_{出}}{\eta_{总}}=\dfrac{3.2}{0.71}=4.51(\text{kW})$

由上述计算结果,根据电动机目录宜选电动机型号 Y132M₁-6,额定功率$P_0 = 4$kW,同步转速 1000r/min,满载转速 $n_0 = 960$r/min。这适用于传动方案(a)和(b),可见,本例选择这两个方案较好。

(5) 总传动比及其分配。总传动比等于电动机满载转速 n_0 与卷筒转速 n_N 之比,即

$$i = \frac{n_0}{n_N} = \frac{960}{54.57} = 17.59$$

合理分配传动比,可减小传动装置的外廓尺寸和重量,并使齿轮传动获得较好的润滑条件。结合本例,分配传动比时主要考虑以下几点:

① 各种传动机构的传动比应在其合理范围内选取(表 12-6),一般不用到最大值。

② 为使各传动件外廓尺寸协调,结构匀称,齿轮传动的各级传动比相差不宜过大;带传动与单级齿轮传动组成的传动装置中,一般应使带传动的传动比小于齿轮的传动比。

③ 对于双级齿轮减速器(图 12-31(a)),为使各级大齿轮有合理的浸油深度,以便各级齿轮传动都得到良好的浸油润滑,而避免某级大齿轮浸油过深而增加搅油损失,减速器内各级大齿轮直径应相近,这样还能减小传动的外廓尺寸。因此,高速级的传动比应稍大于低速级的传动比,从而使高速级大齿轮直径增大一些,低速级大齿轮直径减小一些。

图 12-31(a):为获得合理的浸油深度,一般在这种减速器设计中取高速级传动比 $i_1 \approx$ (1.3~1.4)i_2,i_2 为低速级传动比。若取 $i_1 = 1.3 i_2$,则 $i = i_1 i_2 = 1.3 i_2^2$,得

$$i_2 = \sqrt{\frac{i}{1.3}} = \sqrt{\frac{17.59}{1.3}} = 3.68, \quad i_1 = 1.3 i_2 = 1.3 \times 3.68 = 4.78$$

图 12-31(b):取 V 带传动比 $i_1 = 3$,则齿轮传动比

$$i_2 = \frac{i}{i_1} = \frac{17.59}{3} \approx 5.86$$

按传动比选定齿轮齿数和带轮直径后,应验算卷筒转速,一般允许转速有 ±4% 的误差。这样,就基本上确定了带式运输机的机械传动方案,并作为下一步设计的基础。

习　题

12-1　齿轮传动的失效形式有哪些?产生的原因是什么?

12-2　已知一标准直齿圆柱齿轮传动的主动齿轮转速 $n_1 = 970$r/min,传递的功率 $P_1 = 10$kW,主动齿轮分度圆直径 $d_1 = 100$mm。试计算主动轮轮齿上所受各力的大小和方向(顺时针转),并指出 $\boldsymbol{F}_{t1}$ 和 $\boldsymbol{F}_{t2}$ 对轴产生何种作用?

12-3　主、从动轮齿工作时所产生的接触应力 σ_H 是否相同?许用接触应力是否也相同?设计公式中应代入哪个轮齿的许用应力$[\sigma_H]$?

12-4　主、从动轮的 σ_F、$[\sigma_F]$、Y_F 是否都一样大?为什么?

12-5　单级闭式直齿圆柱齿轮传动中,小齿轮的材料为 45,调质处理,大齿轮的材料为 ZG45,正火处理,$P = 4$kW,$n_1 = 720$r/min,$m = 4$,$z_1 = 25$,$z_2 = 73$,$b_1 = 84$,$b_2 = 78$,单向转动,载荷有中等冲击,用电动机驱动。验算此单级齿轮传动的强度。

12-6　在航空开锁器时控机构中,已知:擒纵调速器周期 $T = 0.032$s,擒纵轮齿数 $z = 20$,扇形齿轮转角 $\alpha = 20°30'$,要求延迟时间 $t = 5$s。试求:

(1) 精密轮系总传动比 $i_{总} = $?

(2) 遵循什么原则进行分级,分几级,为什么?

(3) 画出此精密轮系的传动示意图。

12-7　一台绕线机,其电动机转速 $n_0 = 960$r/min,绕线机线轴有效长度 $L = 75$mm,线径 $d = 0.6$mm,要求每分钟绕线四层,均匀分布。试设计机械传动方案。

第 13 章   弹 性 元 件

13.1   概   述

利用材料的弹性来工作的零件或部件称为弹性元件。它是精密仪器及机械中使用量大、应用面广的一种基础元件。

13.1.1   弹性元件分类及其用途

常用的弹性元件可以按照其结构特点和用途进行分类。

按照结构特点分类,有片簧、平卷簧、螺旋弹簧、弹簧管、波纹管和膜片等,如图 13-1 所示。

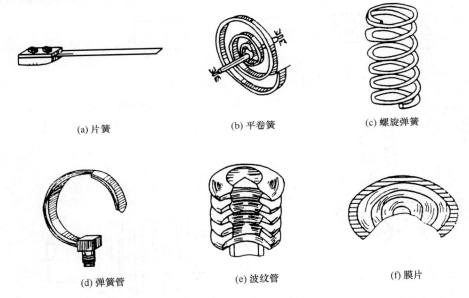

(a) 片簧   (b) 平卷簧   (c) 螺旋弹簧

(d) 弹簧管   (e) 波纹管   (f) 膜片

图 13-1   按结构特点分的弹性元件类型

按用途可分为以下几类。

(1) 弹性敏感元件。在仪器仪表或测试系统中,用弹性敏感元件将压力、力、温度等物理量转换成位移、应变等,以便测量或控制这些量。属于这类元件的有片弹簧、螺旋弹簧、膜片、膜盒、波纹管、弹簧管、弹性环、弹性筒和热双金属片等。

图 13-2 所示为一种应变式压力传感器。在悬臂片簧 7 的上下表面,分别贴有应变片 1、2 和 3、4。当压力变化时,带顶杆 6 的膜片 5 感受压力而变形,并把压力转换为集中力作用在悬臂片簧 7 上。悬臂片簧向下弯曲,上表面受拉伸,下表面受压缩,结果应变片 1、2 的电阻增大,3、4 的电阻减小。将电阻接成图 13-2(b)所示的桥路,便可获得相应的电压输出 ΔU。

(2) 力弹性元件。力弹性元件是利用弹性元件变形所产生的力或力矩来工作的。常常用它使工件运动或压紧零件。此类元件有片弹簧、螺旋弹簧、发条、游丝等。

图 13-3 所示为力弹性元件应用的例子。梅花状的转轮是被定位的零件,上边的力弹簧通

过钢球给转轮施加一个力,使其停在确定的位置上。

（3）连接用弹性元件。用片弹簧做弹性联轴器,用波纹管连接两根管子,都是连接用弹性元件的应用实例。

图13-4所示是用波纹管连接两根管子的简图。用波纹管作为连接件的优点是允许两根管子的轴线略有偏移,也允许两根管子的轴向距离略有变化。

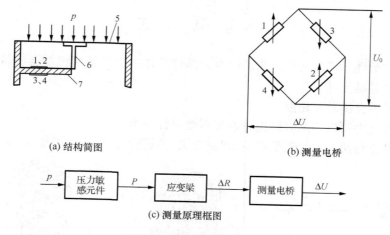

(a) 结构简图 (b) 测量电桥

(c) 测量原理框图

图 13-2 应变式压力传感器

1 和 2,3 和 4—应变片;5—膜片;6—顶杆;7—悬臂片簧

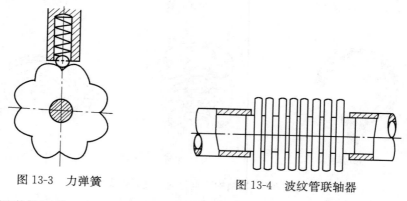

图 13-3 力弹簧   图 13-4 波纹管联轴器

（4）密封用弹性元件。在仪器仪表中,常用波纹管隔离两种不同的流体或其他介质。

（5）导轨和支承用弹性元件。在测量仪器中,常用片弹簧作为弹性导轨、弹性支承（图 8-38）。

13.1.2 弹性元件的性能

作用在弹性元件上的力、压力或温度等与变形的关系,称为弹性元件的特性。

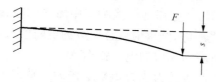

图 13-5 片弹簧受力变形图

图 13-5 所示为一悬臂固定的片弹簧,其左端刚性固定,右端承受一个向下的力 F。在力 F 的作用下,片弹簧的端部产生位移 s。位移 s 与力 F 之间的关系由式(13-1)给出:

$$s = \frac{4FL^3}{Ebh^3} \qquad (13-1)$$

式中，L 为片弹簧的工作长度；b、h 为片弹簧的宽度、厚度；E 为片弹簧材料的弹性模量。

　　用直角坐标将弹性元件的位移和所受的力（力矩、压力等）之间的关系绘成图线，称为弹性元件的特性曲线（图 13-6）。位移和力（力矩、压力等）成线性关系的弹性元件称为线性弹性元件，成曲线关系的弹性元件称为非线性弹性元件。图 13-5 所示的端部受集中力的悬臂片弹簧就是线性弹性元件的一种。

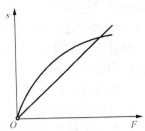

图 13-6　弹性元件的特性曲线

　　弹性元件特性曲线上某一点处的斜率定义为弹性元件在该点处工作时的灵敏度。对于线性弹性元件，特性曲线各点的斜率都是一样的，因此在各点工作的灵敏度都是一样的；对于非线性弹性元件，特性曲线上各点的斜率都不一样，因此在各点工作的灵敏度都不一样。对于如图 13-5 所示的片弹簧，其灵敏度在不同大小力作用下（在弹性工作范围内）都一样，是个常数，其值为

$$\lambda = \frac{s}{F} = \frac{4L^3}{Ebh^3} \tag{13-2}$$

灵敏度的倒数等于弹性元件的刚度。线性弹性元件的刚度是常数，非线性弹性元件的刚度随受力大小不同而不同。图 13-5 所示的片弹簧的刚度为

$$K = \frac{F}{s} = \frac{Ebh^3}{4L^3} \tag{13-3}$$

图 13-7 所示为弹性元件组合起来应用的情况，其中图 13-7(a) 为螺旋弹簧串联工作，图 13-7(b) 为并联工作。

　　对于多个弹簧串、并联工作时，刚度计算式为

串联工作　　　　　　　$$\frac{1}{K} = \frac{1}{K_1} + \frac{1}{K_2} + \frac{1}{K_3} + \cdots \tag{13-4}$$

并联工作　　　　　　　$$K = K_1 + K_2 + K_3 + \cdots \tag{13-5}$$

式中，K 为组合弹簧的刚度，K_1、K_2、K_3 等为各个组成弹簧的刚度。

　　对于线性弹性元件，由于多种原因，位移与外力之间不能成绝对线性关系。实用时，用非线性度来度量实际特性曲线与直线的接近程度。如图 13-8 所示，非线性度表达式为

$$\delta = \frac{\Delta s_{\max}}{s_{\max}} \times 100\% \tag{13-6}$$

式中，δ 为非线性度；$\Delta s_{\max}$ 为实际特性曲线与直线的最大差值；$s_{\max}$ 为最大位移量。

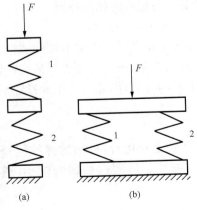

(a)　　　　　　　　(b)

图 13-7　螺旋弹簧串、并联工作

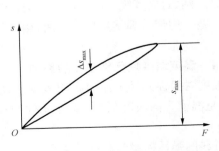

图 13-8　弹性元件的非线性度

对于线性刻度的仪表,线性弹性元件的非线性度将带来测量误差。设计仪器仪表时,应当考虑补偿措施,尽量减少非线性度对精度的影响。

13.1.3　弹性元件的弹性缺陷

弹性元件的弹性并不是理想的,它工作时常出现一些弹性缺陷。主要的弹性缺陷包括弹性滞后和弹性后效。

在弹性范围内,加载与去载时特性曲线不重合的现象称为弹性滞后(图 13-9)。

弹性滞后现象表明,外力对弹性元件所做的功,在它恢复原状时并没有完全释放出来,而有一小部分被材料的内摩擦消耗掉了。在图 13-9 中,加载和去载两特性曲线间所包围的面积就等于所消耗的能量。

弹性后效是给弹性元件加载或去载后,要经一定时间才能得到相应的弹性变形的现象,它是弹性的时间效应。如图 13-10 所示,当给弹性元件加载至 F_0 后,保持此力不变,则弹性元件将继续产生一个很小的变形,变形量直至 s_0;然后逐渐去载,当载荷为零时,位移并不立即变为零(为 s_2),而要经一段时间后,才恢复到位移为零(严格地说恢复至弹性滞后所对应的位移值)。完成弹性后效对应的位移所需时间约为几十分钟到几小时。

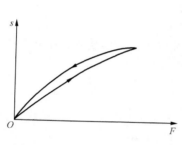

图 13-9　弹性元件的弹性滞后

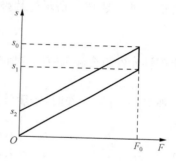

图 13-10　弹性元件的弹性后效

弹性滞后、弹性后效所对应的位移量一般只占弹性元件最大位移量的千分之几到百分之几,示意图中把它们夸大了。

弹性元件的弹性滞后、弹性后效会给仪器带来误差,包括静态指示误差和动态响应误差。

为了减小弹性元件的弹性滞后、弹性后效,应当注意以下几方面:

(1) 选择弹性滞后、弹性后效小的材料。

(2) 制定合理的加工工艺,特别是热处理工艺,尽量提高材料的比例极限。

(3) 尽量减小弹性元件的工作应力,避免工作时应力集中。

(4) 注意弹性元件与其他零件的连接方法,避免因连接方法不当产生附加的弹性滞后、弹性后效。例如,夹紧膜片的边缘时,膜片工作可能产生滑动现象,出现与弹性滞后、弹性后效类似的误差。用焊锡焊接弹性元件时,由于焊锡是弹性很差的材料,因此会产生弹性滞后和弹性后效。

13.1.4　温度对弹性元件工作的影响

温度对弹性元件工作的影响表现在两个方面:一是温度变化时,材料的弹性模量发生变化;二是温度升高或降低时,弹性元件的尺寸要增大或缩小。后面这一影响较小,通常忽略不计。

材料的弹性模量与温度的关系为

$$E_t = E_0(1 + \alpha_e \Delta t), \quad \Delta t = t - t_0$$

(13-7)

式中，E_t 是温度为 t 时材料的弹性模量；E_0 是温度为 t_0 时材料的弹性模量（t_0 为标准温度）；α_e 为材料弹性模量的温度系数。

对于一般材料，弹性模量的温度系数是负数，即温度升高弹性模量变小，因而弹性元件在载荷不变时变形量增大，产生温度误差。几种常用的弹性元件材料的温度系数如下：锡青铜，$\alpha_e = -4.8 \times 10^{-4}/℃$；铍青铜，$\alpha_e = -3.1 \times 10^{-4}/℃$；黄铜，$\alpha_e = -4.8 \times 10^{-4}/℃$；不锈钢，$\alpha_e = -3.5 \times 10^{-4}/℃$；碳素钢，$\alpha_e = -2.0 \times 10^{-4}/℃$；恒弹性合金的弹性模量的温度系数很小，一般为 $\pm 0.01 \times 10^{-4} \sim \pm 0.15 \times 10^{-4}/℃$。

13.2 弹性元件的材料

制造弹性元件的材料可分为金属材料和非金属材料两大类。

1. 金属材料

（1）黄铜、锡青铜、镍白铜和铬镍不锈钢等。这类材料的优点是制造弹性元件的工艺简单，缺点是弹性较低，弹性滞后和弹性后效较大。

（2）碳钢、锰钢、铬钢和钒钢等。这类材料的优点是具有较高的弹性和较高的强度，缺点是热处理时变形较大，不适于制造形状复杂的弹性元件。

（3）恒弹性合金。1927 年，法国首先制成了 Elinvar(Fe-36Ni-12Cr)合金；1946 年，美国制成了 Ni-SpanC(Fe-42Ni-5Cr-2Ti)合金。这两种恒弹性合金应用较广。俄罗斯、日本等国也制成了一些与此类似的恒弹性合金。目前我国已大批量生产这两种恒弹性合金。3J53 等是我国生产的性能良好的恒弹性合金。

高弹性合金是弹性性能良好的弹性合金，它也有多种牌号。其中包括高弹性高比例极限弹性合金、高温高弹性合金、耐腐蚀高弹性合金、特殊机械性能（低弹性后效、高硬度等）以及特殊物理性能（磁性、导电性等）高弹性合金。

除上述材料外，有些弹性元件采用铝合金来制造。铝合金的优点是弹性模量小，因此用它制造的弹性元件具有较高的灵敏度。此外，铝的重量轻，易加工，无需热处理。铝合金的缺点是强度低于某些高质量的合金钢，线膨胀系数大（约为钢的两倍），耐腐蚀性能差。

2. 非金属材料

制造弹性元件的非金属材料有橡胶、塑料石英、陶瓷和硅等。

橡胶和塑料的弹性模量很低，灵敏度高，弹性模量的温度系数较大，容易老化。常用于要求刚度很小的弹性元件，如膜片等。

石英是良好的弹性材料。它的弹性滞后、弹性后效极小，仅为最好的弹性合金的百分之一，其线胀系数也很小，且耐高温；石英的缺点是难加工成型，而且很脆。因此，目前仅用石英制造高精度的弹性敏感元件，其成本很高。

陶瓷制造的弹性元件具有耐高温、耐腐蚀，在破碎以前，其应力—应变关系始终保持线性等优点；其缺点是精确成型困难、而且脆。

硅的弹性滞后、弹性后效极小。在硅片上扩散出力敏电阻可得到测量压力敏感元件。它具有灵敏度高、动态响应快、体积小等优点；其缺点是工艺复杂，元件性能受温度变化影响较大。因此必须考虑相应的温度补偿措施。

13.3 片 弹 簧

13.3.1 片弹簧的应用、结构和材料

在仪器制造中,片弹簧主要应用在以下几方面:

(1) 用片弹簧作为加力元件。例如,用它压紧零件。

(2) 用片弹簧做弹性导轨、弹性支承。

(3) 用片弹簧做弹簧触点(主要用在继电器中)。

(4) 在测量系统中作为测量元件。例如,在悬臂梁式固定的片弹簧的端部加上质量块,就构成一个测量系统,用来测量振动、加速度。在这里,片弹簧既是弹性支承,又是弹性敏感元件。

在仪器中应用的片弹簧部件的结构都很简单,一般都是在一端或两端用螺钉将片弹簧固定。

设计仪器仪表时,常常采用有预紧力的片弹簧。图 13-11 所示为有预紧力片弹簧的典型结构及其特性曲线。片弹簧以预紧力 F_0 压在支撑板 1 上,当外力大于 F_0 时,片弹簧才开始变形。这种结构的优点是片弹簧端部移开支点距离很小时便可以给出较大的力,这可以使结构紧凑。电器中的常闭触点是有预紧力的片弹簧部件。预紧力可以保证在有振动时触点也能可靠地接触;此外,预紧力也可以减小接触电阻。

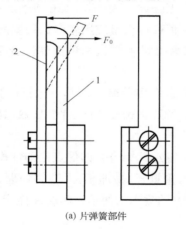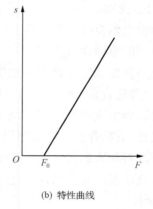

(a) 片弹簧部件　　　　　　(b) 特性曲线

图 13-11　有预紧力的片簧及其特性曲线
1—支撑板;2—片弹簧

有时,要求片弹簧的刚度是变化的,即变形不同时刚度不同。图 13-12 所示为变刚度片弹簧的一种结构。片弹簧在外力作用下向下弯曲,当片弹簧与螺钉接触时,片弹簧的工作长度减小,刚度变大。调节螺钉的位置可以改变刚度的变化规律。

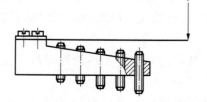

图 13-12　变刚度片弹簧

要求强度高、承载大的片弹簧常用弹簧钢来制造;要求灵敏度高、耐腐蚀的片弹簧可用锡青铜制造;铍青铜片弹簧具有良好的弹性,且强度较高,价格较贵,多用于重要的仪器中;石英片弹簧弹性性能良好,弹性滞后、弹性后效极小,在测量振动、加速度的仪器中可作为弹性支承,并兼做弹性敏感元件。

13.3.2 片弹簧的计算

片弹簧的形状很多，有直片的，也有各种曲线形状的。在工作中，受力情况也多种多样。这里只介绍几种简单的常用片弹簧的计算。

1. 等截面悬臂片弹簧的计算

如图13-5所示一端固定而自由端承受载荷 F 的片弹簧，当该片弹簧无初应力时，其最大弯曲应力计算式为

$$\sigma_{\max} = \frac{FL}{W} \tag{13-8}$$

式中，W 为抗弯截面模量。由于片弹簧的截面通常为矩形，因此

$$W = \frac{bh^2}{6} \tag{13-9}$$

式中，b 为片弹簧宽度；h 为片弹簧厚度。

将式(13-9)代入式(13-8)，得

$$\sigma_{\max} = \frac{6FL}{bh^2} \tag{13-10}$$

强度条件为

$$\sigma_{\max} = \frac{6FL}{bh^2} \leqslant [\sigma_b] \tag{13-11}$$

式中，$[\sigma_b]$ 为材料的许用弯曲应力，$[\sigma_b] = \dfrac{\sigma_B}{S_\sigma}$；$\sigma_B$ 为抗拉强度极限，见表13-1；S_σ 为安全系数，见表13-2。

表13-1 材料的抗拉强度极限和弹性模量

材料名称	代号	弹性模量 E/MPa	抗拉强度极限 σ_B/MPa
锡青铜	QSn4-3	1.2×10^5	500～600
铍青铜	QBe2	1.15×10^5（经淬火） 1.32×10^5（经回火）	588～735（经冷作硬化） 1180（经回火）
锌白铜	BZn15-20	1.24×10^5	540～640
硅锰钢	60Si2Mn	2×10^5	1 280

表13-2 安全系数

载荷性质	S_σ
静载荷	2～2.5
变载荷	3～4

允许的最大载荷

$$F_{\max} = \frac{bh^2[\sigma_b]}{6L} \tag{13-12}$$

将式(13-11)代入式(13-1)，得

$$s = \frac{2}{3} \frac{\sigma_{\max} L^2}{Eh} \tag{13-13}$$

设计片弹簧时，如果所受的最大载荷 $F_{\max}$ 和相应的最大挠度 $S_{\max}$ 为给定值，则可先根据结构条件选定片弹簧长度 L，然后利用式(13-13)和式(13-10)确定片弹簧的厚度和宽度。显然，式中的 $\sigma_{\max}$ 应代以许用应力值，即

$$h = \frac{2[\sigma_b]L^2}{3ES_{max}} \tag{13-14}$$

$$b = \frac{6F_{max}L}{h^2[\sigma_b]} \tag{13-15}$$

2. 变截面悬臂直片弹簧的计算

等截面悬臂直片弹簧在端部集中力的作用下各截面的应力是不相等的。在固定端处,受力矩最大,弯曲应力也最大。离开力的作用点越近的截面所受力矩越小,弯曲应力也越小。如果将片弹簧做成等腰三角形,如图 13-13(a)所示,外力作用在三角形的顶点处,在其底边处固定,则各断面的弯曲应力相等,下面用计算式加以说明。

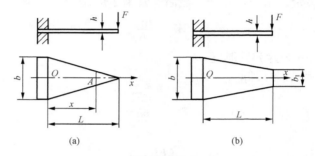

图 13-13　变截面悬臂直片弹簧

任何断面形状的悬臂直片弹簧各截面处的上、下表面上的弯曲应力都可以表示为 $\sigma = \frac{M}{W}$,式中 M 为该截面处所受的弯矩;W 为抗弯截面模量。

如果在图 13-13(a)中取一坐标 x,其原点在固定端,坐标轴指向片弹簧的端部,则对于等腰三角形直片弹簧,坐标 x 处的截面所承受的力矩为 $M_x = F(L-x)$,此处抗弯截面模量

$$W_x = \frac{bh^2(L-x)}{6L}$$

此截面上的弯曲应力为

$$\sigma_x = \frac{M_x}{W_x} = \frac{6FL}{bh^2}$$

由此可见,弯曲应力与坐标 x 无关,即对各断面弯曲应力都一样。因此,这种片弹簧是等强度的,它的端部位移为

$$s = \frac{6FL^3}{Ebh^3} \tag{13-16}$$

由此可见,等强度片弹簧的端部位移等于受力情况相同、厚度为 h、宽度为 b、长度为 L 的等截面悬臂片弹簧端部位移的 1.5 倍。因此,这种设计具有灵敏度高、充分利用材料等优点。

有的传感器是在悬臂片弹簧上贴应变片以得到电输出信号。如果用等截面片弹簧,为了得到较大的输出信号,则要把电阻应变片贴到片弹簧的根部。但是,由于片弹簧本身尺寸不大,这样贴是很难办到的。用等强度悬臂片弹簧则方便多了,可以将应变片贴在其中部,所贴的位置也不要求很准确,因为灵敏度与位置无关。

实用时,要将片弹簧的加力端适当加宽,做成等腰梯形,如图 13-13(b)。这时,端部的位移用下式计算:

$$s = \frac{4FL^3\lambda}{Ebh^3} \tag{13-17}$$

式中,系数 λ 和等腰梯形上底 b_1 与下底 b 之比有关,由图 13-14 查得。

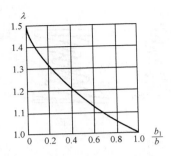

图 13-14　计算等腰梯形悬臂片
弹簧位移系数 λ 的曲线

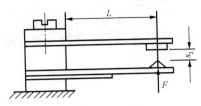

图 13-15　计算简图

例 13-1　设计如图 13-15 所示的触点片弹簧。已知触点间距离 $s_2 = 2$mm，当载荷 $F_2 = 1.5$N 时，触点闭合，载荷作用在片弹簧端部，片弹簧长度 $L = 40$mm，片弹簧的预加载荷 $F_1 = 0.5$N，片弹簧材料为锡青铜。

解　（1）查表 13-1，材料的 $\sigma_B = 600$MPa，$E = 1.2 \times 10^5$MPa。

（2）分析触点的工作情况。其载荷接近于脉动循环，取 $S_\sigma = 3$，则

$$[\sigma_b] = \frac{\sigma_B}{S_\sigma} = \frac{600}{3} = 200 (\text{MPa})$$

（3）计算初挠度

$$s_1 = \frac{F_1}{F_2 - F_1} s_2 = \frac{0.5}{1.5 - 0.5} \times 2 = 1 (\text{mm})$$

（4）求出总挠度

$$s = s_1 + s_2 = 3 (\text{mm})$$

（5）用式（13-14）计算片簧厚度

$$h = \frac{2[\sigma_b]L^2}{3Es} = \frac{2 \times 200 \times 40^2}{3 \times 1.2 \times 10^5 \times 3} = 0.595 (\text{mm})$$

圆整后取 $h = 0.6$mm。

（6）用式（13-15）计算片簧宽度

$$b = \frac{6F_2 L}{h^2 [\sigma_b]} = \frac{6 \times 1.5 \times 40}{0.6^2 \times 200} = 5 (\text{mm})$$

13.4　螺 旋 弹 簧

13.4.1　概述

1. 螺旋弹簧的分类

螺旋弹簧是用线材绕制成的空间螺旋形的弹性元件。它可以在载荷作用下产生较大的弹性变形。螺旋弹簧在精密机械及仪器中应用十分广泛。例如，控制机构的运动，测量力的大小，储存及输出能量，减振和缓冲等。

根据不同的外形，螺旋弹簧可分为圆柱螺旋弹簧、圆锥螺旋弹簧和其他形状的螺旋弹簧，如图 13-16 所示。其中以圆柱螺旋弹簧应用最广。

圆柱螺旋弹簧按载荷作用方式不同可分为拉伸弹簧、压缩弹簧和扭簧，它们的结构形状如图 13-17 所示。

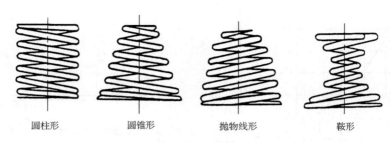

圆柱形　　　　圆锥形　　　　抛物线形　　　　鞍形

图 13-16　螺旋弹簧的类型

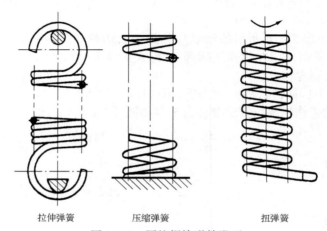

拉伸弹簧　　　　　压缩弹簧　　　　　扭弹簧

图 13-17　圆柱螺旋弹簧类型

2. 弹簧的材料及许用应力

几种常用弹簧材料的性能见表 13-3。

表 13-3　常用金属弹簧材料及其许用应力(摘自 GB/T 23935—2009)

类别	牌号	许用切应力 $[\tau]$/GPa			许用弯曲应力 $[\sigma_b]$/GPa		切变模量 G/GPa	弹性模量 E/GPa	推荐硬度范围/HRC	推荐使用温度/℃	特性及用途
		Ⅰ类弹簧	Ⅱ类弹簧	Ⅲ类弹簧	Ⅱ类弹簧	Ⅲ类弹簧					
碳素钢丝	65　70	$0.3\sigma_B$	$0.4\sigma_B$	$0.5\sigma_B$	$0.5\sigma_B$	$0.625\sigma_B$	$d=0.5\sim4$ $78.5\sim81.5$ $d>4$ 78.5	$d=0.5\sim4$ $202\sim204$ $d>4$ 197	—	$-40\sim120$	强度高,性能好,适用于做小弹簧($d\leqslant$ 8 mm)或要求不高、载荷不大的大弹簧
	65Mn 70Mn										
合金钢丝	60Si2Mn	471	627	785	785	981	78.5	197	$45\sim50$	$-40\sim200$	弹性好,回火稳定性好,易脱碳,用于受大载荷的弹簧
	60Si2MnA										
	50CrVA 30W4Cr2VA	441	588	735	735	922	78.5	197	$43\sim47$	$-40\sim210$	高温时强度高,淬透性好

续表

类别	牌号	许用切应力 [τ]/MPa			许用弯曲应力 [σ_B]/MPa		切变模量 G/GPa	弹性模量 E/GPa	推荐硬度 范围/HRC	推荐使用 温度/℃	特性及 用途
		Ⅰ类弹簧	Ⅱ类弹簧	Ⅲ类弹簧	Ⅱ类弹簧	Ⅲ类弹簧					
不锈 钢丝	1Cr18Ni9	324	432	533	533	677	71.6	193	—	−250~ 300	耐腐蚀、耐高温,工艺性好,适用于做小弹簧($d \leqslant$ 10 mm)
	1Cr18Ni9Ti										
	4Cr13	441	588	735	735	922	75.5	215	48~53	−40~300	耐腐蚀、耐高温,适用于做大弹簧

注:① 弹簧按载荷性质分为三类:Ⅰ类——受变载荷作用次数在 10^6 以上的弹簧;Ⅱ类——受变载荷作用次数在 10^3~ 10^6 及冲击载荷的弹簧;Ⅲ类——受变载荷作用次数在 10^3 以下的弹簧。

② 碳素钢丝按力学性能分 SL 型、SM 型、DM 型、SH 型、DH 型,拉伸强度极限见表 13-4。

③ 表中[τ]、[σ_b]、G 和 E 值,是在常温下按表中推荐硬度范围的下限值。

④ 许用应力的分类:Ⅰ类弹簧的工作极限应力 $\tau_j \leqslant 1.67[\tau]$;Ⅱ类弹簧的工作极限应力 $\tau_j \leqslant 1.25[\tau]$,$\sigma_j = 0.625[\sigma_b]$;Ⅲ类弹簧的工作极限应力 $\tau_j \leqslant 1.12[\tau]$,$\sigma_j = 0.8[\sigma_b]$。

⑤ 表中许用切应力为压缩弹簧的许用值,拉伸弹簧的许用切应力为压缩弹簧的80%。

⑥ 扭转弹簧工作极限弯曲应力 σ_j;Ⅱ类 $\sigma_j \leqslant 0.625[\sigma_b]$;Ⅲ类 $\sigma_j \leqslant 0.8[\sigma_b]$。

⑦ 当工作温度大于 60℃时,应对切变模量进行修正。

⑧ 强压(拉)处理的弹簧,其许用应力可增大25%。

表 13-4 碳素弹簧钢丝的拉伸强度极限 σ_B(GB/T 4357—2009)

钢丝公称直径/mm	抗拉强度/MPa				
	SL 型	SM 型	DM 型	SH 型	DH 型
1.00	1720~1970	1980~2220	1980~2220	2230~2470	2230~2470
1.05	1710~1950	1960~2 220	1960~2220	2210~2450	2210~2450
1.10	1690~1940	1950~2190	1950~2190	2200~2430	2200~2430
1.20	1670~1910	1920~2160	1920~2160	2170~2400	2170~2400
1.25	1660~1900	1910~2130	1910~2130	2140~2380	2140~2380
1.30	1640~1890	1900~2130	1900~2130	2140~2370	2140~2370
1.40	1620~1860	1870~2100	1870~2100	2110~2340	2110~2340
1.50	1600~1840	1850~2080	1850~2080	2090~2310	2090~2310
1.60	1590~1820	1830~2050	1830~2050	2060~2290	2060~2290
1.70	1570~1800	1810~2030	1810~2030	2040~2260	2040~2260
1.80	1550~1780	1790~2010	1790~2010	2020~2240	2020~2240
1.90	1540~1760	1770~1990	1770~1990	2000~2220	2000~2220
2.00	1520~1750	1760~1970	1760~1970	1980~2200	1980~2200
2.10	1510~1730	1740~1960	1740~1960	1970~2180	1970~2180

钢丝公称直径/mm	抗拉强度/MPa				
	SL 型	SM 型	DM 型	SH 型	DH 型
2.25	1490～1710	1720～1930	1720～1930	1940～2150	1940～2150
2.40	1470～1690	1700～1910	1700～1910	1920～2130	1920～2130
2.50	1460～1680	1690～1890	1690～1890	1900～2110	1900～2110
2.60	1450～1660	1670～1880	1670～1880	1890～2100	1890～2100
2.80	1420～1640	1650～1850	1650～1850	1860～2070	1860～2070
3.00	1410～1620	1630～1830	1630～1830	1840～2040	1840～2040
3.20	1390～1600	1610～1810	1610～1810	1820～2020	1820～2020
3.40	1370～1580	1590～1780	1590～1780	1790～1990	1790～1990
3.60	1350～1560	1570～1760	1570～1760	1770～1970	1770～1970
3.80	1340～1540	1550～1740	1550～1740	1750～1950	1750～1950
4.00	1320～1520	1530～1730	1530～1730	1740～1930	1740～1930
4.25	1310～1500	1510～1700	1510～1700	1710～1900	1710～1900
4.50	1290～1490	1500～1680	1500～1680	1690～1880	1690～1880
4.75	1270～1470	1480～1670	1480～1670	1680～1840	1680～1840
5.00	1260～1450	1460～1650	1460～1650	1660～1830	1660～1830
5.30	1240～1430	1440～1630	1440～1630	1640～1820	1640～1820
5.60	1230～1420	1430～1610	1430～1610	1620～1800	1620～1800
6.00	1210～1390	1400～1580	1400～1580	1590～1770	1590～1770
6.30	1190～1380	1390～1560	1390～1560	1570～1750	1570～1750
6.50	1180～1370	1380～1500	1380～1500	1560～1740	1560～1740
7.00	1160～1340	1350～1530	1350～1530	1540～1710	1540～1710

注：碳素弹簧钢丝按照抗拉强度分类为低抗拉强度、中等抗拉强度和高抗拉强度，分别用符号 L、M 和 H 代表；按照载荷特点分为静载荷和动载荷，分别用 S 和 D 代表。

　　某些不锈钢和青铜等材料，具有耐腐蚀的特点，青铜还具有防磁性和导电性，故常用于制造化工设备中或工作于腐蚀性介质中的弹簧。其缺点是不容易热处理，力学性能较差。

　　3. 圆柱螺旋压缩（拉伸）弹簧的结构形式和几何尺寸

　　1）圆柱螺旋压缩弹簧的结构形式

　　如图 13-18 所示，弹簧的节距为 p，在自由状态下，各圈之间应有适当的间距 δ，以便弹簧受压时有产生相应变形的可能。为了使弹簧在压缩后仍能保持一定的弹性，设计时还应考虑在最大载荷作用下，各圈之间仍需保留一定的间距 δ_1。δ_1 的大小一般推荐为

$$\delta_1 = 0.1d \geqslant 0.2\text{mm}$$

式中，d 为弹簧丝的直径，单位为 mm。

　　压缩弹簧的端面结构有多种形式，最常用的有两个端面圈均与邻圈并紧且磨平（图 13-19(a)）和并紧不磨平的（图 13-19(b)）两种。

2）圆柱螺旋拉伸弹簧的结构形式

如图 13-20 所示，圆柱螺旋拉伸弹簧空载时，各圈应相互并拢。拉伸弹簧的端部制有挂钩，以便安装和加载。挂钩的形式如图 13-21 所示。其中 LⅠ 型和 LⅡ 型制造方便，应用很广，但因在挂钩过渡处产生很大的弯曲应力，故只宜用于弹簧丝直径 $d \leqslant 10\text{mm}$ 的弹簧中。LⅦ 型挂钩不与弹簧丝联成一体，适用于受力较大的场合。

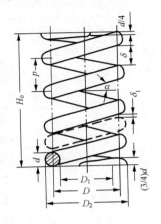

图 13-18　圆柱螺旋压缩弹簧

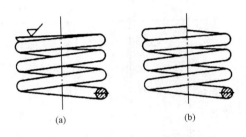

图 13-19　圆柱螺旋压缩弹簧的端部结构

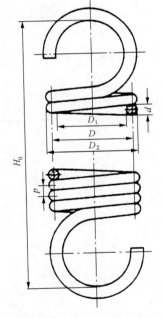

图 13-20　圆柱螺旋拉伸弹簧

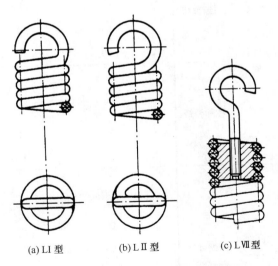

(a) LⅠ 型　　(b) LⅡ 型　　(c) LⅦ 型

图 13-21　圆柱螺旋拉伸弹簧挂钩的形式

3）圆柱螺旋压缩（拉伸）弹簧的几何尺寸

普通圆柱螺旋弹簧的主要几何尺寸有外径 D_2、中径 D、内径 D_1、节距 p、螺旋升角 α 及弹簧丝直径 d。对圆柱螺旋压缩弹簧的螺旋升角 α 一般应在 $5° \sim 9°$ 选取，普通圆柱螺旋弹簧尺寸系列如表 13-5 所示。弹簧的旋向可以是右旋或左旋，但无特殊要求时，一般都用右旋。普通圆柱螺旋压缩及拉伸弹簧的结构尺寸计算公式见表 13-6。

表 13-5 普通圆柱螺旋弹簧尺寸系列(GB/T 1358—2009)

弹簧丝 直径 d/mm	第一系列	0.10	0.12	0.14	0.16	0.20	0.25	0.30	0.35	0.40	0.45
		0.50	0.60	0.70	0.80	0.90	1.00	1.20	1.60	2.00	2.50
		3.00	3.50	4.00	4.50	5.00	6.00	8.00	10.0	12.0	15.0
		16.0	20.0	25.0	30.0	35.0	40.0	45.0	50.0	60.0	
	第二系列	0.05	0.06	0.07	0.08	0.09	0.18	0.22	0.28	0.32	
		0.55	0.65	1.40	1.80	2.20	2.80	3.20	5.50	6.50	
		7.00	9.00	11.0	14.0	18.0	22.0	28.0	32.0	38.0	
		42.0	55.0								
弹簧中径 D/mm		0.3	0.4	0.5	0.6	0.7	0.8	0.9	1	1.2	1.4
		1.6	1.8	2	2.2	2.5	2.8	3	3.2	3.5	3.8
		4	4.2	4.5	4.8	5	5.5	6	6.5	7	7.5
		8	8.5	9	10	12	14	16	18	20	22
		25	28	30	32	38	42	45	48	50	52
		55	58	60	65	70	75	80	85	90	95
		100	105	110	115	120	125	130	135	140	145
		150	160	170	180	190	200	210	220	230	240
有效圈数 n/圈	压缩弹簧	2	2.25	2.5	2.75	3	3.25	3.5	3.75	4	4.25
		4.5	4.75	5	5.5	6	6.5	7	7.5	8	8.5
		9	9.5	10	10.5	11.5	12.5	13.5	14.5	15	16
		18	20	22	25	28	30				
	拉伸弹簧	2	3	4	5	6	7	8	9	10	11
		12	13	14	15	16	17	18	19	20	22
		25	28	30	35	40	45	50	55	60	65
		70	80	90	100						
自由高度 H_0/mm	压缩弹簧	2	3	4	5	6	7	8	9	10	11
		12	13	14	15	16	17	18	19	20	22
		24	26	28	30	32	35	38	40	42	45
		48	50	52	55	58	60	65	70	75	80
		85	90	95	100	105	110	115	120	130	140
		150	160	170	180	190	200	220	240	260	280
		300	320	340	360	380	400	420	450	480	500

注:① 本表适用于压缩、拉伸和扭转的圆截面弹簧丝的圆柱螺旋弹簧。

② 应优先采用第一系列。

③ 拉伸弹簧有效圈数除按表中规定外,由于两钩环相对位置不同,其尾数还可为 0.25,0.5,0.75。

表 13-6 普通圆柱螺旋压缩及拉伸弹簧的结构尺寸计算公式 （单位：mm）

参数名称及代号	计算公式		备注
	压缩弹簧	拉伸弹簧	
中径 D	$D=Cd$		d 按表 13-5 取标准值
内径 D_1	$D_1=D-d$		
外径 D_2	$D_2=D+d$		
旋绕比 C	$C=D/d$		
压缩弹簧细长比 b	$b=\dfrac{H_0}{D}$		b 在 1～5.3 选取
自由高度或长度 H_0	两端并紧,磨平: $H_0\approx pn+(1.5\sim2)d$ 两端并紧,不磨平: $H_0\approx pn+(3\sim3.5)d$	$H_0=nd+H_h$	H_h 为钩环轴向长度
工作高度或长度 $H_1,H_2,\cdots,H_n$	$H_n=H_0-\lambda_n$	$H_n=H_0+\lambda_n$	λ_n 为工作变形量
有效圈数 n	根据要求按公式(13-21)计算		$n\geqslant2$
总圈数 n_1	冷卷: $n_1=n+(2\sim2.5)$ YII型热卷: $n_1=n+(1.5\sim2)$	$n_1=n$	拉伸弹簧 n_1 尾数为 1/4,1/2,3/4,整圈推荐用 1/2 圈
节距 p	$p=(0.28\sim0.5)D$	$p=d$	
轴向间距 δ	$\delta=p-d$		
展开长度 L	$L=\dfrac{\pi Dn_1}{\cos\alpha}$	$L\approx\pi Dn+L_h$	L_h 为钩环展开长度
螺旋角 α	$\alpha=\arctan\dfrac{p}{\pi D}$		对压缩螺旋弹簧,推荐 $\alpha=5°\sim9°$
质量 m	$m=\dfrac{\pi d^2}{4}L\gamma$		γ 为材料的密度,对各种钢,$\gamma=7700$kg/m³;对铍青铜,$\gamma=8100$kg/m³

13.4.2 圆柱螺旋压缩(拉伸)弹簧的设计

1. 圆柱螺旋弹簧受载时的强度、刚度条件

1) 圆柱形螺旋弹簧受载时的强度条件

强度条件为

$$\tau=K\frac{8FC}{\pi d^2}\leqslant[\tau] \quad 或写成 \quad \tau=K\frac{8FD}{\pi d^3}\leqslant[\tau] \tag{13-18}$$

式中,曲度系数 K 对于圆截面弹簧丝可按式(13-19)计算:

$$K\approx\frac{4C-1}{4C-4}+\frac{0.615}{C} \tag{13-19}$$

C 为旋绕比,常用 C 值见表 13-7。

表 13-7　常用旋绕比 C 值(GB/T 23935—2009)

d/mm	0.2～0.5	>0.5～1.1	>1.1～2.5	>2.5～7.0	>7.0～16	≥16
$C=D/d$	7～14	5～12	5～10	4～9	4～8	4～16

2) 圆柱形螺旋弹簧的变形

圆柱螺旋压缩(拉伸)弹簧受载后的轴向变形量 S,可根据材料力学关于圆柱螺旋弹簧变形量的公式求得,即

$$S = \frac{8FD^3n}{Gd^4} = \frac{8FC^3n}{Gd} \tag{13-20}$$

式中,n 为弹簧的有效圈数;G 为弹簧材料的切变模量,见表 13-3。

3) 圆柱形螺旋弹簧的刚度

使弹簧产生单位变形所需的载荷称为弹簧刚度,即

$$K_F = \frac{F}{S} = \frac{Gd}{8C^3n} = \frac{Gd^4}{8D^3n} \tag{13-21}$$

弹簧刚度是表征弹簧性能的主要参数之一。它表示使弹簧产生单位变形时所需的力,刚度越大,需要的力越大,则弹簧的弹力就越大。但影响弹簧刚度的因素很多,从式(13-21)可知,K_F 与 C 的三次方成反比,即 C 值对 K_F 的影响很大。另外,K_F 还和 G、d、n 有关。在调整弹簧刚度 K_F 时,应综合考虑这些因素的影响。

应该指出,螺旋压缩弹簧的初始高度 H_0 与中径 D 之比为细长比,如果 $\frac{H_0}{D}$ 过大,承压时会丧失稳定,一般取 $H_0/D \leqslant 3.7$,否则应在弹簧内侧加导向心杆或者在外侧加导向套。

2. 圆柱拉伸压缩螺旋弹簧的设计

设计弹簧时,应首先根据弹簧的用途和工作条件选择弹簧材料,并确定端部固定方法。同时,根据结构条件确定弹簧的轮廓尺寸。最后根据强度条件、刚度条件求出弹簧丝直径、圈数等参数。

在对弹簧的轮廓尺寸要求不严格,而弹簧受力又很小时,可以按刚度条件选定弹簧的几何尺寸参数,然后校核强度是否满足要求。在仪器制造中,弹簧的最大工作应力往往远小于材料的许用应力。

在弹簧受力较大而又要求其轮廓尺寸较小时,应当主要按强度条件设计,力求充分利用材料,当然,刚度条件也必须满足。在这种情况下,拉压弹簧的设计可按如下步骤进行:

(1) 根据弹簧的用途和工作条件选择材料,并确定许用应力 $[\tau]$,见表 13-3。如果选用的弹簧材料是碳素钢丝,需先估取弹簧丝直径,才能确定许用应力 $[\tau]$,见表 13-3 和表 13-4。

(2) 按结构要求,选定弹簧中径 D。

(3) 由强度条件确定旋绕比 C,根据强度条件(式(13-18))可得

$$\frac{8KC^3}{\pi} \leqslant \frac{[\tau]D^2}{F_{max}} \tag{13-22}$$

由于最大载荷 F_{max} 是给定的,所以式(13-22)右边的值可以求得。在表 13-8 中查得满足此不等式的 $8KC^3/\pi$ 的值,并查得相对应的旋绕比 C 的值,此值即满足强度条件。

表 13-8 压缩和拉伸弹簧计算用表

C	C^4	K	$\frac{8}{\pi}KC^3$	C	C^4	K	$\frac{8}{\pi}KC^3$
4.0	256	1.404	228.81	7.5	3164.06	1.197	1285.9
4.1	282.58	1.392	244.26	7.6	3336.22	1.195	1335.5
4.2	311.17	1.381	260.32	7.7	3515.3	1.192	1385.7
4.3	341.88	1.37	277.32	7.8	3701.51	1.189	1436.6
4.4	374.81	1.36	295.01	7.9	3895.01	1.187	1490.2
4.5	410.06	1.351	313.47	8.0	4096	1.184	1543.5
4.6	447.75	1.342	332.58	8.1	4304.67	1.182	1599.4
4.7	487.97	1.34	352.66	8.2	4521.22	1.179	1655
4.8	530.84	1.325	373.09	8.3	4745.83	1.177	1713.5
4.9	576.48	1.318	394.83	8.4	4987.71	1.175	1773.4
5.0	625	1.311	417.3	8.5	5220.01	1.172	1834.5
5.1	676.52	1.304	440.4	8.6	5470.78	1.17	1894.9
5.2	731.16	1.297	454.34	8.7	5728.98	1.168	1958.1
5.3	789.05	1.29	489.03	8.8	5996.95	1.166	2023.2
5.4	850.3l	1.284	514.84	8.9	6274.22	1.164	2089.5
5.5	915.06	1.279	541.85	9.0	6561	1.162	2156.7
5.6	983.45	1.273	569.29	9.1	6857.5	1.16	2225.7
5.7	1055.6	1.267	597.36	9.2	7163.92	1.158	2296.2
5.8	1131.05	1.262	627.01	9.3	7480.52	1.157	2369.3
5.9	1211.74	1.257	657.38	9.4	7809.49	1.155	2442.6
6.0	1296	1.253	689.13	9.5	8145.06	1.153	2517.3
6.1	1384.58	1.248	721.25	9.6	8493.47	1.151	2592.6
6.2	1477.63	1.243	754.26	9.7	8852.93	1.15	2672.3
6.3	1575.3	1.239	788.74	9.8	9223.68	1.147	2751.3
6.4	1677.72	1.235	834.39	9.9	9605.96	1.146	2830.9
6.5	1785.06	1.1231	860.78	10.0	10000	1.145	2915.2
6.6	1897.74	1.227	898.14	10.1	10406	1.143	2998.6
6.7	2015.12	1.223	936.45	10.2	10824.3	1.142	3086
6.8	2138.14	1.22	976.75	10.3	11255.1	1.14	3171.5
6.9	2266.71	1.216	1017.1	10.4	11698.6	1.139	3262.1
7.0	2401	1.213	1059.5	10.5	12155.1	1.138	3354.3
7.1	2541.17	1.21	1102.6	10.6	12624.8	1.136	3444.4
7.2	2637.39	1.206	1146.1	10.7	13108	1.135	3539.9
7.3	2839.82	1.203	1191.6	10.8	13604.9	1.133	3634
7.4	2998.26	1.2	1238	10.9	14115.8	1.132	3732.8

续表

C	C^4	K	$\frac{8}{\pi}KC^3$	C	C^4	K	$\frac{8}{\pi}KC^3$
11.0	14641	1.131	3833	12.5	24414.7	1.114	5539.1
11.1	15180.7	1.13	3934.4	12.6	25204.7	1.114	5673.1
11.2	15735.2	1.128	4034.9	12.7	26014.5	1.113	5804.3
11.3	16304.7	1.127	4140.5	12.8	26843.5	1.112	5937.4
11.4	16889.6	1.126	4247.9	12.9	27692.3	1.111	6072.5
11.5	17490.1	1.125	4355.8	13.0	28561	1.11	6210.6
11.6	18106.4	1.124	4466.6	13.1	29450	1.109	6348.6
11.7	18738.09	1.123	4579.3	13.2	30359.6	1.108	6487.7
11.8	19387.7	1.122	4693.8	13.3	31290.1	1.107	6630.7
11.9	20053.4	1.121	4810.1	13.4	32241.8	1.106	6775.5
12.0	20736	1.12	4928.3	13.5	33215.1	1.106	6928.4
12.1	21435.8	1.118	5042.6	13.6	34210.2	1.105	7077.5
12.2	22153.3	1.117	5164.3	13.7	35227.5	1.104	7229.6
12.3	22888.7	1.116	5287.8	13.8	36267.4	1.103	7379.9
12.4	23642.7	1.115	5413.3	13.9	37330.1	1.102	7534.8
				14.0	38416	1.102	7698.6

（4）由 $C=D/d$，求得弹簧丝的直径。如果材料是碳素钢丝，由 $C=D/d$ 计算得出的 d 要小于原来估取的弹簧丝直径，否则需要重新设计。

（5）由刚度条件确定弹簧的工作圈数 n，刚度条件（式（13-21））为

$$K_F = \frac{F_{max}}{s_{max}} = \frac{Gd^4}{8nD^3}$$

式中，s_{max} 是对应 F_{max} 的弹簧的最大位移。

（6）求弹簧的其他几何尺寸，见表 13-6。

（7）对于细长比较大的压缩弹簧，应校验是否会产生失稳现象。

13.4.3　圆柱螺旋扭转弹簧的设计计算

1. 圆柱螺旋扭转弹簧的结构

扭转弹簧常用于压紧、储能或传递扭矩。例如，电机电刷的压紧弹簧，使弹簧门自动关闭的扭簧，晾衣服使用的夹子上的扭簧等。它的两端带有杆臂或挂钩，以便固着或加载。如图 13-22 所示，NⅠ型为内臂扭转弹簧，NⅡ型为外臂扭转弹簧，NⅢ型为中心臂扭转弹簧，NⅣ型为双扭簧。螺旋扭转弹簧在相邻两圈间一般留有微小的间距，以免扭转变形时相互摩擦。图 13-23 为扭簧端部的几种固定结构。

2. 圆柱螺旋扭转弹簧受载时的强度计算

强度条件为

$$\sigma_{max} = \frac{K_1 T_{max}}{0.1d^3} \leqslant [\sigma_b] \tag{13-23}$$

式中，T 为扭矩；d 为弹簧丝直径，单位为 mm；K_1 为扭转弹簧的曲度系数（意义与前述拉压弹

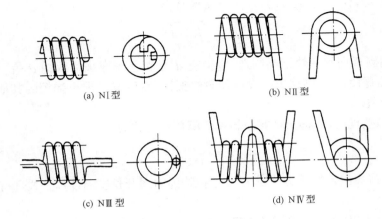

(a) NI型   (b) NII型

(c) NIII型   (d) NIV型

图 13-22   圆柱螺旋扭转弹簧

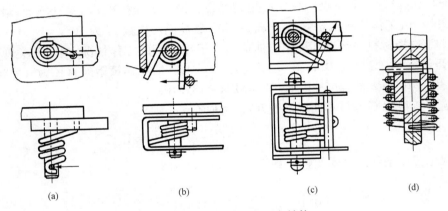

(a)   (b)   (c)   (d)

图 13-23   扭簧的端部固定结构

簧的曲度系数 K 相似),对圆形截面弹簧丝的扭转弹簧,曲度系数$K_1=\dfrac{4C-1}{4C-4}$,常用 C 值为 $4\sim16$;$[\sigma_b]$为弹簧丝的许用弯曲应力,单位为 MPa,由表 13-3选取。

弹簧受扭矩 T 作用后,因扭转变形而产生的扭转角 φ(单位为(°))可按材料力学中的公式作近似计算,即

$$\varphi \approx \frac{180TDn}{EI} \tag{13-24}$$

扭转弹簧的刚度为

$$K_T = \frac{T}{\varphi} = \frac{EI}{180Dn} \tag{13-25}$$

式中,K_T 为弹簧的扭转刚度,单位 N・mm/(°);I 为弹簧丝截面的惯性矩,单位 mm⁴,对于圆形截面,$I=\dfrac{\pi d^4}{64}$;E 为弹簧材料的弹性模量,单位 MPa,见表 13-3。其余各符号的意义和单位同前。

3. 圆柱螺旋扭转弹簧的设计

圆柱螺旋扭转弹簧的设计方法和步骤是:首先选定材料及许用应力,并选择 C 值,计算出

K_1（或暂取 $K_1 = 1$），代入式(13-23)，算出弹簧丝直径

$$d' \geqslant \sqrt[3]{\frac{K_1 T_{max}}{0.1[\sigma_b]}} \tag{13-26}$$

如果弹簧是选用碳素钢丝弹簧钢丝制造，应检查 d' 是否小于原来估取的 d 值。如小于，即可将 d' 圆整为标准直径 d，否则将重新设计弹簧丝直径，然后按 d 求出弹簧的其他尺寸，最后检查各尺寸是否合适。

将式(13-24)整理后，可得出计算扭转弹簧圈数的公式为

$$n = \frac{EI\varphi}{180TD} \tag{13-27}$$

扭转弹簧的弹簧丝长度可仿照表 13-6 中拉伸弹簧展开长度的计算公式进行计算，即

$$L \approx \pi D n + L_h \tag{13-28}$$

式中，L_h 为制作挂钩或杆臂的弹簧丝长度。

最后绘制弹簧的工作图。

例 13-2　试设计一 NⅢ型圆柱螺旋扭转弹簧。最大工作扭矩 $T_{max} = 7$N·m，最小工作扭矩 $T_{min} = 2$N·m，工作扭转角 $\varphi = \varphi_{max} - \varphi_{min} = 50°$，载荷循环次数 N 为 10^5。

解　(1) 选择材料并确定其许用弯曲应力。根据弹簧的工作情况，属于Ⅱ类弹簧。现选用碳素弹簧钢丝 SL 型制造，由表 13-3 查得 $[\sigma_b] = 0.4\sigma_B$，估取弹簧钢丝直径为 $d = 6$mm；由表 13-4 取 $\sigma_B = 1\,210$MPa，则 $[\sigma_b] = 0.4 \times 1210$MPa $= 484$MPa。

(2) 选择旋绕比 C 并计算曲度系数 K_1。选取 $C = 6$，则

$$K_1 = \frac{4C-1}{4C-4} = \frac{4 \times 6 - 1}{4 \times 6 - 4} = \frac{23}{20} = 1.15$$

(3) 根据强度条件试算弹簧钢丝直径。由式(13-26)得

$$d' \geqslant \sqrt[3]{\frac{K_1 T_{max}}{0.1[\sigma_b]}} = \sqrt[3]{\frac{1.15 \times 7000}{0.1 \times 484}} = 5.5 (\text{mm})$$

原值 $d = 6$mm 可用，不必重算。

(4) 计算弹簧的基本几何参数。

$$D = Cd = 6 \times 6.0 = 36 (\text{mm})$$
$$D_2 = D + d = 36 + 6.0 = 42 (\text{mm})$$
$$D_1 = D - d = 36 - 6.0 = 30 (\text{mm})$$

取扭簧相邻两圈的间距 $\delta_0 = 0.5$mm，则

$$p = d + \delta_0 = 6.0 + 0.5 = 6.5 (\text{mm})$$

$$\alpha = \arctan \frac{p}{\pi D} = \arctan \frac{6.5}{\pi \times 36} = 3°29'$$

(5) 按刚度条件计算弹簧的工作圈数。由表 13-3 知，$E = 197000$MPa，$I = \pi d^4/64 = \pi \times 6^4/64 = 63.62 (\text{mm}^4)$，故由式(13-27)得

$$n = \frac{EI\varphi}{180TD} = \frac{197000 \times 63.62 \times 50}{180 \times (7000 - 2000) \times 36} = 19.3 (\text{圈})$$

取 $n = 20$ 圈。

(6) 计算弹簧的扭转刚度。由式(13-25)得

$$K_T = \frac{EI}{180Dn} = \frac{197000 \times 63.62}{180 \times 36 \times 20} = 96.7 (\text{N·mm/(°)})$$

（7）计算 φ_{max} 及 φ_{min}。因为 $T_{max} = K_T\varphi_{max}$，所以

$$\varphi_{max} = \frac{T_{max}}{K_T} = \left(\frac{7000}{96.7}\right)^{\circ} = 72.39^{\circ}$$

$$\varphi_{min} = \varphi_{max} - \varphi = 72.39^{\circ} - 50^{\circ} = 22.39^{\circ}$$

（8）计算自由高度 H_0。取 $H_h = 40mm$，则

$$H_0 = n(d+\delta_0) + H_h = 20 \times (6+0.5) + 40 = 170(mm)$$

（9）计算弹簧丝展开长度 L。取 $L_h = H_h = 40mm$，则由式（13-28）得

$$L = \pi Dn + L_h = \pi \times 36 \times 20 + 40 = 2302(mm)$$

（10）绘制工作图。（略）

13.5 膜片和膜盒

13.5.1 膜片膜盒的结构及用途

膜片是用金属或非金属（如橡胶）制成的圆形薄片。断面是平的，叫平膜片（图 13-24（a））；断面带波纹的，叫波纹膜片（图 13-24（b））。两个膜片在边缘焊接起来，就构成膜盒（图 13-24（c））。几个膜盒连接起来，组成膜盒组（图 13-24（d））。在压力作用下，膜片、膜盒将变形，利用这个性能，可以测量压力。

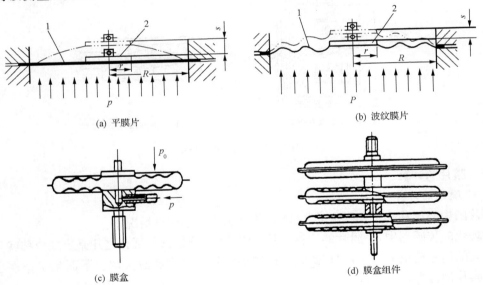

图 13-24 膜片、膜盒
1—膜片；2—刚性中心

膜片的材料分为金属和非金属两种。金属材料主要有黄铜、锡青铜、锌白铜、铍青铜和不锈钢等。非金属材料主要有橡胶、塑料和石英等。波纹膜片大多用金属材料制造。

膜片测量压力的范围为 $10 \sim 10^9 Pa$，金属膜片厚度通常为 $0.06 \sim 1.5mm$，非金属膜片厚度为 $0.1 \sim 5mm$。

膜片、膜盒主要用来做弹性敏感元件。变形量与压力成线性关系的膜片、膜盒，叫做线性膜片、膜盒；变形量与压力成非线性关系的膜片、膜盒，叫做非线性膜片、膜盒。

除测量压力外,膜片还用来隔离两种流体介质。

用膜片测量压力时,边缘一定要固定牢靠,否则膜片工作时,膜片与夹紧件之间要产生滑动摩擦,由于这种原因而产生的弹性滞后要比膜片材料内摩擦产生的弹性滞后大得多。

膜片通常是用薄片料制成的。平膜片也可以用切削方法加工,即在比膜片厚 得多的板料中间切削出一圆形薄片部分,固定时夹紧较厚的板料,由于夹得紧,不会产生由于夹紧固定而引起的滞后。但是,它很难加工,厚度不宜太薄,直径不宜过大。经验表明,这种膜片的直径与厚度比约为 100 较合适。随着电子技术的发展,用膜盒、膜片作为敏感元件的传感器应用得越来越多了。图 13-25 所示为用膜片作为敏感元件的压力传感器。其中图 13-25(a)为电感式的,这里用的平膜片就是与机体加工在一起的。在压力作用下,膜片产生位移(如虚线所示),使下面的电感量增大,上面的电感量减小,通过适当的电子线路处理,输出与压力成一定关系的信号。图 13-25(b)所示为电容式压力传感器,其中间为平膜片,可以是金属的,也可以是非金属的,但上面要镀上金属层。上、下弧形腔壁是两个极板(可以是金属镀层)。平膜片和两个极板是互相绝缘的,分别用导线引出,与电路相连。这样就构成了两个电容。当膜片在压力作用下产生位移时,电容值发生变化,一个变大,一个变小(差动电容)。经电子线路处理,输出与压力成一定关系的电信号。

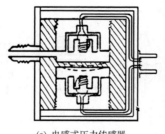　　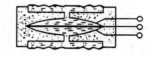

(a) 电感式压力传感器　　　　　　　　　　(b) 电容式压力传感器

图 13-25　压力传感器

13.5.2　膜片的计算

1. 平膜片的计算

膜片的中心位移小于其厚度的 1/3 时,称其工作在小位移情况下。

在现代的传感器中,平膜片的位移量是非常小的,例如只要百分之几毫米的位移就可以得到足够大的信号输出。因此,现在研究小位移平膜片是有现实意义的。下面是工作在小位移下的平膜片的计算。

边缘刚性固定的平膜片承受压力作用时,其中心位移量 s 与压力 p 的关系为

$$\frac{pR^4}{Eh^4} = \frac{16s}{3(1-\mu^2)h} \tag{13-29}$$

式中,R 为膜片的工作半径;h 为膜片的厚度;μ 为材料的泊松比,对于金属材料,$\mu=0.3$。

由上式可见,工作在小位移下的平膜片是线性弹性元件。

有时在平膜片上贴上应变片,借助于测量膜片的应变量而测量压力。这时,应当求得贴应变片处应变量与压力之间的关系。下面给出膜片上任意点处应力和应变的计算公式。

边缘刚性固定的平膜片,在压力 p 的作用下,距离其中心 r 处的断面上下表面的径向及圆周向的应力为

$$\left.\begin{array}{l} \sigma_r = \pm \dfrac{3pR^2}{8h^2}\left[(3+\mu)\dfrac{r^2}{R^2}-(1+\mu)\right] \\[3mm] \sigma_t = \pm \dfrac{3pR^2}{8h^2}\left[(3\mu+1)\dfrac{r^2}{R^2}-(1+\mu)\right] \end{array}\right\} \qquad (13\text{-}30)$$

式中，σ_r 为径向正应力；σ_t 为圆周向正应力；r 为所计算的单元体到中心的距离。式中正号对应上表面，负号对应下表面。

图 13-26 绘出了应力的分布图。图中，中心线左半边的图线为 σ_t 的分布，右半边为 σ_r 的分布。各微分单元处相应的应变为

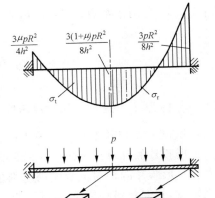

$$\left.\begin{array}{l} \varepsilon_r = \dfrac{1}{E}(\sigma_r - \mu\sigma_t) \\[3mm] \varepsilon_t = \dfrac{1}{E}(\sigma_t - \mu\sigma_r) \end{array}\right\} \qquad (13\text{-}31)$$

式中，ε_r 为径向应变；ε_t 为圆周向应变。

图 13-26　平膜片应力分布图

2. 波纹膜片的计算

在压力 p 作用下，边缘刚性固定的波纹膜片的中心位移 s 可用下式计算：

$$\frac{pR^4}{Eh^4} = a\,\frac{s}{h} + b\,\frac{s^3}{h^3} \qquad (13\text{-}32)$$

式中，a、b 为两个系数，

$$a = \frac{2(3+\alpha)(1+\alpha)}{3k_1\left(1-\dfrac{\mu^2}{\alpha^2}\right)}, \quad b = \frac{32k_1}{\alpha^2-9}\left[\frac{1}{6}-\frac{3-\mu}{(\alpha-\mu)(\alpha+3)}\right]$$

式中，μ 为泊松比，$\alpha=\sqrt{k_1k_2}$。k_1、k_2 的数值与波纹的断面形状和几何尺寸有关。

波纹膜片的计算公式是近似的。当边缘上的波纹与其他波纹形状一样，并且波纹数目较多时，计算式给出的误差较小。波纹膜片常因结构的需要制成带边缘波纹的膜片。边缘波纹是指膜片边缘上的波纹，它与膜片中部波纹的形状和尺寸不同。常见的边缘波纹形状有圆柱形（图 13-27(a)）和圆环形（图 13-27(b)）。

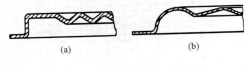

图 13-27

膜片制成带边缘波纹后，其中心位移可增大很多（为 3～3.5 倍），并且可用改变边缘波纹的形状与中部波纹相对位置的方法来改变膜片特性，使其满足使用要求。

3. E 形膜片的计算

实践证明，中间有几个梯形波纹而边缘有一个圆形波纹的膜片，其中心位移与压力之间具有良好的线性关系。在这类膜片中，中间有两个梯形波纹的膜片称为 E 形膜片。E 形膜片应用很广。图 13-28 给出了 E 形膜片的各尺寸之间的相对关系。由图可见，E 形膜片各

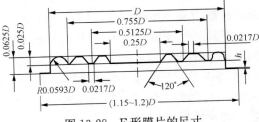

图 13-28　E 形膜片的尺寸

尺寸都与其工作直径 D 成正比例关系。

E 形膜片的中心位移 s 和它所承受的压力 p 之间的关系为

$$s = \frac{(1-\mu^2)D^4 p}{(k_1 h^3 + k_2 D^2 h)E}$$

式中,k_1、k_2 是两个系数,$k_1 = 66$,$k_2 = 0.0142$。把上式改写为

$$\frac{s}{Dp} = \frac{1-\mu^2}{E} \cdot \frac{\left(\dfrac{D}{h}\right)^3}{k_1 + k_2\left(\dfrac{D}{h}\right)^2} \tag{13-33}$$

式中,$\dfrac{s}{Dp}$ 称为 E 形膜片的相对灵敏度。对于 D/h 相同的 E 形膜片,相对灵敏度相同,此时膜片的灵敏度 s/p 与其工作直径成正比。

E 形膜片的计算也可用图 13-29 所示的相对灵敏度曲线进行。曲线对应用铍青铜制造的膜盒。E 形膜片的相对灵敏度与材料的弹性模量成反比,因此,欲求某材料的 E 形膜片的相对灵敏度,只需将铍青铜 E 形膜片的相对灵敏度乘以铍青铜的弹性模量与这种材料的弹性模量的比值就可以了。

图 13-30 是确定 E 形膜片非线性度和校验强度的曲线。图中 1、2、3 三条曲线分别对应膜片非线性度为 1%、2%、3%时,压力 p 与 D/h 的关系曲线。带阴影的区域是破坏区。

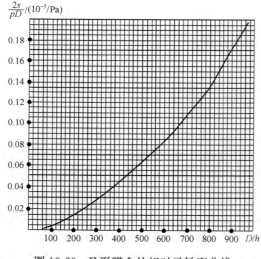

图 13-29　E 形膜盒的相对灵敏度曲线

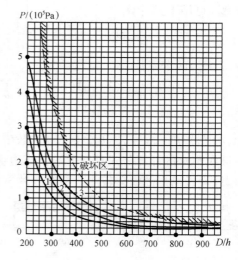

图 13-30　E 形膜片非线性度曲线及其破坏区

图 13-30 是对应铍青铜 E 形膜片的,其他材料的 E 形膜片也可以参考此曲线。在同样应力下,弹性好的材料的非线性度要小,材料强度极限高,当然不易破坏,因此用图 13-30 时,如果材料性能比铍青铜差,就应当使膜片实际工作压力比图中查得的值更小些,这样才能满足工作要求。

E 形膜片已经系列化了,设计时应优先选用现有规格。选择时要考虑结构要求、测量范围和精度要求等条件。

例 13-3　一个膜盒组由三个直径等于 53mm 的 E 形膜盒组成。当压力由 1600Pa 增加到 97200Pa 时,如要求的总位移为 6.8mm,求膜片应有的厚度 h、工作时的非线性度及承载安全系数。膜片的材料为铍青铜。

解 (1) 求两个膜片的位移(一个膜盒由两个膜片组成)

$$2s = \frac{6.8}{3} = 2.27 \text{(mm)}$$

(2) 求 E 形膜盒的相对灵敏度。

$$\frac{2s}{pD} = \frac{2.27}{(97200 - 1600) \times 53} = 0.0448 \times 10^{-5} \text{(Pa}^{-1}\text{)}$$

由图 13-29 查得 $D/h = 390$,则

$$h = \frac{53}{390} = 0.136 \text{(mm)}$$

最大压力 $p = 97200 \text{Pa}$,在图 13-30 上查得非线性度近似为 2.2%。在同一图上查得破坏压力约为 $1.9 \times 10^5 \text{Pa}$,膜片的安全系数

$$S = \frac{1.9 \times 10^5}{97200} = 1.95$$

13.5.3 橡胶膜片

橡胶膜片是用橡胶或者在纤维织物上涂以橡胶制成的。与金属膜片相比,橡胶膜片有如下优点:灵敏度高,可以用它来测量较小的压力;耐腐蚀性能好,不溶于无机酸、碱;制造工艺简单,成本低。它的缺点是:弹性模量的温度系数大;长时间工作会出现老化现象,温度增高或机械压力增大都能使老化加剧;遇到某些有机介质时溶胀变形。

制造橡胶膜片的材料有天然橡胶和合成橡胶。合成橡胶常用的有丁腈橡胶和氯丁橡胶。橡胶中间夹的纤维织物有蚕丝的、合成纤维的,常用的合成纤维有卡普隆绸。橡胶膜片广泛用于压力表和气动调节仪表中。

橡胶膜片常常和弹簧组合起来应用,组合件的刚度主要取决于弹簧的刚度。在组合件中,橡胶膜片主要起隔离介质的作用,并把压力转换为集中力加在弹簧上。

橡胶膜片的理论计算方法还很不完善,对于承受均布压力的橡胶平膜片,可采用一般平膜片的计算公式;对于中间夹有纤维织物的膜片及形状复杂的膜片,可根据制造厂给出的数据或实测结果来设计仪器。

13.5.4 膜片的有效面积

膜片的有效面积是用来计算作用在膜片上的压力可以转化为多大集中力的假想的面积。假设作用在膜片上的压力有一个增量 Δp,如果在相反方向作用一个集中力 ΔF(作用在膜片的中心)恰好保证膜片的中心点在原处不动,即仍保持在 Δp、ΔF 都未加时的位置,则定义

$$A_e = \frac{\Delta F}{\Delta p} \tag{13-34}$$

为膜片的有效面积。

对于线性膜片,在工作范围内,不管在多大压力下工作,有效面积都一样。对于非线性膜片,在不同压力下工作时,有效面积也不同。当膜片工作于线性工作段时,有效面积的计算公式为

对于平膜片

$$A_e = \frac{\pi}{4}(R + R_0)^2 \tag{13-35}$$

对于波纹膜片

$$A_e = \frac{\pi}{3}(R^2 + RR_0 + R_0^2) \tag{13-36}$$

式中,R 为膜片的工作半径;R_0 为焊接在膜片上的刚性中心圆盘的半径。

对于非线性膜片,也可以用式(13-35)和式(13-36)近似地计算其有效面积。

13.5.5 金属膜片简介

中华人民共和国机械行业标准 JB/T7485—2007 中,金属膜片的结构、标记及示例、基本参数及尺寸(表 13-9)如下。

表 13-9　膜片基本参数及尺寸（JB/T 7485—2007）

序号	工作直径 D/mm	外径 D_1/mm	平中心直径 d/mm	有效面积 A_e/cm²	膜片厚 h/mm	推荐 边波高 H_1/mm	中间波高 H_2/mm	波形	波纹数 n	材料	工作压力 p/kPa	失效压力 p_S/kPa	灵敏度 δ /(mm/kPa)	非线性 η/%	迟滞 ξ/%	重复性 ε/%
1	40	44	8	5.19	0.06	2.5	1.0	T	3.0~4.0	铍青铜	15	120	0.0200			
					0.08						30	170	0.0167			
					0.10						56	220	0.0089			
					0.12						90	270	0.0072			
					0.14				3.0		140	320	0.0054			
					0.16						220	370	0.0045			
					0.20						200	490	0.0033			
2	45	50	9	6.57	0.07	2.2	1.1	Y	3.0~3.5	铍青铜	40	120	0.0175	≤0.5	≤0.4	≤0.25
					0.10	2.0	1.0				70	190	0.0111			
					0.14	2.2	1.1	Y	3.0~3.5		100	280	0.0075			
					0.20	2.3	1.2				150	430	0.0040			
3	50	54	10	8.12	0.10	2.2	1.1	Y,T	3.0~4.0	锡青铜	60	160	0.0108	≤1.0	≤0.8	≤0.5
					0.14			T	3.0		100	250	0.0065			
					0.18						200	330	0.0050			
					0.20			Y,T			120	380	0.0054			
					0.25			T	3.0		110	240	0.0046			
4	55	60	11	9.82	0.08	3.3	1.8	T	4.0~5.0	铍青铜	30	110	0.0400	≤1.5	≤1.2	≤1.0
					0.10		1.3				50	140	0.0240			
					0.12	2.7	1.4	T	4.0		80	180	0.0150			
					0.16		1.8				100	250	0.0120	≤3.0	≤2.5	≤2.0
					0.20		1.4				120	380	0.0086			
					0.25	2.8		Y	2.5		200	430	0.0038			
					0.30				2.0~2.5		300	540	0.0025			

1. 金属膜片结构

金属膜片结构如图 13-31 所示。

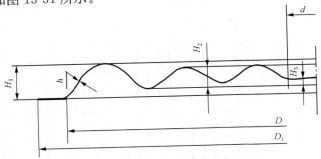

图 13-31　金属膜片的结构

D_1—外径；D—工作直径；d—平中心直径；H_1—边波高；
H_2—中间波高；H_3—平中心高；h—膜片厚度；n—波纹数

2. 标记及示例

膜片标记如下：

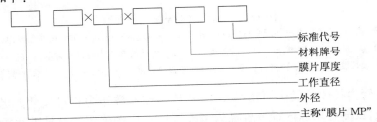

标准代号
材料牌号
膜片厚度
工作直径
外径
主称"膜片 MP"

标记示例：$D_1=44\text{mm}$，$D=40\text{mm}$，$h=0.10\text{mm}$ 的铍青铜膜片，其标记为

MP44×40×0.10QBe1.9JB/T7485—2007

3. 基本参数及尺寸

JB/T7485—2007 中，给出了工作直径 $D=10\sim250\text{mm}$ 的膜片基本参数及尺寸。膜片基本参数及尺寸应符合 JB/T7485—2007 的规定；标准中没有的，应按合同规定。

13.6　波　纹　管

13.6.1　概述

波纹管是一种具有环形波纹的圆柱薄壁管（图 13-32）。它或者一端开口、另一端封闭（图 13-32(a)），或者两端开口（图 13-32(b)）。通常波纹管是单层的，但也有双层或多层的（图 13-32(b)）。在厚度和位移相同的条件下，多层波纹管的应力小，耐压高，耐久性也好。如果内层为耐腐蚀材料，则具有良好的耐腐蚀性。但由于各层间的摩擦，导致多层波纹管的滞后误差加大。

1. 波纹管的几何参数

波纹管的尺寸规格已按内径标准系列化（见 JB/T6169—2006)，波纹管的基本几何参数见图 13-33。

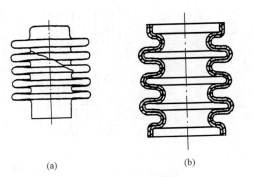

(a)　　　　　　　(b)

图 13-32　波纹管

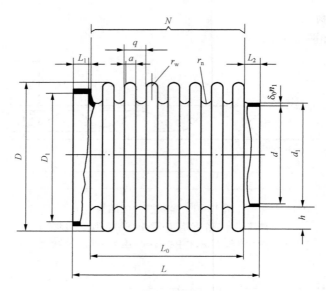

图 13-33　波纹管的基本几何参数

d—内径（通径）；d_1—外配合直径；D—外径；D_1—内配合直径；δ_0—波纹管单层壁厚；

h—波高；q—波距；a—波厚；r_n—内波纹圆角半径；r_w—外波纹圆角半径；L—总长度（自由长度）；

L_0—有效长度；L_1—内配合接口长度；L_2—外配合接口长度；N—波纹数；n_1—波纹管壁的层数

　　一般将波纹管内径或外径作为基本尺寸，其他结构参数作为相对尺寸。当内径或外径确定后，壁厚、波距、波厚等均以内径或外径为基准按适当比例确定。设计波纹管参数时要满足波纹管的性能要求，同时还要考虑波纹管的制造工艺性和结构稳定性。

　　2.金属波纹管结构和类型

　　波纹管的波形基本上有 U 形 、C 形、Ω 形和 S 形。

　　在一般情况下，国内普遍应用的波形是 U 形，在承受较高工作压力和较大位移的条件下，采用多层 U 形波纹结构。

　　波纹管两端连接部分的端部结构有五种基本结构形式：①内配合用 N 表示；②外配合用 W 表示；③封闭底用 D 表示；④没有直壁段在波峰处切断用 Q_D 表示；⑤没有直壁段在波谷处切断用 Q_d 表示。波纹管两端端部结构由上述五种结构任意组合，对同一种波纹管可以组合成 14 种结构。部分端部结构见图 13-34。

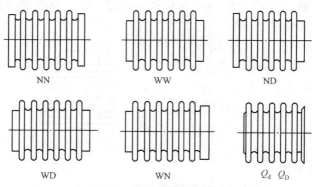

图 13-34　波纹管端部结构示例

波纹管的两端需要与相连接的零件焊接。

3. 波纹管的材料

用于制造波纹管的材料,主要有不锈钢、锡青铜和铍青铜等。

奥氏体不锈钢(1Cr18Ni9Ti、0Cr18Ni19、00Cr17Ni14Mo2 等)的力学性能、耐腐蚀性能好,用它制造的波纹管多用做隔离介质或密封元件。

锡青铜(QSn6.5-0.1、QSn6.5-0.4)有一定的弹性,工艺性能好,迟滞较小,疲劳强度高,有较好的耐腐蚀性,在仪表中应用较多。

铍青铜(QBe2)工艺性好,有较高的弹性和塑性,迟滞小,耐腐蚀性好,疲劳强度高,弹性温度系数小,用它制造的波纹管,一般用于要求较高的场合。

黄铜(H80)塑性和工艺性能好,但弹性差,迟滞较大,用它制造的波纹管常与弹簧配合使用,一般用在要求不高的场合。

除了上述常用材料外,还有恒弹性合金 Ni36CrTiAl(3J1)、高温合金因科镍 718 等。

4. 波纹管的应用

在压力或轴向力的作用下,波纹管将伸长或缩短。在横向力作用下,波纹管将在轴向平面内弯曲。由于波纹管在很大的变形范围内与压力具有线性关系,有效面积比较稳定,因而波纹管被广泛用做测量或控制压力的灵敏元件。考虑到波纹管的滞后误差较大以及刚度较小,所以,当它用做敏感元件时,常与圆柱螺旋弹簧组合使用。除此以外,波纹管还广泛用做密封元件(图 13-35(a))、介质分隔元件(图 13-35(b))、导管挠性连接元件等。

13.6.2 波纹管的计算

1. 波纹管位移的计算

将波纹管一端固定,在内部压力作用下,另一端产生位移,位移 s 与压力 p 之间的关系为

$$s = \frac{pA_e}{\dfrac{K_单}{n}} \tag{13-37}$$

式中,A_e 为波纹管的有效面积;n 为波纹数;$K_单$ 为波纹管的单波刚度。

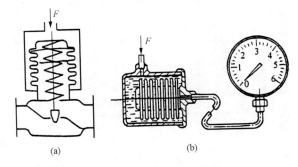

图 13-35 波纹管的应用

2. 波纹管有效面积的计算

波纹管的有效面积是重要的计算参数,其用途和膜片的有效面积一样。有效面积计算公式为

$$A_e = \frac{\pi}{4} D_m^2 \tag{13-38}$$

式中,D_m 为波纹管的平均直径,$D_m = \dfrac{D+d}{2}$。

因此

$$A_e = \frac{\pi}{4}\left(\frac{D+d}{2}\right)^2 = \frac{\pi}{16}(D+d)^2 \tag{13-39}$$

式中,D 为波纹管外径;d 为波纹管内径。

式(13-39)是经验公式,在精度要求不高时,可用此式计算。对于力平衡仪表中需要将压力转换为力的波纹管,应精确测量其在一定压力下工作时的有效面积。因为,严格地讲,波纹管的有效面积是随工作压力变化而改变的,压力增大,有效面积一般略有减小。

波纹管的尺寸现已系列化,由专门工厂生产,用户一般只是选用。其尺寸与性能见表 13-10。

表 13-10　敏感类波纹管常用规格系列（JB/T 6169—2006）

（单位：mm）

内径 d 公差 IT15/2	外径 D 公差 IT16/2	波距 q	波厚 a	内配合直径 D₁ 公差 H12	外配合直径 d₁ 公差 h12	配合端长度 l 公差 IT17/2	壁厚 δ₀	单波轴向刚度 (N/mm) H80	QSn6.5 -0.1	QBe2 QBe1.9	1Cr18Ni 9Ti	单波最大允许轴向位移 H80	QSn6.5 -0.1	QBe2 QBe1.9	1Cr18Ni 9Ti	最大耐压力(内压) (MPa) H80	QSn6.5 -0.1	QBe2 QBe1.9	1Cr18Ni 9Ti
6.0	10	1.0	0.65	8	6.4	3	0.08	43.0	41.5	50.0		0.16	0.20	0.30	—	0.92	1.09	2.10	—
							0.10	85.8	82.8	99.8	—	0.13	0.16	0.25		1.10	1.30	2.50	
							0.12	147.2	142.0	171.2		0.10	0.13	0.20		1.28	1.52	2.92	
8.0	12	1.2	0.75	10	8.5	3 / 3.5	0.08	33.0	32.0	38.5	57.0	0.23	0.28	0.40	0.19	0.74	0.88	1.70	
							0.10	61.5	59.5	71.8	106.2	0.18	0.22	0.35	0.15	0.90	1.05	2.00	
							0.12	105.0	101.5	122.0	181.0	0.15	0.18	0.29	0.12	1.05	1.25	2.40	
							0.14	166.0	160.0	193.0	286.0	0.12	0.15	0.24	0.10	1.15	1.40	2.70	
10.0	15.0	1.8	1.10	13	10.5	3 / 3.5	0.10	47.5	46.0	55.5	81.8	0.29	0.35	0.58	0.24	0.84	1.00	1.93	
							0.12	78.0	75.5	91.0	124.0	0.25	0.30	0.50	0.21	1.01	1.20	2.30	
							0.14	120.0	116.0	139.5	206.5	0.17	0.21	0.34	0.14	1.18	1.41	2.70	
							0.16	176.0	170.0	205.0	303.0	0.14	0.12	0.20	0.08	1.34	1.60	3.08	
11.0	18.0	2.0	1.15	16	11.5	3 / 3.5	0.10	35.0	34.0	41.0	60.0	0.39	0.48	0.61	0.32	0.64	0.77	1.50	
							0.12	62.0	60.0	72.4	107.0	0.33	0.40	0.50	0.28	0.76	0.90	1.74	
							0.14	95.0	91.0	110.0	163.5	0.23	0.28	0.43	0.20	0.87	1.03	1.98	
							0.16	138.0	133.5	151.0	238.0	0.14	0.17	0.37	0.12	0.98	1.17	2.25	
12.0	20.0	2.1	1.2	18	12.5	3 / 3.5	0.10	26.5	25.5	31.0	45.5	0.50	0.62	0.78	0.42	0.54	0.65	1.25	
							0.12	43.0	41.5	50.0	74.0	0.41	0.51	0.66	0.34	0.64	0.76	1.46	
							0.14	65.5	63.5	76.5	113.0	0.35	0.42	0.46	0.29	0.74	0.88	1.70	
							0.16	96.5	93.0	112.0	166.0	0.31	0.38	0.38	0.26	0.82	0.98	1.90	
14.0	22.0	2.2	1.3	20	14.5	3.5 / 4.0	0.10	29.0	28.0	33.8	50.0	0.50	0.62	0.80	0.41	0.50	0.58	1.12	
							0.12	47.6	46.2	55.5	82.0	0.41	0.51	0.80	0.34	0.58	0.68	1.32	
							0.14	74.0	71.2	86.0	127.5	0.35	0.43	0.69	0.29	0.66	0.80	1.52	
							0.16	109.2	105.5	127.2	188.4	0.31	0.37	0.60	0.25	0.75	0.90	1.72	

13.7 热双金属弹簧

13.7.1 热双金属弹簧的结构和应用

热双金属弹簧是由两层具有不同线膨胀系数的金属或合金沿整个接触面牢固结合在一起

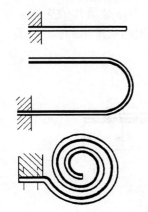

而构成的弹性元件。线膨胀系数大的一层称为主动层,小的一层称为被动层。图 13-36 所示为常见的热双金属弹簧的形状:直片形、U 形、螺线形,此外还有螺旋形及其他形状。

温度升高时,热双金属弹簧弯向被动层一方;反之,弯向主动层一方。因此,它是把温度的变化转换为力或位移的弹性敏感元件。

热双金属弹簧的用途很多。在测量仪表中,它可以作为温度补偿元件,以减小温度变化对仪表测试结果的影响。

用热双金属弹簧可以制成指针式温度计。例如,将螺线形热双金属弹簧外端固定,在其内端上装指针,就构成指针式温度计的机心。

图 13-36 热双金属弹簧

在各种电器中,可用热双金属弹簧根据温度的变化控制触点的打开或闭合。

图 13-37 所示为带有热双金属片的闭合触点装置。温度升高时,热双金属片向下弯曲,使端部触点闭合。调螺钉位置(即改变 s)可以改变闭合时的温度。L 为热双金属片的工作长度。

在过流继电器、热保护自动开关、恒温器等各种装置中,大量应用与此类似的触点装置。

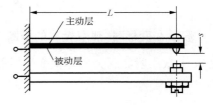

图 13-37 带有热双金属片的
闭合触点装置

13.7.2 热双金属弹簧的材料和制造

在选择热双金属弹簧的主动层和被动层的材料时,应考虑如下几个因素:

(1) 两种材料的线膨胀系数之差应尽可能大,以提高灵敏度。

(2) 容易将两种材料用焊接或热轧等方法结合在一起。

(3) 材料在较宽的温度范围内具有良好的性能。

热双金属弹簧在某一温度范围内工作具有较好的线性(变形与温度成线性关系)。温度较高时,线性变差;温度过高时,它将产生塑性变形。

热双金属弹簧的被动层一般用线膨胀系数很小的因瓦钢(含镍 36%,其余为铁的铁镍合金)制造,线膨胀系数为 $(1\sim2)\times10^{-6}/℃$。含镍 $40\%\sim46\%$,其余为铁的铁镍合金可以在较高的温度下($350\sim400℃$)工作。主动层常用黄铜或有色合金、合金钢制造。黄铜价格低,但强度较差,其弹性模量也比因瓦钢低得多。用黄铜与因瓦钢结合制成热双金属片时,为了得到较高的灵敏度,要求主动层厚度比被动层厚度大得多,这便造成了工艺困难。有色合金(锰镍铜合金、铜锌合金等)和合金钢(镁锰钢、镍铬钢等)的机械性能比铜好,而线膨胀系数却基本相同($(18\sim19)\times10^{-6}/℃$)。

热双金属弹簧一般采用钎焊或热轧方法制造,特殊情况采用爆炸复合法或密封熔轧法。

13.7.3　热双金属弹簧的计算

为了研究热双金属弹簧的变形和温度变化的关系,只需在其上取一长度为 dx 的微小段进行研究。对于整个热双金属弹簧只需进行简单的积分运算,就可以得到所求结果。

图 13-38(a)所示为一微小段热双金属片,其长度为 dx。主、被动层的厚度分别为 h_1、h_2,线膨胀系数为 α_1、α_2,弹性模量为 E_1、E_2。

在温度升高时(温度降低时研究方法相同,只是变形方向相反),热双金属片的应变 ε 等于热应变与弹性应变之和。弹性应变是主、被动层焊在一起热膨胀受到约束产生的。

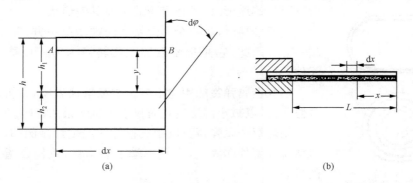

图 13-38　微小段热双金属弹簧在温度升高时的变形

假设在变形时,热双金属的横断面仍保持为平面,而左、右两端面相对旋转了一个微小角度 $d\varphi$。微小段热双金属弹簧变形后的曲率 $\dfrac{d\varphi}{dx}$ 计算公式为

$$\frac{d\varphi}{dx} = \frac{kt}{h_1 + h_2} \tag{13-40}$$

式中

$$k = \frac{3(\alpha_1 - \alpha_2)}{2\left[1 + \dfrac{(E_1 h_1^2 - E_2 h_2^2)^2}{4 E_1 E_2 h_1 h_2 (h_1 + h_2)^2}\right]} \tag{13-41}$$

系数 k 称为热双金属弹簧的温曲率,它等于单位厚度($h_1 + h_2 = 1\text{mm}$)的热双金属弹簧在温度变化 1℃时产生的曲率变化值。我国冶金部标准用比弯曲 K 表示热双金属弹簧的性能,$K = k/2$。

由式(13-41)可见,当 $E_1 h_1^2 = E_2 h_2^2$ 时,k 值最大。此时,

$$k = \frac{3}{2}(\alpha_1 - \alpha_2) \tag{13-42}$$

知道了曲率变化量 $\dfrac{d\varphi}{dx}$,则很容易求出热双金属片的位移。

对于直热双金属片,当温度变化时(变化量为 t),其自由端的位移计算如下(图 13-38(b)):

$$s = \int_0^L x \, d\varphi = \int_0^L x \frac{kt}{h_1 + h_2} dx = \frac{kL^2 t}{2(h_1 + h_2)} \tag{13-43}$$

13.8　常用电动机

机械从功能上讲由原动机、传动系统和执行系统三部分组成。在常用的原动机中,电动机应用最广泛。电机学作为一门重要学科,有专门的人员进行研究,但作为机械设计人员有必要

对其有一个基本的了解,能正确选用和使用电动机。本节介绍常用电动机分类及特点、主要参数、选择依据和应用。

13.8.1 伺服电动机

伺服电动机又称执行电动机,在自动控制系统中用做执行元件,把所接收到的电信号转换成电动机的角位移或直线位移输出。

为了满足自动控制系统的要求,伺服电动机必须具备:①电动机转速的高低和方向应随控制电压信号改变而快速变化,响应灵敏,在控制电压为零时,能立即停转,即无"自转"现象;②调速范围大,转速稳定;③启动转矩大,空载启动电压低,控制功率小;④机械特性和调节特性均为线性,机械特性是指控制电压一定时转速随转矩的变化关系,调节特性是指电机转矩一定时转速随控制电压的变化关系。

1. 分类和特点

伺服电机分为直流伺服电机和交流伺服电机两大类。

直流电机可以通过调节励磁和电枢电流实现对转矩的控制,直流伺服电机分为有刷和无刷电机。有刷电机由于有换向器和电刷的存在,结构复杂、制造困难、需要定期维护且运行速度受到限制;无刷直流电机是用晶体管开关电路和位置传感器来代替电刷和换向器,因而其结构简单、维护方便、运行可靠、转动平滑、力矩稳定、但控制相对复杂。

交流伺服电机也是无刷电机,分为同步和异步电机。目前高性能的电伺服系统大多采用永磁同步型交流伺服电动机,控制驱动器多采用快速、准确定位的全数字位置伺服系统。永磁交流伺服电动机同直流伺服电动机比较,特点是:工作可靠,对维护和保养要求低、定子绕组散热比较方便、惯量小,易于提高系统的快速性、适应于高速大力矩工作状态、同功率下有较小的体积和重量。

2. 主要性能参数

伺服电机主要用于要求位置精度高、响应迅速的场合,因而要求其齿槽转矩和纹波转矩小,机械特性和调节特性的线性度好,惯量小,动态特性好。

3. 选择依据

伺服电机的选择主要根据齿槽转矩和纹波转矩、调速范围、转矩和惯量、功率密度、制动、成本等进行选择。

4. 应用

伺服电机的应用遍及诸多领域,尤其在机械制造行业中应用最为广泛。依靠各种伺服系统可以控制各种机床运动部分的速度、运动轨迹和位置;在完成转动控制、直线运动控制的基础上,依靠多套伺服系统的配合,完成复杂的空间曲线运动的控制,如仿型机床的控制、机器人手臂关节的运动控制等;伺服系统还可在冶金工业中的电弧炼钢炉、粉末冶金炉等人工无法操作的场所中,进行位置控制、水平连铸机的拉坯运动控制、轧钢机轧辊压下运动的位置控制等;伺服系统还广泛应用在运输行业中的电气机车的自动调速、船舶的自动操舵、飞机的自动驾驶等控制中,减缓了工作人员的疲劳,提高了工作效率;在雷达天线的自动瞄准跟踪控制、高射炮,战术导弹发射架的瞄准运动控制、坦克炮塔的防摇稳定控制、防空导弹的制导控制、鱼雷的自动控制等军事设施上,伺服系统用得更为普遍。

雷达天线系统是一个典型的位置控制方式的随动系统,如图13-39所示。

雷达天线系统检测出被跟踪目标的位置并发出误差信号,经放大器放大后作为力矩电动机的控制信号,力矩电动机将驱动天线跟踪目标。若天线的阻力因偶然因素发生改变,例如阻力增大,则电动机的转速因电机轴上的阻力矩增加而降低,此时雷达天线系统检测到的误差信号随之增大,力矩电动机的电枢电压由于自动控制系统的调节作用立即增高,相应使电机的电磁转矩增加,转速上升,天线又能重新跟踪目标。

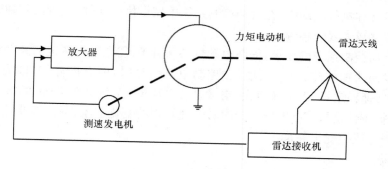

图 13-39　雷达天线系统

13.8.2　变频电机

电动机的调速与控制,是各类机械及办公、民用电器设备的基础技术之一。采用变频器驱动的交流调速方式,正迅速取代传统的机械调速和直流调速方案。它给相关行业带来诸多好处,使其机械自动化程度和生产效率大为提高、节约能源、电源系统容量相应提高、产品质量提高、设备小型化等。

目前主流的调速方案就是变频调速,在各行业无级变速传动中被广泛应用。特别是随着变频器在工业控制领域内日益广泛的应用,变频电机的使用也日趋增多。

交流调速电梯,通过调节频率来达到调节速度的目的,交流变频调速电梯与其他方式控制的电梯相比有能源消耗低、可靠性高、使用寿命长、舒适感好、运行平稳、噪声小等特点。

用变频装置拖动空调系统的冷冻泵、冷水泵、风机,是一项非常好的节电技术。

压缩机属于应用广泛类负载。在各工业部门普遍应用低压的压缩机,高压大容量压缩机在钢铁(如制氧机)、矿山等行业有较多应用。采用变频调速,均可带来启动电流小、节电、优化设备使用寿命等优点。

轧机类负载采用通用变频器,可满足低频带载启动、机架间同步运行、恒张力控制、操作简单可靠等需求。

冶金、建材、烧碱等大型工业转窑(转炉)为克服调速方式或有滑环或效率低等弊端,现采用变频控制,效果极好。

卷扬机类负载、转炉类负载、辊道类负载、吊车,翻斗车类负载采用交流变频器调速方式,可使启、制动平稳,加减速均匀,可靠性高、运行稳定。

13.8.3　步进电机

步进电机是将电脉冲信号转变为角位移或线位移的开环控制元件,每给电机加一个脉冲信号,电机就转过一个步距角。在非超载的情况下,脉冲信号的频率和脉冲数决定了电机的转速、停止的位置,而不受负载变化的影响。

步进电机通过控制脉冲个数来控制角位移量,达到准确定位的目的;通过控制脉冲频率来控制电机转动的速度和加速度,达到调速的目的。步进电动机在不失步的情况下,位移量与脉冲数严格成比例,这就不会引起误差的积累,其转速与脉冲频率和步距角有关。

1. 分类及特点

步进电机分永磁式、反应式和混合式三种。

永磁式(PM),一般为两相,转矩和体积较小,步进角一般为 7.5°或 15°。

反应式(VR),一般为三相,可实现大转矩输出,步进角一般为 1.5°,但噪声和振动较大。

混合式(HB)和单相式步进电机,兼顾了永磁式和反应式的优点,分为两相和五相,步进角分别为 1.8°和 0.72°。这种步进电机的应用最为广泛,其特点为角位移量或线位移量与电脉冲数成正比、有些形式在停止供电状态下还有定位转矩、不经过减速器而获得低速运行、步距误差不会长期积累、效率较低,要配上适当的驱动电源,带负载惯量的能力不强,有共振和振荡问题。

2. 主要性能参数

(1)步进电机的静态指标及术语。

① 相数(m)。

② 拍数(n)。电机转过一个齿距角所需脉冲数。

③ 步距角(θ)。对应一个脉冲信号,电机转子转过的角位移。

④ 定位转矩。电机在不通电状态下,电机转子自身的锁定力矩。

⑤ 静转矩。电机在额定静态电作用下,电机不做旋转运动时,电机转轴的锁定力矩。

(2)步进电机的动态指标及术语。

① 步距角精度(%)。步进电机每转过一个步距角的实际值与理论值的误差,误差/步距角×100%。

② 失步。电机运转时运转的步数与理论上的步数的差值。

③ 失调角。转子齿轴线偏移定子齿轴线的角度。

④ 最大空载启动频率和运行频率。电机在某种驱动形式、电压及额定电流下,在不加负载的情况下,能够直接启动的最大频率和最高转速频率。

⑤ 运行矩频特性。电机在某种测试条件下测得运行中输出力矩与频率关系的曲线,是电机选择的根本依据。

⑥ 电机的共振点。步进电机均有固定的共振区域,为使电机输出力矩大,不失步和整个系统的噪声降低,一般工作点均应偏移共振区较多。

⑦ 电机正、反转控制。

3. 应用

步进电动机广泛应用于数字控制系统中,例如数控机床、绘图仪、计算机外围设备、自动记录仪、钟表和数模转换装置等。

平面电机已广泛使用在快速、低噪声的绘图仪和激光剪裁系统中。它是由两台直线步进电动机组成,通过气垫把这种直线步进电动机的运动部分支承起来,消除了机械摩擦,保证了定位精度。它适合开环控制,可以在 x,y 方向的平面上长期工作,具有快速、低噪声等特点。目前国外这种平面电机的移动速度可达 1.54m/s,加速度为 19～29m/s²;分辨力为 25μm。

13.8.4 直线电机

可以认为直线电机是从普通旋转电机演变而来,将旋转电机沿轴向剖开,展成直线,如图 13-40所示,定子演变为初级,转子演变为次级。

1. 分类

直线电机的种类繁多,基本上每种旋转电机都有与之对应的直线电机,直线电机的分类如表 13-11所示。

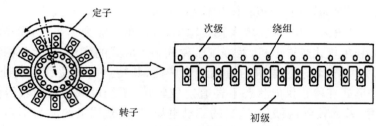

图 13-40　旋转电机演变为直线电机

表 13-11　直线电机的分类

分类依据		形式			
原理		直流式	感应式	同步式	磁阻式
构造	结构形式	单边平板型	双边平板型	圆筒型	圆盘型
	动子长短	短初级长次级		长初级短次级	
	磁通方向	横向磁通式		径向磁通式	
电源		直流	单相	两相	三相
速度		高速式连续大推力		低速式间歇小推力	

2. 特点

直线电机与旋转电机相比,主要特点有:①由于直线电机不需要把旋转运动变成直线运动的附加装置,因而系统结构简化,重量轻,体积小;②定位精度高,直线电机可以实现直接传递直线运动,可消除中间环节所带来的各种定位误差;③直线电机容易做到动子和定子之间始终保持一定的空气隙而不接触,这就消除了定、动子间的接触摩擦阻力,因而提高了系统的灵敏度、快速性和随动性;④直线电机可以实现无接触传递力,机械摩擦损耗几乎为零,因而故障少,免维修,工作安全可靠、寿命长。

3. 应用

直线电机主要应用于三个方面:一是应用于自动控制系统;二是作为长期连续运行的驱动电机;三是应用在需要短时间、短距离内提供巨大能量的直线运动装置中。广泛应用于工业、交通运输业、军事装备业和人们的日常生活中。

磁悬浮列车是直线电机在交通运输业中的典型应用。一般的列车所能达到的最高运行速度不超过 300km/h,主要是由于车轮和铁轨之间存在摩擦,限制了速度的提高。磁悬浮列车是将列车用磁力悬浮起来,使列车与导轨脱离接触,列车由直线电机牵引,直线电机的一个级固定于地面,跟导轨一起延伸到远处,另一个级安装在列车上,初级通以电流,列车就沿导轨前进。悬浮列车的优点是运行平稳,噪声小。

在物料输送与搬运方面,直线电机应用非常广泛。在垂直输送方面有直线电机电梯、升降机,在平面输送方面有直线电机驱动的邮政包件分拣输送线、行李分拣输送线、钢材生产输送线、电气、电子、机械加工生产线、食品加工线、制药生产线等各种工业加工线、装配线、检测线、商场、医院等场合的物料输送及立体仓库的搬运、立体汽车库的调度等。

其他方面的应用包括用于冶金工业中的电磁泵、液态金属搅拌器;纺织工业中的直线电机驱动的电梭子、割麻装置以及各种自动化仪表和电动执行机构;军事上利用直线电机制成了各种电磁炮等。

13.9 应用实例——航空开伞器动力弹簧设计

1. 设计依据

航空开伞器工作时所需要的能量是由压缩弹簧所供给。

(1) 弹簧释放力：$F_{释}=264.6\text{N}$；

(2) 冲程：$s_{冲}=70\text{mm}$；

(3) 对应时控机构弹簧的行程：$s_{时}=4.3\text{mm}$；

(4) 弹簧预紧力：$F_{预}=(0.2\sim0.3)F_{释}$；

(5) 采用双层弹簧（内、外）：$\dfrac{F_{外释}}{F_{内释}}=2.5\sim3$；

(6) 弹簧管内径$=\phi19\text{mm}$。

2. 设计内容

(1) 画出弹簧特性曲线图；

(2) 确定内、外弹簧的刚度；

(3) 确定内、外弹簧的结构尺寸。

习　　题

13-1 计算片弹簧的剖面尺寸。已知片弹簧长度 $L=40\text{mm}$，悬臂固定，在自由端垂直作用不变的载荷 $F=2\text{N}$ 时，产生位移 $S=5\text{mm}$，材料为锌白铜。

13-2 有一圆柱螺旋弹簧，其钢丝直径 $d=4\text{mm}$，中径 $D=46\text{mm}$，自由状态时圈间间隙为 1mm，材料为碳素弹簧钢丝，剪切弹性模量 $G=8\times10^4\text{MPa}$。试计算弹簧各圈接触时所受的力，判断此时弹簧是否破坏（直径为 4mm 的碳素钢丝，其许用剪切应力为$[\tau]=600\text{MPa}$）。

13-3 E形膜片的工作直径 $D=40\text{mm}$，厚度 $h=0.1\text{mm}$，材料为铍青铜。试求当其承受压力为 0.1MPa 时，中心位移量多大？非线性度多大？能否破坏？

13-4 某波纹膜片的工作半径 $R=20\text{mm}$，中间刚性中心的半径 $R_0=6\text{mm}$，试求其有效面积。当此膜片承受压力为 0.05MPa 时，需在相反方向加多大集中力（加在其中心）才能使其中心回到原来位置？

13-5 E形膜片的工作直径 $D=50\text{mm}$，厚度 $h=0.15\text{mm}$，材料为 50CrVA，弹性模量 $E=2.1\times10^5\text{MPa}$（铍青铜的弹性模量 $E=1.3\times10^5\text{MPa}$）。试问当其承受压力为 0.12MPa 时，中心位移多大？

13-6 如图 13-41 所示 E形膜片，其中心位移 s 和它所承受的压力 p 之间的关系式为

$$s=\frac{(1-\mu^2)D^4 p}{(k_1 h^3+k_2 D^2 h)E}$$

式中，$k_1=66$，$k_2=0.0142$，$\mu=0.3$，$E=11.5\times10^4\text{MPa}$。当设计膜片时，如取 $D/h=100$，试求其相对灵敏度 s/Dp。

13-7 图 13-42 所示为波纹管和弹簧组合结构。其中弹簧的参数为：中径 $D=10\text{mm}$，钢丝直径 $d=1\text{mm}$，工作圈数 $n=8$，材料的剪切弹性模量 $G=8\times10^4\text{MPa}$。波纹管材料为黄铜，波纹数 $n=10$，单波刚度 $K_{单}=34.32\text{N/mm}$，有效面积 $A_e=1.65\text{cm}^2$。

试求：当压力由 0.02MPa 升至 0.1MPa 时，波纹管端部的位移。

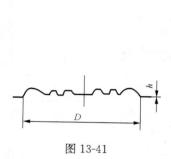

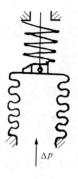

图 13-41　　　　　　　　　　　　　　　　　图 13-42

13-8　一悬壁固定的热双金属直片簧,主、被动层材料线膨胀系数差$\alpha_1 - \alpha_2 = 18 \times 10^{-6}/℃$,厚度$h_1 + h_2 = h = 0.8$mm,主、被动层材料的弹性模量分别为$E_1$、$E_2$,且$E_1 h_1^2 = E_2 h_2^2$。要求温度由 20℃增加至 70℃时,自由端的位移为 1mm。试求该热双金属片的工作长度。

13-9　通过本章课程内容的学习,并结合航空开锁器结构分析实验,请同学们总结后回答问题:航空开锁器中有哪些弹性元件,它们各起什么作用?

13-10　设计图 13-43 所示压板复位用的圆柱螺旋压缩弹簧。已知每个弹簧装配时的预加载荷 $F_1 = 500$N,工作时承受的载荷 $F_2 = 1\ 200$N,压板工作行程 $h = 60$mm,要求弹簧内径 $D_1 \leqslant 50$mm,Ⅱ类弹簧。

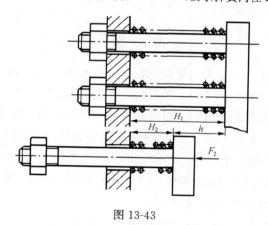

图 13-43

附录　变位系数线图

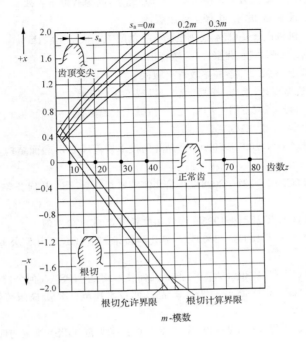

参 考 文 献

哈尔滨工业大学理论力学教研室.2010.理论力学 I.7 版.北京:高等教育出版社

裘祖荣.2007.精密机械设计基础.北京:机械工业出版社

宋宝玉,王瑜,张锋.2010.机械设计基础.4 版.哈尔滨:哈尔滨工业大学出版社

王知行,邓宗全.2006.机械原理.2 版.北京:高等教育出版社

杨可桢.2011.机械设计基础.5 版.北京:高等教育出版社

张策.2011a.机械原理与机械设计(上册).2 版.北京:机械工业出版社

张策.2011b.机械原理与机械设计(下册).2 版.北京:机械工业出版社

张少实.2010.新编材料力学.北京:机械工业出版社

中华人民共和国国家标准(GB/T 1031—2009).产品几何技术规范(GPS)表面结构 轮廓法 表面粗糙度参数及其数值

中华人民共和国国家标准(GB/T 1182—2008).产品几何技术规范(GPS)几何公差 形状、方向、位置和跳动公差标注

中华人民共和国国家标准(GB/T 1184—1996).形状和位置公差 未注公差值

中华人民共和国国家标准(GB/T 16671—2009).产品几何技术规范(GPS)几何公差 最大实体要求、最小实体要求和可逆要求

中华人民共和国国家标准(GB/T 17851—2010).产品几何技术规范(GPS)几何公差 基准和基准体系

中华人民共和国国家标准(GB/T 1800.1—2009).产品几何技术规范(GPS)极限与配合 第 1 部分:公差、偏差和配合的基础

中华人民共和国国家标准(GB/T 1800.2—2009).产品几何技术规范(GPS)极限与配合 第 2 部分:标准公差等级和孔、轴极限偏差表

中华人民共和国国家标准(GB/T 275—1993).滚动轴承与轴和外壳的配合

中华人民共和国国家标准(GB/T 307.1—2005).滚动轴承 向心轴承 公差